5G室内覆盖建设与创新

蔡伟文　罗伟民　陈学军　陈其铭　蓝俊锋　李可才　陈华东　◎编著

人民邮电出版社
北京

图书在版编目（CIP）数据

5G室内覆盖建设与创新 / 蔡伟文等编著. -- 北京 : 人民邮电出版社, 2022.7
ISBN 978-7-115-59247-7

Ⅰ. ①5… Ⅱ. ①蔡… Ⅲ. ①第五代移动通信系统－研究 Ⅳ. ①TN929.53

中国版本图书馆CIP数据核字(2022)第074074号

内容提要

本书涵盖概述、5G系统原理、室内覆盖基本原理、5G室内覆盖发展概况、5G室内覆盖方案介绍、5G室内覆盖典型场景解决方案、5G室内覆盖创新方案、5G室内分布系统规划设计、5G室内覆盖建设管理、5G室内覆盖技术发展趋势及展望等内容。5G通过引入新的网络架构、多种关键技术，实现了网络性能指标显著提升；由于5G分配了较高的频段，支持更高的业务速率，5G室内覆盖与传统的室内覆盖存在较大差异，所以业界涌现了多种创新的室内覆盖解决方案。本书讲解了5G网络室内覆盖工程实例，使读者能够对5G室内覆盖总体方案制定、规划设计、工程实施与管理等全过程有一个全面而系统的认识。

本书适用于从事移动通信网络的技术人员与管理人员，也可作为高等院校与通信相关专业师生的参考书。

◆ 编　　著　蔡伟文　罗伟民　陈学军　陈其铭　蓝俊锋
　　　　　　李可才　陈华东
　责任编辑　王建军
　责任印制　马振武
◆ 人民邮电出版社出版发行　　北京市丰台区成寿寺路11号
　邮编　100164　　电子邮件　315@ptpress.com.cn
　网址　https://www.ptpress.com.cn
　固安县铭成印刷有限公司印刷
◆ 开本：800×1000　1/16
　印张：21.25　　　　2022年7月第1版
　字数：488千字　　　2022年7月河北第1次印刷

定价：139.90元

读者服务热线：(010)81055493　印装质量热线：(010)81055316
反盗版热线：(010)81055315
广告经营许可证：京东市监广登字20170147号

序
PREFACE

移动通信技术从诞生到现在走过了40多年，从模拟通信向数字通信，从单一的话音业务到丰富的移动互联业务，移动通信既深刻改变了人类的生产和生活方式，也促进了社会数字化转型。5G自问世以来，得到了全世界、全社会的高度关注。5G作为高速泛在、集成互联、智能绿色、安全可靠的新型数字基础设施，将有力支撑经济高质量发展，全面赋能产业转型升级，开启数字经济的新篇章。

中国通信业筚路蓝缕，在经历了1G空白、2G跟随、3G突破、4G并跑后，终于在5G时代实现了技术引领。当前，中国已建成5G基站近160万个，占全球60%以上，5G移动用户数量已达到3.55亿。随着5G技术的逐步成熟和我国网络覆盖的持续扩展，5G融合应用也已实现突破发展。5G+工业互联网、5G+智能交通、5G+智慧医疗等一系列新应用、新业态、新模式，正不断赋能我国数字经济高质量发展。5G技术也将推动物联网、大数据、云计算、人工智能等领域融合发展，书写5G时代的新篇章。

无论是对个人用户还是对行业用户，室内都将是5G应用发生的主要场景之一，完善的5G室内覆盖将促进5G应用的规模推广。2021年11月16日，工业和信息化部对外发布《“十四五”信息通信行业发展规划》，重点提到了“加快拓展5G网络覆盖范围，优化城区室内5G网络覆盖，重点加强交通枢纽、大型体育场馆、景点等流量密集区域深度覆盖”。当前，5G室内覆盖在交通枢纽、大型场馆、大型商场等重要高价值场景已较为完善，但其场景和范围仍可进一步拓展和延伸，特别是高流量密集区域室内深度覆盖还需重点加强，进一步丰富5G应用场景并推动其实施落地。在网络规划与建设层面，5G室内覆盖需兼顾室内场景的多样性、建设造价与可实施性，要求针对不同的室内场景制定差异化的创新解决方案。

本书作者工作于电信运营商和规划设计单位，长期跟进移动通信网络技术发展，拥有多年移动通信网络的新技术研究、规划设计、建设管理工作经历，发表了室内覆盖相关的研究论文并申请了相关技术专利，见证了5G网络从启动、技术研发与试验网、商用推广、加速推进的过程，积累了5G网络室内覆盖建设工程和技术方面的丰富经验。

在本书中，作者依托其在移动通信网络技术研发和建设管理实践中的丰富经验，介绍了5G系统及室内覆盖基本原理、5G室内覆盖需求及面临的挑战、5G室内覆盖典型场景解决方案、5G室内覆盖创新方案、5G室内分布系统规划设计、室内覆盖建设管理、室内覆盖技术发展趋势及展望等内容，供关注5G室内覆盖建设与创新的人士阅读！

中国工程院院士、北京邮电大学教授

张平

2022.4.7

前言

PREFACE

相比于传统移动通信技术，5G具有更高的带宽、更低的时延、更广的连接，能够实现万物互联、万物智联，为垂直行业和社会带来翻天覆地的变化，推动整个社会进入数字时代。5G使能数字化社会，网络覆盖是前提。业界预测，5G时代约85%的应用场景将发生在室内，室内覆盖作为5G业务的主战场，不仅是运营商的核心竞争力之一，还是运营商业务增值的极佳切入点。5G商用已进入第3个年头，截至2021年11月，全国建成5G基站超115万个，已实现全国所有地级市城区、超过97%的县城城区和40%的乡镇镇区5G网络覆盖。可以预见，5G网络的建设重点会从室外转向室内。

同时，5G室内覆盖面临频段高、速率需求大、易受干扰等诸多挑战，需从解决方案、产品、建设模式等方面进行创新。5G室内覆盖需求具有业务类型多样化、部署场景多样化、网络指标需求差异化的特征，对室内覆盖网络提出了更高的要求。传统室内覆盖建设方案在进行5G演进时存在多种局限性，因此，需要结合5G特点，因地制宜地制定差异化的、创新性的场景方案。本书主要针对5G网络，对室内覆盖常规方案、创新方案做了详细分析，然后介绍了室内覆盖项目规划设计、建设管理、运行维护等全寿命周期的工作内容，最后对未来5G室内覆盖技术的发展趋势进行了展望。

本书内容分为10章。第1章介绍了5G发展历程、5G发展愿景、5G网络关键性能指标、5G技术标准等基础性内容和5G频谱这个重要的限制性资源的状况，并对6G技术进行了展望。第2章描述了5G网络架构、关键技术、业务场景需求等5G基本原理。第3章主要介绍了室内覆盖基本原理，包括室内覆盖环境及业务特点、传播模型、常见技术手段、干扰及控制等内容。第4章分析了5G室内覆盖发展概况，包括5G室内覆盖的演进、需求，5G室内覆盖的重要性和必要性及其面临的挑战。第5章介绍了5G网络室内覆盖典型技术方案。第6章介绍了5G室内覆盖典型场景的方案选择，并给出了相关案例。第7章重点介绍了5G室内覆盖建设中提出并实践的创新技术方案，包括多通道联合收发技术、5G 增速器等，具有广泛的适用性和较强的现实指导意义。第 8 章介绍了 5G 室内分布系统规划设计方法。第 9 章介绍了室内覆盖的建设管理和运行维护，使读者对室内分布系统建设项目的全寿命周期有一个系统的认识。第 10 章对室内覆盖技术的发展趋势进行了展望，探讨了未来具有发展潜力的一些新技术。

本书由中国移动通信集团广东有限公司和广东省电信规划设计院有限公司的技术团队通力合作完成。整体框架由蔡伟文、罗伟民策划；第 1 章由蔡伟文、蓝俊锋、陈华东编写，第 2 章由蔡伟文、蓝俊锋、李可才编写，第 3 章由罗伟民、李晖晖、李木荣编写，第 4 章由罗伟民、李晖晖编写，第 5 章由陈学军、李可才、陈其铭编写，第 6 章由陈学军、陈华东编写，第 7 章由蔡伟文、罗伟民、陈其铭编写，第 8 章由陈学军、李可才、陈华东编写，第 9 章由陈学军、蓝俊锋、陈思翰编写，第 10 章由蔡伟文、罗伟民、黄陈横编写；全书由蓝俊锋、李可才统稿和校对，由蔡伟文、罗伟民审核。

在本书编写过程中，我们参考了众多国内外专家、学者的有关论著，在此表示衷心的感谢。由于时间仓促，作者水平有限，书中难免有疏漏及不足之处，恳请广大读者指正，在此深表感谢。

作者

2022 年 1 月

目录
CONTENTS

第1章 概 述

第2章 5G系统原理

第3章 室内覆盖基本原理

第4章 5G室内覆盖发展概况

第5章 5G室内覆盖方案介绍

第6章 5G室内覆盖典型场景解决方案

第7章 5G室内覆盖创新方案

第8章 5G室内分布系统规划设计

概　述

1.1 5G 发展历程

近年来，第五代移动通信技术（5th Generation Mobile Communication Technology，5G）逐渐成为全社会关注的热点。5G 的发展最初有两个驱动力：一个是第四代移动通信技术（4th Generation Mobile Communication Technology，4G）已全面商用，对下一代技术的讨论提上日程；另一个是移动数据的需求呈爆炸式增长，现有移动通信系统难以满足快速增长的数据业务需求，亟须研发新一代 5G 系统。随着探讨与研究的一步步深入，各方面的需求逐步展现，5G 正进入商用成熟期。

1.1.1 5G 启动

2013 年 2 月，我国工业和信息化部、国家发展和改革委员会、科学技术部联合推动成立中国 IMT-2020（5G）推进组，其组织结构基于原 IMT-Advanced 推进组，这标志着我国的通信标准“产、学、研、用”力量将研究和国际交流合作的重点正式由 4G 转向 5G。电信运营商积极参与其中，中国移动担任中国 IMT-2020（5G）推进组需求工作组组长。同时，欧盟宣布将拨款 5000 万欧元加快 5G 移动技术的发展。

2013 年 5 月，韩国三星电子宣布已成功开发 5G 核心技术，其利用 64 个天线单元的自适应阵列传输技术，可在 28GHz 频段以每秒 1Gbit/s 以上的速度传送数据，且最长传送距离达 2km。

2014 年 5 月，日本 NTT DoCoMo 宣布将与 6 家厂商共同合作，开始测试承载能力是 4G 网络的 1000 倍的高速 5G 网络，传输速度有望提升至 10Gbit/s。

1.1.2 5G 技术的研发与试验

2015 年 9 月，国际电信联盟（International Telecommunication Union，ITU）发布了 ITU-R M.2083《IMT 愿景：5G 架构和总体目标》，定义了三大业务场景、八大关键指标。同月，中国 IMT-2020（5G）推进组宣布将在 2016—2018 年进行中国 5G 技术研发试验，该试验分为 5G 关键技术试验、5G 技术方案验证和 5G 系统验证 3 个阶段。

2017 年 2 月 9 日，国际通信标准组织“第三代合作伙伴计划”（3rd Generation Partnership Project，3GPP）宣布了其“5G”的官方 Logo。

2017 年 11 月 15 日，我国工业和信息化部发布了《关于第五代移动通信系统使用 3300 ～ 3600MHz 和 4800 ～ 5000MHz 频段相关事宜的通知》，规划 3300 ～ 3600MHz 和 4800 ～ 5000MHz 频段作为 5G 系统的工作频段，其中，3300 ～ 3400MHz 频段原则上仅在室内使用。

2017 年 11 月下旬，ITU 正式启动 5G 技术研发试验第 3 阶段的工作，并力争于 2018 年年底前实现第 3 阶段试验的基本目标。

2017 年 12 月 21 日，在国际电信标准组织 3GPP RAN 第 78 次全体会议上，5G 新空口（New Radio，NR）首发版本正式冻结并发布。同月，国家发展和改革委员会发布《关于组织实施 2018 年新一代信息基础设施建设工程的通知》，要求 2018 年在不少于 5 个城市开展 5G 规模组网试点，每个城市的 5G 基站数量不少于 50 个、全网 5G 终端不少于 500 个。

2018 年 2 月 23 日，沃达丰和华为宣布在西班牙合作采用非独立的 3GPP 5G NR 标准和 Sub 6GHz 频段完成了全球首个 5G 通话测试。同月，华为发布了首款 3GPP 标准 5G 商用芯片巴龙 5G01 和 5G 商用终端，支持全球主流 5G 频段，包括 Sub 6GHz（低频）、mmWave（高频），理论上可实现最高 2.3Gbit/s 的数据下载速率。

2018 年 6 月 13 日，3GPP 5G NR 独立组网（Standalone，SA）方案在 3GPP 第 80 次 TSG RAN 全体会议上正式完成并发布。加上 2017 年 12 月完成的 5G NR 非独立组网标准，5G 已经完成第一阶段全功能标准化工作，进入了产业新阶段。同期，中国三大电信运营商公布了各自的 5G 策略。

2018 年 8 月 2 日，奥迪与爱立信宣布计划率先将 5G 技术用于汽车生产。

2018 年 12 月 1 日，韩国三大运营商（SK、KT 与 LGU+）同步在韩国部分地区推出 5G 服务。

2018 年 12 月 3 日，我国工业和信息化部向中国电信、中国移动、中国联通颁发了全国范围内 5G 系统中低频段试验频率使用许可。我国在全球率先实现了对三大电信运营商各许可至少连续 100MHz 带宽频率资源，所许可的 5G 系统中低频段频谱资源总量为全世界最多，有力保障了各基础电信运营企业在全国范围内开展 5G 系统组网试验所必须使用的频率资源。

2018 年 12 月 18 日，AT&T 公司宣布在美国 12 个城市率先开放 5G 网络服务。

1.1.3 5G 商用

2019 年 4 月 3 日，韩国三大运营商宣布 5G 商用，早于美国威瑞森通信公司（Verizon）宣布 5G 商用数小时，韩国成为全球第一个实现 5G 商用的国家。

2019 年 6 月 6 日，我国工业和信息化部正式向中国电信、中国移动、中国联通、中国广电颁发“第五代数字蜂窝移动通信业务”基础电信业务经营许可证。中国正式进入5G商用元年。

2019年8月，《国家无线电办公室关于印发基础电信运营企业间频率协调工作会议纪要的函》明确了中国三大电信运营商频率腾退方案和时间要求。

2019年9月，中国电信与中国联通签署《5G网络共建共享框架合作协议书》。根据该合作协议，中国电信将与中国联通在全国范围内合作共建一张5G接入网络，共享5G频率资源，各自建设5G核心网。双方划定区域，分区建设，谁建设、谁投资、谁维护、谁承担网络运营成本。

2019年11月1日，中国三大电信运营商正式上线5G商用套餐，5G由此进入正式商用阶段，表明电信运营商第一步5G网络建设基本完成。

2020年8月17日，深圳市宣布成为全国首个5G独立组网全覆盖的城市，已累计建成5G基站超过4.6万个，基站密度位居国内第一。

1.1.4 5G加速推进

截至2019年年底，韩国三大运营商在5G网络方面合计部署约19万站有源天线单元（Active Antenna Unit，AAU），覆盖了85%的城市和93%的人口，5G用户规模达到500万人。

2020年2月23日，我国工业和信息化部召开关于加快推进5G发展、做好信息通信业复工复产工作电视电话会议。会上，中国移动表示：“中国移动将全力以赴做好通信、服务、防控3个方面的保障，有序推进复工复产，加快实施‘5G+’计划。”中国联通明确要求各省公司突出重点、加快5G建设，2020年上半年与中国电信力争完成47个地市、10万个基站的建设任务，三季度力争完成全国25万个基站建设，较原定计划提前一个季度完成全年建设目标。

2020年3月4日，中共中央政治局常务委员会召开会议，会议指出，要加大公共卫生服务、应急物资保障领域的投入，加快5G网络、数据中心等新型基础设施建设进度。

2020年3月13日，国家发展和改革委员会等23个部门联合发文，要求加快5G网络等信息基础设施的建设和商用步伐。

2020年3月25日，我国工业和信息化部发布《关于调整700MHz频段频率使用规划的通知》，推进5G加快发展，促进无线电频谱资源有效利用。

2020年5月20日，中国广电与中国移动签订《5G共建共享框架合作协议》，协议约定，双方共建共享700MHz、共享2.6GHz频段5G无线网络。

2020年8月28日，国家广播电视总局发布《关于印发5G高新视频系列技术白皮书的通知》，还发布了互动视频、沉浸式视频、虚拟现实（Virtual Reality，VR）视频和云游戏4份5G高新视频系列技术白皮书，深化广播电视和网络视听供给侧结构性改革，培育打造更高技术格式、更新应用场景、更美视听体验的5G高新视频新产品、新服务、新业态。

2021 年 1 月 21 日，我国工业和信息化部无线电管理局发布《关于5G直放站射频技术要求的通知》，保障我国 2600MHz、3300MHz、3500MHz 和 4900MHz 频段5G系统与其他无线电业务系统间的兼容共存，满足 5G 商用部署的需要。

2021 年 1 月 26 日，中国广电与中国移动签署 5G 共建共享具体协议，包括《5G 网络共建共享合作协议》《5G 网络维护合作协议》《市场合作协议》《网络使用费结算协议》，双方共同建设 700MHz 无线网络，双方按 1:1 比例共同投资，中国移动向中国广电有偿共享 2.6GHz 网络。

2021 年 2 月 1 日，我国工业和信息化部发布《关于提升 5G 服务质量的通知》，各电信运营商需要遵循六大举措，提升 5G 服务质量，推动 5G 持续健康发展。

2021 年 3 月 4 日，我国工业和信息化部无线电管理局发布《2100MHz 频段 5G 移动通信系统基站射频技术要求（试行）》，保障我国 2100MHz 频段 5G 移动通信系统与其他无线电业务的兼容共存，这为中国电信和中国联通共建共享“3.5G+2.1G”双频 5G 战略扫除了障碍，最大限度地发挥频谱效益，满足5G应用需求。

2021 年 6 月 7 日，我国工业和信息化部联合能源局、国家发展和改革委员会等部门发布《能源领域 5G 应用实施方案》，积极推进能源领域 5G 应用，建设一批 5G 行业专网或虚拟专网，研制一批满足能源领域 5G 应用特定需求的专用技术和配套产品。

2021 年 7 月 5 日，工业和信息化部联合国家发展和改革委员会、住房和城乡建设部、国有资产监督管理委员会等十部门发布《5G 应用“扬帆”行动计划（2021—2023 年）》，大力推动 5G 应用。其中提出的总目标是到 2023 年，5G 应用发展水平显著提升；5G 个人用户普及率超过 40%，用户数超过 5.6 亿人；5G 网络接入流量占比超 50%；每万人拥有 5G 基站数超过 18 个。

2021 年 9 月 10 日，中国广电与中国移动签署《5G 网络共建共享补充协议》，中国移动先行承担 700MHz 无线网络全部建设费用，并先行享有上述无线网络资产所有权，双方均享有 700MHz 无线网络使用权。中国广电在具备条件时，可分阶段向中国移动购买 50% 的 700MHz 无线网设备资产。中国广电按双方基于公平合理协商的条款向中国移动支付网络使用费。

2021 年 10 月，全球移动供应商协会（Global mobile Suppliers Association，GSA）的最新报告显示，180 家运营商已经在全球 72 个国家和地区推出了符合 3GPP 标准的商用 5G 服务。

2021 年 10 月 18 日，我国工业和信息化部发布新闻称全国已建成 5G 基站数超过 100 万个。

1.2 5G 发展愿景

借助 5G 网络，未来社会将实现“信息随心至，万物触手及”。

① 5G 将渗透未来社会的各个领域，以用户为中心构建全方位的信息生态系统。

② 5G 将使信息突破时空限制，提供极佳的交互体验，为用户带来身临其境的信息盛宴。

③ 5G 将拉近万物的距离，通过无缝融合的方式，便捷地实现人与万物的智能互联。

④ 5G 将为用户提供光纤般的接入速率，“零”时延的使用体验，千亿设备的连接能力，超高流量密度、超高连接数密度和超高移动性等多场景的一致服务，业务及用户感知的智能优化，同时将为网络带来超百倍的能效提升和超百倍的比特成本降低。

IMT-2020 描述的 5G 总体愿景如图 1-1 所示。

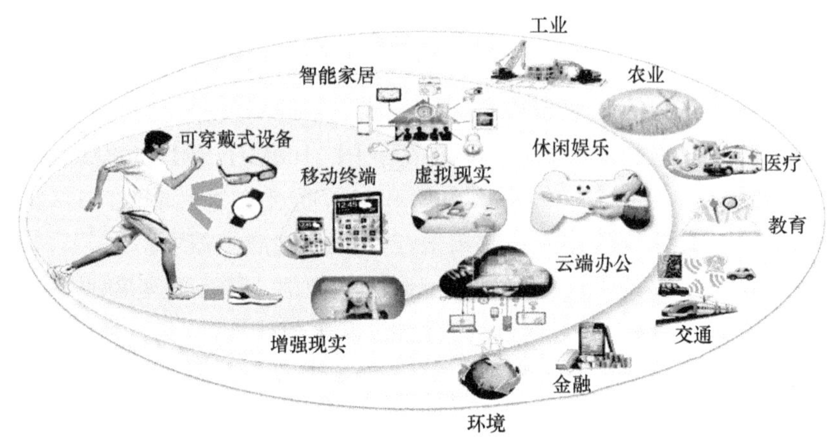

图1-1 IMT-2020描述的5G总体愿景

与 4G 网络相比，5G 网络要在增强移动宽带（enhanced Mobile Broadband，eMBB）、超高可靠低时延通信（Ultra Reliable and Low Latency Communication，URLLC）、大规模机器类通信（massive Machine Type Communication，mMTC）三大场景实现突破，5G 三大场景能力突破示意如图 1-2 所示。

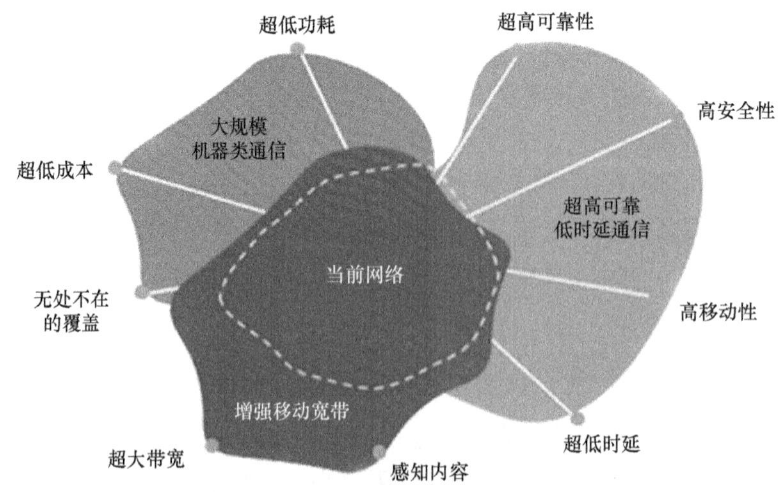

图1-2 5G三大场景能力突破示意

1.3 5G网络关键性能指标

国际电信联盟发布的ITU-R M.2083《IMT愿景：5G架构和总体目标》，定义了eMBB、mMTC、URLLC三大业务场景，以及峰值速率、业务容量等八大关键指标，并对IMT-2020（5G）和IMT-Advanced（4G）的关键指标进行了对比。

5G和4G关键性能指标对比见表1-1。

表1-1　5G和4G关键性能指标对比

序号	指标名称 / 单位	指标定义	5G目标	4G目标
1	峰值速率 /（Gbit/s）	理想条件下单个用户 / 设备所能够获得的最大速率	20	1
2	用户体验速率 /（Mbit/s）	移动用户 / 终端在覆盖区域内任何地方都能获得的速率	100	10
3	时延 /ms	从源端发送数据包到目的端的过程中无线网络所消耗的时间	1	10
4	移动性 /（km/h）	不同层 / 无线接入技术中的无线节点间满足特定服务质量（Quality of Service，QoS）且无缝传送时的最大速率	500	350
5	连接密度 /（devices/km^2）	单位面积上（每平方千米）连接和接入的设备的总数	10^6	10^5
6	网络能源效率 /（bit/J）	每焦耳能量能从用户侧收 / 发的比特数	5G要求是4G的100倍	
7	频谱效率 /（bit · s^{-1}/Hz）	每小区或单位面积内，单位频谱资源所能提供的平均吞吐量	5G要求是4G的3倍	
8	区域业务容量 /（Mbit · s^{-1}/m^2）	每地理区域内的总吞吐量	10	0.1

ITU还定义了5G的其他能力，具体如下：

① 频谱和带宽的灵活性；

② 可靠性；

③ 恢复力；

④ 安全和隐私；

⑤ 操作生命周期。

ITU定义的5G能力与中国IMT-2020（5G）推进组提出的5G关键能力体系（“5G之花”）基本相符。“5G之花”是中国5G需求研究标志性成果的一个独特呈现。中国移动作为中国IMT-2020（5G）推进组需求工作组组长，印发了在全球颇具影响力的《中国5G愿景与需求白皮书》，创新、系统地提出包括“5G之花”的5G愿景和需求蓝图，成为指引全球5G设计的共识，这使我国成为新一代移动通信愿景和需求制定的“引领者”，中国IMT–2020（5G）推进组提出的5G关键能力体系（“5G之花”）如图1-3所示。

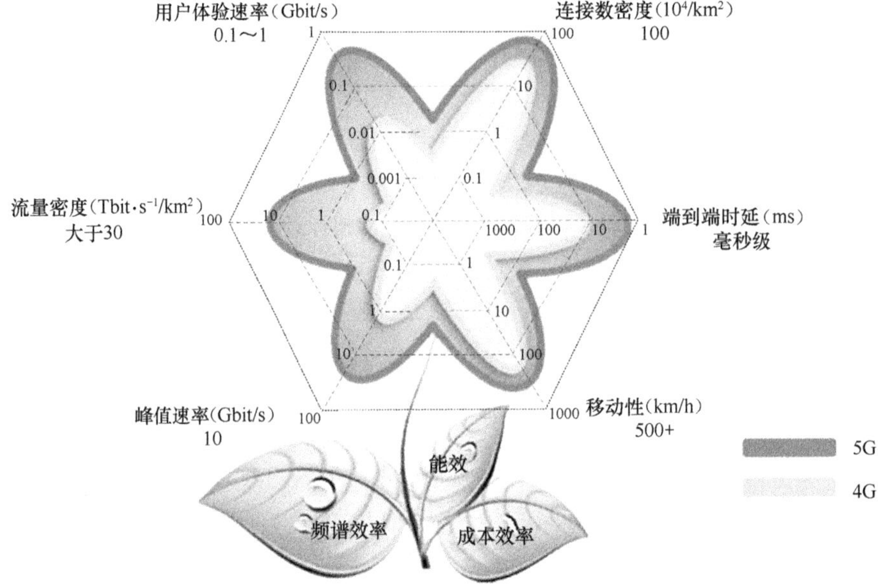

图1-3　中国IMT-2020（5G）推进组提出的5G关键能力体系（“5G之花”）

2017 年 2 月，ITU 发布的《IMT-2020 技术性能指标》定义了 13 项技术性能指标，包括每项指标的详细定义、适用场景、最小指标值等。IMT-2020（5G）技术性能指标见表 1-2。

表1-2　IMT-2020（5G）技术性能指标

序号	指标名称	适用场景	指标值	备注
1	峰值速率	eMBB	下行 20 Gbit/s 上行 10 Gbit/s	—
2	峰值频谱效率	eMBB	下行 30 bit · s⁻¹/Hz 上行 15 bit · s⁻¹/Hz	下行 8 空间流 上行 4 空间流
3	用户体验速率	eMBB（密集城区）	下行 100 Mbit/s 上行 50 Mbit/s	—
4	5% 边缘用户频谱效率	eMBB	室内热点： 下行 0.3 bit · s⁻¹/Hz 上行 0.21 bit · s⁻¹/Hz 密集城区： 下行 0.225 bit · s⁻¹/Hz 上行 0.15 bit · s⁻¹/Hz 乡村： 下行 0.12 bit · s⁻¹/Hz 上行 0.045 bit · s⁻¹/Hz	—

（续表）

<table>
<tr><th>序号</th><th colspan="2">指标名称</th><th>适用场景</th><th>指标值</th><th>备注</th></tr>
<tr><td>5</td><td colspan="2">平均频谱效率</td><td>eMBB</td><td>室内热点：
下行 9 bit · s^{-1}/Hz
上行 6.75 bit · s^{-1}/Hz
密集城区：
下行 7.8 bit · s^{-1}/Hz
上行 5.4 bit · s^{-1}/Hz
乡村：
下行 3.3 bit · s^{-1}/Hz
上行 1.6 bit · s^{-1}/Hz</td><td>如 ITU-R M.2083 所定义，5G 平均频谱效率须达到 4G 的 3 倍</td></tr>
<tr><td>6</td><td colspan="2">业务容量</td><td>eMBB（室内热点）</td><td>每平方米 10 Mbit/s</td><td>—</td></tr>
<tr><td rowspan="2">7</td><td rowspan="2">时延</td><td>用户面</td><td>eMBB、URLLC</td><td>4 ms for eMBB
1 ms for URLLC</td><td>层 2/3 服务数据单元包从发端到收端的单向时间</td></tr>
<tr><td>控制面</td><td>eMBB、URLLC</td><td>20 ms</td><td>从节电状态到连续数据传输状态的过渡时间</td></tr>
<tr><td>8</td><td colspan="2">连接密度</td><td>mMTC</td><td>1000000 终端 /km^2</td><td>—</td></tr>
<tr><td>9</td><td colspan="2">能源效率</td><td>eMBB</td><td>没有数据时，支持高睡眠比例 / 时间</td><td>有数据时用平均频谱效率衡量</td></tr>
<tr><td>10</td><td colspan="2">可靠性</td><td>URLLC</td><td>$1-10^{-5}$</td><td>32 字节协议数据单元（Protocol Data Unit，PDU）包；1 ms 以内；覆盖边缘</td></tr>
<tr><td>11</td><td colspan="2">移动性</td><td>eMBB</td><td>eMBB（乡村）支持 500km/h</td><td>—</td></tr>
<tr><td>12</td><td colspan="2">移动中断时间</td><td>eMBB、URLLC</td><td>0ms</td><td>—</td></tr>
<tr><td>13</td><td colspan="2">带宽</td><td>—</td><td>至少支持 100MHz 带宽；高频（6GHz 以上）支持 1GHz 带宽；支持可扩展带宽</td><td>—</td></tr>
</table>

1.4 5G 技术标准

1.4.1 5G 主要标准组织

5G 技术标准的制定主要涉及两个组织：ITU 和 3GPP。ITU 是官方机构，提出 5G 标准的愿景和需求，评估各方提交的 5G 标准提案，最后批准发布 5G 技术标准；3GPP 是有影响力的国际通信组织，根据 ITU 的需求制订详细的标准计划，并组织实施具体的编制工作。

1. 国际电信联盟

国际电信联盟的历史可以追溯到 1865 年，ITU 于 1947 年 10 月 15 日成为联合国的一个专门机构，其总部由瑞士的伯尔尼迁至日内瓦。国际电信联盟是联合国机构中历史最长的一个国际组织，简称“国际电联”。国际电联是主管信息通信技术事务的联合国机构，负责分配和管理全球无线电频谱与卫星轨道资源，制定全球电信标准，向发展中国家提供电信援助，促进全球电信发展。国际电联在法律上不是联合国的附属机构，它的决议和活动不需要联合国批准，但每年要向联合国提交工作报告。

国际电联有 193 个国家和地区成员、700 多个部门成员及部门准成员和学术成员。国际电联主要分为电信标准化部门（ITU-Telecommunication Standardization Sector，ITU-T）、无线电通信部门（ITU-Radio Communication Sector，ITU-R）和电信发展部门（ITU-Telecommunication Development Sector，ITU-D）。ITU 每年召开 1 次理事会，每 4 年召开 1 次全权代表大会、世界电信标准大会和世界电信发展大会，每两年召开 1 次世界无线电通信大会。ITU 的组织结构如图 1-4 所示。

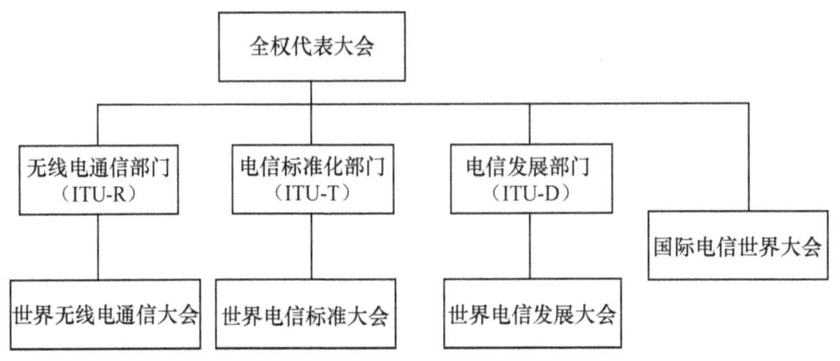

图1-4　ITU的组织结构

ITU-T、ITU-R 和 ITU-D 主要下辖的研究组和主要研究方向如下。

（1）电信标准化部门（ITU-T）

电信标准化部门主要有 10 个研究组（Study Group，SG），各研究组主要研究的方向如下。

① SG2：业务提供和电信管理的运营问题。

② SG3：包括相关电信经济和政策问题的资费及结算原则。

③ SG5：环境和气候变化。

④ SG9：电视和声音传输，以及综合宽带有线网络。

⑤ SG11：信令要求、协议和测试规范。

⑥ SG12：性能、服务质量和体验质量（Quality of Experience，QoE）。

⑦ SG13：包括移动和下一代网络（Next Generation Network，NGN）的未来网络。

⑧ SG15：光传输网络及接入网基础设施。

⑨ SG16：多媒体编码、系统和应用。

⑩ SG17：安全。

（2）无线电通信部门（ITU-R）

无线电通信部门主要有 6 个研究组，各研究组主要研究的方向如下。

① SG1：频谱管理。

② SG3：无线电波传播。

③ SG4：卫星业务。

④ SG5：地面业务。

⑤ SG6：广播业务。

⑥ SG7：科学业务。

（3）电信发展部门（ITU-D）

电信发展部门的职责是鼓励发展中国家参与国际电联的研究工作，组织召开技术研讨会，使发展中国家了解国际电联的工作，尽快应用国际电联的研究成果；鼓励国际合作，为发展中国家提供技术援助，在发展中国家建设和完善通信网络。

电信发展部门主要有两个研究组，各研究组主要研究的方向如下。

① SG1：电信发展政策和策略研究。

② SG2：电信业务、网络和信息与通信技术（Information and Communications Technology，ICT）应用的发展和管理。

2. 第三代合作伙伴计划

3GPP成立于1998年12月，最初的工作范围是为第三代移动通信系统制定全球适用的技术规范和技术报告。随后3GPP扩展了其工作范围，增加了对通用地面无线接入（Universal Terrestrial Radio Access，UTRA）长期演进系统的研究和标准制定，包括4G、5G及后续技术标准。

3GPP的会员包括组织伙伴（Organizational Partners，OP）、市场代表伙伴（Market Representation Partners，MRP）和独立会员（Individual Members，IM）3类。

目前，3GPP有7个OP，包括欧洲电信标准化协会（European Telecommunications Standards Institute，ETSI）、日本无线工业及商贸联合会（Association of Radio Industries and Businesses，ARIB）、日本电信技术委员会（Telecommunication Technology Committee，TTC）、中国通信标准化协会（China Communications Standards Association，CCSA）、韩国电信技术协会（Telecommunications Technology Association，TTA）、北美电信产业解决方案联盟（Alliance for Telecommunications Industry Solutions，ATIS）和印度电信标准化发展协会（Telecommunications Standards Development Society of India，TSDSI），这7个组织也叫作标准开发组织（Standards Development Organization，SDO），SDO共同决定了3GPP的整体政策和策略。3GPP受SDO委托制定通用的技术规范。各SDO在3GPP中的法律地位是相同的，但ETSI和3GPP关系更密切，ETSI全部采用3GPP标准，并承担3GPP的日常维护工作。

目前，3GPP有13个MRP，分别为3G Americas、Femto论坛、FMCA、Global UMTS

TDD Alliance、GSA、GSM Association、IMS Forum、InfoCommunication Union、IPv6 论坛、MobileIGNITE、TDIA、TD-SCDMA 论坛、UMTS 论坛，它们被邀请参与 3GPP 以提供建议，并对 3GPP 中的一些新项目提出市场需求（例如，业务和功能需求等）。

希望参与 3GPP 标准制定工作的实体组织首先需要注册为任一 SDO 的成员，再进一步注册成为 3GPP 的 IM，才具有相应的 3GPP 决定权和投票权。全球各知名设备商、运营商均具有 3GPP 的 IM 席位，共同参与标准规范的讨论和制定。例如，VDF、Orange、NTT、AT&T、Verizon、中国电信、中国移动、中国联通等运营商，Ericsson、Nokia、华为、中兴等设备商。

除了上述 3 类会员，3GPP 还有一些其他成员，包括 ITU 代表、观察员和宾客。

在 3GPP 的组织结构中，顶层是 7 个 OP 组成的项目协调组，对技术标准组（Technology Standards Group，TSG）进行管理和协调；TSG 目前有 3 个，分别为无线接入网技术标准组（TSG Radio Access Network，TSG RAN）、业务与系统技术标准组（TSG Service and System Aspects，TSG SA）、核心网与终端技术标准组（TSG Core network and Terminals，TSG CT）。每一个 TSG 下面又分为多个工作组（Work Group，WG），例如，负责长期演进技术（Long Term Evolution，LTE）标准化的 TSG RAN 分为 RAN WG1（无线物理层）、RAN WG2（无线层 2、无线层 3 无线资源控制）、RAN WG3（无线网络架构和接口）、RAN WG4（射频性能）、RAN WG5（终端一致性测试）和 RAN WG6（GSM[1]/EDGE[2] 无线接入网）6 个工作组。3GPP 的组织结构如图 1-5 所示。

项目协调组

无线接入网技术标准组（TSG RAN）	核心网和终端技术标准组（TSG CT）	业务和系统技术标准组（TSG SA）
无线接入网工作组1 无线物理层	**核心网和终端工作组1** 端到端协议	**业务和系统工作组1** 业务
无线接入网工作组2 无线层2、无线层3无线资源控制	**核心网和终端工作组3** 与外部网络互联互通	**业务和系统工作组2** 架构
无线接入网工作组3 无线网络架构和接口	**核心网和终端工作组4** 核心网内协议	**业务和系统工作组3** 安全
无线接入网工作组4 射频性能	**核心网和终端工作组6** 智能卡应用	**业务和系统工作组4** 语音、音频、视频及多媒体编解码
无线接入网工作组5 终端一致性测试		**业务和系统工作组5** 电信管理
无线接入网工作组6 GSM/EDGE 无线接入网		**业务和系统工作组6** 关键任务应用

图1-5　3GPP的组织结构

1. GSM（Global System for Mobile Communications，全球移动通信系统）。
2. EDGE（Enhanced Data Rate for GSM Evolution，增强型数据速率 GSM 演进技术）。

3GPP 制定的标准规范以 Release 作为版本进行管理，平均一到两年就会完成一个版本的制定，从建立之初的 R99（唯一以年份命名的版本），到 R4、R5 等。目前正式发布的 5G 标准版本有 R15 和 R16。

3GPP 以项目的形式开展和管理工作，最常见的形式是工作项目（Work Item，WI）和研究项目（Study Item，SI）。3GPP 对标准文本采用分系列的方式进行管理，5G 标准为 38 系列，而之前的 LTE 标准为 36 系列，宽带码分多址（Wideband Code Division Multiple Access，WCDMA）和时分同步码分多址（Time Division-Synchronous Code Division Multiple Access，TD-SCDMA）接入网部分的标准为 25 系列，核心网部分的标准为 22、23 和 24 系列。

3GPP WG 提供技术规范（Technical Specifications，TS）和技术报告（Technical Reports，TR），并提交 TSG 批准；TSG 批准后，会将其提交给 SDO 成员进行各自的标准化处理流程。

3GPP 文档的编码规则如图 1-6 所示。

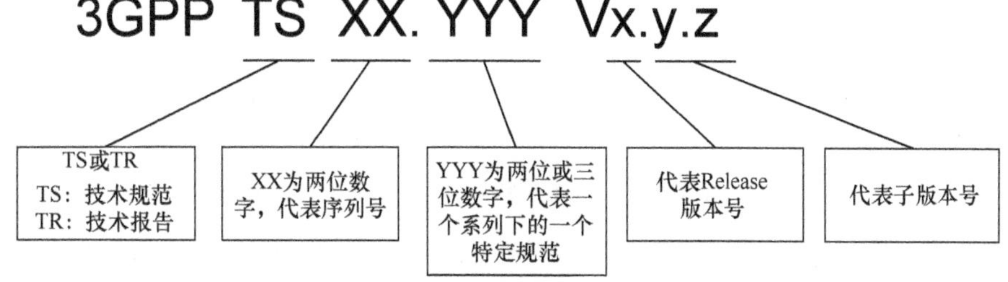

图1–6 3GPP文档的编码规则

例如，3GPP TS 38.410 V15.2.0 表示：3GPP 技术规范、38 系列、410 规范、R15 版本、子版本号 2.0，这是技术规范 *NG general aspects and principles* 的文档编号。

1.4.2 5G 标准演进

3GPP 5G 标准目前是 Release 15（R15）标准和 Release 16（R16）标准；2019 年 6 月初在美国加州结束的 3GPP RAN#84 会议上，3GPP 带来了 5G 空口标准的最新时间表（Release 15/16/17）及 5G 演进标准 Release 17（R17）的工作方向。

1. 5G 标准 Release 15 版本

Release 15 作为第 1 阶段 5G 的标准版本，按照时间先后分为 3 个部分，现都已完成并冻结。

早期交付（Early drop）：支持 5G 非独立组网（Non-Standalone，NSA）模式，系统架构选项采用 Option 3，对应的规范及 ASN.1 在 2018 年第一季度已经冻结。

主交付（Main drop）：支持 5G 独立组网模式，系统架构选项采用 Option 2，对应的规范及抽象语法标记（Abstract Syntax Notation One，ASN.1）分别在 2018 年 6 月及 9 月已经冻结。

延迟交付（Late drop）：2018 年 3 月在原有的 R15 NSA 与 SA 的基础上进一步拆分出的第 3 部分，包含了考虑部分运营商升级 5G 需要的系统架构选项 Option 4 与 Option 7、5G NR 新空口双连接（NR-NR DC）等，标准冻结比原定计划延迟了 3 个月。

3GPP 5G 标准 Release 15 版本的时间进度如图 1-7 所示。

2017年	2018年				2019年			
Q4	Q1	Q2	Q3	Q4	Q1	Q2	Q3	Q4
R15 NSA（选项3）冻结	R15 NSA（选项3）ANS.1							
	早期交付（Early drop）	R15 NSA（选项2）冻结	R15 SA（选项2）ANS.1					
			主交付（Main drop）		R15 Late drop 冻结	R15 Late drop ANS.1		
						延迟交付（Late drop）		

图1-7　3GPP 5G标准Release 15版本的时间进度

全球范围的5G商用网络，初期主要是基于2019年3月版标准的Release 15 NSA模式，随着时间的推移，产业进一步发展成熟，Release 15 SA 模式组网也开始大规模商用。

2. 5G 标准 Release 16 版本

受 Release 15 Late drop（延迟交付）版本冻结时间推迟及新冠肺炎疫情全球暴发的影响，Release 16 冻结时间较原定计划有所推迟。

2020 年 7 月 3 日，在 3GPP TSG 第 88 次会议上，国际移动通信标准制定组织 3GPP 宣布 5G 第一个演进标准 R16 冻结。

Release 16 作为 5G 第 2 阶段的标准版本，主要关注垂直行业应用及整体系统的提升，主要功能包括面向智能汽车交通领域的车用无线通信技术（Vehicle to Everything，V2X），在工业物联网（Industrial Internet of Things，IIoT）和 URLLC 增强方面增加可以在工厂全面替代有线以太网的 5G NR 能力（例如，时间敏感联网等），还包括许可频谱辅助接入（Licence Assisted Access，LAA）与独立非授权的非授权频段的 5G NR，以及定位增强、多输入多输出（Multiple Input Multiple Output，MIMO）增强、功耗改进等系统提升与增强技术。

3. 5G 标准 Release 17 及后续版本

3GPP 5G 标准 Release 17（Rel-17）版本的准备工作已经启动。Release 17 的几个关键时间点已经确定。

2019年6月，RAN#84会议上专门安排了一天的时间来讨论Release 17相关的意见，将各家厂商提出的建议都归到了工作区并开始基于邮件进行讨论。

2019年9月，RAN#85会议对之前基于邮件沟通的工作区建议方案进行集中评审，并根据评审意见做相应调整。

2019年12月，RAN#86会议最终确认批准Release 17的内容，后面开始正式进行Release 17规范的制定。

另外，2019年12月召开的3GPP RAN#86会议上对Release 17的技术演进路线进行了规划和布局，最终围绕“网络智慧化、能力精细化、业务外延化”三大方向共设立23个标准立项。这23个标准立项涵盖面向网络智能运维的数据采集及应用增强，面向赋能垂直行业的无线切片增强、精准定位、IIoT及URLLC增强、低成本终端，以及面向能力拓展的非地面网络通信（卫星通信及地空宽带通信）、覆盖增强、MIMO增强（含高铁增强）等项目，3GPP RAN Release 17版本的重要标准立项见表1-3。我国三大电信运营商也牵头了3GPP RAN Release 17版本的多项重要标准立项。

表1-3 3GPP RAN Release 17版本的重要标准立项

立项项目	报告企业
RAN Slicinq（SI）增强的研究（无线网络切片增强）	中国移动，中兴
关于增强NR（WI）中SON[1]/MDT[2]数据收集的新WID[3]	中国移动，爱立信
NR（WI）中的MIMO增强功能介绍	三星
NR sidelink增强（WI）上的新WID	LG电子
SID[4]：在52.6GHz（SI）以上对NR支持的研究	英特尔，高通
新的WID提案可将NR的运营扩展到71GHz（WI）	高通，英特尔
关于增强型工业物联网（IIoT）和URLLC支持（WI）的新WID	诺基亚
关于多无线双连接的新WID增强功能（WI）	华为
NTN上的NB-IoT[5]/eMTC的SI（SI）	联发科技，Eutelsat
新的WID研究：R17增强了NB-IoT和LTE（WI）	华为，爱立信
新的WID：NR支持非地面网络（NTN[6]）（WI）的解决方案	Thales（泰雷兹-法国）
针对NR（SI）的定位增强功能的新SID建议	英特尔，CATT
支持轻量级低复杂度NR设备（SI）的新SID	爱立信
NR上的新SID覆盖率增强（SI）	中国电信
针对NR（SI）的XR评估的新SID提案	高通公司
NR动态频谱共享（WI）上的新WID	爱立信
新的WID提议：NR组播和广播服务（WI）	华为，中国移动
新的WID：在R17（WI）中支持Multi-SIM设备	vivo
关于IAB[7]增强功能（WI）的新WID	高通公司
NR处于无效状态（WI）的小数据传输上的新WID	中兴

（续表）

立项项目	报告企业
NR sidelink 中继（SI）上的新研究项目	OPPO
新的 WID：UE[8] 节能增强功能（WI）	联发科技
新的 WID：NR 针对各种服务（WI）的 QoE 管理和优化	爱立信，中国联通
* 新 SID：关于数据收集进一步增强（SI）的研究（延期讨论）	中国移动
* 新的 WID：增强了对 NG-RAN（WI）的专用网络的支持（延期讨论）	中国电信

注：1. SON（Self-Optimizing Networks，自优化网络）。
2. MDT（Minimization of Drive Test，最小化路测）。
3. WID（Work Item Description，工作项目说明）。
4. SID（Study Item Description，研究项目说明）。
5. NB-IoT（Narrow Band Internet of Things，窄带物联网）。
6. NTN（Non-Terrestrial Networks，非地面网络）。
7. IAB（Integrated Access Backhaul，自回传）。
8. UE（User Equipment，用户设备）。

2020 年 3 月召开的 RAN#87 会议上，TSG 和工作组领导层同意将 Release 17 的时间表推迟 3 个月，2021 年 9 月，Release 17 第 3 阶段冻结，2021 年 12 月 Release 17 ASN.1 和开放应用编程接口（Open Application Programming Interface，OpenAPI）规范冻结。

2020 年 12 月 7 日，国际标准化组织 3GPP 确认 5G 最新演进版本 Release 17 的协议冻结时间进一步推迟，至 2022 年 6 月完成冻结。

Release 18（Rel-18）将成为人们关注的焦点，2021 年 12 月的 TSG#94-e 会议就其“Package 批准”（对 Release 18 内容的批准）达成一致。然而，除了优先级流程，TSG#93-e 会议同意，只有在 Release 17 达到其功能冻结的目标后才能全面启动 Release 18 的标准化工作。随着面向 Release 18 的工作从 2022 年第二季度开始逐步增加，第一个 5G-Advanced 版本预计于 2023 年 12 月冻结。

3GPP 5G 标准 Release 17 及后续版本的时间计划如图 1-8 所示。

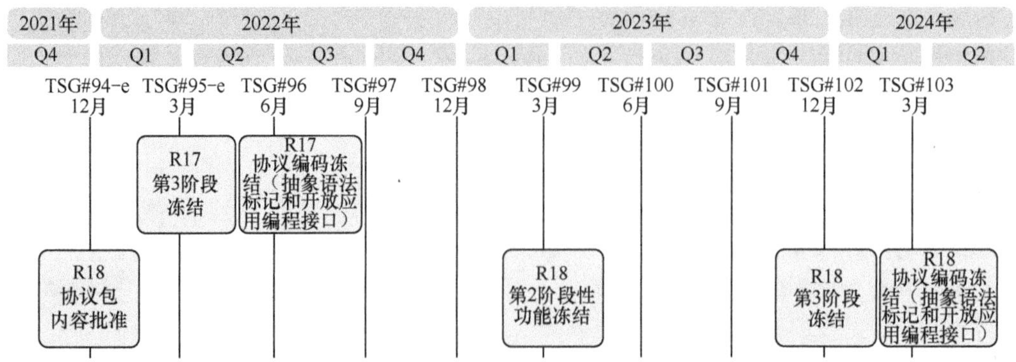

图1-8 3GPP 5G标准Release 17及后续版本的时间计划

1.5 5G 频谱

1.5.1 3GPP 频段

3GPP 已指定 5G NR 支持的频段列表，5G NR 频谱带宽可达 100GHz，指定了两大频率范围。5G NR 频率范围见表 1-4。

表1-4 5G NR频率范围

频率范围名称	对应频率范围
FR1	450MHz ～ 6.0GHz
FR2	24.25GHz ～ 52.6GHz

FR1：Frequency Range 1，Sub-6GHz 频段，频段范围为 450MHz ～ 6.0GHz，最大信道带宽为 100MHz。

FR2：Frequency Range 2，毫米波频段，频率范围为 24.25GHz ～ 52.6GHz，最大信道带宽为 400MHz。

3GPP 为 5G NR 定义了灵活的子载波间隔，不同的子载波间隔对应不同的频率范围。5G NR 子载波间隔见表 1-5。

表1-5 5G NR子载波间隔

子载波间距 /kHz	频率范围	信道带宽 /MHz
15	FR1	50
30	FR1	100
60	FR1，FR2	200
120	FR2	400

5G NR 频段分为频分双工（Frequency Division Duplexing，FDD）、时分双工（Time Division Duplexing，TDD）、上行补充频段（Supplementary Uplink，SUL）和下行补充频段（Supplementary Downlink，SDL）。

与 LTE 不同，5G NR 频段号标识以“n”开头。例如，LTE 的 B3（Band 3），在 5G NR 中被称为 n3，B3 和 n3 的频段范围均为上行 1710MHz ～ 1785MHz，下行 1805MHz ～ 1880MHz。

5G NR FR1（Sub-6GHz）频段见表 1-6；5G NR FR2（毫米波）频段见表 1-7。

表1-6　5G NR FR1（Sub-6GHz）频段

频段号	子载波间隔 / kHz	上行 /MHz	上行频点范围 /MHz 起始 -< 步进 >- 终止	下行 /MHz	下行频点范围 /MHz 起始 -< 步进 >- 终止	带宽 / MHz	双工模式
n1	100	1920 ～ 1980	384000-<20>-396000	2110 ～ 2170	422000-<20>-434000	60	FDD
n2	100	1850 ～ 1910	370000-<20>-382000	1930 ～ 1990	386000-<20>-398000	60	FDD
n3	100	1710 ～ 1785	342000-<20>-357000	1805 ～ 1880	361000-<20>-376000	75	FDD
n5	100	824 ～ 849	164800-<20>-169800	869 ～ 894	173800-<20>-178800	25	FDD
n7	100	2500 ～ 2570	500000-<20>-514000	2620 ～ 2690	524000-<20>-538000	70	FDD
n8	100	880 ～ 915	176000-<20>-183000	925 ～ 960	185000-<20>-192000	35	FDD
n12	100	699 ～ 716	139800-<20>-143200	729 ～ 746	185000-<20>-192000	17	FDD
n14	100	788 ～ 798	157600-<20>-159600	758 ～ 768	151600-<20>-153600	10	FDD
n18	100	815 ～ 830	163000-<20>-166000	860 ～ 875	172000-<20>-175000	15	FDD
n20	100	832 ～ 862	166400-<20>-172400	791 ～ 821	145800-<20>-149200	30	FDD
n25	100	1850 ～ 1915	370000-<20>-383000	1930 ～ 1995	386000-<20>-399000	65	FDD
n28	100	703 ～ 748	140600-<20>-149600	758 ～ 803	151600-<20>-160600	45	FDD
n29	100	N/A	N/A	717 ～ 728	143400-<20>-145600	11	SDL
n30	100	2305 ～ 2315	461000-<20>-463000	2350 ～ 2360	470000-<20>-472000	10	FDD
n34	100	2010 ～ 2025	402000-<20>-405000	2010 ～ 2025	402000-<20>-405000	15	TDD
n38	100	2570 ～ 2620	514000-<20>-524000	2570 ～ 2620	514000-<20>-524000	50	TDD
n39	100	1880 ～ 1920	376000-<20>-384000	1880 ～ 1920	376000-<20>-384000	40	TDD
n40	100	2300 ～ 2400	460000-<20>-480000	2300 ～ 2400	460000-<20>-480000	100	TDD
n41	15	2496 ～ 2690	499200-<3>-537999	2496 ～ 2690	499200-<3>-537999	194	TDD
	30		499200-<6>-537996		499200-<6>-537996		
n48	15	3550 ～ 3700	636667-<1>-646666	3550 ～ 3700	636667-<1>-646666	150	TDD
	30		636668-<2>-646666		636668-<2>-646666		
n50	100	1432 ～ 1517	286400-<20>-303400	1432 ～ 1517	286400-<20>-303400	85	TDD
n51	100	1427 ～ 1432	285400-<20>-286400	1427 ～ 1432	285400-<20>-286400	5	TDD
n65	100	1920 ～ 2010	384000-<20>-402000	2110 ～ 2200	422000-<20>-440000	90	FDD
n66	100	1710 ～ 1780	342000-<20>-356000	2110 ～ 2200	422000-<20>-440000	70/90	FDD
n70	100	1695 ～ 1710	339000-<20>-342000	1995 ～ 2020	399000-<20>-404000	15/25	FDD

（续表）

频段号	子载波间隔 / kHz	上行 /MHz	上行频点范围 /MHz 起始 –< 步进 >– 终止	下行 /MHz	下行频点范围 /MHz 起始 –< 步进 >– 终止	带宽 / MHz	双工模式
n71	100	663 ～ 698	132600–<20>–139600	617 ～ 652	123400–<20>–130400	35	FDD
n74	100	1427 ～ 1470	285400–<20>–294000	1475 ～ 1518	295000–<20>–303600	43	FDD
n75	100	N/A	N/A	1432 ～ 1517	286400–<20>–303400	85	SDL
n76	100	N/A	N/A	1427 ～ 1432	285400–<20>–286400	5	SDL
n77	15	3300 ～ 4200	620000–<1>–680000	3300 ～ 4200	620000–<1>–680000	900	TDD
	30		620000–<2>–680000		620000–<2>–680000		
n78	15	3300 ～ 3800	620000–<1>–653333	3300 ～ 3800	620000–<1>–653333	500	TDD
	30		620000–<2>–653332		620000–<2>–653332		
n79	15	4400 ～ 5000	693334–<1>–733333	4400 ～ 5000	693334–<1>–733333	600	TDD
	30		693334–<2>–733332		693334–<2>–733332		
n80	100	1710 ～ 1785	342000–<20>–357000	N/A	N/A	75	SUL
n81	100	880 ～ 915	176000–<20>–183000	N/A	N/A	35	SUL
n82	100	832 ～ 862	166400–<20>–172400	N/A	N/A	30	SUL
n83	100	703 ～ 748	140600–<20>–149600	N/A	N/A	45	SUL
n84	100	1920 ～ 1980	384000–<20>–396000	N/A	N/A	60	SUL
n86	100	1710 ～ 1780	342000–<20>–356000	N/A	N/A	70	SUL
n89	100	824 ～ 849	164800–<20>–169800	N/A	N/A		SUL
n90	15	2496 ～ 2690	499200–<3>–537999	2496 ～ 2690	499200–<3>–537999	194	TDD
	30		499200–<6>–537996		499200–<6>–537996		
	100		499200–<20>–538000		499200–<20>–538000		

表1-7 5G NR FR2（毫米波）频段

频段号	子载波间隔 / kHz	上行 /MHz	上行频点范围 /MHz 起始 –< 步进 >– 终止	下行 /MHz	下行频点范围 /MHz 起始 –< 步进 >– 终止	带宽 / MHz	双工模式
n257	60	26500 ～ 29500	2054166–<1>–2104165	26500 ～ 29500	2054166–<1>–2104165	30000	TDD
	120		2054167–<2>–2104165		2054167–<2>–2104165		
n258	60	24250 ～ 27500	2016667–<1>–2070832	24250 ～ 27500	2016667–<1>–2070832	30000	TDD
	120		2016667–<2>–2070831		2016667–<2>–2070831		

（续表）

频段号	子载波间隔 / kHz	上行 /MHz	上行频点范围 /MHz 起始 –< 步进 >– 终止	下行 /MHz	下行频点范围 /MHz 起始 –< 步进 >– 终止	带宽 / MHz	双工模式
n260	60	37000～40000	2229166–<1>–2279165	37000～40000	2229166–<1>–2279165	30000	TDD
	120		2229167–<2>–2279165		2229167–<2>–2279165		
n261	60	27500～28350	2070833–<1>–2084999	27500～28350	2070833–<1>–2084999	850	TDD
	120		2070833–<2>–2084997		2070833–<2>–2084997		

1.5.2 中国运营商 2G/3G/4G 频率的使用状况

经过多年的发展，中国三大电信运营商均形成了 2G/3G/4G 网络并存的局面。中国三大电信运营商频率的使用状况（5G 发牌前）见表 1-8。

表1-8　中国三大电信运营商频率的使用状况（5G发牌前）

运营商	网络	上行 /MHz	下行 /MHz	频谱带宽 /MHz	双工方式
中国移动	GSM/LTE FDD/NB–IoT	889～909	934～954	2×20	FDD
	GSM/LTE FDD	1710～1735	1805～1830	2×25	FDD
	TD–LTE A 频段	2010～2025	2010～2025	15	TDD
	TD–LTE F 频段	1880～1915	1880～1915	35	TDD
	TD–LTE E 频段	2320～2370	2320～2370	50	TDD
	TD–LTE D 频段	2575～2635	2575～2635	60	TDD
	合计	—	—	2×45+160	—
中国联通	GSM/WCDMA/LTE FDD	909～915	954～960	2×6	FDD
	GSM/LTE FDD/NB–IoT	1735～1765	1830～1860	2×30	FDD
	WCDMA/LTE FDD	1940～1965	2130～2155	2×25	FDD
	TD–LTE	2300～2320	2300～2320	20	TDD
	TD–LTE	2555～2575	2555～2575	20	TDD
	合计	—	—	2×61+40	—
中国电信	CDMA/LTE FDD/NB–IoT	824～835	869～880	2×11	FDD
	LTE FDD	1765～1780	1860～1875	2×15	FDD
	LTE FDD	1920～1940	2110～2130	2×20	FDD
	TD–LTE	2370～2390	2370～2390	20	TDD
	TD–LTE	2635～2655	2635～2655	20	TDD
	合计	—	—	2×46+40	—
总计		—	—	2×152＋240	—

注：2300MHz～2390MHz 限室内使用。

从表 1-8 中我们可以看出，在 5G 频率分配前，中国移动拥有 FDD 频谱资源 2×45MHz、TDD 频谱资源 160MHz；中国联通拥有 FDD 频谱资源 2×61MHz、TDD 频谱资源 40MHz；中国电信拥有 FDD 频谱资源 2×46MHz、TDD 频谱资源 40MHz；三大电信运营商合计拥有 FDD 频谱资源 2×152MHz、TDD 频谱资源 240MHz。

1.5.3 中国 5G 频谱分析

2017 年 11 月 15 日，工业和信息化部发布了《关于第五代移动通信系统使用 3300 ～ 3600MHz 和 4800 ～ 5000MHz 频段相关事宜的通知》，规划 3300MHz ～ 3600MHz 和 4800MHz ～ 5000MHz 频段作为5G系统的工作频段，其中，3300MHz ～ 3400MHz 频段原则上限室内使用。本次发布的 5G 系统频率使用规划，能够满足系统覆盖和大容量的基本需求，是我国 5G 系统先期部署的主要频段。

2018 年 12 月 3 日，工业和信息化部向中国移动、中国电信、中国联通 3 家基础电信运营企业颁发了全国范围内 5G 系统中低频段试验频率使用许可。

2019 年 6 月 6 日，工业和信息化部向中国移动、中国电信、中国联通及中国广电发放了 5G 牌照。

2019 年 8 月 1 日，《国家无线电办公室关于印发基础电信运营企业间频率协调工作会议纪要的函》明确了中国电信、中国移动、中国联通 3 家运营商关于 900MHz、1900MHz、2600MHz 频段的频率调整方案和计划。

2020 年 1 月 3 日，工业和信息化部向中国广电颁发 4.9GHz 频段 5G 试验频率使用许可，同意其在北京等 16 个城市部署 5G 网络。

2020 年 2 月 10 日，工业和信息化部分别向中国电信、中国联通、中国广电颁发无线电频率使用许可证，同意 3 家企业在全国范围内共同使用 3300MHz ～ 3400MHz 频段频率用于 5G 室内覆盖。

2020 年 4 月 1 日，工业和信息化部发布了《关于调整 700MHz 频段频率使用规划的通知》，将 702MHz ～ 798MHz 频段频率使用规划调整用于移动通信系统，并将 703MHz ～ 743MHz/758MHz ～ 798MHz 频段规划用于频分双工工作方式的移动通信系统。

2020 年 5 月，《工业和信息化部无线电管理局关于做好 700MHz 频段频率台站管理有关事宜的通知》明确了中国广电可使用 703MHz ～ 733MHz/758MHz ～ 788MHz 频段分批、分步在全国范围内部署 5G 网络。

综上，中国 5G NR 频率分配方案见表 1-9。

表1-9　中国5G NR频率分配方案

运营商	网络	频率范围 /MHz	带宽 /MHz	双工方式	备注
中国移动	5G NR	2515 ~ 2675	160	TDD	含： 中国移动 4G 网原有 2575MHz ~ 2635MHz，60MHz 带宽； 中国联通退出 2555MHz ~ 2575MHz，20MHz 带宽； 中国电信退出 2635MHz ~ 2655MHz，20MHz 带宽
	5G NR	4800 ~ 4900	100	TDD	—
	合计	—	260	—	—
中国电信	5G NR	3400 ~ 3500	100	TDD	—
	5G 室内	3300 ~ 3400	100	TDD	中国电信、中国联通、中国广电共同使用
	合计	—	200	—	—
中国联通	5G NR	3500 ~ 3600	100	TDD	—
	5G 室内	3300 ~ 3400	100	TDD	中国电信、中国联通、中国广电共同使用
	合计	—	200	—	—
中国广电	5G NR	上行：703 ~ 733 下行：758 ~ 788	2×30	FDD	—
	5G NR	4900 ~ 4960	60	TDD	—
	5G 室内	3300 ~ 3400	100	TDD	中国电信、中国联通、中国广电共同使用
	合计	—	2×30+160	—	—
总计		—	2×30+620	—	—

中国 5G NR 各频段优劣势比较见表 1-10。

表1-10　中国5G NR各频段优劣势比较

频段	优势	劣势
700MHz	① 覆盖范围广，绕射能力强，可大幅降低建网和运营成本 ② 信号传输损耗小，多普勒频偏更小，高速移动的稳定性更好	① 频段带宽资源小，速率相对较差 ② 清频工作难度较大 ③ 产业链成熟度相对落后
2.6GHz	① 覆盖能力较好 ② 现有室内分布系统支持该频段，可升级 ③ 高铁、隧道等场景使用的现有泄漏电缆支持该频段	① 产业链成熟度相对落后 ② 非国际主流频段，国际漫游支持率低
3.5GHz	① 产业链成熟度领先 ② 国际主流频段，国际漫游支持率高	① 覆盖能力较差 ② 现有室内分布系统不支持该频段，难以升级 ③ 高铁、隧道等场景使用的现有泄漏电缆不支持该频段
4.9GHz	频率干扰较少	① 产业链成熟度落后 ② 覆盖能力较差 ③ 现有室内分布系统不支持该频段，难以升级 ④ 高铁、隧道等场景使用的现有泄漏电缆不支持该频段

可以看出，中国移动获得相对较多的频谱资源，由于已有大量 2.6GHz 频段的 4G 基站，在部署 5G 网络时需要增加的站址较少，现有室内分布系统和泄漏电缆支持 2.6GHz 频段，所以一旦产业链成熟，中国移动可以快速完成 5G 网络建设。但是颁发频率许可证时 2.6GHz 和 4.9GHz 频段产业链成熟度相对落后，中国移动将消耗更多的资金和时间以促进产业链的成熟。

中国电信和中国联通则获得了国际主流黄金频段，产业链成熟度领先，但 3.5GHz 频段覆盖能力相对较差，部署 5G 网络时需要增加较多站址，且不支持现有室内分布系统和泄漏电缆，所以建设进度和投资金额将面临较大的挑战。

中国广电获得覆盖能力最佳的 700MHz 频段，可以节约网络建设和运维成本，但是 700MHz 带宽较小，速率相对较低，700MHz 频谱的清频工作难度较大，产业链成熟度相对较低。

2019 年 8 月，《国家无线电办公室关于印发基础电信运营企业间频率协调工作会议纪要的函》公布，电信运营商频率腾退方案如下：

① 中国移动腾退 904MHz ～ 909MHz/949MHz ～ 954MHz 给中国联通；

② 中国移动腾退 1880MHz ～ 1885MHz 用作 FDD 和 TDD 之间的干扰隔离带；

③ 中国电信获得 1780MHz ～ 1785MHz/1875MHz ～ 1880MHz 许可。

④ 2600MHz 频段与 2018 年 12 月发布的 5G 频率分配方案一致。

中国四大电信运营商频率的使用状况（截至 2021 年 10 月）见表 1-11。

表1-11 中国四大电信运营商频率的使用状况（截至2021年10月）

运营商	网络	上行 /MHz	下行 /MHz	频谱带宽 /MHz	双工方式	备注
中国移动	GSM/LTE FDD/NB-IoT	889 ～ 904	934 ～ 949	2×15	FDD	—
	GSM/LTE FDD	1710 ～ 1735	1805 ～ 1830	2×25	FDD	—
	TD-LTE A 频段	2010 ～ 2025	2010 ～ 2025	15	TDD	—
	TD-LTE F 频段	1885 ～ 1915	1885 ～ 1915	30	TDD	—
	TD-LTE E 频段	2320 ～ 2370	2320 ～ 2370	50	TDD	—
	TD-LTE/5G NR	2515 ～ 2675	2515 ～ 2675	160	TDD	—
	5G NR	4800 ～ 4900	4800 ～ 4900	100	TDD	—
	合计	—	—	2×40+355	—	—
中国联通	GSM/WCDMA/LTE FDD/NB-IoT	904 ～ 915	949 ～ 960	2×11	FDD	—
	GSM/LTE FDD/NB-IoT	1735 ～ 1765	1830 ～ 1860	2×30	FDD	—
	WCDMA/LTE FDD	1940 ～ 1965	2130 ～ 2155	2×25	FDD	—
	TD-LTE	2300 ～ 2320	2300 ～ 2320	20	TDD	—
	5G NR	3300 ～ 3400	3300 ～ 3400	100	TDD	3 家共用
	5G NR	3500 ～ 3600	3500 ～ 3600	100	TDD	—
	合计	—	—	2×66+220	—	—

（续表）

运营商	网络	上行 /MHz	下行 /MHz	频谱带宽 / MHz	双工方式	备注
中国电信	CDMA/LTE FDD/NB-IoT	824 ～ 835	869 ～ 880	2×11	FDD	—
	LTE FDD	1765 ～ 1785	1860 ～ 1880	2×20	FDD	—
	LTE FDD	1920 ～ 1940	2110 ～ 2130	2×20	FDD	—
	TD-LTE	2370 ～ 2390	2370 ～ 2390	20	TDD	—
	5G NR	3300 ～ 3400	3300 ～ 3400	100	TDD	3 家共用
	5G NR	3400 ～ 3500	3400 ～ 3500	100	TDD	—
	合计	—	—	2×51+220	—	—
中国广电	5G NR	703 ～ 733	758 ～ 788	2×30	FDD	—
	5G NR	3300 ～ 3400	3300 ～ 3400	100	TDD	3 家共用
	5G NR	4900 ～ 4960	4900 ～ 4960	60	TDD	—
	合计	—	—	2×30+160	—	—
总计		—	—	2×187 ＋ 755	—	—

注：2300MHz ～ 2390MHz 及 3300MHz ～ 3400MHz 限室内使用。

从表 1-11 中我们可以看出，5G 发牌后，截至 2021 年 10 月，中国移动独立拥有 FDD 频谱资源 2×40MHz、TDD 频谱资源 355MHz；中国联通独立拥有 FDD 频谱资源 2×66MHz、TDD 频谱资源 120MHz；中国电信独立拥有 FDD 频谱资源 2×51MHz、TDD 频谱资 120MHz；中国广电独立拥有 FDD 频谱资源 2×30MHz、TDD 频谱资源 160MHz；中国电信、中国联通、中国广电 3 家运营商共同拥有 TDD 频谱资源 100MHz。四大电信运营商合计拥有 FDD 频谱资源 2×187MHz、TDD 频谱资源 755MHz。

按照低频段（700MHz ～ 1000MHz）、中低频段（1700MHz ～ 2400MHz）和中高频段（2500MHz ～ 5000MHz）进行分段统计，中国四大电信运营商频率的使用状况分频段统计（截至 2021 年 10 月）见表 1-12。

表1-12　中国四大电信运营商频率的使用状况分频段统计（截至2021年10月）

运营商	低频段（700 ～ 1000）MHz	中低频段（1700 ～ 2400）MHz		中高频段（2500 ～ 5000）MHz	备注
		室外	室内		
中国移动	2×15	2×25+45	50	260	—
中国联通	2×11	2×55	20	200（含 100MHz 共用）	3300MHz ～ 3400MHz 为 3 家共用
中国电信	2×11	2×40	20	200（含 100MHz 共用）	
中国广电	2×30	—	—	160（含 100MHz 共用）	
合计	2×67	2×120+45	90	620	

截至 2021 年 10 月，中国四大电信运营商频率的使用状况如图 1-9 所示。

低频段

中国移动：2×15MHz
中国联通：2×11MHz
中国电信：2×11MHz
中国广电：2×30MHz

中国广电上行 5G NR（703～733）
中国广电下行 5G NR（758～788）
中国电信上行 CDMA/NB/LTE 800（824～835）
中国电信下行 CDMA/NB/LTE 800（869～880）
中国移动上行 GSM/NB/LTE 900（889～904）
中国联通上行 GSM/NB/LTE 900（904～915）
中国移动下行 GSM/NB/LTE 900（934～949）
中国联通下行 GSM/NB/LTE 900（949～960）
MHz

中频段
（室外/室内）

中国移动:(2×25+45)/50MHz
中国联通:(2×30+2×25)/20MHz
中国电信:(2×20+2×20)/20MHz

中国移动上行 GSM/LTE 1800（1710～1735）
中国联通上行 GSM/LTE 1800（1735～1765）
中国电信上行 LTE 1800（1765～1785）
中国移动下行 GSM/LTE 1800（1805～1830）
中国联通下行 GSM/LTE 1800（1830～1860）
中国电信下行 LTE 1800（1860～1880）
MHz

中国移动上下行 TD-LTE F（1885～1915）
中国电信上行 LTE 2.1G（1920～1940）
中国联通上行 UMTS/LTE 2.1G（1940～1970）
中国移动上下行 TD-LTE A（2010～2025）
中国电信下行 LTE 2.1G（2110～2130）
中国联通下行 UMTS/LTE 2.1G（2130～2155）
MHz

中国联通上下行 TD-LTE E（室内）（2300～2320）
中国移动上下行 TD-LTE E（室内）（2320～2370）
中国电信上下行 TD-LTE E（室内）（2370～2390）
MHz

中高频段

中国移动：260MHz
中国联通：200MHz
中国电信：200MHz
中国广电：160MHz

中国移动上下行 TD-LTE/5G NR（2515～2675）
3家共用上下行 5G NR（室内）（3300～3400）
中国电信上下行 5G NR（3400～3500）
中国联通上下行 5G NR（3500～3600）
中国移动上下行 5G NR（4800～4900）
中国广电上下行5G NR（4900～4960）
MHz

注：中国联通、中国电信、中国广电共用3300MHz～3400MHz。

图1-9　中国四大电信运营商频率的使用状况

1.6 6G 展望

1.6.1 6G 总体愿景

随着 5G 大规模商用，全球业界已开启对第六代移动通信技术（6th Generation Mobile Communication Technology，6G）的研究探索。未来，人类社会将进入智能化时代，社会服务均衡化、高端化，社会治理科学化、精准化，社会发展绿色化、节能化将成为未来社会的发展趋势。从移动互联，到万物互联，再到万物智联，6G 将实现从服务于人与物，到支撑智能体高效连接的跃迁，通过“人机物”智能互联、协同共生，满足经济社会高质量发展的需求，服务智慧化生产与生活，推动构建普惠智能的人类社会。

在数学、物理、材料、生物等多个基础学科的创新驱动下，6G 将与先进计算、大数据、人工智能、区块链等信息技术交叉融合，实现通信与感知、计算、控制的深度耦合，成为服务生活、赋能生产、绿色发展的基本要素。6G 将充分利用低中高全频谱资源，实现“空、天、地”一体化的全球无缝覆盖，随时随地满足安全可靠的“人机物”无限连接需求。

6G 将提供完全沉浸式的交互场景，支持精确的空间互动，满足人类在多重感官甚至情感和意识层面的连通交互，通信感知和普惠智能不仅能提升传统通信的能力，还将助力实现真实环境中物理实体的数字化和智能化，极大地提升信息通信的服务质量。

6G 将构建“人机物”智慧互联、智能体高效互通的新型网络，在大幅提升网络能力的基础上，具备智慧内生、多维感知、数字孪生、安全内生等新功能。6G 将实现物理世界人与人、人与物、物与物的高效智能互联，打造泛在精细、实时可信、有机整合的数字世界，实时精确地反映和预测物理世界的真实状态，助力人类走进“人机物”智慧互联、虚拟与现实深度融合的全新时代，最终实现“万物智联、数字孪生”的美好愿景。

1.6.2 6G 潜在的关键技术

为满足未来 6G 更加丰富的业务应用及极致的性能需求，需要在探索新型网络架构的基础上，在关键核心技术领域实现突破。当前，全球业界对 6G 关键技术仍在探索中，提出了一些潜在的关键技术方向及新型网络技术。

1. 内生智能的新型网络

未来，人工智能技术将内生于未来移动通信系统，并通过无线架构、无线数据、无线算法和无线应用等呈现出新型智能网络技术体系。人工智能（Artificial Intelligence，AI）在 6G 网络中是原生的，6G 网络设计之初就考虑了对 AI 技术的支持，而不只是将

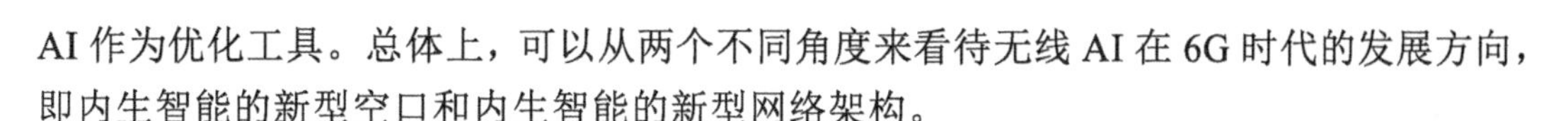

AI作为优化工具。总体上，可以从两个不同角度来看待无线AI在6G时代的发展方向，即内生智能的新型空口和内生智能的新型网络架构。

（1）内生智能的新型空口

内生智能的新型空口深度融合人工智能、机器学习技术，将打破现有无线空口模块化的设计框架，实现无线环境、资源、干扰、业务和用户等多维特性的深度挖掘和利用，显著提升无线网络的高效性、可靠性、实时性和安全性，并实现网络的自主运行和自我演进。

内生智能的新型空口技术可以通过端到端的学习来提高数据平面和控制信令的连通性、效率和可靠性，允许针对特定场景在深度感知和预测的基础上进行定制，且新型空口技术的组成模块可以灵活地进行拼接，以满足各种应用场景的不同要求。AI技术的学习、预测和决策能力使通信系统能够根据流量和用户行为主动调整无线传输格式和通信动作，降低通信收发两端的功耗。借助多智能体等AI方法，内生智能的新型空口技术可以使通信参与者之间高效协同，使比特传输的能效最大化。

利用数据和深度神经网络的黑盒建模能力，内生智能的新型空口技术可以从无线数据中挖掘并重构未知的物理信道，从而设计出最优的传输方式。在多用户系统中，通过强化学习，基站与用户可以自动根据所接收到的信号协调信道接入、资源调度等。每个节点可计算每次传输的反馈，以调整其发射功率、波束方向等信号方案，从而达到协同消除干扰、最大化系统容量的目的。

另外，随着机器学习及信息论的交叉融合和进一步发展，语义通信也将成为内生智能的新型空口技术的终极目标之一。通信系统不再只关注比特数据的传输，更重要的是，信息可以根据其含义进行交换，而同一信息的含义对于不同的用户、应用和场景可能有所不同。无线数据的高效感知获取、数据私密性的保证是人工智能赋能空口设计的关键难点。

（2）内生智能的新型网络架构

内生智能的新型网络架构充分利用网络节点的通信、计算和感知能力，通过分布式学习、群智式协同及云边端一体化算法部署，使6G网络原生支持各类AI应用，构建新的生态和以用户为中心的业务体验。

借助内生智能，6G网络可以更好地支持无处不在的具有感知、通信和计算能力的基站和终端，实现大规模智能分布式协同服务，同时最大化网络中通信与算力的效用，适配数据的分布性并保护数据的隐私性。这会带来3个变化：智能从应用和云端走向网络，即从传统的Cloud AI向Network AI转变，实现网络的自运维、自检测和自修复；智能在云－边－端－网间协同实现包括频谱、计算、存储等多维资源的智能适配，提升网络总体效能；智能在网络中对外提供服务，深入融合行业智慧，创造新的市场价值。

当前，网络内生智能在物联网、移动边缘计算、分布式计算、分布式控制等领域具有明确需求并成为研究热点。

网络内生智能的实现需要体积更小、算力更强的芯片，例如纳米光子芯片；需要更适用于网络协同场景下的联邦学习等算法；需要网络和终端设备提供新的接口实现各层智能的产生和交换。

2. 增强型无线空口技术

（1）无线空口物理层基础技术

6G 应用场景更加多样化，性能指标更为多元化，为满足相应场景对吞吐量、时延、性能的需求，需要对空口物理层基础技术进行针对性设计。

在调制编码技术方面，需要形成统一的编译码架构，满足多元化通信场景需求。例如，极化码在非常宽的码长 / 码率取值区间内具有均衡且优异的性能，通过简洁统一的码构造描述和编译码实现，可获得稳定可靠的性能。极化码和准循环低密度奇偶校验码（Low Density Parity Check Code，LDPC）都具有很高的译码效率和并行性，可满足高吞吐量业务需求。

在新波形技术方面，需要采用不同的波形方案设计来满足 6G 更加复杂多变的应用场景及性能需求。例如，对于高速移动的场景，可以采用能够更加精确刻画时延、多普勒等维度信息的变换域波形；对于高吞吐量场景，可以采用超奈奎斯特采样（Faster Than Nyquist，FTN）、高频谱效率频分复用（Spectrally Efficient Frequency Division Multiplexing，SEFDM）和重叠 X 域复用（Overlapped X Domain Multiplexing，OVXDM）等超奈奎斯特系统来实现更高的频谱效率。

在多址接入技术方面，为满足未来 6G 网络在密集场景下低成本、高可靠和低时延的接入需求，非正交多址接入技术将成为研究热点，并将从信号结构和接入流程等方面进行改进和优化。通过优化信号结构，提升系统最大可承载用户数，并降低接入开销，满足 6G 密集场景下低成本、高质量的接入需求。通过接入流程的增强，6G 全业务场景、全类型终端的接入需求被满足。

（2）超大规模 MIMO 技术

超大规模 MIMO 技术是大规模 MIMO 技术的进一步演进升级。天线和芯片集成度的不断提升将推动天线阵列规模的持续增大，通过应用新材料，引入新的技术和功能，例如，超大规模口径阵列、智能超表面（Reconfigurable Intelligent Surfaces，RIS）、人工智能和感知技术等，超大规模 MIMO 技术可以在更加多样的频率范围内实现更高的频谱效率、更广更灵活的网络覆盖、更高的定位精度和更高的能量效率。

超大规模 MIMO 技术具备在三维空间内进行波束调整的能力，除了提供地面覆盖，还可以提供非地面覆盖，例如，覆盖无人机、民航客机甚至低轨卫星等。随着新材料技术的发展，以及天线形态、布局方式的演进，超大规模 MIMO 技术将更好地与环境融合，进而实现网络覆盖、多用户容量等指标的大幅度提高。分布式超大规模 MIMO 技术有利于构造超大规模的天线阵列，网络架构趋近于无定形网络，有利于实现均匀一致的用户体验，获得更高的频谱效率，降低系统的传输能耗。

另外，超大规模 MIMO 阵列具有极高的空间分辨能力，可以在复杂的无线通信环境中提高定位精度，实现精准的三维定位；超大规模 MIMO 技术的超高处理增益可有效补偿高频段的路径损耗，能够在不增加发射功率的条件下提升高频段的通信距离和覆盖范围；引入人工智能的超大规模 MIMO 技术有助于在信道探测、波束管理、用户检测等多个环节实现智能化。

超大规模 MIMO 技术所面临的挑战主要包括成本高、信道测量与建模难度大、信号处理运算量大、参考信号开销大和前传容量压力大等问题，另外，低功耗、低成本、高集成度天线阵列及射频芯片是超大规模 MIMO 技术实现商业化应用的关键。

（3）带内全双工技术

带内全双工技术在相同的载波频率上同时发射、同时接收电磁波信号，与传统的 FDD、TDD 等双工方式相比，不仅可以有效提升系统频谱效率，还可以实现对传输资源的灵活配置。

带内全双工技术的核心是自干扰抑制，从技术产业成熟度来看，小功率、小规模天线单站全双工已经具备实用化的基础，中继和回传场景的全双工设备已有部分应用，但大规模天线基站全双工组网中的站间干扰抑制、大规模天线自干扰抑制技术还有待突破。在部件器件方面，小型化高隔离度收发天线的突破将会显著提升自干扰抑制能力，抑制射频域自干扰所需要的大范围可调时延芯片的实现，将会促进大功率自干扰抑制技术的研究。在信号处理方面，大规模天线功放非线性分量的抑制是目前数字域干扰消除技术的难点，在信道环境快速变化的情况下，射频域自干扰抵消的收敛时间和鲁棒性会影响整个链路的性能。

3. 新物理维度无线传输技术

除了传统的增强无线空口技术，业界也在积极探索新的物理维度，以实现信息传输方式的革命性突破，例如智能超表面技术、轨道角动量技术和智能全息无线电技术等。

（1）智能超表面技术

智能超表面技术采用可编程新型亚波长二维超材料，通过数字编码对电磁波进行主动的智能调控，形成幅度、相位、极化和频率可控制的电磁场。智能超表面技术通过对无线传播环境的主动控制，在三维空间中实现信号传播方向调控、信号增强或干扰抑制，构建智能可编程无线环境新范式。智能超表面技术可应用于高频覆盖增强、克服局部空洞、提升小区边缘用户速率、绿色通信、辅助电磁环境感知和高精度定位等场景。

智能超表面技术可扩大通信系统的覆盖范围，提升网络传输速率、信号覆盖率及能量效率。通过对无线传播环境的主动定制，例如，减少电磁污染和辅助定位感知等，无线信号可进行灵活调控。智能超表面技术不需要传统结构发射机中的射频链路，降低了硬件复杂度、成本和能耗。

智能超表面技术所面临的挑战和难点主要体现在超表面材料物理模型与设计、信道建模、信道状态信息获取、波束赋型设计、被动信息传输和 AI 使能设计等方面。

（2）轨道角动量技术

轨道角动量（Orbital Angular Momentum，OAM）是电磁波固有物理量，同时也是无线传输的新维度，是当前 6G 潜在关键技术之一。利用不同模态 OAM 电磁波的正交特性，可大幅提升系统频谱效率。具有 OAM 的电磁波又被称为“涡旋电磁波”，其相位面呈螺旋状。涡旋电磁波分为由天线发射的经典电磁波波束和用回旋电子直接激发的电磁波量子态。

OAM 电磁波波束是一种空间结构化波束，我们可以将其看作一种新型 MIMO 波束赋形方式，OAM 电磁波波束由圆形天线阵、螺旋相位板和特殊反射面天线等特定天线产生，不同 OAM 模态的波束具有相互正交的螺旋相位面。在点对点直射传输时，OAM 电磁波波束与传统 MIMO 波束相比可大幅降低波束赋形和相应数字信号处理的复杂度。OAM 波束传输最大的难点源于其倒锥状发散波束，倒锥状发散波束使 OAM 波束在长距离传输和波束对准等方面面临挑战。随着工作频点和带宽的进一步提高，器件工艺、天线设计、射频信号处理等是未来商用需要克服的关键技术难点。

OAM 量子态要求光量子或微波量子具有轨道角动量，但发射和接收无法采用传统天线完成，需要特殊的发射接收装置。目前，OAM 量子态的研究主要集中在 OAM 电磁波量子的高效激发、传输、接收、耦合、模态分选等具体方法，以及设备小型化等领域。

（3）智能全息无线电技术

智能全息无线电（Intelligence Holographic Radio，IHR）技术利用电磁波的全息干涉原理实现电磁空间的动态重构和实时精密调控，实现从射频全息到光学全息的映射，通过射频空间谱全息和全息空间波场合成技术实现超高分辨率空间复用，可满足超高频谱效率、超高流量密度和超高容量的需求。

智能全息无线电技术具有超高分辨率的空间复用能力，主要应用场景包括超高容量和超低时延无线接入、智能工厂环境下超高流量密度无线工业总线、海量物联网设备的高精度定位和精准无线供电及数据传输等。另外，智能全息无线电技术通过成像、感知和无线通信的融合，可精确感知复杂的电磁环境，支撑未来电磁空间的智能化。

智能全息无线电技术基于微波光子天线阵列的相干光上变频，可实现信号的超高相干性和高并行性，有利于信号直接在光域进行处理和计算，解决智能全息无线电系统的功耗和时延问题。

智能全息无线电在射频全息成像和感知等领域已有研究，但在无线通信领域的应用仍面临许多挑战和难点，这些挑战和难题主要包括智能全息无线电通信理论和模型的建立，基于微波光子技术的连续孔径有源天线阵与高性能光计算之间的高效协同、透明融合和无缝集成等硬件及物理层设计相关等问题。

4. 太赫兹通信技术与可见光通信技术

（1）太赫兹通信技术

太赫兹频段（0.1THz ～ 10THz）位于微波与光波之间，频谱资源极为丰富，具有传输速率高、抗干扰能力强和易于实现通信探测一体化等特点，重点满足 Tbit/s 量级大容量、超高传输速率的系统需求。

太赫兹通信可作为现有空口传输方式的有益补充，主要应用在全息通信、微小尺寸通信（片间通信及纳米通信）、超大容量数据回传、短距离超高速传输等潜在应用场景。同时，借助太赫兹通信信号进行高精度定位和高分辨率感知也是重要的应用方向。

太赫兹通信需要解决的关键核心技术及难点主要包括以下 4 个方面。①在收发架构设计方面，目前太赫兹通信系统有 3 类典型的收发架构，包括基于全固态混频调制的太赫兹系统、基于直接调制的太赫兹系统和基于光电结合的太赫兹系统，小型化、低成本、高效率的太赫兹收发架构是亟待解决的技术问题。②在射频器件方面，太赫兹通信系统中的主要射频器件包括太赫兹变频电路、太赫兹混频器、太赫兹倍频器和太赫兹放大器等。当前太赫兹器件的工作频点和输出功率仍然难以满足低功耗、高效率、长寿命等商用需求，需要探索基于锗化硅、磷化铟等新型半导体材料的射频器件。③在基带信号处理方面，太赫兹通信系统需要实时处理 Tbit/s 量级的传输速率，突破低复杂度、低功耗的先进高速基带信号处理技术是太赫兹商用的前提。④在太赫兹天线方面，目前高增益天线主要采用大尺寸的反射面天线，需要突破小型化和阵列化的太赫兹超大规模天线技术。另外，为了实现信道表征和度量，还需要针对太赫兹通信的不同场景进行信道测量与建模，建立精确、实用化的信道模型。

（2）可见光通信技术

可见光通信技术具有无须授权、高保密、绿色和无电磁辐射的特点。

可见光通信技术比较适合室内的应用场景，可作为室内网络覆盖的有效补充，也可应用于水下通信、空间通信等特殊场景及医院、加油站、地下矿场等电磁敏感场景。

当前，大部分无线通信中的调制编码方式、复用方式、信号处理技术等都能用可见光通信技术来提升系统性能，可见光通信技术的主要难点在于研发高带宽的发光二极管（Light Emitting Diode，LED）器件和材料，虽然可见光频段有极其丰富的频谱资源，但受限于光电、电光器件的响应性能，实际可用的带宽很小，如何提高发射、接收器件的响应频率和带宽是实现高速可见光通信必须解决的难题。另外，上行链路也是可见光通信面临的重要挑战，与其他通信方式进行异构融合组网是解决可见光通信上行链路的一种方案。

5. 通信感知一体化

通信感知一体化是6G潜在关键技术的研究热点之一，其设计理念是让无线通信和无线感知两个独立的功能在同一系统中实现且互惠互利。一方面，通信系统可以利用相同的频谱甚至复用硬件或信号处理模块完成不同类型的感知服务。另一方面，感知结果可用于辅助通信接入或管理，提高服务质量和通信效率。

未来通信系统中，更高的频段（毫米波、太赫兹甚至可见光）、更宽的频带宽度及更大的天线孔径将成为可能，这些将为在通信系统中集成无线感知能力提供可能。通过收集和分析经过散射、反射的通信信号，获得环境物体的形态、材质、远近和移动性等基本特性，利用经典算法或AI算法，实现定位、成像等不同功能。

虽然天线等系统部件可以实现共用，但通信和感知的目的不同，通信与感知一体化设计还有很多技术挑战，主要包括通感一体化信号波形设计、信号及数据处理算法、定位和感知联合设计，以及感知辅助通信等。另外，可集成的便携式通感一体化终端设计也是一个重要方向。

6. 分布式自治网络架构

6G网络将是具有巨大规模、提供极致网络体验、支持多样化场景接入和实现面向全场景的泛在网络。为此，相关人员需要开展包括接入网和核心网的6G网络体系架构研究。对于接入网，应设计旨在减少处理时延的至简架构和按需能力的柔性架构，研究需求驱动的智能化控制机制及无线资源管理，引入软件化、服务化的设计理念。对于核心网，需要研究分布式、“去中心化”、自治化的网络机制来实现灵活、普适的组网。

分布式自治的网络架构涉及多方面的关键技术，包括“去中心化”和以用户为中心的控制和管理；深度边缘节点及组网技术；需求驱动的轻量化接入网架构设计、智能化控制机制及无线资源管理；网络运营与业务运营解耦；网络、计算和存储等网络资源的动态共享和部署；支持以任务为中心的智能连接，具备自生长、自演进能力的智能内生架构；支持具有隐私保护、可靠、高吞吐量区块链的架构设计；可信的数据治理等。

网络的自治和自动化能力的提升将有赖于新的技术理念，例如，数字孪生技术在网络中的应用。传统的网络优化和创新往往需要在真实的网络上直接尝试，耗时长、影响大。基于数字孪生的理念，网络将进一步向更全面的可视、更精细的仿真和预测、更智能的控制发展。数字孪生网络（Digital Twin Network，DTN）是一个具有物理网络实体及虚拟孪生体，且二者可进行实时交互映射的网络系统。数字孪生网络通过闭环的仿真和优化可实现对物理网络的映射和管控。其中，网络数据的有效利用、网络的高效建模等是亟须攻克的问题。

网络架构的变革牵一发而动全身，在考虑如何引入新技术元素的同时，也要考虑与现有网络的共存共生问题。

7. 确定性网络

新一代信息技术与工业现场级操作技术的融合促使移动通信网络向“确定性网络”演进。工业制造、车联网、智能电网等时延敏感类业务的发展，对网络性能提出了确定性需求，包括端到端的及时交付，即确定的最小和最大时延及时延抖动；各种运行状态下有界的丢包率；数据交付时有上限的乱序等。

确定性的能力涉及端到端无线接入网、核心网和传输网络的系统性优化，涉及资源的分配、保护、测量、协同4个方面。①在资源分配机制方面，沿着数据流经过的路径逐跳分配资源，包括网络中的缓存空间或链路带宽等，消除网络内数据包争用而导致的丢包现象；通过预调度、优化调度流程，降低调度时延和减少开销。②服务保护机制包括研究数据包编码解决随机介质错误造成的丢包，设计数据包复制和消除机制防止设备故障，空口在移动、干扰、漫游时的服务保护方法等。③在QoS度量体系方面，增加QoS定义的维度，包括吞吐量、时延、抖动、丢包率、乱序上限等，研究多维度QoS的评测方法，建立精准的度量体系。④在多网络跨域协同方面，研究跨空口、核心网、传输网、边界云、数据中心等多域融合的控制方法和确定性达成技术。

确定性网络的应用除了要克服多方面极具挑战的技术，如何高效率、低成本地实现确定性网络、降低高精准带来的高成本也是其产业化推广需要解决的问题。

8. 算力感知网络

为了满足未来网络新型业务及计算轻量化、动态化的需求，网络和计算的融合已经成为新的发展趋势。业界提出了算力感知网络（简称“算力网络”）的理念：将云边端多样的算力通过网络化的方式连接与协同，实现计算与网络的深度融合及协同感知，达到算力服务的按需调度和高效共享。

在6G时代，网络不再是单纯的数据传输，而是集通信、计算、存储为一体的信息系统。算力资源的统一建模度量是算力调度的基础，算力网络中的算力资源将是泛在化、异构化的，通过模型函数将不同类型的算力资源映射到统一的量纲维度，形成业务层可理解、可阅读的零散算力资源池，为算力网络的资源匹配调度提供基础保障。统一的管控体系是关键，传统信息系统中应用、终端、网络相互独立，缺乏统一的架构体系对其进行集中管控、协同，因此算力网络的管控系统将由网络进一步向端侧延伸，通过网络层对应用层的业务感知，建立端边云融合一体的新型网络架构，实现算力资源的无差别交付、自动化匹配，以及网络的智能化调度，并解决算力网络中多方协作关系和运营模式等问题。

目前，产业界正从算网分治向算网协同转变，并将向算网一体化发展。这需要兼顾从云到网和从网到云的应用层与网络层发展的结合，以及相应的中心化和分布式控制的协同。

9. 星地一体融合组网

6G 是由地面网络、不同轨道高度上的卫星（高、中、低轨卫星）及不同空域的飞行器等融合而成的全新的移动信息网络，通过地面网络实现城市热点常态化覆盖，利用天基、空基网络实现偏远地区、海上和空中按需覆盖，具有组网灵活、韧性抗毁等突出优势。星地一体融合组网将不再是卫星、飞行器与地面网络的简单互联，而是空基、天基、地基网络的深度融合，构建包含统一终端、统一空口协议和组网协议的服务化网络架构，在任何地点、任何时间、以任何方式提供信息服务，实现天基、空基、地基等各类用户统一终端设备的接入与应用。

6G 时代的星地一体融合组网，将通过对星地多维立体组网架构、多维多链路复杂环境下融合空口传输技术、星地协同的移动协议处理、天基高性能在轨计算、星载移动基站处理载荷、星间高速激光通信等关键技术的研究，解决多层卫星、高空平台、地面基站构成的多维立体网络的融合接入、协同覆盖、协调用频、一体化传输和统一服务等问题。非地面网络的网络拓扑结构动态变化及运行环境不同，地面网络所采用的组网技术不能直接应用于非地面场景，因此，需要研究“空、天、地”一体化网络中的新型组网技术，例如命名 / 寻址、路由与传输、网元动态部署、移动性管理等，以及地面网络与非地面网络之间的互操作等。

星地一体融合网络需要拉通卫星通信与移动通信两个领域，涉及移动通信设备、卫星设备、终端芯片等，既有技术上的挑战，也有产业上的挑战。另外，卫星在能源、计算等资源方面的限制也对架构和技术选择提出了更高的要求，需要综合考虑。

10. 支持多模信任的网络内生安全

信息通信技术与数据技术、工业操作技术融合，边缘化和设施的虚拟化将导致 6G 网络安全边界更加模糊，传统的安全信任模型已经无法满足 6G 网络的安全需求，需要支持中心化的、第三方背书的及“去中心化”的多种信任模式共存。

未来的 6G 网络架构将更趋于分布式，网络服务能力贴近用户端提供，这将改变单纯中心式的安全架构；感知通信、全息感知等全新的业务体验，以用户为中心提供独具特色的服务，要求提供多模、跨域的安全可信体系，传统的“外挂式”“补丁式”网络安全机制很难对抗未来 6G 网络潜在的攻击及安全隐患。人工智能、大数据与 6G 网络的深度融合，也使数据的隐私保护面临着前所未有的挑战。新型传输技术和计算技术的发展，将牵引通信密码应用技术、智能韧性防御体系，以及安全管理架构向具有自主防御能力的内生安全架构演进。

6G的安全架构应奠定在一个更具包容性的信任模型基础之上，具备韧性且覆盖6G网络全生命周期，内生承载更健壮、更智慧、可扩展的安全机制，涉及多个安全技术方向。融合计算机网络、移动通信网络、卫星通信网络的6G安全体系架构及关键技术，支持安全内生、安全动态赋能；终端、边缘计算、云计算和6G网络间的安全协同关键技术，支持异构融合网络的集中式、"去中心化"和第三方信任模式并存的多模信任架构；贴合6G无线通信特色的密码应用技术和密钥管理体系，例如，量子安全密码技术、逼近香农一次一密和密钥安全分发技术等；大规模数据流转的监测与隐私计算的理论与关键技术，高通量、高并发的数据加解密与签名验证，高吞吐量、易扩展、易管理，且具备安全隐私保障的区块链基础能力；拓扑高动态和信息广域共享的访问控制模型与机制，以及隔离与交换关键技术。

将安全架构与网络架构的迭代进行一体化设计是关键。通信网络安全须兼顾通信和安全，在代价和收益之间做出平衡，同时以"安全防护无止境"为宗旨，从攻防对抗视角动态度量通信网络安全状态，使通信网络安全随着区块链等技术的引入不断演进。

5G 系统原理

2.1 5G系统网络结构

5G网络与4G网络相比，是一个支持更大带宽、更短时延、更多用户、更高速移动的网络，需要满足超高连接数密度、超高流量密度、超低时延、超高可靠性等严苛的关键性能指标（Key Performance Indicator，KPI），这对系统架构提出了极高的要求。

2.1.1 5G网络架构重构

5G网络的目标是实现一个全连接、全移动、端到端的生态通信系统。传统网络一直以来更强调对网络底层传送能力的加强，忽略了如何向上层应用和业务更灵活地开放网络的能力，导致网络缺少流程化的能力开放接口，业务很难灵活地调用网络能力。5G可彻底颠覆目前的通信网络架构，通过引入软件定义网络（Software Defined Network，SDN）和网络功能虚拟化（Network Function Virtualization，NFV）等新技术，淘汰传统网络网元功能耦合、网络拓扑复杂、协议定义固化的架构，充分展示基于NFV、SDN等最新技术的创新架构在实现通信网络的敏捷性、灵活性、开放性等方面的优势。

5G在要求网络架构更加扁平化的同时，还需要网络架构特别灵活以实现资源的按需调配。基于SDN和NFV技术搭建新架构是网络重构的重要方向，它以网络的控制与转发分离、网络软硬件解耦为基本特征，是全局性、革命性的架构重构。

5G端到端网络架构涉及核心网、接入网、传输网、业务和终端5个部分。

1. 基于SDN和NFV的5G网络架构

（1）网元功能分解

当前通信网络的网元功能组合复杂，网络功能和网元强耦合，且存在功能重叠，因此需要对网络功能进行梳理，首先要实现控制与转发分离，软件与硬件的解耦。

利用SDN技术，通过控制与转发分离，控制功能可以集中在SDN控制器上，转发面则部署在标准的通用转发设备之上，同时控制面和转发面可以支持独立的生命周期管理，可以独立扩容和升级，使网络更加灵活且高效。

利用NFV技术，通过软硬件解耦，可以将网元设备的功能和传统的专有硬件解除绑定，各功能通过软件实现，接口标准化并运行于通用硬件平台上，有利于利用通用设备的规模效应为网络建设节省巨大的投资成本。

（2）网元功能抽象

对现有网元功能进行分解后，需要提取共性，进行逻辑化的抽象概括和封装，细化子功能模块，标准化各模块间的接口，为功能重构做准备。分解后，网络功能模块相对于网元数量将变多，接口和协议从数量上看变得更复杂，但目前网元各接口是私有的、紧耦合的，而新架构下的接口和功能模块是组件化、模块化的，这将为业务部署带来前所未有的灵活性。

通过网络功能抽象，将网络功能组件化、模块化，并按照新的标准采用开放的应用程序接口（Application Programming Interface，API）的功能模块进行重新组织，可以使新的网络架构满足用户多样的业务需求，提供最优的业务数据流传输与处理方法，增强系统的资源利用效率和网络服务能力。

（3）网络功能重构

灵活组合具有开放接口的各个子功能模块，既可以让各个功能具备独立的生命周期，实现灰度升级，动态扩缩容，又可以满足未来业务的多样性需求，进行快速开发、测试和灵活部署，满足新业务快速上线的需要。同时，基于NFV架构，网络底层的硬件资源可以充分灵活地共享，并基于实时业务需求进行按需编排、自动部署、弹性伸缩、故障隔离和自愈等。

通信网络需要参考、借鉴和吸收信息技术领域的新技术和新架构，从而使5G网络架构具备IT架构灵活、快速的特点。5G网络架构不是封闭架构，而是一个使能各种新应用、新业务的开放平台，具有模块化的功能组件、开放的API，可以依据业务的实际要求进行模块组合和针对某类业务或者某个用户的特殊要求定制化地提供相应的网络功能。

5G网络对功能模块的划分和重构既继承了现有网络的功能，同时也减少了冗余功能。已经被淘汰的某些功能模块及业务可以及时下线，同时基于模块化，电信运营商可以依据个性化的发展需求及经营策略对投资进行优化配置，减少成本，并减少冗余。

2. 5G核心网重构

5G核心网的重构遵循网络功能虚拟化、转发和控制分离、功能轻量化等原则。

（1）网络功能虚拟化

引入NFV技术能降低设备投资成本，利用云计算的灵活快速部署能力可进行网络快速配置和调整，满足电信级API的快速创新需求。

（2）转发和控制分离

5G核心网重构将控制面功能和用户面功能（User Plane Function，UPF）彻底分离。集中部署控制面功能，包括接入与移动管理功能（Access and Mobility Management Function，AMF）和会话管理功能（Session Management Function，SMF）等，分布式的用户面功能可根据业务需求部署在不同层级、不同位置的数据中心（Data Center，DC），按需分流，以满足不同业务场景的时延需求。

（3）功能轻量化

5G 核心网须同时支持移动互联网、高清视频、车联网、物联网、工业控制等各类业务场景，这些场景在移动性、计费、带宽、时延、可靠性、安全性等方面存在巨大差异。因此 5G 核心网必须降低模块、接口和协议的复杂度，网元功能采用模块化设计，以支持网络切片和 API 调用，实现业务逻辑隔离、动态分配和管理资源，适配不同业务特征需求，提供不同的服务等级协议（Service Level Agreement，SLA），并服务于不同垂直行业应用。

3. 5G 接入网重构

（1）引入新空口

5G 引入统一而灵活的空口设计，以应对场景、频段和双工方式的差异化，提供统一大框架下的灵活、高效、融合的空口能力，实现三大场景统一设计、高低频段统一设计、双工方式统一设计。在统一的空口框架下，可以灵活配置天线参数与帧结构，可以在非对称频谱支持纯上行或纯下行的传输，可以在对称频谱的任一频段支持上下行时分的传输。

（2）基站重构 CU、DU、AAU 功能

5G 网络中的基站功能被重构为集中单元（Centralized Unit，CU）、分布单元（Distribute Unit，DU）、有源天线单元 3 个功能实体。其中，CU 可以理解为原基带处理单元（Base Band processing Unit，BBU）的非实时部分，负责处理非实时协议和服务；原 BBU 的剩余功能则被定义为 DU，负责处理物理层协议和提供实时服务。原 BBU 的部分物理层处理功能与原射频远端单元（Radio Remote Unit，RRU）及无源天线合并为 AAU。

CU、DU、AAU 支持以下部署方式。

① 方式 1：CU 和 DU 集中部署，AAU 分布部署。

② 方式 2：CU 集中部署，DU 和 AAU 分布部署。

③ 方式 3：CU、DU、AAU 均分布部署。

4. 5G 传输网重构

与传统的传输网相比，5G 传输网在网络架构、转发连接、带宽、时延、同步等方面的需求都有巨大变化，5G 传输网的新变化见表 2-1。

表2-1　5G传输网的新变化

比较项目	传统传输网	5G 传输网
网络架构	基于虚拟专用网络（Virtual Private Network，VPN）的汇聚架构	支持软硬切片的云化架构
转发连接	南北向流量为主，路由相对固定，流量确定	东西向流量增加，SDN 灵活调配，流量多变
带宽	每基站 320Mbit/s	前传、中传、回传带宽 10 ～ 100 倍增长
时延	10ms	1ms
同步	1.5μs	400ns

（1）5G 转发连接结构

5G 转发连接结构与 5G 基站的重构相对应，5G 的传输节点变为 AAU、DU、CU、5G 核心网（5G Core，5GC）4 个，传输网相应地划分为前传、中传和回传 3 段。

前传：AAU↔DU，增强型通用公共无线电接口（enhanced Common Public Radio Interface，eCPRI）采用分组化以太网接口，带宽与天线数解耦，相对于通用公共无线电接口（Common Public Radio Interface，CPRI），传输带宽需求大幅降低，传输模式采用点到点传递。

中传：DU↔CU，带宽需求与回传相当，可统计复用，传输模式以点到点传递为主。

回传：CU↔5GC，可统计复用，收敛带宽，传输模式为单点到多点，横向流量，时延与业务要求相关。

（2）5G 转控分离关键技术

5G 传输网实现转控分离，转发面重构关键技术如下：

① 光层，5G 大带宽需求，采用波分复用（Wavelength Division Multiplexing，WDM）扩展带宽；

② 链路层，采用灵活以太网（Flex-Ethernet，FlexE）技术新接口支持物理分片使用，支撑网络切片；

③ 网络层，云化部署，灵活终结，3 层功能到边缘，引入调度请求（Scheduling Request，SR）技术。

控制面重构的关键技术为 SDN 和网络切片，集中化和端到端灵活调度，解决 SR 集中计算和网络切片问题。

2.1.2　5G 网络服务化架构

5G 网络服务的多样性要求网络架构必须从过去固化紧耦合的传统形态演变为敏捷灵活的新形态，实现流量和应用的紧密结合，充分利用虚拟化、软件定义网络等新技术提供灵活的多样化服务，提升连接的价值。

云计算、微服务、软件定义网络等新技术既是对 IT 产业的革新，也为未来移动通信的演进提供了新的机遇。3GPP 从 IT 化、互联网化、极简化、服务化 4 个系统设计理念出发，对 5G 系统架构的设计设置了高起点、高目标，充分吸收各领域的新技术优势。关键的设计原则和概念如下。

① 用户面功能与控制面功能分离，允许独立的可扩展性、演进和灵活部署。

② 支持模块化功能设计以实现网络切片。

③ 可以把程序（即网络功能之间的交互集）定义为服务，以便重复使用。

④ 使每个网络功能（Network Function，NF）可以按需直接与其他网络功能交互。

⑤ 使接入网络（Access Network，AN）和核心网（Core Network，CN）之间的依赖关系最小化。

⑥ 支持统一的鉴权框架。

⑦ 支持“计算”资源与“存储”资源解耦的“无状态”NF。

⑧ 支持能力开放。

⑨ 支持并发访问本地服务和远端集中服务。为了支持低时延服务和对本地数据网络（Local Area Data Network，LADN）的访问，可以在接入网络附近部署用户面功能。

⑩ 支持归属地路由（Home Routed，HR）和本地路由（Local Break Out，LBO）两种方式的漫游。

⑪ 通过借鉴 IT 领域成熟的面向服务的架构（Service Oriented Architecture，SOA）、微服务架构等理念，结合通信网络的现状、特点和发展趋势，设计了全新的 5G 网络架构，2017 年 5 月，在 3GPP SA2 的第 121 次会上，确定了服务化架构（Service Based Architecture，SBA）作为 5G 的基础架构。

服务化架构是云化架构的进一步演进，对应用层逻辑网元和架构进一步优化，对各网元的能力通过“服务”进行定义，并通过 API 形式供其他网元进行调用，进一步适配底层基于 NFV 和 SDN 等技术的原生云基础设施平台。

面向云原生定义服务是 SBA 的核心。每个 5G 软件功能都由细粒度的服务来定义，以便网络按照业务场景以服务粒度定制及编排；接口基于互联网协议，采用可灵活调用的 API 交互，对内降低网络配置及信令开销，对外提供能力开放的统一接口；服务可独立部署、灰度发布，使网络功能可以快速升级并引入新功能，服务可基于虚拟化平台快速部署和弹性扩缩容。

5G 的系统架构可以通过两种架构模型来体现，一种是服务化架构视图，另一种是参考点视图。参考点视图与传统的网元 + 接口的网络视图接近，主要用于表现网络功能之间的互动关系，在说明业务流程时更直观。

1. 服务化架构视图

服务化架构视图可用于体现 5G 的“总线”型服务化架构。非漫游场景 5G 架构服务化架构如图 2-1 所示；漫游场景 - 本地路由漫游方式下 5G 架构服务化架构如图 2-2 所示；漫游场景 - 归属地路由漫游方式下 5G 架构服务化架构如图 2-3 所示。

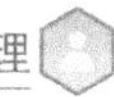

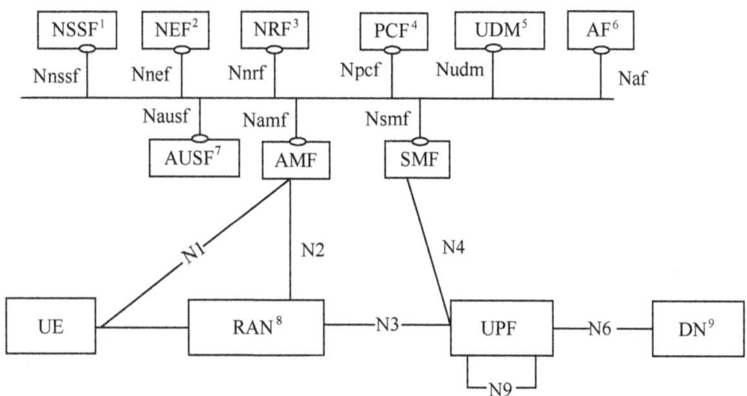

注：1. NSSF（Network Slice Selection Function，网络切片选择功能）。
2. NEF（Network Exposure Function，网络开放功能）。
3. NRF（Network Repository Function，网络存储功能）。
4. PCF（Policy Control Function，策略控制功能）。
5. UDM（Unified Data Management，统一数据管理）。
6. AF（Application Function，应用功能）。
7. AUSF（Authentication Server Function，认证服务器功能）。
8. RAN（Radio Access Network，无线接入网络）。
9. DN（Data Network，数据网络）。

图2-1 非漫游场景5G架构服务化架构

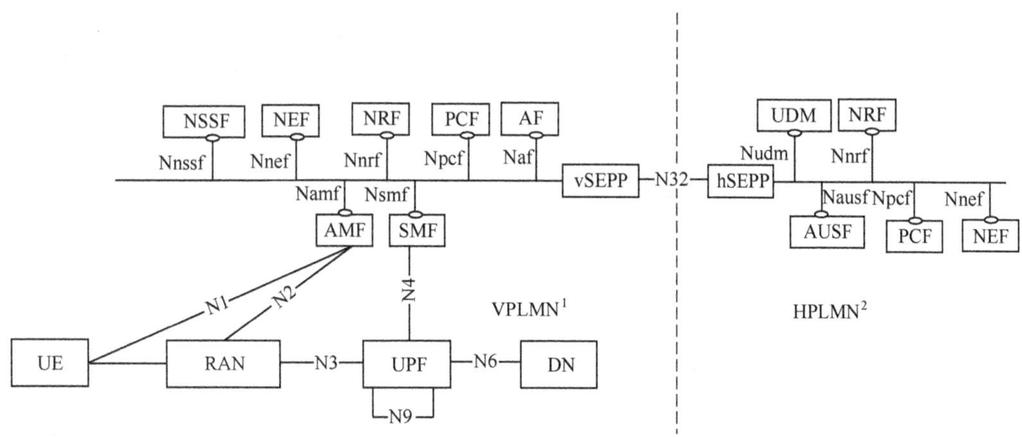

注：1. VPLMN（Visited Public Land Mobile Network，拜访地公用陆地移动网）。
2. HPLMN（Home Public Land Mobile Network，归属地公用陆地移动网）。

图2-2 漫游场景-本地路由漫游方式下5G架构服务化架构

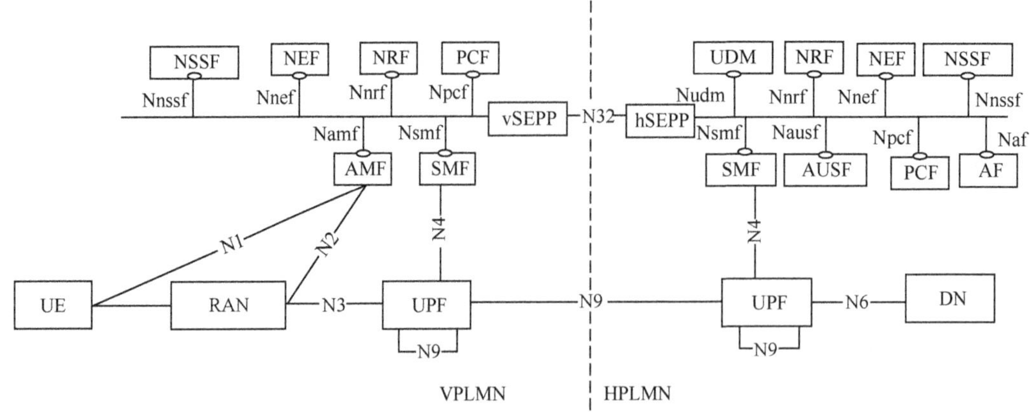

图2-3　漫游场景-归属地路由漫游方式下5G架构服务化架构

2. 参考点视图

参考点视图与传统的网元 + 接口的网络视图接近，主要用于表现网络功能之间的互动关系，在说明业务流程时更直观。非漫游场景 5G 架构参考点如图 2-4 所示；漫游场景 - 本地路由漫游方式下 5G 架构参考点如图 2-5 所示；漫游场景 - 归属地路由漫游方式下 5G 架构参考点如图 2-6 所示。

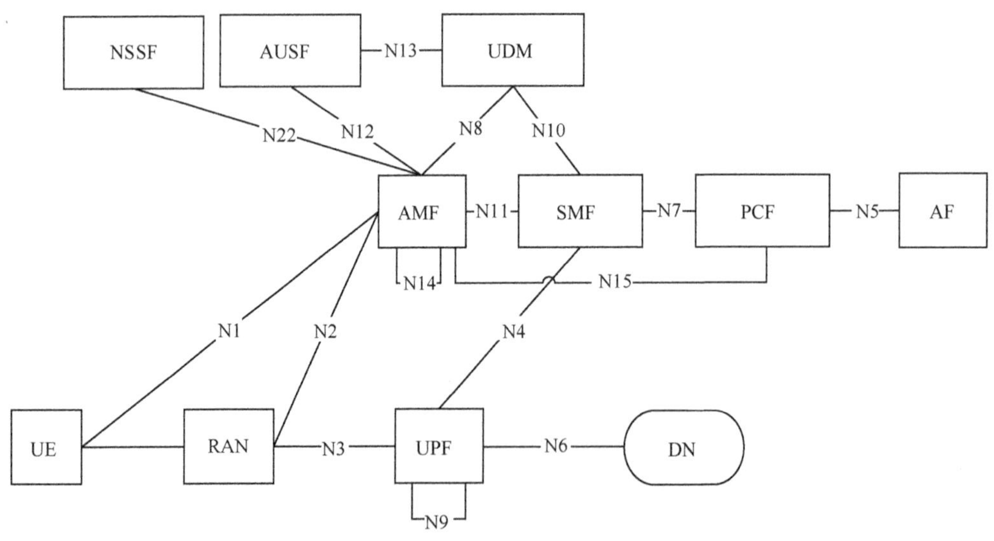

图2-4　非漫游场景5G架构参考点

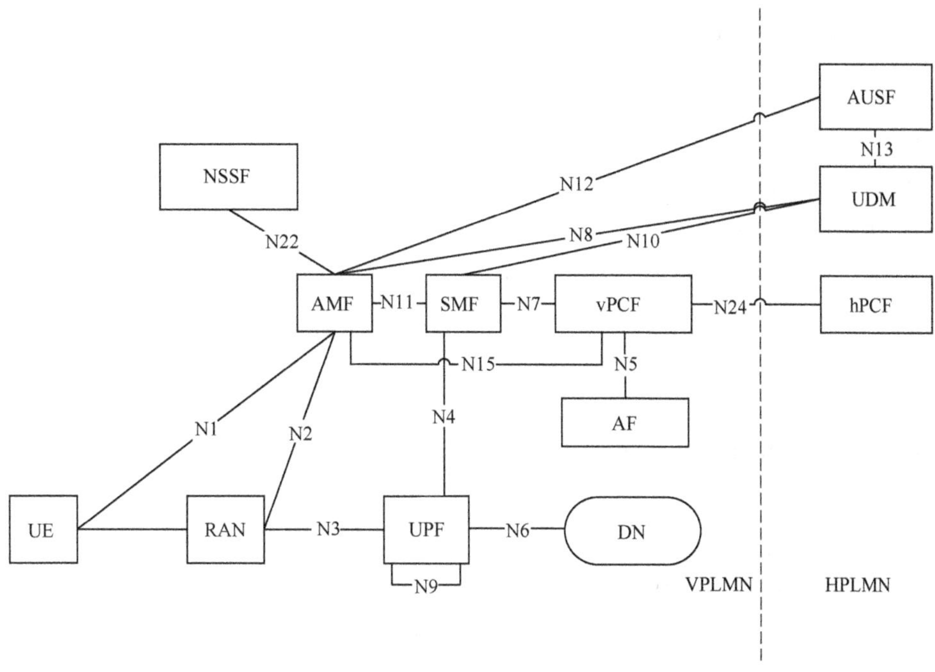

图2-5 漫游场景-本地路由漫游方式下5G架构参考点

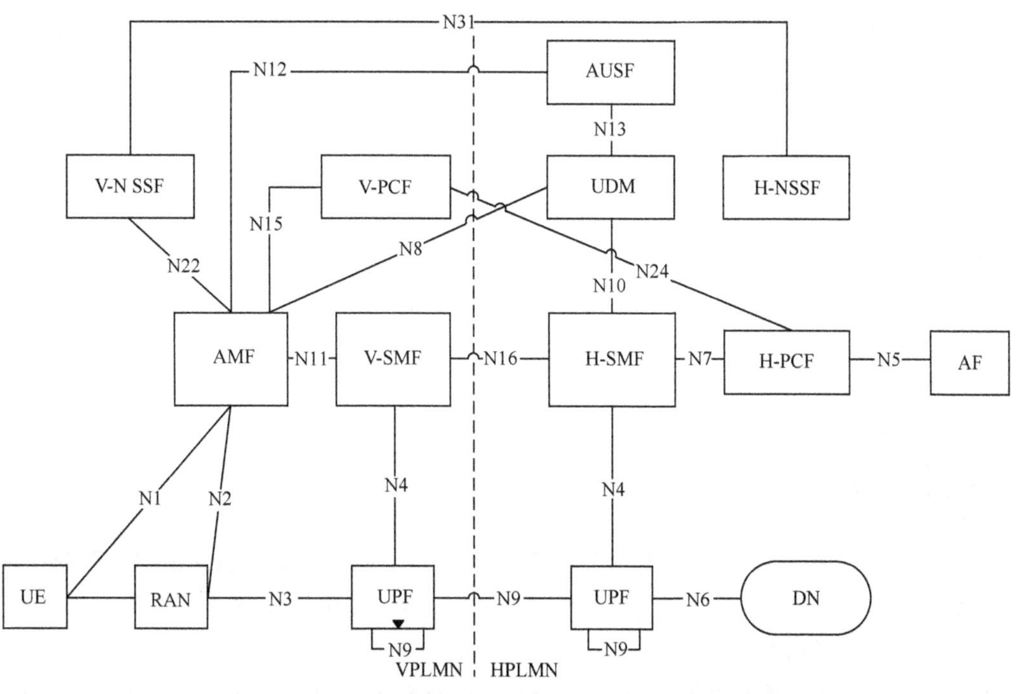

图2-6 漫游场景-归属地路由漫游方式下5G架构参考点

2.1.3 5G 网络主要功能实体

5G 网络系统主要由以下功能实体组成。

① UE：用户设备。

② RAN：无线接入网络。

③ AMF：接入管理功能。

④ SMF：会话管理功能。

⑤ UPF：用户面功能。

⑥ UDM：统一数据管理。

⑦ AUSF：认证服务器功能。

⑧ UDR：统一数据存储（Unified Data Repository）。

⑨ PCF：策略控制功能。

⑩ NRF：网络存储功能。

⑪ NSSF：网络切片选择功能。

⑫ NEF：网络开放功能。

⑬ AF：应用功能。

⑭ N3IWF：非 3GPP 互通功能（Non-3GPP InterWorking Function）。

⑮ 数据网络：数据网络。

1. AMF（接入管理功能）

AMF 的主要功能如下。

① RAN-CN 控制面 N2 接口信令终止点。

② UE-CN N1 接口的非接入层（Non-Access Stratum，NAS）信令终结点，NAS 信令加密和完整性保护。

③ 接入鉴权。

④ 接入授权。

⑤ 注册管理。

⑥ 连接管理。

⑦ 可达性管理。

⑧ 移动性管理。

⑨ 合法监听，提供监听 AMF 事件的合法拦截（Lawful Interception，LI）系统接口。

⑩ 传输 UE 和 SMF 之间的会话管理（Session Management，SM）消息。

⑪ 路由 SM 消息的透明代理。

⑫ 传输 UE 和短消息业务功能（Short Message Service Function，SMSF）之间的短

消息业务（Short Message Service，SMS）信息。

⑬TS 33.501 [29] 中规定的安全锚定功能（Security Anchor Function，SEAF）。

⑭位置服务管理。

⑮传输 UE 和位置管理功能（Location Management Function，LMF）之间及 RAN 和 LMF 之间的位置服务消息。

⑯分配与演进的分组系统（Evolved Packet System，EPS）互通的 EPS 承载标识（Identification，ID）。

⑰UE 移动性事件通知。

2. SMF（会话管理功能）

SMF（会话管理功能）的主要功能如下。

① 会话管理包括会话的建立、修改和释放。

② UE 互联网协议（Internet Protocol，IP）地址分配和管理。

③ DHCPv4（服务器和客户端）和 DHCPv6（服务器和客户端）功能。

④ 选择和控制 UPF。

⑤ 在 UPF 配置流量导向，将流量路由到正确的目的地。

⑥ 与策略控制功能（PCF）间接口的信令终结点。

⑦ NAS 信令的 SM 部分的终结点。

⑧ 下行数据通知。

⑨ 合法监听（提供监听 SM 事件的 LI 系统的接口）。

⑩ 计费数据收集和支持计费接口。

⑪控制和协调 UPF 的收费数据收集。

⑫特定 SM 信息的发起者，经 AMF 通过 N2 接口发送到 AN。

⑬ 决定会话和服务连续性（Session and Service Continuity，SSC）模式。

⑭ 支持漫游相关功能。

3. UPF（用户面功能）

UPF（用户面功能）的主要功能如下。

① 无线电接入技术（Radio Access Technology，RAT）内或跨 RAT 场景下移动性锚点。

② 与数据网络互连的协议数据单元会话点。

③ 数据包路由和转发。

④ 深度数据包检测（Deep Packet Inspection，DPI）。

⑤ 用户面部分的策略实施，例如，门控、重定向、流量导向。

⑥ 合法监听（用户面数据收集）。

⑦ 流量使用报告。

⑧ 用户面 QoS 处理，例如，上传（Upload，UL）/ 下载（Download，DL）速率控制。

⑨ 上行流量验证，即业务数据流（Service Data Flow，SDF）到 QoS Flow 的映射。

⑩ 上行链路和下行链路中的传输级数据包标记。

⑪ 下行数据包缓冲和下行数据通知触发。

⑫ 将一个或多个“结束标记”发送 / 转发到源 NG-RAN 节点。

4. UDM（统一数据管理）

UDM 的主要功能如下。

① 生成 3GPP 身份认证和密钥协商（Authentication and Key Agreement，AKA）协议的身份验证凭据。

② 用户识别信息处理，例如，5G 系统中每个用户的签约永久标识符（Subscription Permanent Identifier，SUPI）的存储和管理。

③ 支持对加密的用户隐藏标识符（Subscription Concealed Identifier，SUCI）的解密。

④ 基于签约数据的接入授权，例如，漫游限制。

⑤ UE 的服务 NF 注册管理，例如，为 UE 存储服务 AMF 信息，为 UE 的 PDU 会话存储服务 SMF 信息。

⑥ 为服务 / 会话的连续性提供支持，例如，为正在进行的会话保持指派的 SMF 或深度神经网络（Deep Neural Network，DNN）。

⑦ MT-SMS 投递支持。

⑧ 合法接听功能（特别是在国际漫游情况下，UDM 是 LI 的唯一连接点）。

⑨ 签约管理。

⑩ SMS 管理。

5. AUSF（认证服务器功能）

认证服务器功能在实际部署时一般会和 UDM 合设，AUSF 的主要功能是实现 3GPP 和非 3GPP 的接入认证。

6. UDR（统一数据存储）

UDR 的主要功能如下。

① 支持由 UDM 存储和检索签约数据。

② 支持由 PCF 存储和检索策略数据。

③ 为能力开放存储和检索结构化数据。

④ 为 NEF 存储多 UE 的 AF 请求信息和用于应用检测的应用数据，例如，数据流描述。

7. PCF（策略控制功能）

PCF 的主要功能如下。

① 支持统一的策略框架来管理网络行为。

② 为控制面功能提供策略规则以便执行。

③ 访问 UDR 中与策略决策相关的签约信息。

8. NRF（网络存储功能）

NRF 的主要功能如下。

① 支持服务发现功能，从 NF 实例接收 NF 发现请求，并将发现的 NF 实例信息提供给其他 NF 实例。

② 维护可用 NF 实例及其支持服务的 NF Profile。

在 NRF 中维护的 NF 实例的 NF Profile 包括以下信息。

① NF 实例 ID。

② NF 类型。

③ 公共陆地移动网络标识（Public Land Mobile Network Identification，PLMN ID）。

④ 网络切片相关标识符，例如，单一网络切片选择辅助信息（Single Network Slice Selection Assistance Information，S-NSSAI），网络切片实例标识（Network Slice Instance Identification，NSI ID）。

⑤ NF 的全限定域名（Fully Qualified Domain Name，FQDN）或 IP 地址。

⑥ NF 容量信息。

⑦ NF 特定服务授权信息。

⑧ 支持的服务的名称（适用时）。

⑨ 每个支持的服务实例的终止点地址。

⑩ 存储的数据 / 信息的识别信息。

9. NSSF（网络切片选择功能）

NSSF 的主要功能如下。

① 选择为 UE 服务的网络切片实例组。

② 确定允许的 NSSAI，必要时，同时确定到允许的签约 S-NSSAI 的映射。

③ 确定已配置的 NSSAI，必要时，确定到已订阅的 S-NSSAI 的映射。

④ 确定可用于服务 UE 的 AMF 组，或者通过查询 NRF 来确定候选 AMF 的列表。

10. NEF（网络开放功能）

NEF 的主要功能如下。

① 能力和事件的开放。

② 为外部应用程序给 3GPP 网络提供信息进行安全保障。

③ 内外部信息的翻译。

④ 从网络功能接收信息，存储到 UDR，可以由 NEF 访问并“重新开放”给其他 NF 和 AF 以用于其他目的。

⑤ 支持数据包流描述（Packet Flow Description，PFD）功能，NEF 中的 PFD 功能可以在 UDR 中存储和检索 PFD 并提供给 SMF，且支持 TS 23.503 [45] 中描述的 Pull 模式（应 SMF 请求提供）和 Push 模式（应 NEF PFD 管理请求提供）。

11. N3IWF（非 3GPP 互通功能）

N3IWF 的主要功能如下。

① 支持与 UE 间 IPsec 隧道的建立。

② N2 接口（控制面）和 N3 接口（用户面）终结点（用户通过非 3GPP 接入 5G 网络时）。

③ 传送 UE 和 AMF 之间的上行和下行控制平面 NAS（N1）信令。

④ 处理与 PDU 会话和 QoS 相关的来自 SMF（由 AMF 中继）的 N2 信令。

⑤ 支持 AMF 选择。

⑥ 传送 UE 和 UPF 之间的上下行用户面数据包。

⑦ 实施与 N3 数据包标记相对应的 QoS 及通过 N2 接收的同类标记相关联的 QoS。

⑧ 上行链路中的 N3 用户面数据包标记。

⑨ IETF RFC 4555 [57] 规定的不可信的非 3GPP 接入网络内使用 MOBIKE 时的本地移动性锚点。

⑩ 建立 IPsec 安全关联（IPsec SA）以支持 PDU 会话流量。

2.1.4 5G 网络的部署和演进

1. 5G 组网部署架构选项

3GPP TSG-RAN 在第 72 次全体大会上提出了八大 5G 架构选项，即 Option1 至 Option8，这些架构选项涵盖了运营商从 4G 向 5G 演进的各个阶段的可选部署形态，分为 SA 架构和 NSA 架构两大类，其中，Option1、Option2、Option5、Option6 属于 SA 架构，Option3、Option4、Option7、Option8 属于 NSA 架构。SA 架构下的 5G NR 和 4G LTE 基站相互独立，而 NSA 架构下的 5G NR 和 4G LTE 基站存在互通和分流。

随着 3GPP 协议的发展，Option6 和 Option8 因为缺乏实际的部署价值而被放弃，同时，在 3GPP 于 2017 年 3 月发布的版本中，新增加 Option3x 和 Option7x 两个子选项。目前，3GPP 仍在研究和完善的 5G 架构选项包括 Option 2、Option 3/3a/3x、Option 4/4a、Option 5、Option 7/7a/7x，加上用于表示 LTE 现网架构的 Option1，目前，4G 向 5G 的演进部署共有 6 类组网部署形态。5G 网络的 6 类部署演进形态如图 2-7 所示。

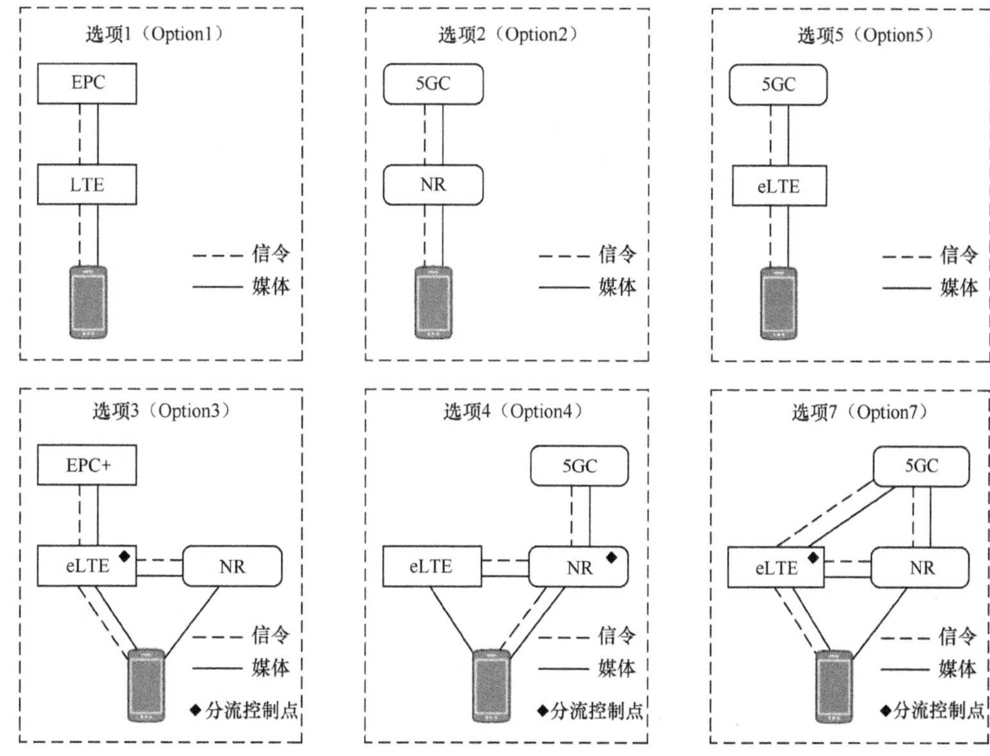

图2-7 5G网络的6类部署演进形态

2. SA 部署选项比对

Option2 与 Option5 的主要差别在基站侧，5G NR 采用了新的帧结构、信道编码等先进技术，虽然 Option5 升级了现网 LTE 基站为 eLTE，但是 5G NR 在峰值速率、时延和容量等方面仍明显优于 eLTE，而且 eLTE 也不能完全支持 5G 架构下空口的优化和后续的演进，因此 Option5 架构并不是一个很推荐的部署形态。

Option2 架构作为 4G 向 5G 演进的最终形态，在整个 5G 建设周期内都适合部署，因为它不依赖于现网 4G，可以逐步扩张 5G NR 的覆盖并最终实现连续覆盖和替换 4G 覆盖。

5G SA 部署选项比对见表 2-2。

表2-2 5G SA部署选项比对

	Option2	Option5
优势	一步到位引入 5G NR 和 5G 核心网，对现有 4G 网络无依赖，演进一步到位；能够支持全部的 5G 新特性、新功能和新业务	能充分利用现网 LTE 站点资源
劣势	5G NR 初期难以实现连续覆盖，会存在大量的 4G/5G 切换；同时因为需要同时部署 5G NR 和 5G 核心网，所以成本较高，无法有效利用现有 LTE 覆盖	需要升级现网全部 LTE 站点，无线侧改造量较大，同时因为是升级现网 LTE 为 eLTE，升级前后保持同一设备厂商，不利于运营商引入竞争和进行议价

3. NSA 部署选项比对

NSA 组网包含 Option 3/3a/3x、Option 4/4a、Option 7/7a/7x 等架构选项。Option 3 系列中的 Option3、Option 3a、Option 3x 网络架构基本相同，其主要区别在于用户面分流节点的差异，Option 3 由 4G 基站作为分流节点，Option 3a 由核心网作为分流节点，Option 3x 由 5G NR 基站作为分流节点；Option 4/4a 之间的区别、Option 7/7a/7x 之间的区别与 Option 3/3a/3x 情况类似。5G NSA 部署选项对比见表 2-3，以 Option3、Option4、Option7 为例对 NSA 组网的各部署选项进行了对比。

表2-3　5G NSA部署选项比对

	Option3	Option4	Option7
优势	标准发布最早，可快速支持 5G eMBB 业务，有利于商业宣传；不要求 NR 连续覆盖，支持 UE 与 4G LTE 和 5G NR 双连接获取更大带宽；对现网改动最小，前期投资较少	支持 UE 与 4G LTE 和 5G NR 双连接获取更大带宽；引入了 5G 核心网，支持 5G 新特性和新功能	不要求 NR 连续覆盖，可以有效利用现网 4G 基站资源；支持 UE 与 4G LTE 和 5G NR 双连接获取更大带宽；引入了 5G 核心网，支持 5G 新特性和新功能
劣势	因为 NR 与核心网的信令交互依赖于锚点站，所以新建的 5G NR 与现有 4G 基站必须保持同一设备厂商，不利于运营商议价；业务控制由升级后的 4G 核心网进行，因此不能支持全部的 5G 新特性和新功能	现网 4G 基站的升级改造量大，协议和产业成熟时间较晚；新建的 5G NR 与现网 4G 基站必须保持同一厂商，不利于运营商议价	现网 4G 基站的升级改造量大，协议和产业成熟时间较晚；新建的 5G NR 与现网 4G 基站必须保持同一厂商，不利于运营商议价

Option3x、Option4、Option7x 这 3 个架构选项因为使用 5G NR 作为用户面分流点，所以降低了对现网 4G 基站用户面的转发性能要求，相应地也降低了改造成本，是选择 NSA 路线演进时比较热门的选项，其中，因为 Option3x 初期只需引入 5G NR，不需要引进 5G 核心网，所以对现网改动最小，可以最快速地部署 5G 业务商用，是其中最热门的选项。

4. SA 与 NSA 部署选项比对

在 5G 建设初期，NSA 路线选项，特别是其中的 Option3x 相对于 SA 选项有比较明显的优势，包括现网改动小、投资少，可以快速地部署商用 5G eMBB 业务等，但是 NSA 无法支持所有的 5G 新业务，所以只能作为 4G 向 5G 演进的过渡阶段，虽然 NSA 架构在初期对网络的改动较小，但后续向 SA 架构演进时无法避免对网络架构进行大规模的升级改造和割接，风险也很大。同时，在 NSA 架构下，需要 5G NR 与现网 4G 基站同一家厂商，才能支持两者之间的互联和分流，这会导致 5G NR 必须沿用现网 4G 基站设备厂商，一方面不利于运营商引入竞争和进行议价，另一方面也会导致建网成本上升。

SA 与 NSA 部署选项比对见表 2-4。

表2-4 SA与NSA部署选项比对

	SA	NSA
优势	引入全新 SBA，应用 NFV、SDN 等技术重构核心网网元和功能，全面支持 5G 新特性和新功能	协议和产业链成熟度高，初期投资较低，支持 UE 与 4G LTE 和 5G NR 双连接获取更大带宽，有利于运营商快速部署商用 5G 业务
劣势	协议和产业链成熟度落后于 NSA，需要在初期引入 5GC，初期投资大	不管采用哪一个 NSA 选项，都需要对现网核心网和无线进行大量的改造升级，同时，无法支持 5G 所有的新特性和新功能，而且 5G NR 与现网 4G 基站必须保持同一设备厂商，不利于运营商议价

5. 5G 部署演进路线选项

在 5G 建设起步时不管选择 SA 架构还是 NSA 架构，SA Option2 的部署架构形态都是4G 向 5G 部署演进的最终目标，可以预计这个演进过程会比较漫长，在这个过程中，4G 网络与 5G 网络将会长期共存，融合演进。运营商可以结合协议和产业链的成熟度及自身网络现状，制定自己的演进路线。

根据 5G 网络建设起步时选择 SA 架构还是 NSA 架构，演进路线可以分为 SA 路线和 NSA 路线两大类。

① SA 路线：5G 建设起步时选择 SA 架构，通过不断扩张 5G 覆盖并融合 4G 网络，最终演进为单纯的 5G 网络。

② NSA 路线：5G 建设起步时选择 NSA 架构，后续引进 SA 架构并最终演进为单纯的 5G SA 网络。

（1）可选 SA 演进路线 1

5G 网络 SA 演进路线 1 如图 2-8 所示，即 LTE/EPC[1] → Option2 + Option5 → Option2。

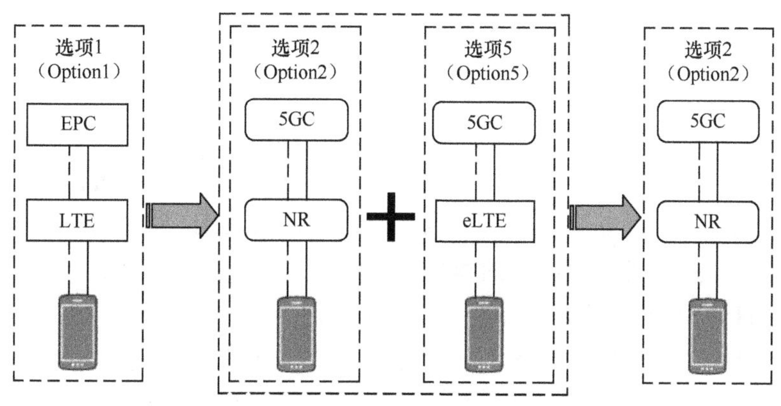

图2-8 5G网络SA演进路线1

演进步骤如下。

1. EPC：Evolved Packet Core，4G 核心网。

① 引入5G核心网和5G NR，5G核心网同时融合4G核心网网元功能，5G NR初期选择在热点区域部署。现网4G核心网需要升级支持N26接口以帮助用户在4G和5G网络下的互操作，4G和5G网络相互独立，用户切换通过互操作完成。

② 5G核心网网元可以融合4G核心网网元功能，因此可以将现网4G基站逐步割接为由5G核心网管理，此时5G核心网同时管理4G和5G基站，4G核心网除个别网元外均可退网，网络演进为Option2+Option5形态，5G核心网同时管理4G和5G网络，但两张网络不存在分流，相互独立。

③不断扩张5G无线覆盖，适时下线4G站点和剩余4G核心网网元，最终演进为纯5G网络。

（2）可选SA演进路线2

5G网络SA演进路线2如图2-9所示，即LTE/EPC → Option2 + Option5 → Option4/4a → Option2。

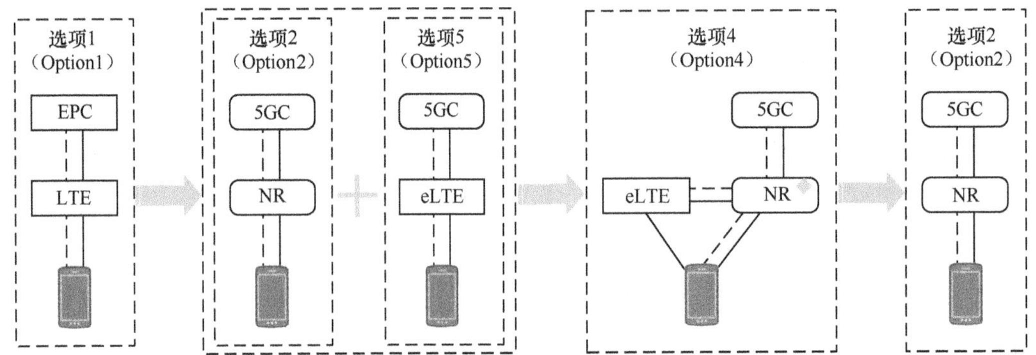

图2-9　5G网络SA演进路线2

SA演进路线2与SA演进路线1的主要区别是在Option2+Option5阶段后先演变为Option4形态，5G NR作为主站（Master Node，MN）提供连续覆盖，LTE作为从站（Slave Node，SN）提供流量补充，即5G建设后期实现连续覆盖时，保留部分4G站点作为流量补充或覆盖低价值区域的场景。

（3）可选NSA演进路线1

5G网络NSA演进路线1如图2-10所示，即LTE/EPC → Option3/3a/3x → Option4/4a → Option2。

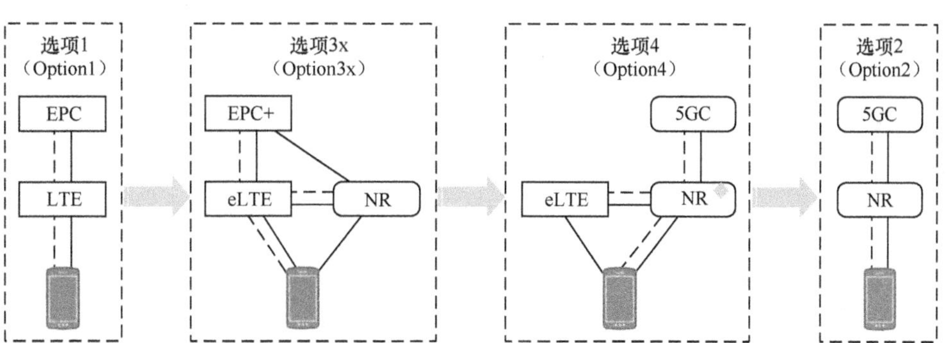

图2-10　5G网络NSA演进路线1

演进步骤如下。

① 升级现网 4G 核心网网元及 4G 基站以支持 NSA 功能，新建 5G NR 部署于热点区域并接入升级后的 4G 核心网，eLTE 作为锚点站处理和转发与核心网间的信令消息，网络演进为 Option3 形态。

② 新建 5GC（如果现网 EPC 是 NFV 架构也可以选择由 vEPC 平滑升级为 5GC），将无线站点割接到 5GC 下管理，适时下线 4G 核心网，演进为 Option4 形态，此时 5G NR 作为 MN 提供连续覆盖，LTE 作为 SN 提供流量补充。

③ 不断扩张 5G 无线覆盖，适时下线 4G 站点，最终演进为纯 5G 网络（Option2）。

（4）可选 NSA 演进路线 2

5G 网络 NSA 演进路线 2 如图 2-11 所示，即 LTE/EPC → Option7/7a → Option2。

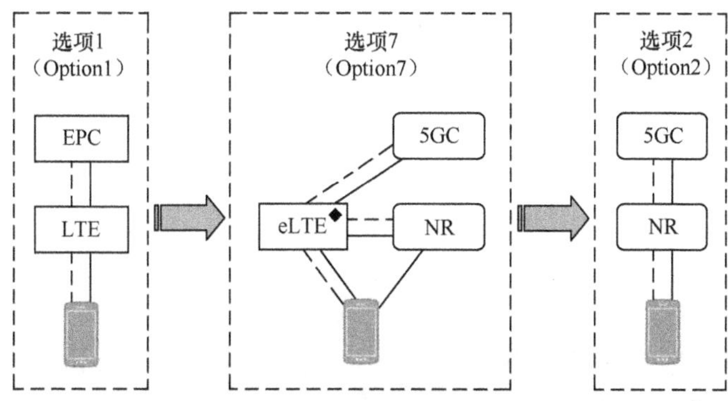

图2-11　5G网络NSA演进路线2

演进步骤如下。

① 新建 5GC（如果现网 EPC 是 NFV 架构也可以选择由 vEPC 平滑升级为 5GC），新建 5G NR，如果现网 4G 基站升级支持 NSA 功能并接入 5G 核心网，可适时下线 4G 核心网。

eLTE 作为 MN 提供连续覆盖，并作为锚点站处理和转发与核心网间的信令消息，5G NR 作为 SN 提供流量补充，网络演进为 Option7 形态。

② 不断扩张 5G 无线覆盖，适时下线 4G 站点，最终演进为纯 5G 网络（Option2）。

（5）可选 NSA 演进路线 3

5G 网络 NSA 演进路线 3 如图 2-12 所示，即 LTE/EPC → Option7/7a → Option4/4a → Option2。

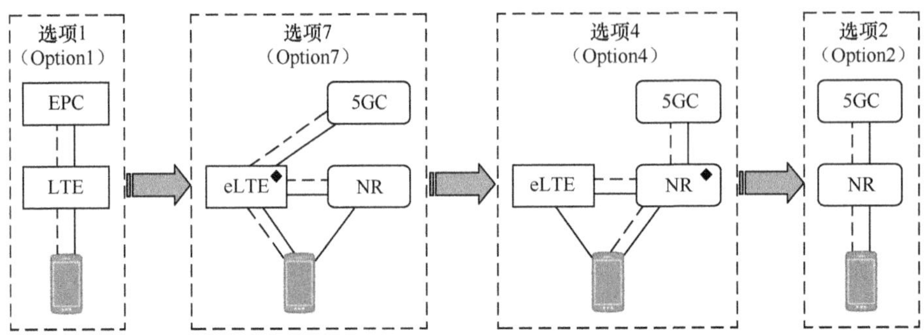

图2-12　5G网络NSA演进路线3

NSA 演进路线 3 与 NAS 演进路线 2 的主要区别是在 Option7 阶段后，先演变为 Option4 形态，此时，5G NR 作为 MN 提供连续覆盖，LTE 作为 SN 提供流量补充，即 5G 建设后期 5G 实现连续覆盖时，保留部分 4G 站点作为流量补充或者覆盖低价值区域的场景。

（6）其他可选演进路线

除了上面列出的几条演进路线，3GPP 还列举出其他一些可选路线，具体如下。

① LTE/EPC → Option3/3a/3x → Option1 + Option2 + Option7/7a → Option2 + Option5 → Option2。

② LTE/EPC → Option2 + Option7/7a → Option2。

③ LTE/EPC → Option2 + Option7/7a → Option 2+Option7/7a+Option4/4a → Option 2。

综上，起步时不管选择 SA 路线还是 NSA 路线，都有多种可选路径演进到最终的 Option2 形态，各个运营商可以根据自身网络实际情况，结合标准和产业链的成熟度，选择最适合自己的演进路线。

2.2　5G 关键技术

5G 网络的高性能得益于核心网络架构的升级更新、无线新空口等多种关键技术。

2.2.1 大规模 MIMO 天线技术

大规模天线技术作为 5G 的一项关键技术，在满足 5G 三大应用场景 eMBB、URLLC 和 mMTC 业务需求的同时还发挥着至关重要的作用。大规模天线系统也被称为 Massive MIMO、Large MIMO 或 Large Scale MIMO 系统，它通过在基站端布置几十个甚至上百个天线规模的天线阵，利用波束成形技术，构造朝向多个目标客户的不同波束，从而有效减少不同波束之间的干扰，实现对空间资源的充分挖掘。大规模天线技术可以有效利用宝贵而稀缺的频带资源并且几十倍地提升网络容量。

1. 大规模 MIMO 技术简介

MIMO 技术因其较高的频谱利用率、良好的抗多径衰落性能等优点已经在 4G 通信中获得了充分的研究与实现，各项技术比较成熟。但是在 4G 移动通信中，MIMO 系统的天线数量较少，多为 4 个或者 8 个，天线数量限制了 4G 网络的通信容量。5G 在 4G 的基础上，引入了大规模 MIMO 技术，即在收发端设置几十个甚至上百个天线。通过增加天线数量，大规模 MIMO 技术可以充分利用天线的空间特性，获得更好的分集增益、复用增益、阵列增益、干扰对消增益等，从而实现覆盖和容量的大幅度提升。

2010 年贝尔实验室提出在基站侧设置大规模天线代替现有的多天线技术，基站的天线数量远大于其能够同时服务的单天线移动终端数目，由此形成大规模 MIMO 无线通信理论。使用大规模多输入多输出（Massive Multiple Input Multiple Output，Massive MIMO）系统的大规模天线阵列，可以从系统结构和系统性能两个方面提高系统的容量及频谱资源的整体利用率，同时基站使用大量天线可消除不同终端用户之间的干扰。大规模 MIMO 技术的应用场景如图 2-13 所示。

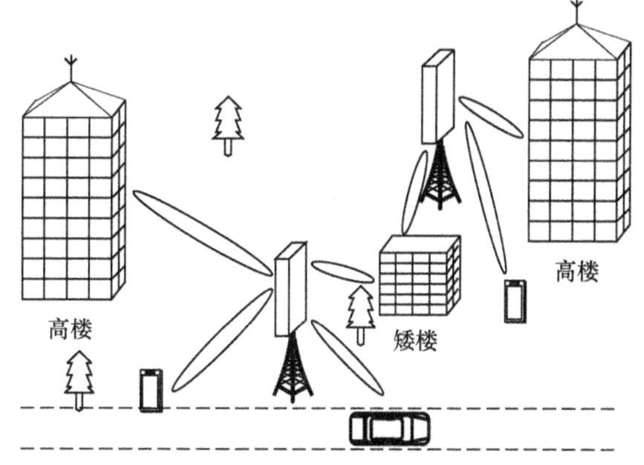

图2-13 大规模MIMO技术的应用场景

大规模 MIMO 通信系统的通信收发信机通过大量天线的使用，获得了多种增益。总体来说，利用大规模 MIMO 技术可以获得以下优势。

① 通信容量的提升：大规模 MIMO 通信系统具备波束空间复用的特性，在同时同频下可以实现对地理位置不同的不同终端的通信，由此极大提升了频谱效率。

② 覆盖范围与功耗的改善：一般来说，通信设备的功耗与覆盖范围成正比，利用大规模MIMO技术，天线数量多、增益大，对射频组件的功率要求降低，单位功耗由此大大降低。

③ 终端复杂度的降低：大规模 MIMO 技术要求所有的复杂处理运算均放在基站处进行，从而降低终端的计算复杂度。

作为 5G 的关键技术之一，大规模 MIMO 技术具有诸多优点，将为应对移动用户快速增长的网络需求提供有效的解决方法。

2. 大规模天线系统传输方案

理论上，随着基站天线数量的增多，大规模天线系统在数据速率、可靠性、能效及干扰抑制方面的性能均会得到提升。但天线数量的增多意味着导频开支的增多，特别是上下行信道工作在不同频率的 FDD 系统，当天线数量较多时，基站需要提供数量巨大的导频以保证不同发射天线的导频的正交性；与此同时，UE 侧待估计信道数目急剧增加，导致 UE 反馈量过大及信息传输效率降低。因此，现有的主流思路是采用 TDD 系统，利用上行链路和下行链路的信道互易性大幅降低导频的使用，然而这需要高精度的信道校准使基站收发通道达到很好的一致性，但在实际硬件系统中并不能完全满足需求。此外，Massive MIMO 系统中上行链路的信号检测和上下行链路信道估计均涉及高维矩阵求逆运算，使系统复杂度高，增加了 Massive MIMO 系统的部署成本和难度。

大规模 MIMO 系统下的联合空分复用（Joint Spatial Division and Multiplexing，JSDM）传输方案和大规模多波束空分多址（Massive Beam-Spatial Division Multiple Access，MB-SDMA）传输方案，利用信道二阶统计信息对用户进行分组并将信号转换到波束域中进行空分多址方式传输，在匹配大规模 MIMO 系统信道特性的同时，解决了由大规模天线阵列引入的导频瓶颈问题。

（1）联合空分复用传输方案

简单来说，联合空分复用传输方案是利用在相邻或相近位置的用户往往具有相同信道相关阵的事实，依据各用户信道相关阵的相似性，采用固定量化或传统聚类的方法对用户进行合理的分组，使在同一分组中的用户终端具有相似的信道相关阵，即地理位置邻近，而不同分组中的用户在到达角（Angle of Arrival，AOA）维度上充分间隔开，然后在组内采用适当的用户调度算法有效地挑选出调度的用户集合进行数据传输，在充分挖掘空间维度的同时降低每组用户有效信道的维数。联合空分复用传输方案如图 2-14 所示。

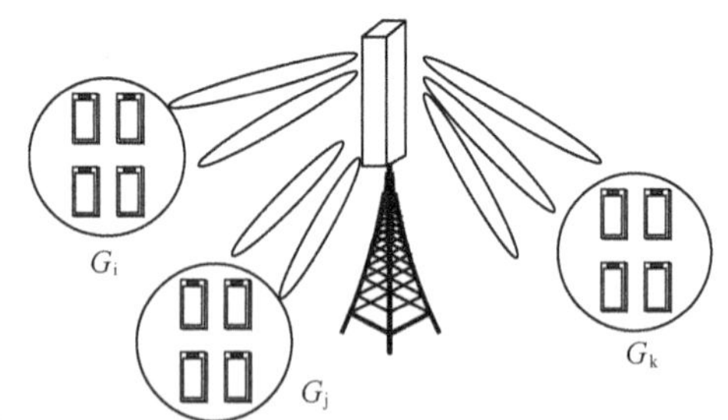

图2-14 联合空分复用传输方案

联合空分复用传输方案根据是否需要对整个系统的有效信道进行估计与整体反馈，又可以分为联合小组处理（Joint Group Processing，JPG）方案和独立分组处理（Per-Group Processing，PGP）方案。

（2）大规模多波束空分多址传输方案

大规模多波束空分多址传输方案的核心思想是将信号转换到波束域，利用用户波束域信道的稀疏性，采取相应的用户调度方法，使占用不同波束集合的用户与基站同时进行通信，每个波束集合只接收或者发送单个用户的信号，化繁为简，将多用户 MIMO 传输链路分解为若干个单用户 MIMO 信道链路，在降低计算复杂度的同时也减少了用户间的干扰。大规模多波束空分多址传输方案如图 2-15 所示，基站依据获取到的波束域信道统计信息，利用相应的用户调度算法调度出 3 个用户，并为每个用户分配不同的波束集合，使多个用户可以在同一时频资源上进行数据传输。

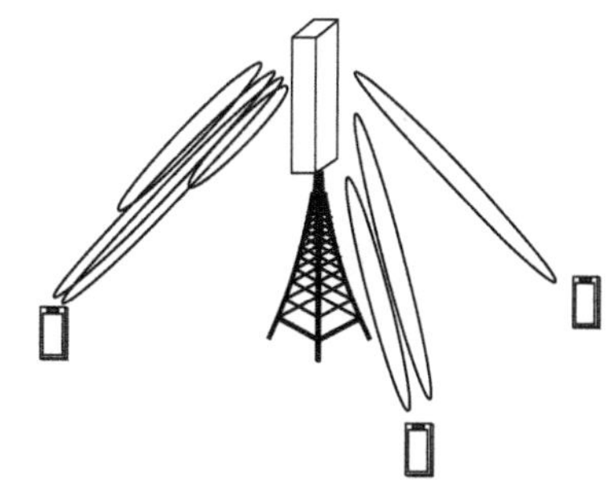

图2–15　大规模多波束空分多址传输方案

整个传输过程可以分为以下 4 个阶段。

① 获得新的统计信息。各个用户分别发送各自的上行探测信号，基站通过接收到的探测信号估计出各个用户波束域的信道统计信息。

② 用户调度。采用相应的用户调度准则对各个用户和波束进行调度，在使不同用户使用不同波束集合的原则上，可根据不同的系统目标采取最大比特速率准则或比例公平准则。

③ 分解为单用户 MIMO 信道链路。通过用户调度，不同用户与基站不同的波束集合进行通信，从而实现将多用户 MIMO 传输链路分解为多个单用户信道 MIMO 链路。

④ 上下行链路传输。在上行链路中，基站估计瞬时信道信息及干扰的相关阵，对接收信号进行相干检测。在下行链路中，用户估计瞬时信道信息及干扰的相关阵，对接收信号进行相干检测。

3. 大规模天线技术的应用场景

根据 5G 使用频段的范围，5G 无线通信的场景可以分为 6GHz 以下的低频频段场景和 6GHz 以上的高频频段场景。

6GHz 以下的频段因其较好的空间传播能力，将用于 5G 的主力覆盖场景。

6GHz 以上的频段，被称为毫米波频段，信号主要以直射方式在空中传播，优点如下：

① 可用传输带宽大，通信容量大；

② 波束窄，具有良好的方向性；

③ 天线阵元小，易安装；

④ 可实现更高的波束赋形，获得更好的性能增益。

其缺点主要在于空间传播能力较弱，例如传输衰减大，容易受粉尘、雨水、云雾、氧气等的影响。

5G 部署前期的无线网络是一个复杂且多种制式共存的混合网络。大多数场景面临无线环境复杂、建筑物密集、高低分布不均匀、频率资源紧张、用户数量高、流量需求大等问题。这给 5G 基站的规划和建设带来更加严峻的考验。大规模天线技术的提出为解决这一难题提供了有效的解决方法。大规模天线技术的应用场景见表 2-5。

表2-5　大规模天线技术的应用场景

主要场景	特点	频段范围	潜在问题
宏覆盖	5G 组网覆盖的主要手段，覆盖面积较大，用户数量多	以 6GHz 以下的低频频段为主	因场景地物的复杂性，可能存在覆盖盲点
高层覆盖	用户分布在楼宇较高的位置，且二维 / 三维混合分布，需要基站有良好的垂直覆盖能力	以 6GHz 以下的低频频段为主，部分高层场景可能用到 6GHz 以上的高频频段	容易发生越区覆盖，产生邻小区干扰，控制信道、导频信号覆盖性能与数据信道不平衡
微覆盖	分散分布且面积较小，但用户密度高	以 6GHz 以上的高频频段为主	散射丰富，用户配对复杂度高
农村覆盖	覆盖范围大，用户密度低，信道环境简单，噪声受限	以 6GHz 以下的低频频段为主	控制信道、导频信号覆盖性能与数据信道不平衡

因郊区农村的用户密度低，对容量需求不迫切且信道环境简单，应用优先级较低，所以接下来主要介绍大规模天线系统在表 2-5 中前 3 种覆盖场景的应用。

（1）宏覆盖

宏覆盖是 5G 组网的重要覆盖场景，一般使用 6GHz 以下的低频频段，利用低频频段较好的空间传播能力，快速建立 5G 网络。当大规模天线系统用于室外宏覆盖时，尤其在密集城区需要大幅提高系统容量时，可以通过波束赋形提供更多流数并行传输，提高系统总容量。但由于室外宏覆盖采用中低频段，使用的 Massive MIMO 天线存在尺寸较大、重量较大、硬件成本高和施工难度大的问题，因此在室外宏覆盖场景需要重点研究天线的小型化问题。

宏覆盖场景可以用城市宏小区（Urban Macrocell，UMa）模型描述。UMa 模型是 3GPP 定义的一种适合于中高频的传播模型，适用于频率在 0.8GHz ～ 100GHz、小区半径在 10m ～ 5000m 的宏蜂窝系统。城市宏小区 UMa 也是移动通信的主要及最重要的应用场景之一，在众多的应用场景中占有较大的比例。首先，UMa 场景中的用户分布较为密集，随着移动通信业务的发展，UMa 场景的频谱效率需求越来越高；其次，UMa 场景往往提供大范围的服务，在水平和垂直范围，基站都需要提供优质的网络覆盖能力以保证边缘用户的网络体验。

大规模天线技术的高频谱利用率特点可以很好地满足 UMa 场景用户的频谱效率需求，大规模天线提供更为精确的信号波束，扩大小区的覆盖范围，减少能量损耗，利于干扰波束间协调，最终有效提高 UMa 场景的用户体验。UMa 场景如图 2-16 所示。

一般情况下，UMa 场景的基站具有较大的尺寸和发射功率，天线高度一般大于楼层高度。因此，UMa 场景能够为大规模天线技术的应用提供丰富的资源。

从 UMa 场景的需求和大规模天线技术的特征等方面看，UMa 场景是大规模天线的一个典型应用场景。

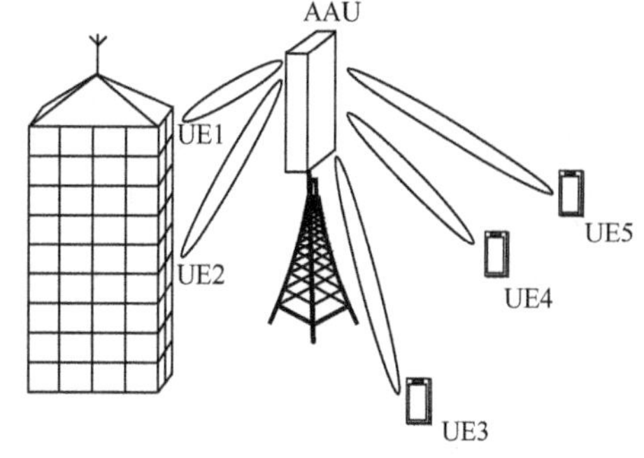

图2-16 UMa场景

（2）高层覆盖

大多数城市存在高层建筑被多数低层建筑包围的场景，传统 3G、4G 基站主要适用于周边大多数低层建筑的信号覆盖，针对高层建筑的覆盖问题一般通过室分方案解决，而无法部署室分方案的高层建筑将面临无信号覆盖的困难局面。大规模天线系统的出现为这种场景提供了有效的解决方法，即通过大规模天线技术垂直维度的波束赋形，为高层建筑提供网络覆盖，Massive MIMO 天线用于高层覆盖如图 2-17 所示。高层覆盖可以根据具体的场景特点来确定是选用 6GHz 以下的低频频段还是选用 6GHz 以上的高频频段：当高层用户较为密集，且建筑物墙体的穿透损耗较小时，可以选用 6GHz 以上的高频频段，利用高频频段丰富的频谱资源大幅提升系统容量；当高层用户较少或者建筑物墙体的穿透损耗较大时，可以选用 6GHz 以下的低频频段，利用低频良好的空间传播能力为用户提供基本的网络覆盖。

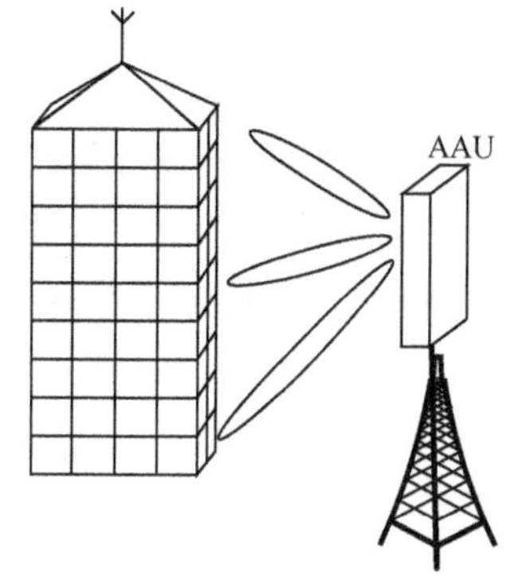

图2-17 Massive MIMO天线用于高层覆盖

在一些山地区域，可以利用大规模天线系统在垂直方向的覆盖能力优势，通过大规模天线技术为高地提供信号覆盖。

（3）微覆盖

天线的尺寸与电磁波的频率成反比，毫米波频段更适合做小型化大规模天线（例如微基站），因此微覆盖主要应用于 6GHz 以上的高频频段场景。根据具体部署的场景不同，微覆盖还可以分为室外微覆盖和室内微覆盖。

室外微覆盖主要用于一些业务热点区域的容量均衡，以及网络弱覆盖区域的深度补盲。在业务热点区域（例如，体育场、火车站等），用户密集，业务量大，可以通过部署大规模天线系统进行扩容。

城市微小区（Urban Microcell，UMi）是移动通信应用的一种主要场景，一般部署在城市的繁华区域。建筑物和用户分布相对密集，对通信系统的频谱效率要求比较高。UMi 场景的信号传输环境相对复杂，传输损耗大，需要一种有效的信号发送和接收方式来降低损耗。此外，UMi 场景中小区之间距离相对较小，小区间干扰较大，边缘用户受干扰影响比较明显，需要有效的干扰协调和避免技术来解决此问题。

大规模天线技术可以很好地解决上述问题。首先，大规模天线能够实现大量用户的多用户配对，提高频谱资源的多用户复用能力，从而大幅度提升频谱效率；其次，大规模天线技术能够生成指向特定用户的精准信号波束，保障信号的覆盖和用户体验；再次，大规模天线技术可以充分利用空间的水平维度和垂直维度进行信号传输，使小区间干扰协调变得更加灵活。

UMi 场景如图 2-18 所示。一般情况下，UMi 场景中的基站高度低于周边建筑物高度，传统的通信系统无法对高层用户形成有效的覆盖。而大规模天线技术可以利用其垂直自由度的波束改善对高层用户的信号覆盖。

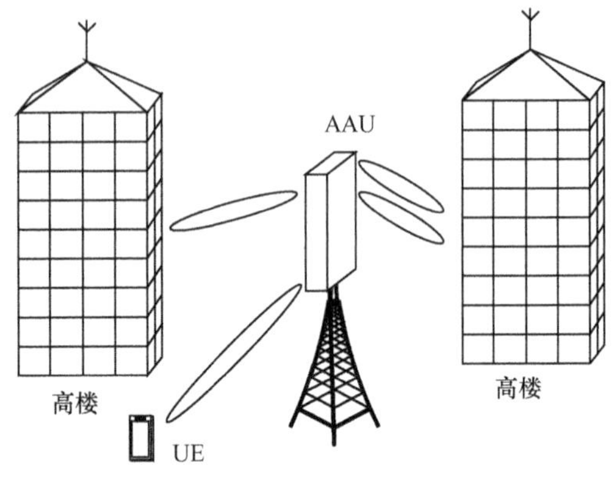

图2-18 UMi场景

相对 UMa 场景，UMi 场景基站的尺寸和发射功率都比较小，但是仍然可以为大规模天线提供足够的安装空间。因此，UMi 场景也是大规模天线的一个典型应用场景。

室内覆盖是移动通信需要重点考虑的应用场景。据统计，未来 80% 的业务发生在室内，因此，室内场景将要面临的主要问题是系统容量的提升，以满足人们越来越高的通信需求。我们可以在室内场景使用基于大规模天线技术的微站，从而有效提供系统容量。同时借助大规模天线技术的波束赋形功能，降低室内高频信号的衰减。

室内微覆盖场景有多种类型，主要分为以下 4 种。

① 居民住宅：微站可以部署在走廊，形成有效覆盖。

② 校园或工业园区：用户较为集中，网络流量有明显的潮汐现象，微站可以部署在走廊或者园区内部，有效分担宏站的流量压力。

③ 大型商场等休闲娱乐场所：用户较为密集，宏站难以有效覆盖室内各个区域，针对弱覆盖区域部署微站，快速解决网络盲点。

④ 大型场馆：例如大型会议场馆、大型体育场馆等。该场景用户高度集中，微站可以分区部署，也可以部署在场馆天花板上。

2.2.2 网络切片

1. 网络切片介绍

网络切片是指运营商基于同一个硬件基础设施，将一个物理网络切分出多个端到端的逻辑网络的技术。每一个逻辑网络，或者说网络切片实例，在逻辑上都可以被视为一个实例化的 5G 网络，它包含一个完整网络所需的全部组成部分，例如接入网、传输网、核心网、业务平台、IT 系统等部分。分属不同逻辑网络内的功能部分（例如接入网子切片、传输网子切片、核心网子切片等）都是逻辑独立的、逻辑隔离的，任何一个逻辑网络发生故障都不会影响其他逻辑网络，同时，通过对切片内无线资源、传输资源、控制面功能和转发面功能的灵活组合和指配，每个逻辑网络都可以满足不同的时延、连接数、带宽、安全性和可靠性等服务需求，以灵活应对不同的网络应用场景，适配各种类型服务的不同特征需求。

网络切片是 5G 网络的关键特性，它将网络系统从静态的“一刀切”范式转变为可以动态创建逻辑网络的新范式，并且能保证资源和拓扑以最优化的形态服务于特定目的或业务场景甚至个人客户。网络切片打通了网络资源、网络功能和上层应用三层间的适配接口，可以为每个网络切片实例分配按需定制、按需分配的资源，并且这些资源在逻辑上是独享的，不同网络切片实例使用的逻辑资源之间是相互隔离、互不影响的。而实际上，所有切片实例又是基于统一的物理基础设施，这样就能充分发挥网络的规模效应，既能提高物理资源的使用率，又能降低网络的建设投资和运营花销，而且丰富了网络的运营模式，可以打造网络切片即服务（Network Slice as a Service，NSaaS）的新经营模式，更好地满足行业用户的定制化需求。

2. 网络切片的特点

5G 时代的业务场景是多样化的，为满足不同业务场景的需求，5G 网络的功能和性能也必须是多样化的，网络切片技术使 5G 网络能够针对不同业务需求有针对性地提供定制化的网络功能和性能保证，给客户交付“量身定制”的网络。具体而言，网络切片具有以下特点。

① 安全性：不同网络切片实例使用的网络资源逻辑是隔离和独立的，某个实例出现故障（例如出现过载、拥塞、退出服务等）或者进行配置修改时不影响其他实例，既能充分保证网络切片实例的安全性和可靠性，也增强了整体网络的容灾能力。

② 敏捷性：面对客户对业务需求的调整（包括修改或者增减），切片管理编排系统可以动态地为其调整资源，既能快速满足客户的需求，又可以及时回收资源，避免资源浪费。

③ 弹性伸缩：运营商可以根据容量指标监控和扩展调度策略，在网络切片实例内，相关网络功能运行指标达到阈值时，会执行资源的自动弹性扩展，甚至可以将多个网络切片的实例融合和重组为一个新的网络切片实例。

④ 最优化：针对业务场景的不同特点和需求，切片编排管理系统可以对网络切片实

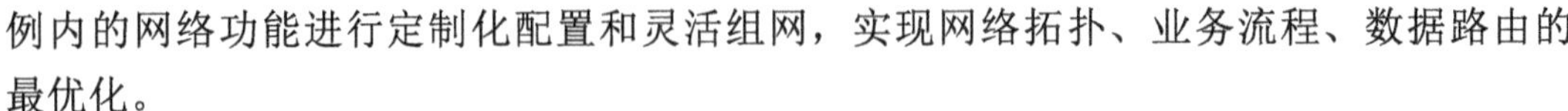

例内的网络功能进行定制化配置和灵活组网，实现网络拓扑、业务流程、数据路由的最优化。

3. 网络切片的管理架构

管理和编排系统对 5G 网络切片至关重要，因为网络切片不再是单独涉及无线网、传输网或者核心网中的某一个，而是需要在统一的跨域调度下，无线网子切片、传输网子切片和核心网子切片 3 个部分共同组成完整的端到端逻辑网络。跨域管理系统也是网络切片的难点和重点之一。3GPP 设计的网络切片管理架构如图 2-19 所示。

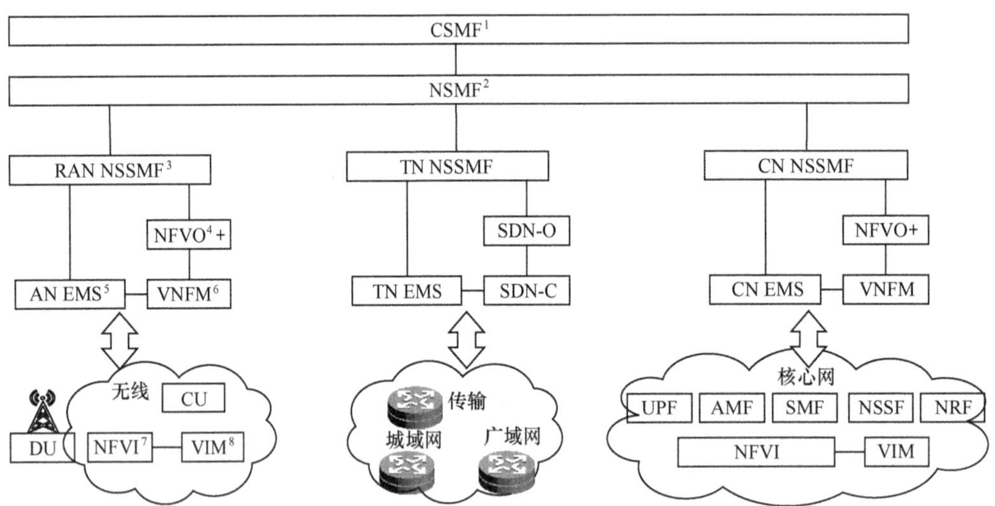

注：1. CSMF（Communication Service Management Function，通信服务管理功能）。
2. NSMF（Network Slice Management Function，网络切片管理功能）。
3. NSSMF（Network Slice Subnet Management Function，网络切片子网管理功能）。
4. NFVO（Network Function Virtualization Orchestrator，网络功能虚拟化编排器）。
5. EMS（Element Management System，网元管理系统）。
6. VNFM（Virtualised Network Function Manager，虚拟化网络功能模块管理器）。
7. NFVI（NFV Infrastructure，网络功能虚拟化基础设施）。
8. VIM（Virtualised Infrastructure Manager，虚拟架构管理器）。

图2-19　3GPP设计的网络切片管理架构

网络切片管理架构涉及的主要功能实体包括：

① 通信服务管理功能；

② 网络切片管理功能；

③ 网络切片子网管理功能。

CSMF 的主要功能包括：

① 接收客户的通信服务需求，并负责将通信服务需求转换为网络切片需求；

② 与 NSMF 通信，下发网络切片需求。

NSMF 的主要功能包括：

① 负责网络切片实例（Network Slice Instance，NSI）的管理和编排；

② 从 CSMF 下发的网络切片需求中分解出网络切片子网的需求并分别发送到无线网、传输网和核心网的 NSSMF；

③ 与 CSMF 和 NSSMF 通信。

NSSMF 的主要功能包括：

① 负责网络切片子网实例（Network Slice Subnet Instance，NSSI）的管理和编排；

② 与 NSMF 通信，接收 NSSI 的各种需求并执行（例如，创建、修改、删除等）；

③ 与子网内 EMS、NFVO 等相关功能实体通信，执行 NSSI 的各种操作。

4. 网络切片的编排部署流程

网络切片的编排部署涉及无线网、传输网和核心网 3 个域，在网络切片实例的自动化编排部署中，需要 3 个域子切片的端到端协同。典型的切片编排部署流程如图 2-20 所示。

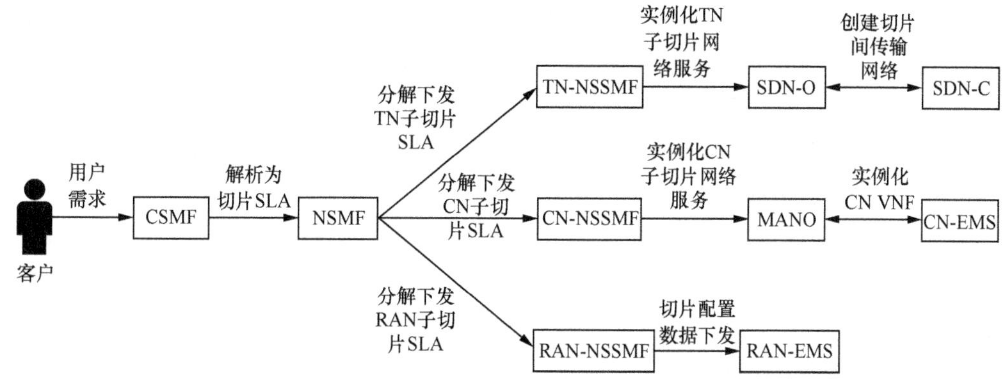

图2-20 典型的切片编排部署流程

网络切片的编排部署流程主要流程包括如下内容。

① 客户向 CSMF 发送通信服务请求（可以申请的服务包括 3GPP 定义的标准通信服务），CSMF 将这些通信服务需求转换为网络切片的相关需求（例如网络类型、网络容量、QoS 要求等），并将转换后的网络切片需求发送给 NSMF，要求 NSMF 进行网络切片部署。

② NSMF 基于从 CSMF 接收的网络切片需求来部署网络 NSI，首先将网络切片需求分解为网络切片子网的需求，然后分别向无线网、传输网、核心网的 NSSMF 发送相应网络切片子网的相关需求来委派网络切片子网的部署。

③ 各子网 NSSMF 根据从 NSMF 收到的网络切片子网需求来部署网络切片子网实例 NSSI，包括向子网内的 NFV-MANO 的相关组件下发指令，以便创建实例化所需的

VNF 和 NS 或对现有的 VNF 和 NS 进行规模调整，还包括触发子网内的 EMS 的相关组件，以便对 NSSI 使用的 NF 应用进行配置。

④ 由管理和编排（Management And Orchestration，MANO）在 NFVI 上完成各子切片 NVF 和 NS 所需要的计算、存储和网络资源部署。

⑤ 由 EMS 对所管理的 NVF 进行数据配置，完成所需的 VNF 创建。

⑥ 创建结束后，各功能实体向上一级实体反馈创建结果，最终由 CSMF 向客户反馈创建结果，完成切片的部署。

5. 网络切片的应用场景

网络切片是5G网络最重要的技术和特征之一，也是打通通信行业与其他行业的利器。网络切片的特点包括可定制、可交付、可测量、可计费。一方面，网络切片可以作为商品，由运营商面向行业客户进行销售和运营；另一方面，运营商还可以将网络切片的相关网络能力进一步开放，打造网络切片即服务（Network Slicing as a Service，NSaaS）的创新经营模式，更好地满足行业客户的定制化需求。

而对行业客户来说，通过与运营商的合作，利用网络切片技术，基于运营商的 5G 网络来部署自己专属的网络切片实例，可以达到不需要建设专网即可更方便、快捷地使用 5G 网络，快速实现数字化转型的目的。

网络切片的主要应用场景包括以下 4 种。

（1）虚拟现实和增强现实

虚拟现实和增强现实（Augmented Reality，AR）在业界一直是热门话题。要实现高质量的 VR 和 AR 体验，数据连接必须具备低时延和高吞吐量两大特性。网络切片技术可以有针对性地为 VR 和 AR 设备分配在时延和吞吐量方面更优化的切片实例，为 VR 和 AR 业务提供更高规格的业务保证。

（2）自动驾驶

自动驾驶的核心是 V2X 通信，即车与外界万物的信息交换。高安全性、高可靠性、低时延、高速率等是 V2X 通信的核心需求，5G 网络切片对自动驾驶的重要性主要体现在网络切片可以为自动驾驶的车辆隔离出充足的独享资源，以便始终如一地提供低时延和高速率的保障服务，这样即使车辆行驶在网络拥塞区域（例如演唱会、体育场附近），5G 网络仍然能充分保障车辆通信的速率和时延性能。

（3）网联无人机

网联无人机就是利用移动通信网络连接和控制无人机，以达到利用通信网络的广域无线覆盖来拓展无人机的受控范围和提高数据传送速率的目的。引入网络切片技术后，创建专用切片实例，能为网联无人机提供其所需的低时延、高速率和高可靠等关键性能保障。

（4）智能电网

通过网络切片，利用电信网络的资源来承载电网业务是一个新的尝试，电网公司可以在电信运营商通过网络切片技术隔离出来的逻辑通信网络之上搭建智能电网网络，这样既能保证智能电网通信系统的高性能、高可靠、高隔离和低成本，又能在用电信息采集、分布式电源控制、电动汽车充电桩控制、精准负荷控制等关键业务场景下满足各种业务的差异化需求。

作为 5G 的关键技术，网络切片对 VR、AR、超高清/全景直播，个人 AI 辅助、自动驾驶、智慧医疗、智慧交通、联网无人机、智慧城市、工业物联网和远程控制等场景来说都是至关重要的，5G 网络作为全面信息化的基础，通过网络切片可以为各个领域的不同需求提供定制化的网络连接特性，促进相关垂直行业的关键能力提升和信息化转型。

2.2.3 多接入边缘计算

1. 多接入边缘计算介绍

2014 年，ETSI 启动了边缘计算标准项目移动边缘计算，并于 2016 年将概念扩展为多接入边缘计算（Multi-access Edge Computing，MEC），以满足更丰富场景下（例如 3GPP 移动网络、固定网络、Wi-Fi）的接入需求。MEC 项目的研究目的主要是让运营商能够在其通信网络边缘 DC，甚至是无线接入站点部署 MEC，使网络边缘具备网络、存储、计算等网络服务的 API 能力，拉近源数据和处理、分析和存储等网络资源的距离，通过就近处理、分析和存储在网络边缘生成的数据，网络运营商和 MEC 服务供应商可以提供在时延和速率等方面更优化的服务，同时还为更高要求的概念（例如无人驾驶和高端工业自动化等）奠定基础。

MEC 作为云计算的演进，将应用程序托管从集中式数据中心下沉到网络边缘，更接近消费者和应用程序生成的数据，是实现 5G 低时延和带宽效率等的关键技术之一，同时 MEC 为应用程序和服务打开了网络边缘，包括来自第三方的应用程序和服务，使通信网络可以转变成为其他行业和特定客户群服务的多功能服务平台。

2. MEC 在 5G 中的部署

MEC 是 5G 网络支持物联网关键服务所需低时延的关键技术，所以 5G 系统架构一开始的设计目标就是为 MEC 提供高效灵活的支持，实现卓越的性能和体验质量。3GPP 采用的方法是允许将 MEC 映射为 AF，使其可以在 5GC 配置的策略框架内使用由其他 5GC 网络功能提供的服务和信息。此外，3GPP 还定义了许多新功能来为 MEC 的部署提供灵活的支持（包括在用户移动的情况下支持 MEC）。

基于 5G 的 SBA，其网络功能可以作为服务产生者和服务使用者。SBA 提供了对提出服务需求的网络功能进行身份验证和授权其服务请求的必要功能，支持灵活有效地开放和使用网络服务。对于简单的服务或信息请求，可以使用“request-response”模型。对于长期存在的进程，该框架还支持“subscribe-notify”模型。

ETSI ISG MEC 定义的 API 框架与 5G 系统 SBA 的上述原则一致，对于 MEC 应用程序来说，MEC 框架的作用与 SBA 对网络功能及其服务的作用是相同的。保证有效使用服务所需的功能（包括注册、服务发现、可用性通知、注销及身份验证和授权），这些功能在 SBA 和 MEC API 框架中是相同的。

5G 网络 SBA 视图与 MEC 架构如图 2-21 所示，左侧显示了 SBA 视图的 3GPP 5G 系统，右侧显示了 MEC 系统架构。接下来描述如何以集成的方式在 5G 网络环境中部署 MEC 系统及 MEC 的功能实体如何与 5G 核心网络的网络功能相互作用。

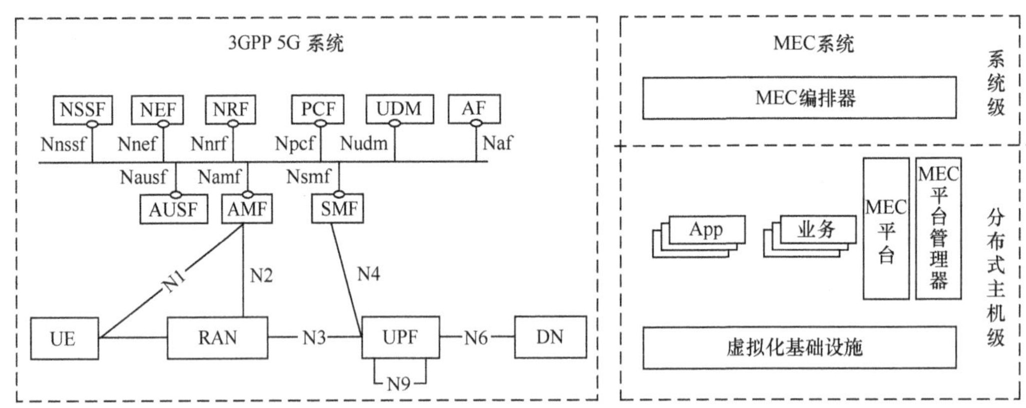

图2-21　5G网络SBA视图与MEC架构

5G 系统的网络功能（Network Function，NF）及其提供的服务在网络存储功能中注册，而在 MEC 中，MEC 应用程序产生的服务在 MEC 平台的服务注册表中注册。NF 在通过授权后，可以直接与提供服务的其他 NF 进行交互以调用服务，可用的服务列表可以从 NRF 中获得。某些服务只能通过 NEF 访问，NEF 同时也可以为 5G 系统外不可信域的功能实体提供服务，此时，NEF 充当 5G 服务开放的集中点，并且在授权这些系统外功能实体的访问请求时具有关键作用。

5G 系统中，除了 AF、NEF 和 NRF，还有许多与 MEC 有关的网络功能。例如认证服务器功能提供接入认证。网络切片选择功能为用户选择合适的网络切片实例及分配接入管理功能。MEC 应用程序可以属于已在 5G 核心网中配置的一个或多个网络切片。

5G 系统中的策略和规则由 PCF 处理。PCF 也是服务 AF（例如 MEC 平台）并影响流量导向规则的功能。MEC 可以直接访问 PCF 或间接通过 NEF 访问 PCF，这取决于 5G 系统配置的策略。

统一数据管理功能负责用户签约和订阅相关的服务，生成 3GPP AKA 认证凭证，处理用户身份相关信息，管理访问授权（例如漫游限制），注册为用户服务的 NF（例如 AMF、SMF），通过保留 SMF 或 DNN 记录来支持服务连续性等用户面功能，该功能在 5G 网络中集成部署 MEC 时起关键作用。从 MEC 系统的角度来看，UPF 可以看作分布式和可配置的数据平面，此时流量规则的配置遵循 NEF—PCF—SMF 路线。因此，在某些特定部署场景中，本地 UPF 可能是 MEC 部署实施的一部分。

MEC 在 5G 中的集成部署如图 2-22 所示，这描述了如何在 5G 网络中以集成方式部署 MEC 系统。

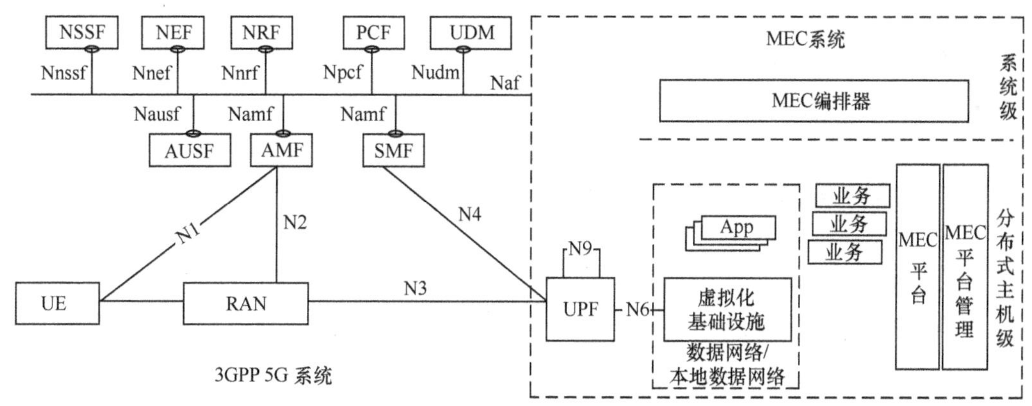

图2-22　MEC在5G中的集成部署

在 MEC 系统中，MEC 编排器是 MEC 系统层功能实体，作为 AF，可以通过网络开放功能与其他 NF 交互，或者在某些情况下直接与目标 NF 交互。在 MEC 主机层，MEC 平台也可以与 5G NF 进行交互，同样是作为 AF 的角色。MEC 主机级功能实体（MEC App），一般部署在 5G 系统中的数据网络（DN/LADN）中。NEF 一般和其他核心网 NF 集中部署，但也可以在网络边缘部署 NEF 的实例以支持来自 MEC 主机的低时延、高吞吐量服务访问。

MEC 部署在 n6 参考点上，即 MEC 处于 5G 系统外部的数据网络中。分布式 MEC 主机可以容纳 MEC App，消息代理和流量导向至本地加速等服务作为 MEC 平台服务，将服务作为 MEC App 还是平台服务运行应该充分考虑访问服务所需的共享级别和身份验证级别。诸如消息代理之类的 MEC 服务在开始时可以部署为 MEC App 以获得上市时间优势，然后随着技术和业务模型的成熟而成为 MEC 平台服务。

用户移动性管理是移动通信系统中的核心功能。在 5G 系统中，接入管理功能处理与移动性相关的业务流程。此外，AMF 也是 RAN 控制面信令和非接入层信令的终止点，负责保证信令的完整性；管理注册、连接和可达性；提供合法监听接入和移动事件的功能接口；为接入提供身份验证和授权，支持安全锚定功能。通过 SBA，AMF 为其他 NF 提供通信和可达性服务，并且还允许订阅接收有关移动性事件的通知。

SMF 同样具有关键职责。SMF 提供包括会话管理、IP 地址分配和管理、DHCP 服务、UPF 的选择 / 重选 / 控制，配置 UPF 的流量规则，提供合理监听会话管理事件的接口、计费功能、漫游功能等。由于 MEC 服务可以在中心云或边缘云中提供，SMF 在选择和控制 UPF 及配置其流量导向规则方面发挥着关键作用。SMF 可以开放服务操作允许 MEC 作为 5G AF 来管理 PDU 会话，控制策略设置和流量规则及订阅会话管理事件的通知。

5G 的 SBA 及网络功能在实现 MEC 在 5G 通信系统中的灵活集成方面发挥着重要作用，此外，还有一些高层次概念对于提供高质量和高性能的 MEC 服务至关重要，包括：

① 单个 PDU 会话可以同时访问本地数据网络和公共数据网络；

② 为 PDU 会话选择靠近 UE 连接点的 UPF；

③ 基于从 SMF 接收的 UE 移动性和连接性事件选择 / 建立新的 UPF；

④ 5G 网络能力开放的特性允许对 MEC 作为 AF 请求有关 UE 的信息或请求针对 UE 的操作；

⑤ MEC 作为 AF 可以影响单个或一组 UE 的流量导向；

⑥ 支持边缘云中的 MEC 的合法监听和计费；

⑦ 通知 UE 关于提供特定本地 MEC 服务的 LADN 的可用性。

逻辑上 MEC 主机可以部署在边缘或中心数据网络中，UPF 负责将用户面流量导向数据网络中的目标 MEC 应用。数据网络和 UPF 的部署位置由网络运营商来选择，运营商可以基于技术和商务等方面的考量来放置物理计算资源，例如，站点设施的可用性，需要支持的应用及其需求，预测的用户负荷等。MEC 管理系统可以编排 MEC 主机和应用程序并动态决定 MEC 应用程序的部署位置。

在 MEC 主机的物理部署方面，根据操作性、性能或安全的相关需求，有多种选择，具体如下。

(1) MEC 和本地的 UPF 与基站并置

MEC 和本地的 UPF 与基站并置如图 2-23 所示。

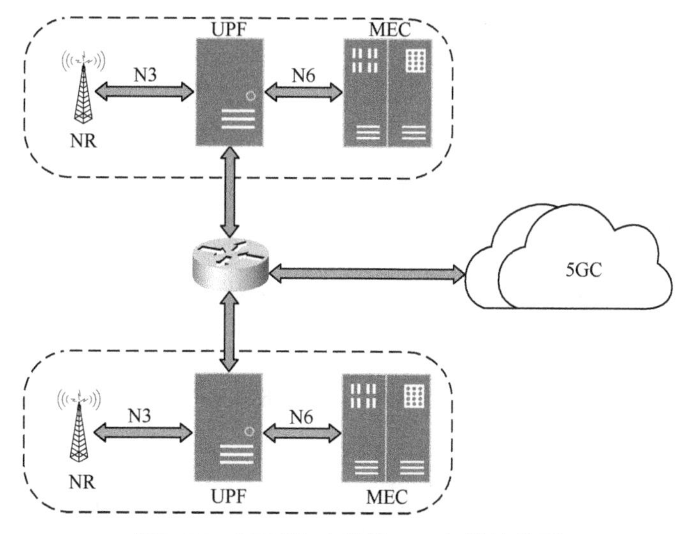

图2-23　MEC和本地的UPF与基站并置

(2) MEC 与传输节点并置

MEC 与传输节点并置如图 2-24 所示。与此同时，本地 UPF 也可以与其并置在一起。

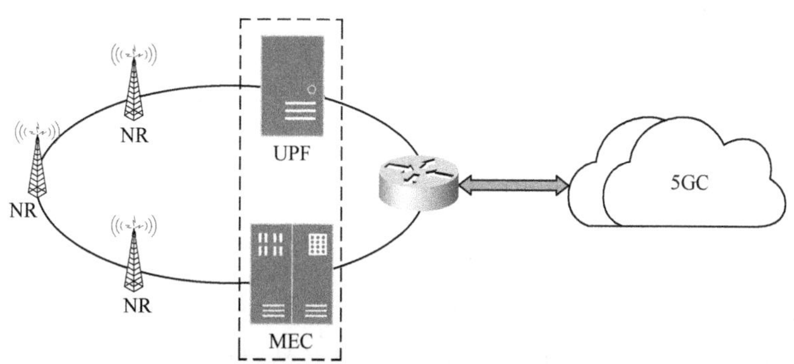

图2-24　MEC与传输节点并置

(3) MEC 和本地 UPF 与网络汇聚点并置

MEC 和本地 UPF 与网络汇聚点并置如图 2-25 所示。

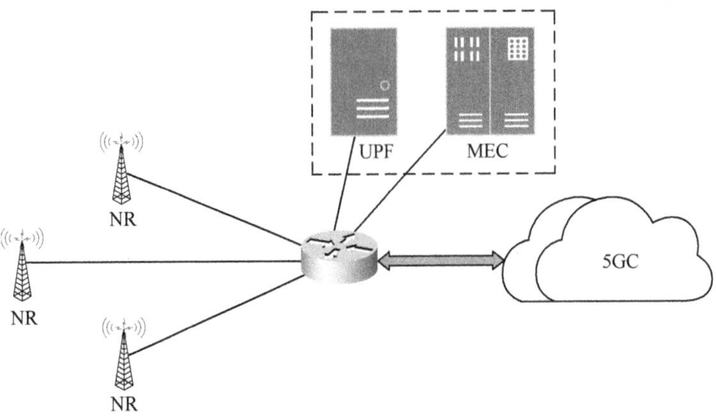

图2-25　MEC和本地UPF与网络汇聚点并置

（4）MEC 与核心网 NF 并置

MEC 与核心网 NF 并置如图 2-26 所示，即 MEC 与核心网部署在同一个数据中心。

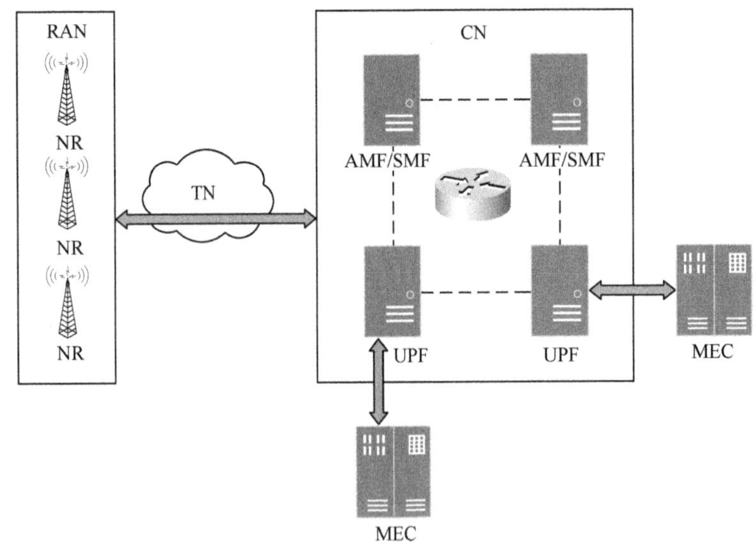

图2-26　MEC与核心网NF并置

上述多种选项表明 MEC 可以灵活地部署在从基站附近到中心数据网络的不同位置。但是不管如何部署，都需要由 UPF 来控制流量指向 MEC 应用或指向数据网络。

3. MEC 带来的优势

（1）低时延

MEC 使网络边缘具备了计算和存储能力，可以拉近网络能力和用户数据的距离，用户请求不再需要经长距离传输到核心网再被处理，而是由 UPF 将特定流量导向部

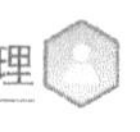

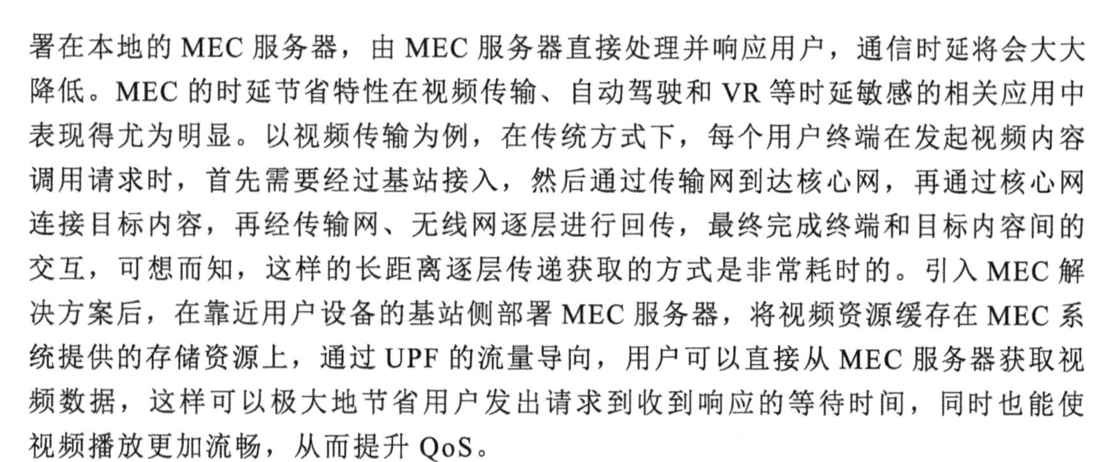

署在本地的MEC服务器，由MEC服务器直接处理并响应用户，通信时延将会大大降低。MEC的时延节省特性在视频传输、自动驾驶和VR等时延敏感的相关应用中表现得尤为明显。以视频传输为例，在传统方式下，每个用户终端在发起视频内容调用请求时，首先需要经过基站接入，然后通过传输网到达核心网，再通过核心网连接目标内容，再经传输网、无线网逐层进行回传，最终完成终端和目标内容间的交互，可想而知，这样的长距离逐层传递获取的方式是非常耗时的。引入MEC解决方案后，在靠近用户设备的基站侧部署MEC服务器，将视频资源缓存在MEC系统提供的存储资源上，通过UPF的流量导向，用户可以直接从MEC服务器获取视频数据，这样可以极大地节省用户发出请求到收到响应的等待时间，同时也能使视频播放更加流畅，从而提升QoS。

（2）改善链路容量

处于网络边缘的MEC服务器可以对流量数据进行本地卸载，从而极大地降低数据回传对传输网和核心网带宽带来的压力。某些点击量较高的视频类型，例如体育比赛、演唱会、发布会等，通常是以直播这种高并发的方式发布，短时间内接入用户数很大，并且请求的都是同一资源，这对带宽和链路状态的要求极高。通过在网络边缘部署MEC服务器，视频直播内容实时缓存在MEC服务器，本地用户的请求在本地进行处理，可以减少下行数据对链路带宽带来的压力，同时发生链路拥塞和故障的可能性也大大降低，从而改善链路容量。

（3）提高能量效率

在移动网络下，任务运算和数据传输是消耗能量的两个主要方面，能量效率是5G实现连续覆盖需要克服的一大难题。MEC的引入和部署能极大地降低网络的能量消耗。首先，MEC系统能就近提供计算和存储资源，在本地进行部分运算的卸载，针对需要大量计算能力的运算，则分流上交给远端集中部署的数据中心或云进行处理，从而降低核心网NF的计算能耗。另一方面，随着缓存技术的发展，存储资源的容量成本小于带宽资源的成本，MEC的部署可以实现以存储换取带宽的效果，将资源进行本地存储，可以极大地减少数据包远程传输的需要，从而降低传输能耗。

（4）提升QoS

部署在网络边缘的MEC服务器可以获取更实时和详细的终端和网络信息，因此，可以作为对带宽等资源进行实时调度和分配的资源控制器。以视频应用为例，MEC服务器可以实时感知用户终端的链路信息，对带宽资源进行灵活扩缩，例如，可以回收空闲的带宽资源分配给其他需要的用户，使资源分配更合理，也能使网络内用户的体验更佳。同时在用户允许的情况下，MEC服务器可以根据链路资源状况，自动为用户切换到不同的视频版本，以避免卡顿现象的发生，从而给予用户更优的观看体验。同时，MEC 服务器还可以基于用户的实时精确位置提供一些基于位置的服务，例如餐饮、娱乐、优惠活动等推送服务，进一步提升 QoS。

4. 5G 网络中 MEC 的应用场景

MEC 的主要应用可分为 4 类：本地内容缓存类、业务处理与优化类、本地分流类和网络能力开放类。

适用的场景主要是数据量大、时延敏感、实时性要求高的场景，例如车联万物、AR、移动流媒体内容分发网络（Mobile Streaming Media Content Delivery Network，MSM-CDN）、企业、IoT 等。

（1）本地内容缓存类应用

通过将 MEC 服务器与业务系统对接，MEC 服务器可以感知和获取业务中的热点内容，包括视频、图片、文档等，并进行本地缓存。在用户进行业务申请时，UPF 可以对用户的上行数据进行实时的深度数据包检测和流量筛选，如果终端申请的业务内容已在本地缓存中，UPF 可以直接将业务申请指向本地 MEC 系统，然后 MEC 系统将本地缓存的内容推送给终端。

以 AR 为例，AR 是对使用者所看到的真实世界景象通过附加计算产生的信息进行增强或扩展的技术。AR 利用的技术包括虚拟现实技术、计算机视觉技术、人工智能技术、可佩戴移动计算机技术、人机交互技术、生物工程学技术等。MEC 对 AR 技术的贡献主要是基于缓存和视频分析，具体来说，MEC 服务器可以缓存需要推送的 AR 音视频内容，并基于 5G 的精确定位技术将内容和实际地理位置信息一一对应，当终端发起应用请求时，MEC 服务器通过 DPI 判断应用内容，并结合精确位置信息推送 AR 内容到用户终端。基于 MEC 的 AR 解决方案一方面可以通过流量本地化降低内容时延，提升用户体验，另一方面可以利用 5G 的精确定位功能，增强 AR 的应用效果和价值。

（2）业务处理与优化类应用

通过在无线侧部署 MEC 服务器，基于网络对 MEC 系统的能力开放，MEC 系统可以对无线网络的信息进行实时采集和分析，并基于获得的网络情况对业务进行实时的快速优化，例如，选择合适的业务速率、内容分发机制、拥塞控制策略等。

业务优化处理的典型应用是远距离视频监控。当前的视频监控主要有两种典型的数据处理方式，对于远距离应用场景分别存在以下不足之处。

① 摄像头端处理：需要每个摄像头都具备视频分析功能，带来成本的提高。

② 服务器端处理：需要将大量的视频数据回传到服务器，增加传输网和核心网负担，且时延较大。

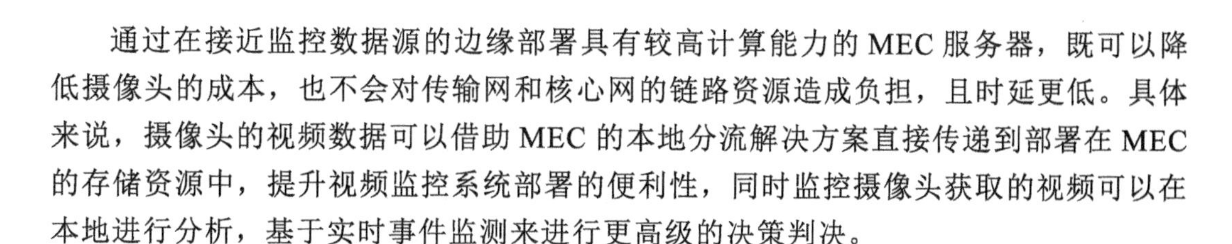

通过在接近监控数据源的边缘部署具有较高计算能力的 MEC 服务器，既可以降低摄像头的成本，也不会对传输网和核心网的链路资源造成负担，且时延更低。具体来说，摄像头的视频数据可以借助 MEC 的本地分流解决方案直接传递到部署在 MEC 的存储资源中，提升视频监控系统部署的便利性，同时监控摄像头获取的视频可以在本地进行分析，基于实时事件监测来进行更高级的决策判决。

（3）本地分流类应用

基于 MEC 的本地分流，用户可以通过 MEC 平台直接访问本地数据网络，用户终端申请本地 MEC 平台支持的业务时，数据流不需要经过核心网，而是经由 MEC 平台完成用户终端与 LADN 的交互。MEC 的本地业务分流，可以降低数据的回传带宽消耗和业务访问时延，提升用户的业务体验。

以视频直播为例，热点区域的视频直播类业务，例如，赛车场、体育馆、演唱会场的多角度的视频直播，可以为用户提供任选观看角度的高清直播视频，此类业务如果采用传统解决方案经由远端核心网进行转发，时延较高，无法满足用户实时性体验的需求。通过在热点区域部署 MEC 系统进行本地数据分流，摄像头产生的现场视频数据不需要经过核心网传送到公网内的视频服务器，而是直接由 MEC 平台分流至 LADN 内的视频服务器进行缓存，用户也可以通过 MEC 平台直接访问本地网络内的视频数据。这样可以极大地降低回传带宽消耗和业务访问时延，有效减轻传输网和核心网负担，并提升用户的业务体验。

本地分流类业务另一个典型应用是企业解决方案。一般来说，大型企业都会建设企业内网，传统的建设方式下，企业内网的搭建需要部署大量的路由器交换机，并配备相应的运维团队，成本极高，通过基于 MEC 的本地分流方案，企业不需要购买和部署网络设备，而是直接基于网络运营商的无线覆盖搭建内网，企业内部的应用或服务器可以部署在 MEC 系统的 LADN 中，MEC 通过 DPI 识别本地和非本地业务，将企业用户访问公司内网［包括内部网站、论坛、文件传输协议（File Transfer Protocol，FTP）业务等］，内部人员处理内网邮件、内部 IM 通信等业务流指向 LADN 中的应用或服务器，从而保持企业内部业务本地化，而非本地业务则转发至远端核心网进而连接到公网。基于 MEC 的企业网方案一方面避免了路由迂回，降低了用户访问时延，缓解了网络压力；另一方面保证了本地内容的安全性，可开展相关增值服务。

（4）网络能力开放类应用

通过 MEC 平台提供的接口，移动网络可以向第三方提供网络资源和能力，将网络监控、网络基础服务、QoS 控制、定位、大数据分析等能力对外开放，充分挖掘网络潜力，与合作伙伴互惠共赢。

网络能力开放类业务的典型应用是智慧商场。智慧商场的业务主要关注盈利模式，例如，通过对用户的实时定位，进行室内导航及周边商铺查询、车库辅助智能找车，以及与用户位置或消费区域相关的广告、优惠券等信息的推送，或者基于对用户的行为偏好进行大数据分析实现精准营销。为了使上述的服务具备更佳的用户体验，可以将 MEC 服务器部署在商场内，拉近与用户数据的距离，便于实时地分析用户位置以更好地提供本地的个性化服务。例如，顾客进入商场时，对用户进行实时定位，针对用户实时位置进行信息推送，使用户了解身边商家的最新产品信息，或者根据位置插入高相关度和本地化广告，提供在手机上免费观看的电影或可以领取的优惠券等。

综上，MEC 的应用将伸展至交通运输系统、智能驾驶、实时触觉控制、增强现实等领域，MEC 平台的广泛部署将为运营商、设备商、OTT 和第三方公司带来新的运营模式。

2.2.4 超密集组网

一般来说，有 3 种主流的提升无线系统容量的方案，它们分别是增加频谱带宽、提高频谱利用率和增加小区部署密度。其中，增加小区部署密度来提升频谱空间复用率是这 3 种提升无线系统容量方案中最为有效的一种。1957—2000 年，通过增加无线频谱带宽，提升了约 25 倍的无线系统容量，将大带宽无线频谱细分成多载波带来了无线系统容量约 5 倍的增益，而先进的调制编码技术也提升了约 5 倍的无线系统容量。与上述技术相对应的是，通过减少小区半径增加频谱资源空分复用的方式将无线系统容量提升了 1600 倍。

传统的无线通信系统通常采用小区分裂的方式减小小区半径，随着小区覆盖范围的一步步缩小，小区将难以进一步分裂。在此情况下需要通过在室内外热点区域密集部署低功率小基站，包括小小区基站、微小区基站、微微小区基站及毫微微小区基站等，从而形成超密集网络（Ultra Dense Network，UDN），提升区域内的无线系统容量。若要实现 5G 网络相对于 4G 网络数据流量 1000 倍及用户体验速率 10 ～ 100 倍的提升，UDN 是行之有效的解决方案。

通俗地讲，超密集组网是指在宏基站的覆盖区域内通过增密部署小功率基站并精细控制覆盖距离，来增加站点数量。超密集组网的量化定义有两种：一种是网络中小区部署密度≥10^3cell/km^2；另一种是网络中无线接入点的密度远大于其中活跃用户的密度。超密集组网如图 2-27 所示。

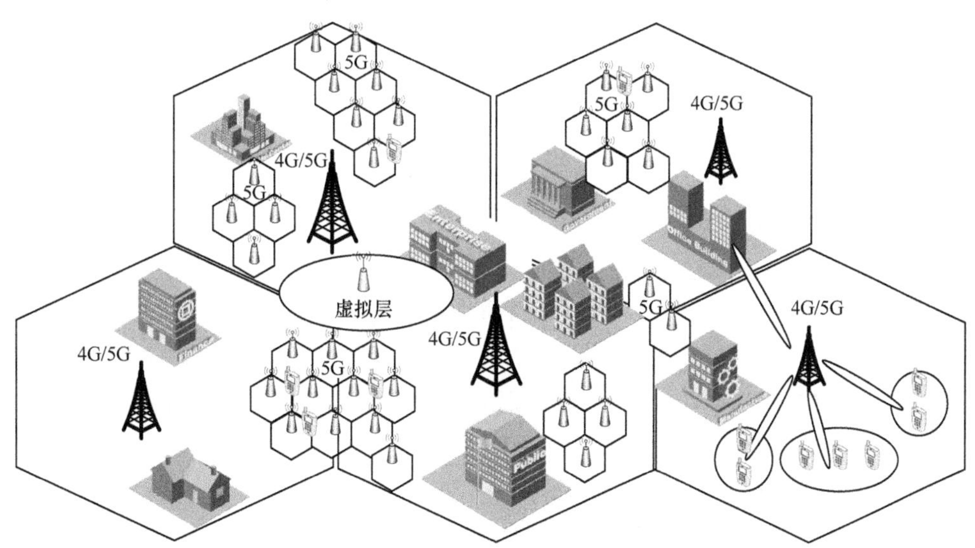

图2-27 超密集组网

超密集组网的优势主要表现在以下 3 个方面。

① 与传统组网方式相比，超密集组网的网络节点大大增加，现网无法覆盖的边角区域也能有较好的信号，网络覆盖面积得以扩展，实现无缝网络覆盖。超密集组网特别适用于终端密集的区域，例如商场、办公楼、地铁等，也可利用微小区覆盖城市盲点和偏远郊区，从而提升覆盖面积。

② 超密集组网可以提升系统容量、频谱效率和能源利用率。由于小区数目增多，单小区的覆盖面积相对减小，因此，频率可在位于网络第二层拓扑的小站间有效地进行多次复用，从而提高频率的复用效率，增大吞吐量，大幅提升热点地区的系统容量和频谱效率。同时，小区半径减少，通信距离缩小，使功率损耗降低，提高了能源的利用效率。

③ 超密集组网适应性强、灵活度高，具有更高的可拓展性。微基站相对于宏基站，可调控性高、更加灵活，接入方式更多样化，微基站的数量增多，可以适应复杂的网络。

超密集组网是解决未来 5G 网络数据流量爆炸式增长的有效解决方案，而小区部署的密集化也会产生以下新问题。

① 干扰问题：超密集组网通过降低基站与终端用户间的路径损耗提升网络吞吐量，在增强有效接收信号的同时也增强了干扰信号，即超密集组网降低了热噪声对无线网络系统容量的影响，使其成为一个干扰受限系统。如何有效进行干扰消除、干扰协调成为超密集组网提升网络容量需要重点解决的问题。

② 频繁切换问题：低功率基站较小的覆盖范围会导致具有较高移动速度的终端用户在短时间内历经多个基站、遭受频繁切换，这会降低用户体验速率和影响服务质量，

同时也占用了更多的系统控制信道和调度资源。

无线网控制与承载分离和小区虚拟化是有效解决干扰及频繁切换问题的关键技术。

2.2.5 终端直连

1. 终端直连技术概述

终端直连（Device-to-Device，D2D）通信技术是指网络中设备器件之间在没有核心网参与的情况下直接连接通信。D2D 通信技术的特点表现为系统中地理位置邻近的两个用户直接实现短距离通信，以及可以重用蜂窝系统频谱，且可以在现有蜂窝网络的监控下进行通信。蜂窝网络引入 D2D 通信技术的优势有：提升网络覆盖能力、降低回传链路负载、提供回传能力、提高频谱利用率及单位面积内用户数据率和网络容量、支持低时延、高可靠的 V2X 业务连接等。

3GPP D2D 通信技术主要应用于公共安全领域和部分商业领域。3GPP D2D 通信技术应用场景如图 2-28 所示。

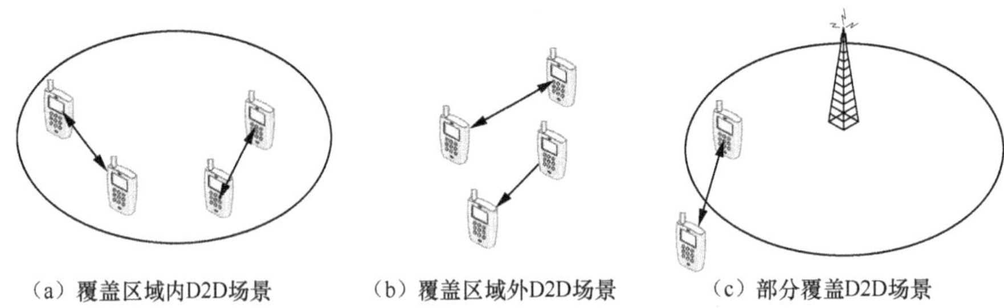

（a）覆盖区域内D2D场景　（b）覆盖区域外D2D场景　（c）部分覆盖D2D场景

图2-28　3GPP D2D通信技术应用场景

3GPP 划分了以下 3 种 D2D 技术应用场景。

① 在网络覆盖内场景中，所有的 D2D 设备处于网络基站覆盖范围内。

② 在网络覆盖外场景中，所有的 D2D 设备处于网络基站覆盖范围外。

③ 在介于两者之间的部分覆盖场景中，一部分 D2D 设备处于网络基站覆盖范围内，另一部分 D2D 设备处于网络基站覆盖范围外。

D2D 通信技术使网络中设备间或器件间的本地信息传输成为可能。在 eMBB 场景下，D2D 通信技术可以有效分流蜂窝网络业务数据并提高频谱利用率；在 mMTC 场景下，D2D 通信技术作为关键的基础技术，在簇化聚合接入和延伸网络覆盖范围方面发挥巨大作用，同时极大降低该场景下设备的功率消耗；在 URRLC 场景下，D2D 通信技术更是被作为支撑时延敏感、数据速率高的高可靠通信的关键技术。

2. 5G 网络 D2D 通信方式

D2D 通信类型是根据 D2D 设备间通信是否有集中节点参与控制来划分的，可分为集中式D2D通信和分布式D2D通信。D2D通信类型如图2-29所示。

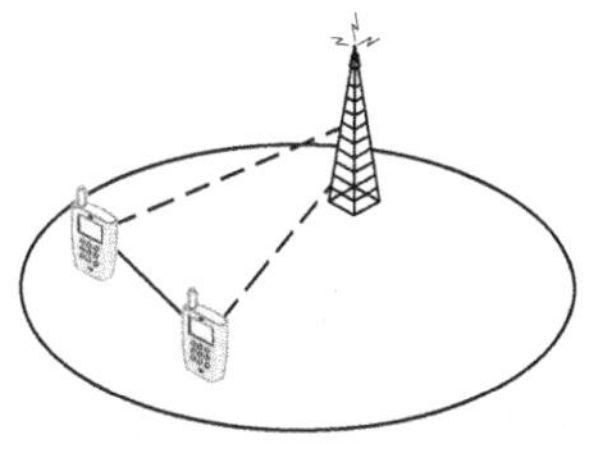

（a）集中式D2D通信

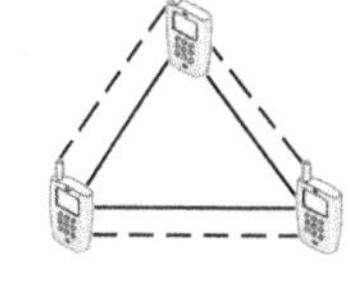

（b）分布式D2D通信

图2-29 D2D通信类型

在集中式D2D通信中，在蜂窝网络基站覆盖区域内的D2D设备终端由基站控制D2D设备终端来连接建立，所以D2D通信中的模式选择、功率控制、资源分配等由基站集中控制和实现，只是源终端和目的终端间的数据交互不通过基站进行控制。这种方式的好处是可以相对方便地实现D2D通信中高质量的资源管理，且最大限度地保证蜂窝网络的性能不受影响；缺点是会增加一定的D2D通信处理时延。

在分布式D2D通信中，D2D设备终端位于蜂窝网络边缘或者没有蜂窝网络覆盖的区域，设备终端间采用基于点对点（Ad Hoc）方式的D2D通信方式，其通信过程完全由终端自主控制。分布式D2D通信由于不需要集中节点的控制，可以降低通信时延；但通常需要额外考虑与蜂窝网络间的干扰问题，一般基于异频实现。

3. 集中式D2D通信的关键技术

高效的D2D通信在很大程度上依赖于网络的资源分配和干扰管理。

（1）D2D设备发现

D2D通信的前提是高效的网络辅助D2D设备发现、识别及建立连接。D2D设备发现用于判断设备之间的邻近性及在设备间建立D2D通信链路的可能性。在网络控制的D2D通信中，基站拥有D2D设备发现的资源，可以在有网络覆盖和无网络覆盖两种场景下高效地管理和分配用于D2D设备发现的资源。

在缺乏网络覆盖的区域引入簇头概念，簇头是一类特殊的器件，它承担了部分的网络功能并具备为附属于该簇头的一组器件分配资源的控制能力。当网络覆盖恢复后，作为簇头的器件可以平滑地恢复为普通器件。一个高效的系统将尽可能少的器件作为簇头，同时将尽可能多的器件划分为附属于一个簇头的簇，从而降低器件的能量消耗，减少同步信号发送和检测时的干扰。如果没有簇概念，网络中的所有器件将以一种全部或部分同步的方式，自动在已知的资源池中选择设备、发现资源，并将直接进行相互器件间的发现。

基于网络辅助和簇头概念的D2D设备发现具有更高的功率效率、更短的设备发现时间和更高效的资源利用。

（2）模式选择

在D2D设备发现两个邻近设备后，需要确定是否在这两个设备之间建立D2D连接。蜂窝网络中的D2D通信根据资源分配方式的不同，具有以下3种通信模式。

① 复用模式。复用模式也称为非正交模式，该模式下 D2D 用户直接在与蜂窝网络复用的频谱资源上传输数据，可以最大化地提升整体网络频谱效率，但需要额外关注 D2D 用户与蜂窝网络之间的干扰。

② 专用模式。专用模式也称为正交模式，该模式下蜂窝网络为 D2D 通信分配专用的频谱资源，其余的频谱资源为蜂窝网络所使用。该模式避免了 D2D 用户和蜂窝网络之间的干扰，但是整体网络的频谱资源有所下降。

③ 蜂窝模式。蜂窝模式也称为中继模式，在该模式下，D2D 利用蜂窝网络的基站作为中继进行通信，此时的 D2D 通信与传统蜂窝网络下的通信方式相同。

在模式选择时，可以基于 D2D 通信终端之间的距离或 D2D 终端与基站之间的距离进行选择，也可以对每种模式下的系统性能进行评估，选择系统容量最大的 D2D 模式。

（3）功率控制

功率控制技术是蜂窝网络中引入 D2D 通信技术后抑制干扰的关键技术，D2D 终端功率的分配必须满足网络中业务的 QoS 需求。为 D2D 终端分配适当的发射功率，更多数量的 D2D 通信可以共享相同的频谱资源，有利于进一步提升网络的频谱利用率。另外，由于移动器件的电量有限，D2D 通信终端能量消耗也是一个需要考虑的因素，通常 D2D 通信终端能量效率需要在电池节省与所要达到的 QoS 要求之间折中。

位于蜂窝网络中的 D2D 通信，利用蜂窝网络中的基站对 D2D 通信终端发射功率进行控制是最直接的功率控制方法。但是，D2D 通信功率控制机制正朝着综合整体网络性能、多 D2D 用户和多蜂窝网络用户等多种复杂判决条件的方向转变。在众多的功率控制机制中，除了单纯的优化 D2D 用户发射功率，有更多的功率控制机制和模式选择与各种资源分配相结合，以获得更优的网络综合性能。

（4）信道分配

D2D 通信的信道分配对应 D2D 通信模式的选择，只是 D2D 信道分配更加具体。特别是在用户选择了复用模式时，如何分配 D2D 用户信道将影响 D2D 用户和蜂窝网络用户的性能。

当 D2D 用户和蜂窝网络用户之间的信道衰落较小时，选择复用模式的 D2D 用户对蜂窝用户的同频干扰较大；反之，当 D2D 用户与蜂窝用户之间的信道衰落较大时，选择复用模式的 D2D 用户对蜂窝用户的同频干扰较小。D2D 通信信道分配的目的就是合理地选择 D2D 信道，减小 D2D 用户对蜂窝网络用户的影响，提高整体网络的性能。D2D 通信复用模式下的信道分配，通常与模式选择、功率控制方法相结合。

因此，目前主要有两种信道分配方法：一种是基于规划的 D2D 信道分配方法；另一种是基于地理位置的信道分配方法。

基于规划的 D2D 信道分配方法，是考虑到 D2D 通信信道分配实际上是一个典型的规划问题，通常以提高频谱效率、能量效率等为目标，将信道分配问题建模为规划问题，并进行求解。在考虑基于规划思想的 D2D 信道分配方法时，通常都与功率控制相结合。在高速移动场景下的 D2D 通信系统中，干扰管理是一个巨大的挑战。现有的算法基于小区的分裂和区域的概念，提前对区域的大小、形状和数量进行规划，并且为每一个区域预留用于 V2X 的专用资源，与此同时，限制在同一区域内蜂窝网络通信对资源的复用次数。在这种情况下，D2D 通信获得了一种相对简单且高效的 D2D 通信无线资源管理和信令机制，可以基于粗略的位置信息决定资源的调度，而不需要考虑复杂的信道状态测量。

基于地理位置的信道分配方法，是考虑当 D2D 用户与复用同频信道蜂窝网络用户保持一定的距离时，两者之间的相关干扰即可降低到一定的范围内，所以可基于用户的地理位置设计信道分配方法。由于并不必须考虑信道状态，这种分配模式相对简单。集中分配 D2D 通信资源，实现了对 D2D 通信更多的控制和资源复用，也更好地控制了 D2D 通信给系统带来的干扰。基于地理位置距离最大化的信道分配方法可达到较好的资源复用效果，增加距离可以降低干扰，提升系统整体性能。基于地理位置的信道分配方法有两个缺点：一是获取用户的二维位置信息需要额外的用于定位的开销；二是该类方法是统计意义上的 QoS 保障，无法保障瞬时 QoS，也不具备全局优化的意义。但在低速移动场景下，基于位置信息的信道分配方法，可以在统计意义上达到用户的 QoS 要求。相比于基于规划和分布式的信道分配方法，基于地理位置的信道分配方法对信道状态信息需求少、计算复杂度低，同时可以保证一定的服务质量。

2.3 5G 业务场景

2.3.1 业务场景

按照 IMT-2020 和 3GPP S1 工作组对 5G 技术能力和需求的定义，5G 技术提供的网络能力将满足三大极限业务场景的业务需求。eMBB 提供最高可达 10Gbit/s 的高速率、高带宽业务能力，可支持超高清 3D 视频、VR、AR 等业务。mMTC 提供低功耗、高达 100 万 /km^2 的连接密度能力，可支持监控、传感器、智慧城市等应用。URLLC 提供 1ms 的超低时延、高可靠性通信能力，可支持自动驾驶、远程医疗、智慧工厂、人工智能等应用。因此 5G 技术应用领域广泛，可促进各行各业的智能化和自动化通信需求。5G 提供的技术能力将融入各行各业，改变社会生活和生产方式，带动智慧化社会的发展。IMT-2020（5G）应用场景和网络能力如图 2-30 所示。

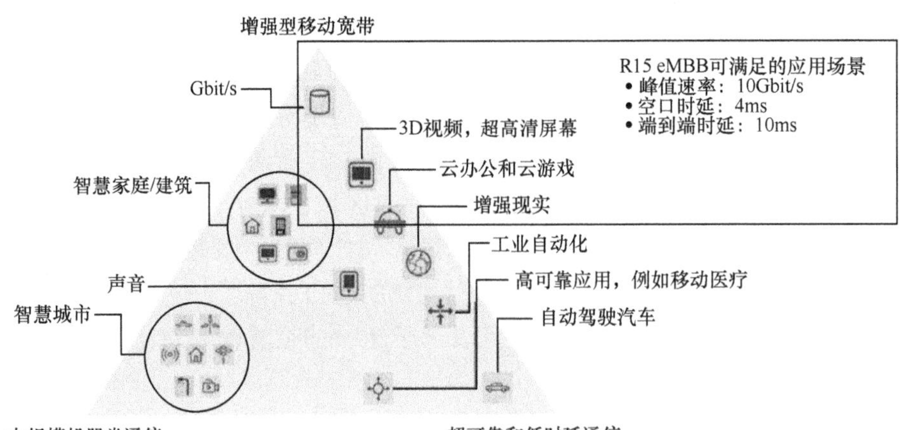

图2-30 IMT-2020（5G）应用场景和网络能力

根据某运营商网管数据，对当前5G网络终端应用软件（Application，App）流量进行排序，并对前50位的App进行分类汇总，5G App流量分类统计见表2-6，可看出视频和社交、即时通信的流量占比最大，两者合计达81.7%。

表2-6 5G App流量分类统计

序号	分类	典型应用	占比
1	视频（视频直播，影视等）	抖音、快手、腾讯视频、哔哩哔哩动画、优酷、爱奇艺、芒果TV、咪咕视频等	63.6%
2	社交、即时通信	微信、QQ、新浪微博等	18.1%
3	新闻资讯	今日头条、百度、学习强国等	5.6%
4	生活（购物、消费、支付等）	拼多多、淘宝、京东、美团、支付宝等	4.9%
5	文件下载	华为应用市场、OPPO应用商店、App Store、QQ超级旋风、百度云等	4.4%
6	音频	酷狗音乐、QQ音乐、喜马拉雅等	1.5%
7	游戏	王者荣耀、阴阳师、QQ游戏等	1.3%
8	导航	高德导航、百度地图、腾讯地图等	0.6%

5G典型业务除了满足普通用户的高清视频、视频会话、虚拟现实需求，还满足重要的垂直行业应用需求。

1. 室内定位业务

位置信息是未来建设智慧城市的重要组成部分，丰富多样化的5G＋垂直行业应用将会广泛用到室内精确定位技术。各种行业应用场景主要分为对人的定位和对物的定位。针对企业用户的场景，例如，智能制造、仓储物理、电力能源等场景，主要是面

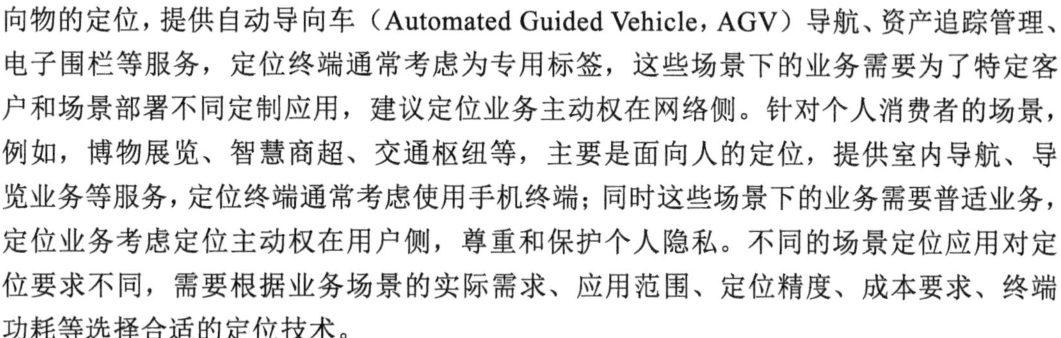

向物的定位，提供自动导向车（Automated Guided Vehicle，AGV）导航、资产追踪管理、电子围栏等服务，定位终端通常考虑为专用标签，这些场景下的业务需要为了特定客户和场景部署不同定制应用，建议定位业务主动权在网络侧。针对个人消费者的场景，例如，博物展览、智慧商超、交通枢纽等，主要是面向人的定位，提供室内导航、导览业务等服务，定位终端通常考虑使用手机终端；同时这些场景下的业务需要普适业务，定位业务考虑定位主动权在用户侧，尊重和保护个人隐私。不同的场景定位应用对定位要求不同，需要根据业务场景的实际需求、应用范围、定位精度、成本要求、终端功耗等选择合适的定位技术。

2. 高清视频

高清视频的分辨率可分为 1080P 高清、4K 高清、8K 高清及 8K（3D）高清，5G 时代视频播放会成为主流业务。事实上，高清视频除了视频播放业务，视频会话、AR/VR、实施视频分享等业务的本质也是高清视频传送，只是这些业务的时延需求不同。不同分辨率的高清视频传输速率需求是该类业务的关键技术指标。

高清视频传输速率的计算如式（2-1）所示。

$$\text{视频传输速率}=\frac{(\text{每帧画面像素点数}\times\text{每像素点 bit 数}\times\text{每秒传输帧数})}{\text{视频压缩率}} \quad \text{式（2-1）}$$

高清视频传输速率需求分类计算见表 2-7。

表2-7 高清视频传输速率需求分类计算

高清视频格式	每帧画面像素点数 / 像素	每像素点位数 /bit	每秒传输帧数 / 帧	视频压缩率	传输速率（Mbit/s）
1080P	1920 × 1080	12	60	100%	15
4K	4096 × 2160	12	60	100%	60
8K	7680 × 4320	12	60	100%	240
8K（3D）	7680 × 4320	24	120	100%	960

1080P 高清视频播放的下行体验速率应达到 15Mbit/s，4K 高清视频播放的下行体验速率应达到 60Mbit/s，8K 高清视频播放的下行体验速率应达到 240Mbit/s，8K（3D）高清视频播放的下行体验速率应达到 960Mbit/s。高清视频播放业务需要 50 ～ 100ms 的时延才能提供良好的业务体验。

3. 视频会话

视频会话从参与会话人数量角度可以分为两方视频会话及多方视频会话。5G 时代高清视频会话业务将成为典型沟通交流方式之一。为提供良好的视频会话体验，5G 视频会话业务一般要求达到 1080P 高清视频的分辨率。根据 1080P 高清视频传送的速率要求，两方视频会话上行体验速率应达到 15Mbit/s，下行体验速率应达到 15Mbit/s；三方视频会话时，上行为一路，下行为两路，因此上行体验速率应达到15Mbit/s，下行体验速率应达到30Mbit/s，多方视频会话依此类推。视频会话业务在时延方面相对较为敏感，需要50～100ms的时延才能提供良好的业务体验。

4. 虚拟现实与增强现实

虚拟现实与增强现实技术把语音和视觉通信扩展到多感官通信领域，是颠覆传统通信内容和人机交互形式的变革性技术。这类通信是人与环境或人与人之间进行的互动和反馈，依赖于视听反馈。3GPP TS22.261对AR/VR应用场景的网络需求给出了建议，除了要求用户的数据传输速率保证在1Gbit/s，为保证用户与环境的互动体验，5G网络需满足从感知用户头部运动到视觉反馈时延为7～15ms及从感知用户头部运动到听觉反馈时间不大于20ms的要求。

由于语音互动的网络时延要求在100ms以内，在进行VR通信时，视频和语音需要同步，同步范围要求声音时延在5～125ms，声音超前在5～45ms。

高质量VR/AR内容处理走向云端，在满足用户日益增长的体验要求的同时降低了设备价格。目前正在快速商用化的应用场景是广播、社交网络和内容提供领域，在体育赛事直播和现场活动直播互动的VR已经突破了传统业务体验。高质量VR/AR在游戏、视频和广告领域也有越来越多的尝试。

5. 智慧交通和辅助驾驶

智慧交通系统包含多种与通信有关的应用，旨在提高旅行安全性，减少对环境的影响，改善交通管理，并最大限度地提高商业用户和公众的交通效益。路边基础设施（例如交通灯控制器和交通监控等）均需要与交通控制中心无线连接，以达到管理和控制的目的。路边基础设施和交通控制中心之间的回传通信需要低时延、高可靠和高容量连接，通过在路边部署5G基站，沿城市街道和高速公路每1～2km部署，可满足智慧交通基础设施的要求。智慧交通系统的高可靠性和高可用性要求R16进行增强支持。无线智慧交通路边基础设施应用场景和性能需要见表2-8。

表2-8　无线智慧交通路边基础设施应用场景和性能需求

序号	名称	参数值
1	应用场景	路侧无线基础设施
2	最大端到端时延/ms	30
3	通信存活时间/ms	100
4	通信服务可用性	99.9999%
5	可靠性	99.999%
6	用户体验速率/（Mbit/s）	10

（续表）

序号	名称	参数值
7	消息大小	从小到大
8	流量密度 /（Gbit·s^{-1}/m^2）	10
9	连接数密度 /（连接数 /km^2）	1000
10	服务范围	沿路 2km

在辅助驾驶汽车方面，5G 网络可以满足未来车与车、车与人、车与交通基础设施之间的通信需求，并保证车辆在高速行驶中的安全性。3GPP 需求组从无线通信角度为 5G V2X 业务场景定义了相应的 5G 网络需求。5G V2X 业务场景对 5G 通信的要求见表 2-9，从中我们可以看出，5G 第一阶段网络能力可以满足车辆编队和低速远程驾驶需求场景中通信时延、传输速率和通信距离要求，但对可靠性的要求还有待 R16 来实现。

表2-9　5G V2X 业务场景对5G通信的要求

场景	通信时延要求 /ms	传输速率要求 /（Mbit/s）	通信距离范围 /m	可靠性要求
车辆编队	10 ～ 25	50 ～ 65	80 ～ 350	90% ～ 99.99%
远程 / 遥控驾驶	5 ～ 20	上行 25；下行 1	无限制	99.999% 或更高
先进的驾驶	3 ～ 100	10 ～ 53	350 ～ 700	90% ～ 99.999%
扩展传感器	3 ～ 100	10 ～ 1000	50 ～ 1000	90% ～ 99.999%

6. 智能制造和工业控制

传统的智能制造和工业控制依赖于有线连接，有线连接具有速度快、支持高带宽和可靠性高的特点，但物理线路容易撕裂和磨损，且有线连接影响机器的机械设计。5G 网络提供的高可靠性、低时延、高上行带宽的无线连接能够满足工业控制应用的要求。智能制造和工业控制的业务需求可以涵盖原料的采购、搬运、质检及产品的生产、产品的质检验收、设备的维护和监控等多个环节。如果制造企业要充分利用工业物联网，就需要实施涵盖供应链、生产车间和整个产品生命周期的端到端解决方案。5G 网络能力可以按需满足智能制造和工业控制的需求。

7. 无人机业务

联网无人机可应用于农场，实时调查田野和农作物的状况。无人机和遥控器都与移动网络相连，通过 5G 网络可以控制无人机，也能够实时分析从无人机摄像头和传感器回传的视频和红外成像信息，为灌溉、肥料和农药分配的决策提供必要信息。

联网无人机还可以应用于现场直播，例如，使用无人机直播马拉松、F1赛车等户外赛事。高质量的实时视频通过移动网络从无人机回传到电视台。

联网无人机可以应用于各行各业。无人机在低空飞行时，需要保持与移动网络的连续连接，这就要求网络在低空飞行场景中支持连续的无线覆盖，无人机的远程遥控要求端到端时延在 10 ～ 30 ms，5G 网络能力可以满足。

2.3.2　5G 融合应用

凭借高带宽、高可靠低时延、海量连接等强大的网络能力，5G 应用范围远远超出了传统的通信和移动互联网，全面向各个行业和领域扩展。5G 商用伊始，中国移动就提出了“4G 改变生活、5G 改变社会”的口号。2019 年 6 月 25 日，中国移动发布“5G+”计划，通过推进 5G+4G 协同发展、5G+AICDE 融合创新、5G+Ecology 生态共建，实现 5G+X 应用延展。

随着 5G 大规模商用的普及，5G 在针对企业用户方面得到广泛应用的同时，也开始在个人消费者方面赋能千行百业。我国 5G 融合应用正在从试点示范逐渐步入应用落地阶段，业务探索从单一化业务向体系化应用场景转变。总体来说，目前 5G 融合应用仍处于发展初期，工业互联网是当前最具热度的领域，大部分前端进行“5G + 高清视频”融合，后端辅以 AI、大数据等智能处理技术，实现远程协作、智能故障诊断、智能样品检测等工业应用。

我国对 5G 行业应用高度重视。2021 年 7 月 5 日，工业和信息化部等九部委印发《5G 应用“扬帆”行动计划（2021—2023 年）》，明确到 2023 年，我国 5G 应用发展水平显著提升，综合实力持续增强。打造信息技术、通信技术、运营技术深度融合新生态，实现重点领域 5G 应用深度和广度双突破，构建技术产业和标准体系双支柱。2021 年 11 月 16 日，工业和信息化部对外发布《“十四五”信息通信行业发展规划》。明确提出，“十四五”期间，将持续深化“5G+ 工业互联网”融合创新，加快工业互联网向各行业的赋能应用。

当前，5G 融合应用已经成为各个省市发展的重点，电信运营商和设备商成为推进 5G 融合应用的领军者。中国移动作为全国规模最大的运营商，更是其中的佼佼者。截至 2021 年 11 月，中国移动已经在 18 个行业沉淀了 100 多个可落地的行业应用场景，共计 5000 多个项目开始复制推广。我们以智能电网、智能港口、智能工厂 3 个场景为例做重点介绍。

1. 智能电网

2020 年，中国移动广东公司联合南方电网向国家发展和改革委员会、工业和信息化部申报启动“面向智能电网的 5G 新技术规模化应用”项目，分别在广州、深圳开展了 5G 专网部署及应用场景规模测试。其中深圳作为本项目主要实践区域之一，部署的电力点位涵盖 5G 智能变电站、输电线路状态在线监测及视频监控等智能电网应用场景。

① 输电环节：在输电线路引入智能视频监控，并通过 5G 专网满足大于 80Mbit/s 的网络带宽需求，实现输电线路通道巡视无人化。对比人工巡视，巡视效率提升 11 倍，作业巡检从 3 天缩短到 1 小时，大幅降低作业安全风险。

② 变电环节：利用 5G 低时延、大带宽特性，满足巡检机器人低于15ms 的实时操控、智能摄像头带宽大于 80Mbit/s 的高清数据回传，支撑变电站巡视、操作等日常业务的无人化、智能化，降低人工巡视带来的安全风险。以前人工巡检需要 3 天，现在自动巡视仅需 1 小时，巡视效率提升 2.7 倍。

③ 配电环节：通过采用 5G 网络切片实现"公网专网化"，满足配电差动保护 15ms 时延、10us 高精度网络授时要求，有效承载配网差动保护的技术要求，实现将故障隔离时间从秒级缩短到毫秒级，大幅降低配网故障供电恢复时间，真正实现停电"零感知"。

④ 用电环节：发挥 5G 广域网大规模连接的特性，实现成千上万个表计、能源调控和传感器等设备的 5G 计量装置的实时采集，并实现数据安全隔离，大幅提升采集效率，节省人力成本。

中国移动广东公司与南方电网、华为等深入研究电力应用场景对 5G 的需求，实现了全球首款授时客户前置设备（Customer Premise Equipment，CPE）上线，完成首个 5G 切片端到端验证、首个 5G 承载配网差动保护外场测试等工作，并向 3GPP 提交 30 余篇电力需求 / 技术实现提案，其中 16 篇被采纳，为 5G 电力的场景和解决方案创新方面做出卓越贡献。项目输出的成果连续两年获得工业和信息化部"绽放杯"5G 应用征集大赛全国总决赛一等奖。

2. 智能港口

2019 年，招商局港口集团有限公司牵头成立大湾区首个 5G 智慧港口创新实验室，联合中国移动广东公司、华为等生态伙伴共同探索智慧港口 5G 应用；2020 年，妈湾智慧港 5G 专网加速建设，发布成果并向深圳经济特区成立 40 周年献礼。2021 年，智慧港口 5G 场景持续深化，正式投入生产运营。

基于 5G 大带宽、低时延、数据不出网、高可靠特性，落地港口四大业务场景，将 5G 技术渗透港口核心生产作业中。

① 5G 无人集卡：5G 与港口自动驾驶深度融合，解决了港口招工难、用工成本高等问题。当前已有多台 5G 无人集卡已开始实船操作，成为全国单一码头最大规模无人集卡车队，该场景需要非常高的网络性能需求，单车上行 30Mbit/s，总上行 1.2Gbit/s，时延 15ms。5G 无人集卡实现了现场作业人员减少 80%，人力成本降低 88%，安全隐患减少 50%，综合作业效率提升 30%。

② 5G 场桥远控：5G 的大带宽、低时延特性满足了单机上行 45Mbit/s、时延 15ms 的远控操控要求，让工人不再风吹日晒，改善了场桥司机的工作环境，延长了职业寿命，

保障了人员安全，同时大幅提升作业效率，现场作业人员减少 75%，设备改造成本降低 28%。

③ 5G 智能巡检：针对当前无人机网络不稳定、上行带宽小，无法实现实时超高清视频回传，不能一对多控制的痛点，依托 5G 专网的垂直覆盖能力，基于 5G 模组（中移哈勃一号），满足单机带宽 30Mbit/s，时延小于 15ms 的网络需求，实现一键远程操控的立体巡逻，巡检范围更广、效率更高，泊位的巡检时长由原先的 6 小时缩短至 20 分钟。

④ 5G 智能理货：深度融合“5G + 边缘计算 + AI 机器视觉”，通过 5G 专网满足上行每套 17Mbit/s 的网络需求，从现场人眼识别到 AI 智能识别，实现了工作环境的改善、工作风险的降低，并实现了单箱理货时长从 20s 缩减至 10s。

中国移动—招商港口妈湾港项目打造了全国领先的 5G 商用网络，实现了“四个第一”：建设了全国第一个 5G 港口商用网络、第一个 5G 港口“三双”专网，实现了大湾区第一个 5G 边缘计算下沉、第一个 5G 港口专用切片，该港口可提供总上行 3Gbit/s、总下行 10Gbit/s、时延 15ms 的网络能力。项目成果荣获 2020 年工业和信息化部第三届“绽放杯”一等奖。

3. 智能工厂

中国移动广东公司与华为签订智慧园区合作协议，在广东东莞松山湖园区进行以 5G 为主的网络建设，探索云 + 网 + 应用的创新业务与商业模式，培育业务管理与运营能力，拓宽合作共赢新生态，在园区信息化、工业制造、行业应用等典型场景和应用进行联合验证与孵化。

基于 5G 大带宽、低时延、数据不出网、高可靠的特性，落地智能工厂的四大业务场景，将 5G 技术真正融入工厂的核心生产作业中。

① 5G+AI 高清视觉检测：以点导热凝胶工序为例，机械臂在完成点胶动作后，会通过摄像头进行拍照检测，实现 100% 的坏件拦截率。通过部署 12m 间距的高密覆盖及分布式 MassiveMIMO 单小区 600Mbit/s 上行速率的 5G 专网，为保障单小区 16 个高清视觉检测并发、上行带宽单小区 160Mbit/s 的要求，检测效率大幅提升，检测时间从原来人工监测的 6s 降低至 1.5s，节省了 75% 的成本。

② 5G+AGV 小车：通过连续覆盖、可靠稳定的 5G 专网，实现整个车间的物料、半成品、成品的 AGV 小车运输，并保证 28.5s 的生产节拍，避免了传统 AGV 采用 Wi-Fi 网络在跨 AP、跨楼层时出现随机掉话问题，保障了 AGV 小车运输的高可靠性，实现了至今“零”切换故障。

③ 5G 自动测试：基于 5G 下行大带宽特点，满足下行网络带宽高达 960Mbit/s 整机测试段定制软件加载的网络需求，解决原来设备需要固定在线体上由人工通过 USB 进

行超大软件包加载的痛点，实现设备随产品从库房发出后，在路上完成软件加载，测试效率可提升 70% 以上。

④ 多网融合：无线化是工厂的刚需，一张 5G 专网替代了用于解决定位的超宽带技术（Ultra Wideband，UWB）、用于解决低功耗连接的 Zigbee、用于解决进场通信的蓝牙低能耗（Bluetooh Low Energy，BLE）、用于解决带宽问题的 eLTE-U 等多种无线专网技术体制，避免复杂网络带来的运维、管理、运营等问题，有效降低了工厂运营成本。

室内覆盖基本原理

3.1 室内覆盖环境及业务特点

狭义来讲，室内覆盖是指建筑物内的网络信号覆盖，例如，办公楼、住宅楼等室内的网络信号覆盖。但是，从网络建设实施总体解决方案的角度来看，室内覆盖的范畴相对更大，只要该区域有一定的边界，较为封闭，区域内信号切换不频繁，皆可用室内覆盖的典型解决方案来实现网络信号覆盖，这可以称为广义的室内覆盖，例如，城中村、住宅小区、大型体育场馆、地铁场景等区域。

从无线信号传播环境和业务特点的角度来看，室内覆盖与室外覆盖有着显著的差异。

3.1.1 室内无线信号传播环境

建筑物的外墙和内部隔断会带来穿透损耗，且不同建筑物之间的差异较大。对于不同的建筑物，它的建筑结构、建筑材料、室内布局、使用场景等因素是不同的。即便是同一个建筑物，建筑物内的不同位置受到楼层高度、房间结构等影响，其传播环境也不相同。同时，建筑物内一般具有大量隔断，隔断种类也各有不同，有钢筋混凝土墙壁等硬隔断，也有可移动的装修材料等软隔断。不同材质的隔断和障碍物会给无线信号带来不同的穿透损耗，导致电磁波的路径损耗差异较大。

另外，考虑到室内安装条件、电磁辐射安全等因素，在室内安装天线时不可能采用类似室外的高增益天线。而信号在传播过程中受到室内隔断的影响，信号的穿透损耗较大，因此，终端侧接收到室内信号的功率往往较小。

室内无线电波在传播过程中，同样会遇到直射、反射、绕射、散射等情况，从而产生复杂的多径效应。同时，室内无线信道与室外无线信道又存在一定的差异，具体表现在以下方面。

① 室外信道在时间上是静止的，在空间上是变化的，而室内信道在时间、空间上都是变化的。在室外无线信道中，由于基站天线的高度较高且发射功率较大，影响信号传播的主要因素是大型的固定物体（例如，一般的建筑物），因此，室外无线信道是随空间变化的。与室内情况相比，室外的人和车辆的移动可以忽略，可视其为在时间

上是静止的。而对于室内无线信道而言，人在低高度、低功率的天线旁移动，就必须考虑时间的影响，因此，室内无线信道是随时间变化的。同时，因为室内信号传播也会受空间不同物体的影响，所以室内无线信道也随空间变化。

② 在相同的距离下，由于受到较多内部隔断的影响，所以室内无线信道的路径损耗更高。通常移动信道的路径损耗模型是与距离呈指数变化的，但这对室内无线信道而言并不总是成立的。由于室内环境更为狭小，室内信号的传播变得更复杂。

③ 室外无线信道需要考虑多普勒效应，而在通常的室内环境中一般不存在快速移动的手机用户，因此，在室内环境下可忽略多普勒效应。但是对于地铁场景中的隧道区域等特殊情况，由于存在用户的快速移动，多普勒效应不能忽略。

④ 室外信道受气候、环境、距离等各种因素的影响，接收信号的幅度和相位是随机变化的，必须考虑各种快衰落、深度平坦衰落、长扩展时延等因素。传输速率高、占用带宽大时还要考虑频率选择性衰落等各种不确定因素。但室内信道不受气候的影响，空间比室外要小很多，因此，室内信道的时间衰落特征是慢衰落，同时时延扩展因数很小，可以满足高速率传输的通信质量。但由于室内信道受建筑物结构、楼层和建筑材料的影响较大，因此，室内多径信号的构成更复杂。

3.1.2 室内覆盖场景业务特点

室内覆盖场景在业务方面主要存在以下特点。

① 语音、数据业务大部分发生在室内。通过现网数据分析，语音、数据业务的室内占比一直保持在 70% 左右，因此，对于电信运营商而言，室内覆盖质量尤为重要，是业务收入的主要发生地，也决定着其网络整体覆盖水平。

② 室内覆盖的业务使用对象主要是普通用户，业务种类包括会话类、流媒体类、数据传输类等。

会话类：会话类业务是时延敏感的实时性业务，其业务特性为上下行业务量基本相等。会话类业务最关键的服务质量指标是传输时延，时延抖动也是影响会话类业务的重要指标，可容忍一定的丢包率，一般会话类业务具有最高的 QoS 保障等级。会话类业务主要包括语音会话、视频会话、虚拟现实等。会话类业务是一种常见的、在各种场景中普遍存在的业务。

流媒体类：流媒体类业务即以流媒体方式进行的音频、视频播放等的实时性业务。流媒体是指采用流式传输的媒体格式，在播放前不需要下载整个文件，通过边下载、边缓存、边播放的方式使媒体数据正确地输出。流媒体类业务对时延的敏感性没有会话类业务强，时延抖动也是影响流媒体类服务质量的一项重要指标，允许一定的丢包率。

流媒体类业务通常是家庭生活中、地铁等公共交通工具上用于休闲娱乐等产生的业务需求，另外，视频监控也是一种常见的流媒体业务。

数据传输类：数据传输类业务是完成大数据包上传及下载的业务，对传输时间无特殊要求，对时延和时延抖动要求较低，对丢包率的要求很高。传输类业务主要包括邮件类、上传下载文件类、云存储等业务。数据传输类业务主要存在于办公楼或家庭办公环境。

3.2 室内覆盖传播模型

室内覆盖传播模型可以用来预测覆盖区域内各处的路径损耗和信号强度。

无线传播的方式主要有直射、反射、绕射、散射。实验研究表明，影响室内传播的因素主要有建筑物布局、建筑材料、建筑类型等。不同的建筑物有不同的内部结构，甚至同一栋建筑物的不同楼层也可能存在很大的差异，因此，室内环境的差异性造成了电磁波无线传播的复杂性。随着室内无线传播环境研究的不断深入，人们开始采用射线跟踪法对室内无线环境进行建模，但是射线跟踪需要较为详细的内部构造，需要强大的计算机运算能力和图形化能力。这些能力限制了该确定性模型的使用范围。由于确定性模型过于复杂，所以为了方便实际运用，人们针对不同的室内场景并结合大量的理论分析与测试数据拟合了一系列的室内传播经验模型。一般而言，经验模型公式中包含的参数比较简单且容易获得，例如，发射机和接收机之间的距离、无线通信系统的工作频段、室内隔断的穿透损耗等，并不包含描述无线传播环境的具体参数。与确定性模型相比，经验模型的优点是更通俗易懂且计算速度快，只要代入一些参数即可得到结果，使用简单且易于推广，因此，经验模型在工程中得到了广泛的应用。

3.2.1 自由空间传播模型

自由空间路径损耗模型主要应用于视距传输的场景。因为其他室内传播经验模型中往往包括自由空间传播损耗，所以自由空间传播路径损耗模型是研究其他传播模型的基础。

自由空间是指一种均匀且充满各向同性理想介质的无限大空间。自由空间传播则是指电磁波在该环境中的传播，是一种理想的传播条件。当电磁波在自由空间中传播时，其没有产生介质损耗，也不会发生反射、绕射、散射等现象，只有能量进行球面扩散时所引起的损耗。在实际情况中，如果发射点与接收点之间没有障碍物，并且忽略到达接收天线的地面或墙面的反射信号强度，此时电磁波可视为在自由空间中传播。根据电磁场与电磁波理论，在自由空间中，如果发射点采用全向天线，一个理想点源以球面的形式向外发射无线电波，发射功率为 P_t(W)，距离点源 d(m) 处单位面积功率为 $P_s=P_t/(4\pi d^2)$，单位为 W/m²。接收天线的有效接收面积为 S，它的大小和无线电波的波长 λ 有直接的关系，即 $S=\lambda^2/(4\pi)$，单位为 m²。由此可知，接收端接收到的功率为 $P_r=P_s\times S=P_t\lambda^2/(4\pi d)^2$，单位为 W，自由空间中路损 L 为 $L=-10\lg(P_r/P_t)=20\lg(4\pi d/\lambda)$，单位为 dB。经过整理，自由空间传播模型如式（3-1）所示。

$$L=32.45+20\lg d+20\lg f \quad \text{式（3-1）}$$

在式（3-1）中，d 的单位为 m，f 的单位为 MHz。

由式（3-1）可知，自由空间的传播损耗与传播距离 d、工作频率 f 有关，并且与 d^2 和 f^2 均成正比。如果考虑发送和接收天线的增益，则在进行链路预算时加上天线增益即可。

由上可以得出以下结论。

① 在自由空间中，无线制式的频率增加 1 倍，路径传播损耗将增加 6dB。

② 在自由空间中，距离增加 1 倍，传播损耗增加 6dB。

③ 经计算，在距离发射源 1m 处、10m 处、100m 处，自由空间传播损耗见表 3-1。

表3-1 自由空间传播损耗

工作频率 f/MHz	900 MHz	1800 MHz	2600 MHz	3500 MHz
距离发射源 1m 处自由空间传播损耗 /dB	31.53	37.56	40.75	43.33
距离发射源 10m 处自由空间传播损耗 /dB	51.53	57.56	60.75	63.33
距离发射源 100m 处自由空间传播损耗 /dB	71.53	77.56	80.75	83.33

3.2.2 Keenan-Motley 模型

Keenan-Motley 是室内无线环境中比较常用的传播模型，是自由空间传播模型在较为空旷的室内环境（例如，大型场馆、体育场馆等场景）下的变形，在自由空间传播模型的基础上增加了墙壁和地板的穿透损耗，Keenan-Motley 模型如式（3-2）所示。

$$L=L_0+10n\lg d \quad \text{式（3-2）}$$

式（3-2）中，L 为室内环境下距离无线电波发射端为 d(m) 处的路径损耗，单位为 dB；L_0 为某一无线制式在距离室内无线电波发射端 1m 处的路径损耗；n 为环境因子，也称作衰减系数，一般取值为 2.5 ～ 5。室内场景环境因子参考值见表 3-2。

表3-2 室内场景环境因子参考值

场景	一般室内场景	同层	隔层	隔两层
环境因子 n	3.14	2.76	4.19	5.04

公式（3-2）没有考虑阴影衰落余量，可以考虑改进，从而得出更加精细的模型，在常见的办公大楼、住宅、商场等实际场景中，室内传播模型 Keenan-Motley 可以修正为式（3-3）。

$$L=L_0+10n\lg d+\delta \qquad \text{式（3-3）}$$

在式（3-3）中，δ 为由于不同室内无线环境的特殊性所引起相应的传播损耗误差而增加的修正值，可以看作慢衰落余量（慢衰落余量由边缘覆盖概率要求和室内环境地物标准差决定）。

在室内环境中，和发射端距离相同的不同地点，无线信号电平大小差别很大，这是由于不同的环境结构和不同的物理特性使室内无线电波大小随时随地波动，存在一定的地物类型标准差，有时室内人员走动一下都会引起无线电波的较大变化。地物类型标准差在不同的室内环境、不同的无线制式中差别较大，要根据实际的室内环境确定具体数值，根据经验，室内场景地物标准差推荐值见表 3-3。

表3-3 室内场景地物标准差推荐值

场景	一般室内场景	同层	隔层	隔两层
地物标准差 /dB	16.3	12.9	5.1	6.5

3.2.3 ITU-R P.1238 模型

目前，业界推荐使用的是 ITU-R P.1238 室内传播模型，这是一个位置通用的模型，几乎不需要有关路径或位置的信息。其基本模型如式（3-4）所示。

$$\mathrm{PL(dB)}=20\lg f+N\lg d+L_{f(n)}-28+X_{\delta} \qquad \text{式（3-4）}$$

在式（3-4）中，N 为距离功率损耗系数，典型功率损耗系数（N）参考取值见表 3-4；f 为频率，单位为 MHz；d 为接收端与发射端之间的距离，单位为 m，$d>1\text{m}$；$L_{f(n)}$ 为楼层穿透损耗因子，$n(\geqslant 1)$ 为接收端与发射端之间的楼板数，楼层穿透损耗因子 $L_{f(n)}$ 参考取值见表 3-5；X_{δ} 为慢衰落余量，其取值与覆盖概率要求和室内阴影衰落标准差有关，阴影衰落参考取值见表 3-6。

表3-4 典型功率损耗系数（N）参考取值

频率	居民楼	办公室	商业楼
900 MHz	—	33	20

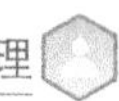

（续表）

频率	居民楼	办公室	商业楼
1.8 GHz ～ 2.0 GHz	28	30	22
4 GHz	—	28	22
5.2 GHz	—	31	—

表3-5　楼层穿透损耗因子$L_{f(n)}$参考取值

频率	居民楼	办公室	商业楼
900 MHz	—	9（1层）、19（2层）、24（3层）	—
1.8 GHz ～ 2.0 GHz	$4n$	15+4（n−1）	6+3（n−1）
5.2 GHz	—	16（1层）	—

表3-6　阴影衰落参考取值

频率	居民楼	办公室	商业楼
1.8 GHz ～ 2.0 GHz	8	10	10
5.2 GHz	—	12	—

该基本模型把传播场景分为视距（Line Of Sight，LOS）和非视距（Non-Line Of Sight，NLOS）两种。

具有 LOS 分量的路径以自由空间损耗为主，其距离功率损耗系数约为 20，穿楼板数为 0，模型更正如式（3-5）所示。

$$PL(dB)=20\lg f+20\lg d-28+X_{\delta} \quad 式（3-5）$$

对于 NLOS 场景，模型如式（3-6）所示。

$$PL(dB)=20\lg f+N\lg d+L_{f(n)}-28+X_{\delta} \quad 式（3-6）$$

值得注意的是，当 NLOS 穿越多层楼板时，所预期的信号隔离有可能达到一个极限值。此时，信号可能会找到其他的外部传输路径来建立链路，其总传输损耗不超过穿越多层楼板时的总损耗。

3.2.4　射线追踪定位模型

射线追踪定位模型又被称为确定性模型，主要基于电磁波传播原理。和统计模型不同，定位模型并不依赖于传播测量，而依赖于环境的高度细节描述，可以提供信号传播的精确预测。

基于几何光学的模型可以预测建筑物内的传播，基于建筑物设计图纸的射线追踪算法可以提供多路径脉冲响应。利用软件根据楼层平面图纸将建筑物细节输入计算机，在数据库中留下尺寸比波长大得多的物体（大尺寸物体），定位模型可以准确预测路径损耗，方差小于 5dB，可以获得较高的精度。

射线追踪定位模型利用几何光学原理，通过追踪电磁波的直射、反射及绕射来计算建筑物内的信号传播情况。这项预测技术利用“强力射线追踪”，建筑物中的发射机被模拟成源点，同时考虑潜在的各种直射、反射、绕射路径，各种方向和角度的情况均考虑在内，还需要考虑天线方向图以包含方位角和仰角中的天线波束宽度参数，通过庞大的计算量预测接收点的信号。

在接收机一端，第 i 条射线的复杂的场强幅度如式（3-7）所示。

$$E_i = E_0 f_{ti} f_{ri} L_i(r) \prod_j \Gamma(\theta_{ji}) \prod_k T(\theta_{ki}) e^{-jkr} \qquad \text{式（3-7）}$$

在式（3-7）中，f_{ti} 和 f_{ri} 分别为发射机和接收机天线的场强幅度辐射方向图特性；$L_i(r)$ 为第 i 条多路径元件和距离相关的路径损耗；r 为以米（m）为单位的路径长度；$\Gamma(\theta_{ji})$ 和 $T(\theta_{ki})$ 分别为反射系数和传输系数；E_i 为第 i 条多路径元件的场强，单位为 V/m；E_0 为参考场强，单位为 V/m；e^{-jkr} 为路径长度为 r 的传播相位因子（其中，$k=2\pi/\lambda$）。

射线追踪定位模型考虑了所有影响室内无线传播的相关传播机制，可以清晰地看到统计误差，以及误差的标准方差，可以将建筑物信息和室内路径损耗预测工具软件相结合，充分有效地利用表征墙体和其他障碍物的建筑物信息。

射线追踪定位模型计算量庞大，比只考虑直射主要路径的模型算法的计算时间要长得多，主要路径模型仅仅考虑基于人工智能技术而选择的主要路径。因此，射线追踪定位模型的应用需要强大的软件计算能力，以及详细的建筑物信息，在实际工程中受到限制而较少被采用。

3.3 室内覆盖技术手段

3.3.1 室内覆盖技术手段分类

按覆盖形态分类，室内覆盖可分为蜂窝覆盖和分布系统覆盖两种方式。其中，蜂窝覆盖是指利用单一天线将基站信号发射到覆盖区域的方式，分为室外的宏蜂窝或微蜂窝，以及室内微蜂窝。分布系统覆盖是指利用分布式天线、馈线（或网线、光纤等）将基站信号均匀分布在覆盖区域的方式。按覆盖方式分类，室内覆盖技术可分为室外站覆盖和室内站覆盖，室内覆盖技术手段如图 3-1 所示。

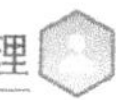

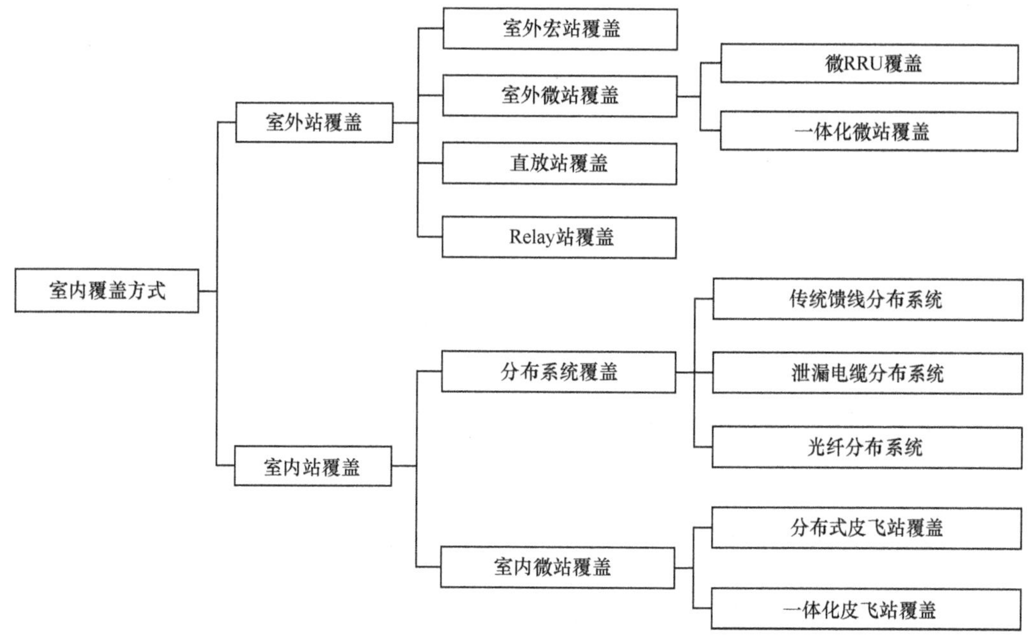

图3–1　室内覆盖技术手段

3.3.2　室内覆盖技术手段对比分析

室外覆盖室内的方式具有投资效益高、建设难度低、易维护等优点，应优先采用室外覆盖室内建设方式，但室外覆盖室内方式多用于楼宇内部的浅层覆盖，对于超大型建筑物和数据业务需求较高的楼宇可考虑建设室内站，尤其是分布系统方式。分布系统方式的技术成熟度高，广泛应用于各室内覆盖场景。皮飞站相比其他室内站，具有建设难度低、易维护等特点，综合造价相对较高、后续可扩展性较差。室内覆盖技术手段比较见表 3-7。

表3–7　室内覆盖技术手段比较

技术方案	多系统支持情况	4G/5G 支持频段	容量	覆盖	建设成本	建设难度	运维情况	现网应用情况
室外宏站	优	最优	优	中	最低	低	可监控	产品成熟，应用规模大
室外微站	良	优	良	中	低	低	可监控	产品较成熟，应用较多
馈线分布系统	最优	最优	良	优	较高	最高	无监控	产品成熟，应用规模大
光纤分布系统	最优	良	良	良	高	中	需接独立网管系统，可监控	产品较成熟，局部应用

（续表）

技术方案	多系统支持情况	4G/5G 支持频段	容量	覆盖	建设成本	建设难度	运维情况	现网应用情况
泄漏电缆分布系统	优	良	良	中	高	中	无监控	产品成熟，主要用于隧道场景
分布式皮飞站	良	优	最优	最优	高	中	可监控	产品成熟，具有一定应用
一体化皮飞站	良	良	中	中	低	最低	可监控	产品成熟，具有一定应用

3.4 室内覆盖干扰及控制

3.4.1 干扰的分类

干扰是指和无线通信系统频带宽度相近、同频或异频之间，由于系统的非线性导致彼此之间的相互影响，往往是一种乘性干扰。干扰和噪声既彼此联系，又相互区别。噪声的频带范围较大，通常通过叠加的方式作用在被干扰的系统上。一般情况下，噪声也被当作干扰。

多系统干扰一般是指干扰源对系统接收机产生的干扰。从广义上讲，多系统干扰可以分为因杂散噪声而产生的加性干扰和因系统非线性而产生的乘性干扰。由于产生的机理不同，干扰还可以分为杂散干扰、阻塞干扰、交调干扰（分为接收机交调干扰和发射机交调干扰）。

1. 杂散干扰

杂散干扰属于一种加性干扰。杂散干扰产生机理如图 3-2 所示。系统 A 和系统 B 是使用不同频率的系统，由于系统 A 的发射端不是十分理想，不但发射了自己频带内的信号，而且产生了其他频带的杂散信号，这个杂散信号落在了系统 B 的接收频带内，对系统 B 造成了影响。这种杂散干扰，对接收端来说是无能为力的，只能在发射端想办法规避。

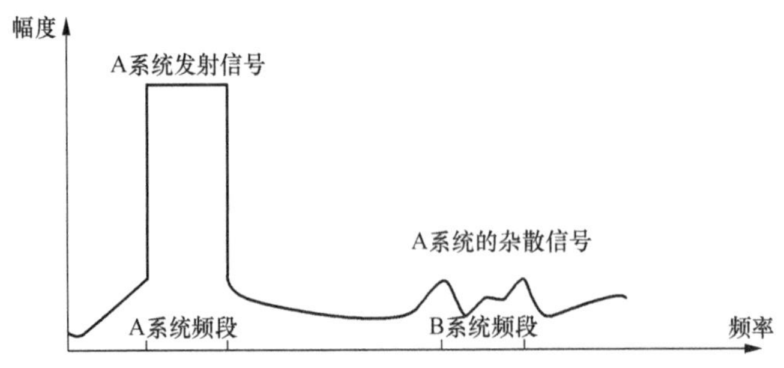

图3-2　杂散干扰产生机理

2. 阻塞干扰

很多射频器件是正常工作在线性范围内的，超过线性范围进入饱和区后，无线信号就会严重失真。

在正常情况下，接收机接收到的带内信号比较微弱，在接收机线性区工作。当出现一个强干扰信号时，虽然不是系统频带范围内的信号，但只要进入接收机，就抬高了接收机的工作点，严重时会使接收机进入非线性状态，进入饱和区，这种干扰为阻塞干扰。阻塞干扰产生机理如图 3-3 所示。

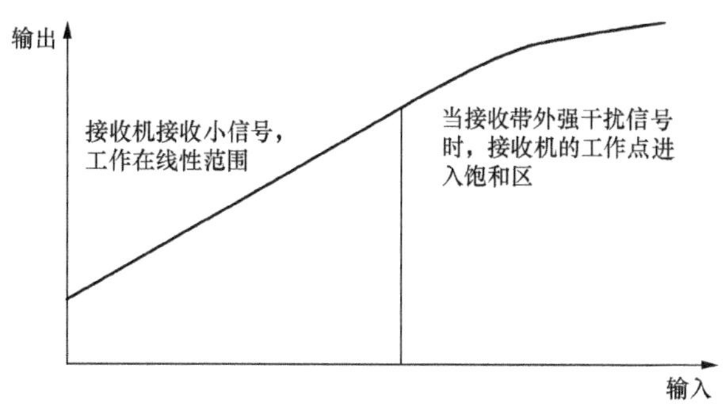

图3-3　阻塞干扰产生机理

3. 交调干扰

交调信号是指多个不同频率的强信号，在传播过程中遇到了非线性系统所产生的其他频率的无线信号。交调信号的关键词是“多个频率”“非线性”。当交调信号落入接收机的频带内，对接收机造成干扰，这种干扰则被称为交调干扰。

当两个频率的无线信号幅度相等时，由于非线性的作用，会产生两个新的频率分量，这种现象叫作互调。也就是说，互调是交调的一种。

交调信号可能在发射端产生，也可能在接收端产生。依据交调信号产生位置的不同，可以将其分为接收交调干扰、发射交调干扰。

当不同频率的多个干扰信号同时进入接收机时，由于接收机的非线性而产生的交调产物如果落在接收机的工作带内，就会形成接收交调干扰。接收交调干扰机理如图 3-4 所示。

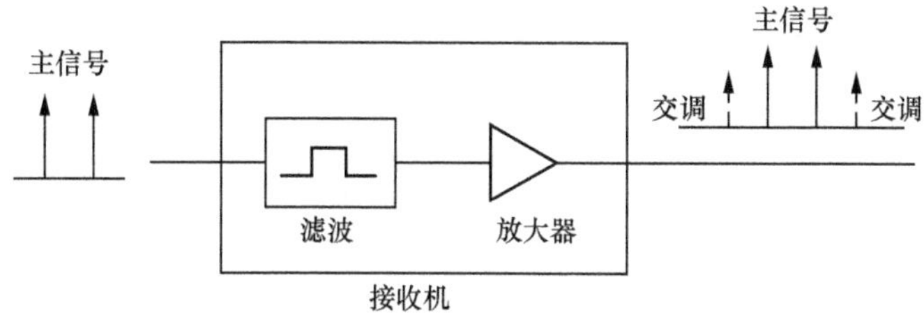

图3-4　接收交调干扰机理

发射机交调干扰的产生位置有两处：一处是在发射机内部；另一处是在发射端附近。

从发射机发出的某个频率的强信号，由于发射机不是十分理想且是非线性，从输出端“倒灌”到发射机内部，所以这两种信号一起产生了交调产物。当然，从发射机发出的某个频率的强信号和从发射机外部发来的另外一个频率的强信号交叉，也会产生交调信号。这两种都是发射机内部产生的发射机交调干扰。发射机内部产生的发射交调干扰机理如图 3-5 所示。

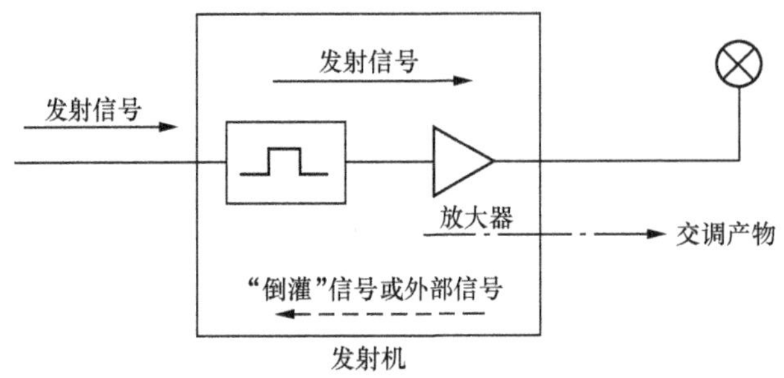

图3-5　发射机内部产生的发射交调干扰机理

当不同频率的多个强信号同时作用在发射端附近的一些金属物体时，金属的非线性交调产物会在发射端附近产生发射交调干扰。发射端附近产生的发射交调干扰如图 3-6 所示。

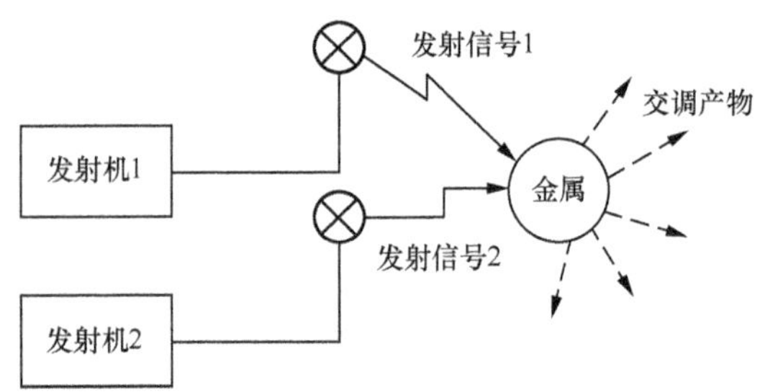

注：1. 发射信号 1 为发射机发射的频带内信号，只能通过阻塞干扰一个途径降低接收机性能。
2. 发射信号 2 为发射机产生的带外互调和杂散信号，可能通过同频干扰、邻频干扰、互调干扰、阻塞干扰等途径降低接收机的性能。

图3-6　发射端附近产生的发射交调干扰

3.4.2　干扰规避措施

多系统共存时可能产生杂散、阻塞、交调等多种类型的干扰。规避系统之间的干扰是室内分布系统规划设计和施工建设中非常重要的事情。规避系统之间的干扰可采取的办法有很多：提高发射机、接收机的线性度；调整频点；降低功率；增加滤波器；增加隔离度等。

1. 提高发射机、接收机的线性度

发射机和接收机的系统非线性可能会产生过多的交调产物；非线性程度高的接收机非常容易被阻塞。在设计发射机和接收机时，需要选用线性度较高的射频器件，例如，滤波器、放大器；安装时，要保证物理接口之间稳定可靠，附近不存在金属物体；维护时，要及时发现老化设备，进行更换调整。提高系统的线性度是多系统共存永恒的课题。

2. 调整频点

多系统之间的干扰往往由于不同频率的信号而相互影响，如果能够调整某个系统的频点，就会规避频率之间的相互影响。虽然采用调整频点的方法可以解决多系统干扰问题，操作起来比较简单，但是频点的随意调整可能会影响整个室内分布系统的频率规划质量，适用范围并不广泛。

3. 降低功率

多个系统之间存在干扰，可通过降低干扰源系统的发射功率，减少被干扰系统所受的干扰。需要注意的是，由于降低系统发射功率的方法影响系统的覆盖范围和覆盖质量，所以在很多情况下并不适用。

4. 增加滤波器

在发射端增加滤波器可以抑制发射端产生带外杂散信号、互调产物，以免影响其他接收系统。

在接收端增加滤波器可以抑制带外阻塞干扰、带外交调干扰、带外杂散信号，提高信号的接收质量。

5. 增加隔离度

有时候，不同运营商的系统之间，或者同一运营商的不同系统之间发生干扰时，采用提高系统线性度、调整频点、降低功率、增加滤波器的手段，协调起来比较困难，不可操作。这时，采用增加异系统间隔离度的方法往往是可实施的。

室内分布系统中，如果多系统不共天线，则可以通过提高空间隔离度的方法来抑制多系统干扰；如果是多系统共天线，则一定要选择符合端口隔离度要求的射频器件，例如，选择系统隔离度较大的合路器。

对于全向天线来说，可以通过调整天线的位置来增加室内分布的多系统空间隔离度；对于定向天线来说，除了调整天线位置，还可以通过调整定向天线的方向角和下倾角来增加系统间的空间隔离度。

3.4.3　多系统共存隔离度分析

1. 干扰分析方法

移动通信系统通常采用的干扰分析方法有两种：一是静态蒙特卡罗仿真法，这种方法是指通过迭代计算仿真得出一个受其他系统干扰影响的系统；二是基于最小耦合损耗（Minimum Coupling Loss，MCL）计算的确定性分析法，最小耦合损耗是指发射基站到接收基站之间的路径损耗，包括天线增益和馈线损耗。基于链路预算原则，通过计算两个系统间的最小耦合损耗来确定系统间的干扰隔离度，从而满足接收机灵敏度要求。

结合 3GPP TS 36.101 协议和 3GPP TS 36.104 协议规定的指标要求，采用最小耦合损耗分析法，分别计算 5G NR 采用 2.6GHz 频段、3.5GHz 频段及 4.9GHz 组网时与其他通信系统的隔离度，结合空间合理理论计算出水平和垂直隔离距离，为设计和施工提供重要依据。

2. 接收机底噪

根据干扰隔离要求，针对室内覆盖可能存在的各类干扰进行定量分析，需计算出接收机底噪，即各系统工作信道带宽内的总热噪声功率，计算如式（3-8）所示。

$$P = 10\lg(kTB \times 1000) = -174 + 10\lg B \qquad \text{式（3-8）}$$

k 为波尔兹曼常数，$k=1.38\times10^{-23}$；T 为绝对温度，在室温为 17℃时，T=290K，K 为开尔文温度单位；B 为接收机工作带宽，单位为 Hz。

根据各个网络制式的发射功率和工作信道带宽得出系统的热噪声功率。工作信道带宽内总的热噪声功率见表 3-8。

表3-8 工作信道带宽内总的热噪声功率

网络制式	发射功率 /dBm	工作信道带宽 /MHz	热噪声功率 /dBm
GSM900	37	0.2	–121
DCS[1]1800	37	0.2	–121
中国移动 TD–LTE	40	20	–101
中国联通 WCDMA	43	5	–107
中国联通 LTE	40	20	–101
中国电信 CDMA	42	1.25	–113
中国电信 LTE	43	20	–101
5G NR	53	100	–94

注：1. DCS（Digital Cellular System，数字蜂窝系统）。

3. 杂散干扰隔离度计算

一般情况下，杂散辐射的干扰底限通常取 7dB，此时，接收机可接受的最大灵敏度损失为 0.8dB，对系统几乎无影响。杂散干扰的隔离度计算如式（3-9）所示。

$$D_{\mathrm{spu}} \geqslant P_{\mathrm{spu}} + 10\lg\frac{W_2}{W_1} - I_{\max} - N_{\mathrm{f}} \qquad \text{式（3-9）}$$

其中，D_{spu} 为杂散干扰隔离度；P_{spu} 为干扰基站的杂散辐射强度，单位为 dBm；W_2 为被干扰系统的信道带宽，单位是 kHz；W_1 为干扰系统的测量带宽，单位是 kHz；$P_{spu}+10\lg\frac{W_2}{W_1}$ 为干扰基站在被干扰系统信道带宽内的杂散辐射强度；I_{max} 为系统允许的最大干扰信号强度，在干扰分析中，I_{max} 与接受机可接受的最大灵敏度损失有关，若可接受 0.8dB 的灵敏度损失，此时有 $I_{max}=P_n-10\lg\left(10^{\frac{0.8}{10}}-1\right)=P_n-7$，其中，$P_n$ 为被干扰系统的接收带内热噪声，单位是 dBm；N_f 为接收机的噪声系数，一般情况下，$N_f\leqslant 5$ dB。因此杂散干扰的隔离度计算也可表示为式（3-10）。

$$D_{spu}\geqslant P_{spu}+10\lg\frac{W_2}{W_1}-P_n-N_f+7 \qquad 式（3-10）$$

根据杂散干扰计算公式及各系统的噪声基底及杂散系数，计算各系统间的杂散干扰隔离度。杂散干扰隔离度计算结果见表 3-9。

表3-9 杂散干扰隔离度计算结果

网络制式	发射功率 /dBm	杂散干扰隔离度 /dB							
GSM900	37	—	33	33	33	33	33	33	33
DCS1800	37	81	—	81	81	81	81	81	81
中国移动 TD-LTE	40	86	86	—	86	86	86	86	86
中国联通 WCDMA	43	90	90	90	—	90	90	90	90
中国联通 LTE	40	86	86	86	86	—	86	86	86
中国电信 CDMA	42	59	59	59	59	59	—	59	59
中国电信 LTE	43	86	86	86	86	86	86	—	86
5G NR	53	86	86	86	86	86	86	86	—

4. 阻塞干扰隔离度计算

在设计室内覆盖多系统合路平台（Point Of Interface，POI）时，为了保证系统正常工作，系统的阻塞电平性能指标要大于或等于接收机输入端的强干扰信号功率，系统的阻塞电平性能指标要求如式（3-11）所示。

$$P_b\geqslant 接收的干扰电平=P_0-D_b \qquad 式（3-11）$$

其中，P_b 为接收机的阻塞电平性能指标，P_0 为干扰发射机的输出功率。因此系统间阻塞干扰隔离度 D_b 如式（3-12）所示。

$$D_b\geqslant P_0-P_b \qquad 式（3-12）$$

根据阻塞干扰隔离度计算公式及阻塞干扰电平的要求，我们可计算各系统阻塞干扰隔离度。阻塞干扰隔离度计算结果见表 3-10。

表3-10 阻塞干扰隔离度计算结果

网络制式	发射功率 /dBm	阻塞干扰隔离度 /dB							
GSM900	37	—	37	21	52	21	60	21	21
DCS1800	37	29	—	21	52	21	60	21	21
中国移动 TD-LTE	40	32	40	—	55	24	63	24	24
中国联通 WCDMA	43	35	43	27	—	27	66	27	27
中国联通 LTE	40	32	40	24	55	—	63	24	24
中国电信 CDMA	42	34	42	26	57	26	—	26	26
中国电信 LTE	43	35	43	27	58	27	66	—	27
5G NR	53	45	53	37	68	37	76	37	—

5. 互调干扰隔离度计算

互调干扰隔离度计算如式（3-13）所示。

$$D_i \geqslant \text{MAX}（P_1，P_2，P_3）- P_n - N_f + 7 \qquad 式（3-13）$$

其中，D_i 为互调干扰隔离度；P_n 为被干扰系统的接收带内热噪声，单位为 dBm；P_1、P_2、P_3 分别为干扰系统 1、干扰系统 2、干扰系统 3 的信号强度，单位为 dBm；N_f 为接收机的噪声系数，单位为 dB。

互调干扰的情况会很复杂，涉及室内分布系统中的多个频段，且信道又分为上行和下行。5G NR 与其他系统共存时，会产生互调干扰。互调干扰隔离度计算结果见表 3-11。

表3-11 互调干扰隔离度计算结果

<table>
<tr><th colspan="3">网络制式</th><th colspan="3">互调干扰隔离度</th></tr>
<tr><th>P_1</th><th>P_2</th><th>P_3</th><th>P_1/dB</th><th>P_2/dB</th><th>P_3/dB</th></tr>
<tr><td rowspan="9">5G NR</td><td rowspan="6">GSM900</td><td>DCS1800</td><td rowspan="9">176</td><td>176</td><td rowspan="9">149</td></tr>
<tr><td>中国移动 TD-LTE</td><td>156</td></tr>
<tr><td>中国联通 WCDMA</td><td>162</td></tr>
<tr><td>中国联通 LTE</td><td>156</td></tr>
<tr><td>中国电信 CDMA</td><td>168</td></tr>
<tr><td>中国电信 LTE</td><td>156</td></tr>
<tr><td rowspan="3">DCS1800</td><td>中国移动 TD-LTE</td><td>156</td></tr>
<tr><td>中国联通 WCDMA</td><td>162</td></tr>
<tr><td>中国联通 LTE</td><td>156</td></tr>
</table>

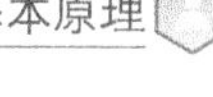

（续表）

网络制式			互调干扰隔离度		
P_1	P_2	P_3	P_1/dB	P_2/dB	P_3/dB
5G NR	DCS1800	中国电信 CDMA	176	168	149
		中国电信 LTE		156	
	中国移动 TD-LTE	中国联通 WCDMA	156	162	
		中国联通 LTE		156	
		中国电信 CDMA		168	
		中国电信 LTE		156	
	中国联通 WCDMA	中国联通 LTE	162	156	
		中国电信 CDMA		168	
		中国电信 LTE		156	
	中国联通 LTE	中国电信 CDMA	156	168	
		中国电信 LTE		156	
	中国电信 CDMA	中国电信 LTE	168	156	

6. 5G NR 与异系统间的综合干扰结果

由以上计算结果可知，在杂散干扰、阻塞干扰、互调干扰抑制 3 个方面，最大隔离要求分别为 90dB、76dB、176dB。一般情况下，阻塞干扰的隔离度比杂散干扰的隔离度低很多，如果隔离度能够满足杂散干扰的要求，则可满足阻塞干扰的要求。

由互调干扰隔离度计算公式可知，在干扰系统输出功率相同的条件下，隔离度也相同，被干扰系统的工作信道带宽越小，系统的干扰隔离度越大。因此，在研究 5G NR 与异系统间的互调干扰隔离度时，只需计算 5G NR 与异系统的最低频段（GSM900）之间的隔离度即可。如果能够通过某种增加隔离度的方法消除 5G NR 对 GSM900 系统的干扰，那么 5G NR 与其他系统间就不会存在干扰。5G NR 与 GSM900 系统之间的 3 种干扰隔离度计算结果如下。

① 杂散干扰：5G NR 下行带外杂散辐射可能干扰 GSM900 系统的上行，杂散值为 86dB。

② 阻塞干扰：5G NR 的发射信号对 GSM900 系统的阻塞干扰值为 45dB。

③ 互调干扰：5G NR 下行 POI 三阶交调产物可能干扰 GSM900 系统的上行，最大互调干扰为 176dB。

目前，室内分布系统一般通过 POI 对多个系统进行合路。POI 设备的性能比较稳定，多个系统间的隔离度一般能达到 90dB，完全能够满足以上杂散干扰和阻塞干扰的隔离要求。POI 三阶互调抑制值可以达到 –140dBc，因此，如果要消除 176dB 的互调干扰，则还有 36dB 需要通过隔离手段来确保系统之间的隔离度要求。

7. 5G NR 与异系统间的干扰隔离距离计算

天线垂直隔离度传播损耗计算如式（3-14）所示。

$$V_i = 28 + 40\lg\left(\frac{d_v}{\lambda}\right) \qquad 式（3-14）$$

其中，V_i 为接收天线与发射天线之间的垂直隔离度，单位为 dB；d_v 为接收天线与发射天线之间的垂直距离，λ 表示接收频段范围内的电磁波波长。

天线水平隔离度传播损耗计算如式（3-15）所示。

$$H_i = 22 + 20\lg\left(\frac{d_h}{\lambda}\right) - \left[(G1 + G2) + (S1 + S2)\right] \qquad 式（3-15）$$

其中，H_i 表示接收天线与发射天线之间的水平隔离度，单位为 dB。d_h 表示接收天线与发射天线之间的水平距离，λ 表示接收频段范围内的电磁波波长，$G1$、$G2$ 表示接收天线与发射天线最大辐射方向增益（单位为 dBi），$S1$、$S2$ 表示接收天线与发射天线 90° 方向副瓣电平（单位为 dBp），[（$G1$+$G2$）+（$S1$+$S2$）] 通常默认为 2dB。

由隔离距离公式可知，系统频率越高，隔离距离要求就越低，因此，在研究 5G NR 中 3 个频段（2.6GHz 频段、3.5GHz 频段及 4.9GHz 频段）与 GSM900 系统之间的干扰隔离距离时，若隔离距离能满足 5G NR 中 2.6GHz 频段与 GSM900 系统间的要求，则可满足 5G NR 中 3 种频段与其他异系统之间的隔离距离要求。

在此，隔离度为 36dB 的隔离距离通过代入公式（3-14）和公式（3-15）可得以下结果。

① 垂直隔离距离 d_v=0.183m。因此，建议垂直方向上的天线相隔距离为 0.2m 即可满足指标要求。

② 水平隔离距离 d_h=0.58m。结合 5G NR 对天线间距的要求，建议水平方向上的天线间距为 0.7m 即可满足指标要求。

5G 室内覆盖发展概况

4.1 5G 室内覆盖的演进

随着城市化进程的加快，大型建筑物越来越多，因建筑物自身的屏蔽和吸收能力，室外建设的宏站信号无法满足室内环境的信号需求。伴随移动网络的快速发展，数据流量呈爆发式增长。国际电信联盟提出了 5G 的三大应用场景：增强的移动宽带（eMBB）、海量机器类通信（mMTC）和高可靠低时延通信（URLLC），5G 建设初期主要以 eMBB 业务为主，包括高清视频、虚拟现实、增强现实等，eMBB 中约 70% 的使用场景发生在室内，在此情况下，对室内覆盖网络的速率和质量提出了更高的要求。此外，根据国内目前分配的 5G 频段情况，5G 网络主要集中在 2.1GHz、2.6GHz、3.5GHz、4.9GHz 频段，传统的分布式天线系统（Distributed Antenna System，DAS）的大部分工作频段为 800MHz ～ 2700MHz，对 3.5GHz 和 4.9GHz 频段的信号支持效果不佳，信号衰减较大。

基于高频段的网络特性及 5G 室内网络覆盖的需求，室内覆盖从传统的 DAS 向数字化、智能化和共建分担化方向演进，衍生了数字化有源室分覆盖、一体化小基站、新型 DAS 等覆盖方式。室内分布系统演进与发展如图 4-1 所示。

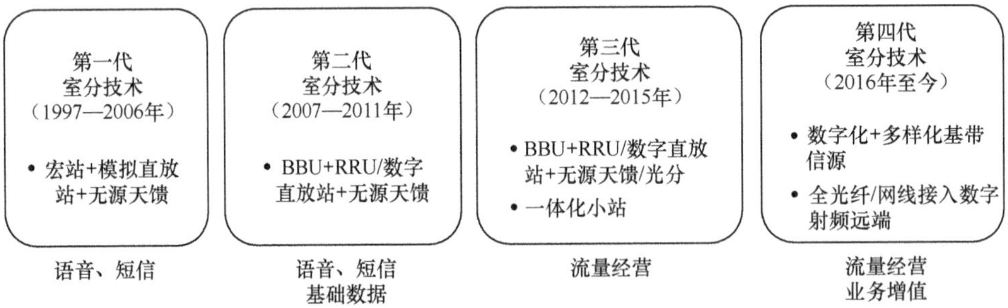

第一代
室分技术
（1997—2006年）
• 宏站+模拟直放站+无源天馈
语音、短信

第二代
室分技术
（2007—2011年）
• BBU+RRU/数字直放站+无源天馈
语音、短信
基础数据

第三代
室分技术
（2012—2015年）
• BBU+RRU/数字直放站+无源天馈/光分
• 一体化小站
流量经营

第四代
室分技术
（2016年至今）
• 数字化+多样化基带信源
• 全光纤/网线接入数字射频远端
流量经营
业务增值

图4-1 室内分布系统演进与发展

网络演进从来不是一蹴而就的，而是多网共存、逐步退网的一个过程，因此，4G、5G 网络也将长期共存。5G 时代初期和中期，网络仍然无法达到全覆盖的水平，语音通话及基础的数据业务通信需求就需要 4G 网络来承载，而 4G 网络的部分室内覆盖问题，仍需通过建设传统室内分布系统来解决。另外，在 4G 传统室内分布系统的基础上演进到 5G，尽管不能充分体现 5G 技术的优势，但是从保护已有投资的角度考虑，传统室

内分布系统仍将继续占有一席之地。

有源室内分布系统在容量演进、可视管理、方便部署等方面上，其架构更容易支持5G 演进。当前，新建 4G 场景建议直接采用超六类（Cat6A）网线或者光电复合缆，未来可通过新增头端或者直接替换 5G 和 4G 集成头端的方式，或替换为 4G/5G 共模设备，做到线不动、点不增，确保二次改造工程量最少，保障工程可实施落地，向 5G 平滑演进。

在 5G 初期，室内分布系统主要部署在热点区域，大多数区域有其他制式通信系统现网室分，因此，5G 初期，室内分布系统大多数的工作集中在现网改造上。另外，长期演进语音承载（Voice over Long Term Evolution，VoLTE）的网络薄弱点是分场景部署传统室内分布系统或有源室内分布系统，确保语音通话质量。

5G 中期应开展重点区域连片覆盖工作，5G 后期的目标是建设全覆盖的网络。室内分布系统的部署需紧跟室外覆盖的部署节奏，确保用户室内外体验的一致性。5G 时代有源室内分布系统将是解决室内信号覆盖的一大主力，但仍需与传统 DAS、光纤分布系统、直放站等各种建设方案分场景部署，保障运营商实现 5G 室内覆盖性能与成本的平衡，满足 5G 室内覆盖需求。

4.2 5G 室内覆盖需求

5G 囊括了3D视频、高清视频、AR/VR、智慧家庭、工业制造自动化、远程医疗、智慧物流、紧急救援和自动驾驶等典型业务应用。其中，高清视频、AR/VR、远程医疗、工业制造自动化及智慧物流等业务主要发生在建筑物的室内场景，具体有以下 3 个覆盖需求。

① 以 VR 和高清视频为典型的高宽带业务。在大型场馆、重要交通枢纽、大学城和大型商业中心等场景，人群密度高，使用 VR 或高清视频等大带宽业务的用户也多。基于入门级 VR 业务估算，预计 2022 年年末，每平方米忙时流量密度会高达 2.5Mbit/s，如果用户普遍使用的是云虚拟现实（Cloud VR），单位面积流量密度会更高。

② 以远程医疗和智能制造为典型的低时延、高可靠性业务。在远程医疗场景中，手术机器人感知患者身体状态及接收到本地高清视频数据后，需要通过网络通道传送给远程专家，用于支撑精准诊断。在远程手术场景中，医生通过 360° 高清视频远程观察患者的身体部位，远程精准操作仪器，要求端到端时延低于10ms，信号传送可靠性高于 99.999%。在智能制造应用场景中，智能机械装置需要协同完成产品的加工与装配，机械装置位移速度高，要求端到端时延不超过 1ms，确保精密加工的质量和效率。

③ 以智慧物流为典型的物联网业务。智慧物流的物流枢纽需利用无线网将大量带电子标签的物件连接起来，以实现物件的高效管理、调度和转运。在物流枢纽，需要对立体货架中的物件进行识别、定位及分拣，使用机器人自动输送到预定位置。物流

枢纽的立体仓库中物件种类多、密度高，甚至达到平均每平方米一个物件，要求网络具备海量连接能力。

综上所述，室内5G业务需要网络具备下行边缘速率100Mbit/s、时延1ms、每平方米忙时流量密度高达2.5Mbit/s、可靠性99.999%、每平方千米百万连接的能力。

4.3 5G室内覆盖的重要性和必要性

5G室内覆盖的重要性和必要性主要体现在以下3个方面。

① 室内是电信运营商的主要业务收入发生地，室内覆盖的质量影响着电信运营商的品牌形象，树立良好的品牌形象历来都是电信运营商之间进行市场竞争的重要手段。在4G时代，日本电信运营商NTT DOCOMO经过研究得出了70%以上的移动通信业务发生在室内场景的结论。细分来说，69%的语音业务和90%的数据业务发生在室内；在5G时代，增强移动宽带、海量通信等主要应用也发生在室内场景。因此，我们预计5G时代室内流量占比会更大，或高达80%。

② 从网络覆盖角度来看，必须建设室内覆盖系统。由于建筑物外墙阻隔，无线信号到室内后会大幅衰减，如果建筑物墙体非常厚，室内就会直接成为信号盲区。5G网络的使用频率相对较高，穿透损耗更大，因此室内覆盖往往不尽如人意，必须针对性地建设室内覆盖系统，特别是对于地铁、隧道等封闭场景，室外网络信号几乎无法穿透，必须建设专门的室内覆盖系统。

③ 从网络容量角度来看，也需要建设室内覆盖系统。超密集组网是5G网络数据流量爆炸式增长的有效解决方案，超密集组网也意味着网络小区在地理范围方面更趋于小型化，为了提高网络容量，分散的业务热点可独立设置室内分布系统以提高网络整体容量。

4.4 5G室内覆盖面临的挑战

根据各电信运营商5G室分频段使用情况，中国移动采用2.6GHz频段，与原4G频段保持一致。而中国电信和中国联通集中在3.3GHz～3.4GHz频段，远高于其2G、3G、4G移动网络的频段。在更高频段部署的5G室外基站，其信号穿透将面临更大的链路损耗，导致室内深度覆盖严重不足。因此，只有更好地规划室内网络的部署，才能给用户提供更优质的服务，带来更好的业务体验。

4.4.1 传统室内分布系统建设模式面临的挑战

进行室内分布天线系统建设是无线通信进行室内覆盖的主流解决方案。现网存在大

量的传统室分网络，以某运营商本地网为例，传统 DAS 站点占已有室内覆盖系统的比例高达 95%。传统 DAS 体量庞大且技术成熟，在 5G 时代，是否可以使用 DAS 作为室内覆盖的解决方案，是一个重要的研究课题。充分发挥 DAS 的技术优势并进一步提升网络性能，对新建场景、利旧场景及 5G 建设意义重大。采用传统室内 DAS 进行 5G 室内覆盖，主要存在以下问题。

① 用户感知速率难以保障：室外 5G 基站采用 64T64R AAU，单用户下行业务可支持 4 流传输，峰值速率可达 1.7Gbit/s。而传统 DAS 多为单流，以某运营商本地网为例，传统 DAS 站点的 80% 为单路 DAS，20% 为双路 DAS，使用这些室内分布系统进行 5G 室内覆盖，仅能支持双流传输，难以发挥 5G 高速率的特点。室内外用户感知速率差异巨大。

② 覆盖范围收缩：相比 4G DAS 的主流频段，5G 室内频段更高。无线信号在 2.6GHz 上每 100m 会有 12 ～ 15dB 的馈线损耗，3.5GHz 则会更高。因此，5G 需要增加天线及信源数量才能满足覆盖需求。

③ 器件难以利旧：对于 2.6GHz，在某本地网进行现网抽查，现有传统 DAS 中 89% 可支持直接合路，11% 经过改造可支持合路。对于 3.5GHz 及以上的高频，现有 DAS 难以支持。对于中国电信和中国联通室内覆盖来说，关键器件（例如，功分器、合路器等，原支持到 2.7GHz）需要更换，更换成本过高，难度较大。

④ 实现多天线难度高：DAS 投资几乎随着天线数线性增加，不具备天线阵列的支持能力。以 4×4 MIMO 为例，4 路 DAS 需要部署 4 根馈线、4 套器件和天线，工程基本无法落地。另外，这些问题还会导致链路不平衡，引起性能效果不佳。

4.4.2 有源数字室内分布系统建设模式面临的挑战

目前，大多数运营商清楚认识到传统室内分布系统向 5G 演进的难点，开始大规模建设有源室内分布系统，但有源室内分布系统向 5G 演进也存在一些问题和挑战，具体如下。

① 造价相对较高。根据现网数据测算，4G 有源室内分布系统造价约是传统单路 DAS 的 2 ～ 3 倍，是传统双路 DAS 的 1.5 倍；而 5G 有源室内分布系统相比 4G 造价上升约 1 倍，因此，需要电信运营商合理规划，分场景、分步骤实施。

② 工程改造难度仍然不小。虽然有源室内分布系统改造量相对传统室内分布系统已减少很多，但是仍然存在物业协调难、需破坏装修等问题，且目前部分有源厂家采用 CAT5 网线，5G 时代需全部更换，改造难度不亚于传统室内分布系统。

③ 有源室内分布系统对能耗提出更高的要求。5G 的一个典型特点是“万物互联”，海量的设备将被连接，进行运维和管理，其中包括基带单元、远端汇聚单元、无线射

频单元等。随着 5G 的进一步推广，设备的集成度将越来越高，室内覆盖设备的网络密集度将越来越大，大量的有源设备给能耗带来巨大的挑战，这也是电信运营商网络运维管理中需要重点解决的难点问题。

④ 海量连接带来运维挑战。4G 时代，传统无源 DAS 无法管理、维护困难的难点已经是网络的“顽疾”之一。5G 时代，室内分布系统数字化趋势已成必然，有源室内分布系统数字化虽然可管可控，但也面临大量头端带来运维复杂度提升的困难。

5G 室内覆盖方案介绍

由于室内覆盖技术特点、5G 网络设备类型及形态、应用场景等不同，室内覆盖总体方案可分为室外宏基站覆盖、分布式皮基站覆盖、一体化皮基站、传统同轴电缆分布系统、泄漏电缆分布系统等典型方案。

在实际应用时，技术人员应根据各种覆盖方案特点、场景特点，结合建设实施难度、技术适用性、建设成本、产品成熟度等，选取合适的室内覆盖方案。由于物业或施工条件等原因，某些场景采用单一覆盖方案可能无法做到有效覆盖，例如，超大楼盘或建筑群、设备安装或走线受限的工厂、室分建设困难的城中村、大型场馆或交通枢纽等。针对这类场景，我们可以结合多种方案组合进行综合覆盖，例如，采用楼间对打覆盖近窗区域，同时采用传统同轴电缆分布系统进行内部复杂区域的覆盖，以室内外协同的方案解决面积较大的居民楼覆盖问题。

5.1 室外宏基站覆盖

5.1.1 技术特点

室外宏基站覆盖是指通过室外宏蜂窝基站覆盖解决室内覆盖问题。目前，宏蜂窝基站（宏基站）普遍采用分布式架构，包含 BBU 和 RRU 两个部分。BBU 主要完成基带信号处理、主控、传输及时钟等功能，而 RRU 主要完成射频滤波、放大、上下变频及数字中频等处理功能，BBU 和 RRU 之间通过光纤连接并传输基带同相分量数据、基带正交分量数据及控制管理数据。

5.1.2 适用场景

室外宏蜂窝覆盖示意如图 5-1 所示。宏蜂窝基站具有覆盖能力强、容量大的优点，应用最为广泛，在墙体损耗较小、建筑物多为浅层的情况下，应优先采用室外宏蜂窝基站。尤其是对于中国移动和中国广电，因其 2.6GHz 和 700MHz 频段相对 3.5GHz 频段来说，具有更

图5-1 室外宏蜂窝覆盖示意

好的覆盖性能，可大大加快 5G 网络总体部署进度，并节省工程建设造价。

通常宏蜂窝基站的覆盖面积相对较大，另外，基站位置需考虑整体网络结构，尽量使小区划分趋于理想的蜂窝状无线网络结构。因此，宏基站适合作为底层基础覆盖，而对于局部超高话务，应考虑建设室内分布系统进行业务分流，注意避免越区覆盖造成干扰等问题。采用传统宏站建设方式，对目标物业点进行室内覆盖，一般仅能做浅层覆盖，需配合其他覆盖方案，对室内进行有针对性的覆盖。

5.1.3 需要注意的问题

室外宏基站覆盖是从网络整体出发，应考虑室内外协同规划和建设。

室外宏基站实现室内覆盖的重点在于网络规划阶段，预留建筑物穿透损耗，做好链路预算和覆盖半径的预测。以密集市区为例，5G 网络室外宏站覆盖半径见表 5-1。

表5-1　5G网络室外宏站覆盖半径

参数名称		单位	2.6GHz NR		3.5GHz NR	
			上行	下行	上行	下行
系统带宽 / 载波		MHz	100	100	100	100
频段		GHz	2.6	2.6	3.5	3.5
总 RB[1] 数 / 每载波		kHz	275	275	275	275
RB 带宽 / 载波带宽		kHz	360	360	360	360
上行与下行配比		—	1	3	3	7
基站天线增益		dBi	10	10	10	10
天线配置	发射天线数	kbit/s	2	64	2	64
	接收天线数	kbit/s	64	4	64	4
边缘速率		kbit/s	1024	20480	1024	20480
发射机	最大发射功率	dBm	26	53	26	53
	发射天线增益	dBi	0	10	0	10
	EIRP[2]	dBm	26	62.9	26	62.9
单用户分配 RB 数 / 载波数		dB	32	272	27	272
接收机	接收机噪声系数	dB	3.5	7	3.5	7
	热噪声	dBm	–103.4	–94.1	–104.1	–94.1
	接收基底噪声	dBm	–99.9	–87.1	–100.6	–87.1
	SINR[3]	dB	–2.2	–5.5	–2.2	–5.5
	接收机灵敏度	dBm	–102.1	–92.6	–102.8	–92.6
增益余量损耗	接收天线增益	dBi	10	0	10	0
	干扰余量	dB	3	5	3	5

（续表）

参数名称		单位	2.6GHz NR		3.5GHz NR	
			上行	下行	上行	下行
增益余量损耗	馈线损耗	dB	0	0	0	0
	塔放增益	dB	0	0	0	0
	阴影衰落	dB	8.65	8.65	8.65	8.65
	穿透损耗	dB	22	22	25.8	25.8
	人体损耗	dB	0	0	0	0
	分集增益 / 波束赋形增益	dB	17	20	17	20
	切换增益	dB	0	0	0	0
最大路径损耗	前 / 反向最大路径损耗	dB	121.3	139.8	118.3	136.0
Cost-Hata	频率	MHz	2610	2610	3450	3450
	基站天线挂高	m	30	30	30	30
	用户终端高度	m	1.5	1.5	1.5	1.5
	覆盖半径	m	218	729	136	435
3GPP 模型	频率	GHz	2.61	2.61	3.45	3.45
	基站天线挂高	m	30	30	30	30
	用户终端高度	m	1.5	1.5	1.5	1.5
	街道宽度 W	m	10	10	10	10
	楼宇平均高度 h	m	30	30	30	30
	MAPL[4]	dB	121.3	139.8	118.3	136.0
	覆盖半径	m	278	837	200	578
站间距	Cost-Hata 传播模型	m	326		204	
	3GPP 传播模型	m	417		300	

注：1. RB（Resource Block，资源块）。
2. EIRP（Equivalent Isotropically Radiated Power，等效全向辐射功率）。
3. SINR（Signal to Interference plus Noise Ratio，信号与干扰加噪声比）。
4. MAPL（Maximum Allowed Path Loss，最大允许路径损耗）。

若采用室外宏基站进行室内覆盖，当采用 3GPP 传播模型进行预测时，对于 2.6GHz 频段的 5G 网络，覆盖半径为 278m，站间距为 417m；对于 3.5GHz 频段的 5G 网络，覆盖半径为 200m，站间距为 300m。

5.2 分布式皮基站覆盖

5.2.1 技术特点

分布式皮基站 BBU 和 RRU 分离，通过光纤、光电混合缆或网线构建分布系统，

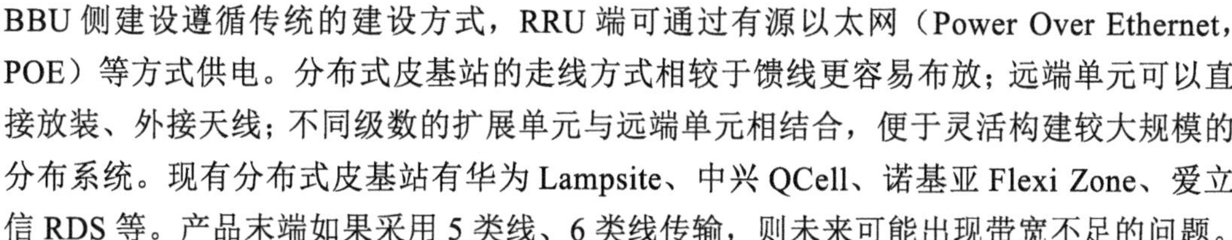

BBU 侧建设遵循传统的建设方式，RRU 端可通过有源以太网（Power Over Ethernet，POE）等方式供电。分布式皮基站的走线方式相较于馈线更容易布放；远端单元可以直接放装、外接天线；不同级数的扩展单元与远端单元相结合，便于灵活构建较大规模的分布系统。现有分布式皮基站有华为 Lampsite、中兴 QCell、诺基亚 Flexi Zone、爱立信 RDS 等。产品末端如果采用 5 类线、6 类线传输，则未来可能出现带宽不足的问题。

5.2.2 适用场景

分布式皮基站具有施工简易、后续扩容简便等优点。分布式皮基站适用于用户密度大、速率要求高的场景，例如，大型商场、大型场馆、交通枢纽等。分布式皮基站适用场景情况见表 5-2。

表5-2 分布式皮基站适用场景情况

序号	应用场景	是否推荐使用分布式皮基站	应用条件说明
1	大型商场	是	—
2	大型场馆		
3	交通枢纽		
4	星级酒店	条件推荐	对于 $5000m^2$ 以上空旷覆盖环境，建议采用
5	写字楼		空旷办公区、会议室可采用
6	政府机关		
7	商住两用楼		对于 $5000m^2$ 以上的空旷覆盖环境，建议采用
8	医院		对于三甲医院门诊等人流量较多区域建议使用
9	学校		对于场馆、食堂等空旷大容量场景建议采用
10	自有营业厅		较大营业厅推荐分布式皮基站，较小营业厅推荐一体化皮基站
11	地铁	是	站台、站厅建议使用分布式皮基站，隧道建议使用泄漏电缆覆盖
12	省级重点客户	条件推荐	空旷办公区、会议室可使用
13	旅游景点		表演场馆或者其他人员聚集区可采用

5.2.3 需要注意的问题

相比传统 DAS，分布式皮基站在 5G 频段的改造上难度大。分布式皮基站的主要工程量包括新增5G NR信源、新增或更换远端汇聚单元（Remote Aggregation Unit，RAU），新增5G皮远端单元（pico Radio Remote Unit，pRRU）设备（或更换为2G/4G/5G pRRU），部分线缆需更换为6类线。

5.2.4 建设实施

分布式皮基站的建设方式较为简单，布放线径较小的5类线、6类线施工方便，安装人员可根据物业点网络覆盖状况选择皮基站、飞基站安装位置，一般体积较小，可以直接安装或外接天线安装。

1. 内置天线的分布式皮基站

当覆盖目标区域容量需求较高、重要程度较高时，技术人员可以直接采用内置天线的分布式皮基站，内置天线的分布式皮基站组网方式示意如图5-2所示。

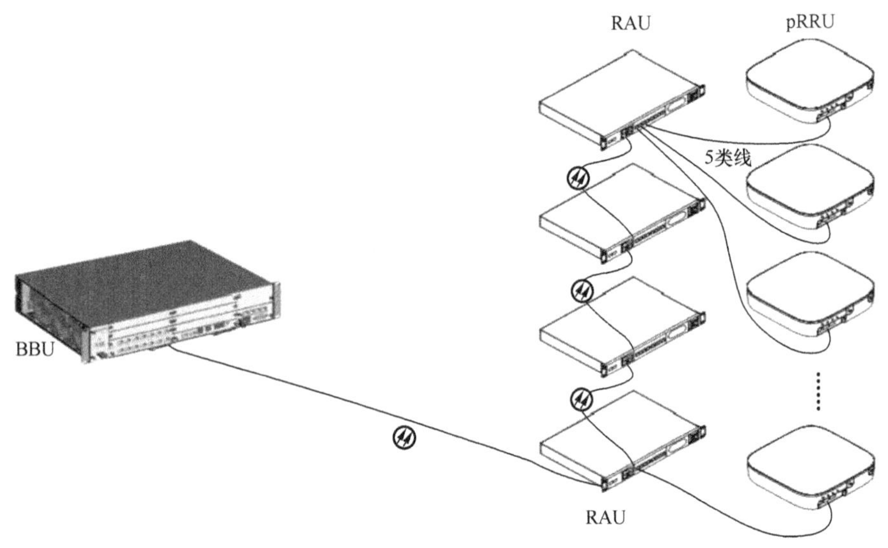

图5-2 内置天线的分布式皮基站组网方式示意

2. 内置+外置天线的分布式皮基站

常规内置天线形式的分布式皮基站在一些场景覆盖能力不足，从造价方面考虑，如果容量需求不高时，为达到较好的覆盖，需要部署较多的设备，其性价比太低，这时可考虑采用内置+外置无源天线部署方案，其组网方式和常规的纯内置天线分布式皮基站一致。内置+外置天线的分布式皮基站组网方式示意如图5-3所示，除了具备与纯内置天线方案一样的优势，内置+外置天线分布式皮基站因其远端单元可外接不同类型的天线，扩展了信号的覆盖范围，可实现更加灵活的组网覆盖方式，满足了一些特殊场景的专项覆盖需求，外接天线延伸覆盖范围，可降低整体覆盖造价。

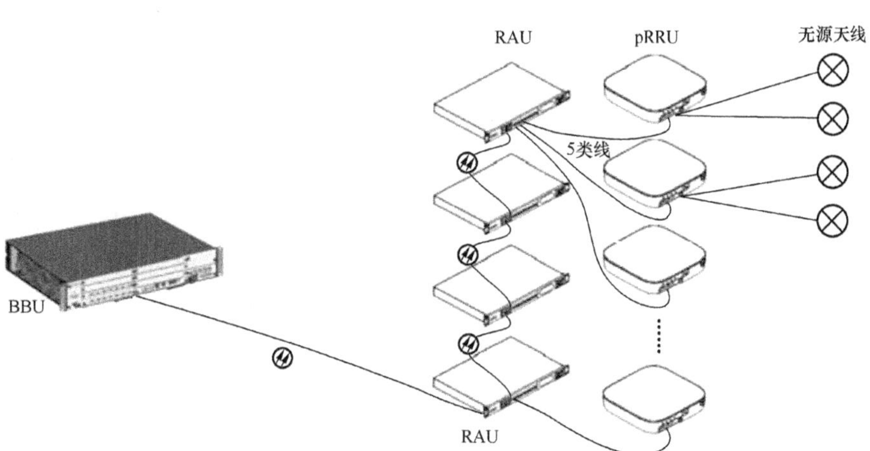

图5-3　内置+外置天线的分布式皮基站组网方式示意

5.3　一体化皮基站

5.3.1　技术特点

一体化皮基站由一体化小基站设备、传输网络、网关系统、核心网系统、小基站网管组成。其中，网关系统包括安全网关设备、信令网关设备、城域网防火墙、网管防火墙、汇聚交换机设备、网关网管设备。

一体化皮基站的 BBU 与 RRU 一体化，内置或外接小型化天线，需要宽带接入，不需要 Ir 接口，不需要机房，采用交流（Alternating Current，AC）供电。一体化皮基站组网示意如图 5-4 所示。

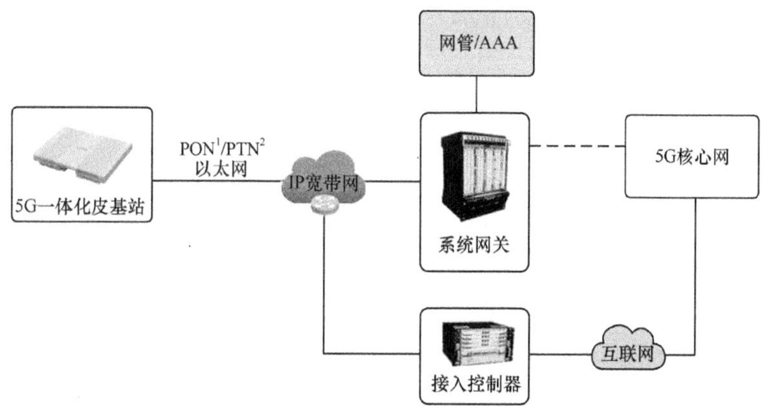

注：1. PON（Passive Optical Network，无源光纤网络）。
2. PTN（Packet Transport Network，分组传送网）。

图5-4　一体化皮基站组网示意

一体化皮基站的一台设备集成了基带单元、射频单元，一台设备即为一个基站，因此，覆盖范围受到限制。供电方式支持直接就近供电和POE供电。直接供电通过电源适配器将交流电转化为直流电传送到设备。POE供电支持最远供电距离为100m。传输上联接口支持FE/GE电口，部分厂家产品还支持光口上联。同步方式支持全球定位系统（Global Positioning System，GPS）同步、空口同步和1588v2同步。

部署一体化皮基站时，可直接采用设备内置的天线，也可外接室分天线来扩展覆盖范围。

5.3.2 适用场景

1. 室内弱覆盖补盲

由于一体化皮基站的功率相对较小，所以建议在小于1000m^{2}的物业点进行使用，用户数较多，例如，沿街商铺、营业厅、开阔单间、餐饮娱乐场所等。5G一体化皮基站适用场景见表5-3。

表5-3 5G一体化皮基站适用场景

建设方式	应用模型	适用场景
小型场景（1000m^{2}以下）	低成本新建室内覆盖	营业厅、卖场、咖啡厅等微小型商业场所，微小型办公场所
	已建室分场所补弱	传统室内分布系统无法涉及的深度覆盖区域
	已建室分场所热点分流	传统室内分布系统容量受限区域

2. 高层用户

在高层用户家中，或办公楼内暂无室分覆盖时，可为用户提供宽带接入，安装皮基站，安置在桌上、贴地均可。如果后期增加了室分覆盖，皮基站可轻易拆除。

3. 其他应用场景

一体化皮基站支持单点放装、主从机扩展覆盖、多台组网等类型的室内覆盖方式，能够以较低投入提供单位面积下的最高数据吞吐，是一种最为灵活的中小场景下广度/深度/厚度覆盖的新型室分建设方式。因此，一体化皮基站可结合实际情况，灵活应用于其他场景。

5.3.3 应用优势及特点

① 建网便捷：一体化皮基站可适配配套网关，适应PON、PTN、以太网等多种回传方式，IP数据的传输特性决定其可采用类IT化的“网线+POE”建网方式，站址获取和物业协调容易，施工周期短，建网效率高。

② 灵活组网：一体化皮基站建网不需要大规模施工，且可根据覆盖范围灵活选取单点、组网、双模的建网方式，是一种最为灵活的室分广度/深度/厚度覆盖的建设方式。

③ 容量优势：一体化皮基站组网环境下的每一台设备都是一个逻辑小区，当传输带宽有保证时，能够提供更优的用户体验，相比传统DAS具有较高容量弹性的特点。

④ 可管可控：在一体化皮基站组网方案中，不再使用传统的无源器件，网管可监控整个覆盖系统的各个节点，真正实现室内覆盖无盲区监控。

⑤ 统一管控：一体化皮基站组网方案是一种同时提供信源和覆盖的新型室分解决方案，能实现网络建设、优化、运维工作责任主体的统一，可避免因传统室内分布系统与信源、室外宏网分工界面不清而引起的管理混乱问题。

5.4　传统同轴电缆分布系统

传统同轴电缆分布系统由信号源、馈线和连接器组成。信号源侧通过合路器、多系统合路平台等方式，将信号接入馈线中，通过馈线和连接器，将信号均匀分布到天线侧，实现整体信号的覆盖。传统同轴电缆分布系统是 2G/3G/4G 室内覆盖使用广泛、技术较为成熟的一种覆盖方式。传统同轴电缆分布系统组网示意如图 5-5 所示。

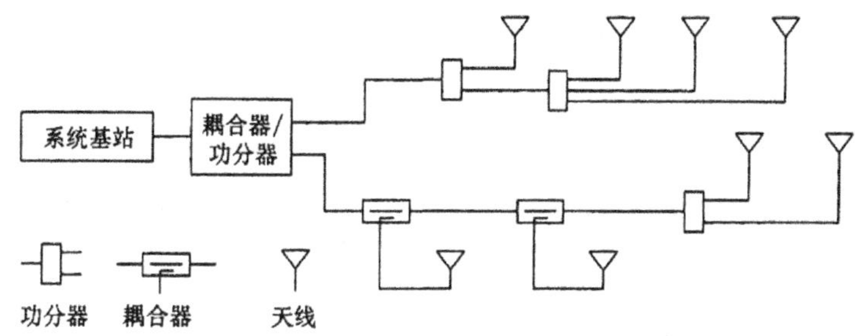

图5-5　传统同轴电缆分布系统组网示意

为满足 5G 高频段的覆盖需求，主要的馈线器件厂家推出了支持 800MHz ～ 3600MHz 频段的新型无源室分产品，例如合路器、耦合器、功分器、室分天线等。馈线器件厂家突破器件的频段限制，使传统同轴电缆分布系统在5G时代重新绽放光芒。在5G应用中，传统同轴电缆分布系统的优势如下。

① 传统同轴电缆分布系统在现有的网络中大量存在，在 2700MHz 频段之下的系统，可通过合路器馈入信号，快速实现原覆盖区域的 5G 信号覆盖。该方式主要应用于中国移动的 2.6GHz 的 5G 网络室内分布系统。中国电信和中国联通也可通过重耕 2.1GHz 频段进行合路的方式实现室内 5G 网络室内分布系统的快速部署。

② 推出支持 3.5GHz 频段的无源器件，对于一些中低价值的场所，可通过该方式铺开建设，降低造价。

传统同轴电缆分布系统因组网结构及其器件本身的一些限制，同样存在一些不足，具体描述如下。

① 虽然连接器件能满足高频段的使用，但是信号在通过系统的同轴馈线等主要组成部分时，频段越高，损耗越明显，尤其在 3.5GHz 频段下损耗较为明显。常用馈线在

不同频段时的损耗情况见表 5-4。

表5-4 常用馈线在不同频段时的损耗情况

馈线型号	频段 /MHz						
	800	900	1800	2100	2600	3500	4900
	百米损耗 /dB						
1/2 馈线	6.45	6.92	10.05	10.96	12.6	15.1	18.01
7/8 馈线	3.32	3.95	5.2	5.68	6.55	7.33	9.39

② 传统同轴电缆分布系统因其器件的不同损耗问题，导致此方案的链路预算增加，方案设计的复杂程度增加。

③ 传统同轴电缆分布系统原则上只能实现 1T1R 的效果（通过特殊环路设计可实现 2T2R），而 5G 的 Massive MIMO 的关键技术难以实现。

④ 系统局部故障排查困难，因为其主要是无源分布，当局部区域遭受破坏时，从后台监控中心较难发现其具体的损坏区域，需要根据图纸和现场排查来定位，维护和检修定位困难。

5G 用户设备（UE）支持 2T4R（具体是指 2 发射通道、4 接收通道），下行最大支持 4 流接收。在高话务场景下，室内覆盖需要为 UE 提供 4 流数据，但是 4 路传统同轴电缆室内分布系统受制于实际施工安装空间、业主要求、建设成本等多种因素，4 收发通道（TR）MIMO 难以保证。因此，在实际建设方案落地时，传统同轴电缆分布以单路或双路为主，多用于中低流量的场景。

5.4.1 单路同轴电缆分布系统

单路同轴电缆分布系统可通过耦合信源加入 2G/4G/5G/ 无线局域网（Wireless Local Access Network，WLAN）等多个系统，建设方式为 GSM+ LTE+5G 合路实现多系统协同覆盖。单路同轴电缆分布系统示意如图 5-6 所示。

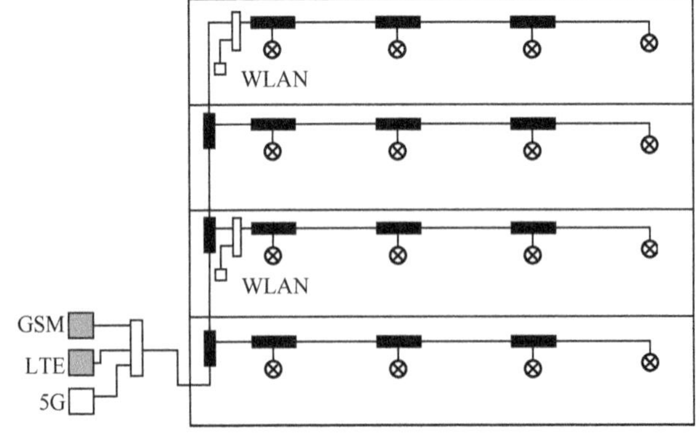

图5-6 单路同轴电缆分布系统示意

单路同轴电缆分布系统具备网络性能稳定、技术成熟度高、建设难度和成本低、网络运行与维护难度低、系统演进及升级能力强等优点。对于普通密度业务区域，可优先考虑采用单路同轴电缆分布系统以节省建设成本。但对于微小型的、离散的场景建设同轴电缆分

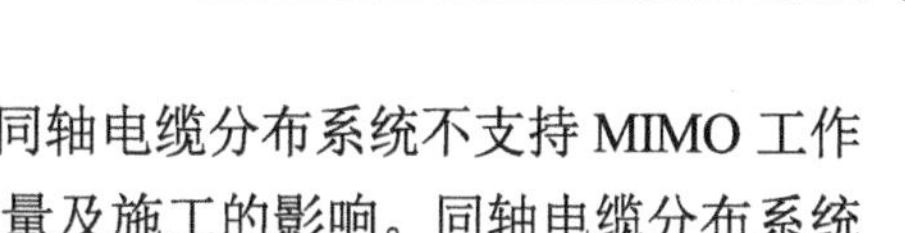

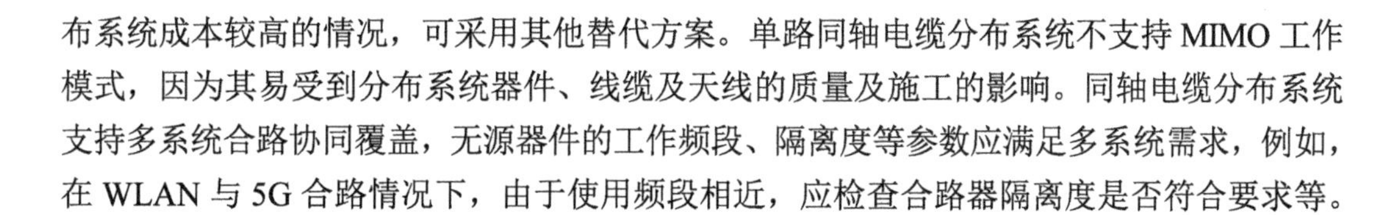

布系统成本较高的情况，可采用其他替代方案。单路同轴电缆分布系统不支持 MIMO 工作模式，因为其易受到分布系统器件、线缆及天线的质量及施工的影响。同轴电缆分布系统支持多系统合路协同覆盖，无源器件的工作频段、隔离度等参数应满足多系统需求，例如，在 WLAN 与 5G 合路情况下，由于使用频段相近，应检查合路器隔离度是否符合要求等。

5.4.2 双路同轴电缆分布系统

双路同轴电缆分布系统一路为 GSM+LTE+5G 合路，另一路为 LTE+5G。双路同轴电缆分布系统示意如图 5-7 所示。

双路同轴电缆分布系统为了实现 MIMO 特性，构建了两路结构一致、损耗相近的同轴电缆分布系统，分别接入信源的不同通道输出。在相同载波配置和部署环境下，双路室内分布系统支持 MIMO 工作模式，相对于单路室内分布系统具有峰值速率高（约为单路室内分布系统的 2 倍）、小区平均吞吐量高（约为单路室内分布系统的 1.5 倍）的优势。

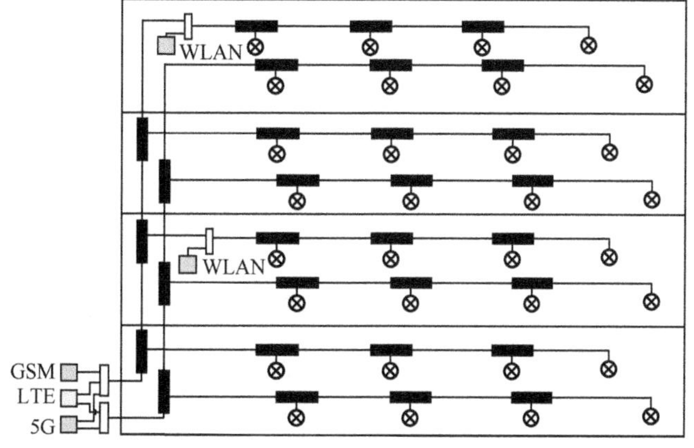

图5-7 双路同轴电缆分布系统示意

双路同轴电缆分布系统主要应用于建设单路同轴电缆分布系统无法满足峰值速率和业务容量的场景，例如，写字楼、星级酒店、政府机关等。对于演进需求较为明显的高业务区域，应优先考虑采用双路同轴电缆分布系统。

双路同轴电缆分布系统的建设难度大，建设成本高。双路系统 MIMO 性能的发挥易受到分布系统器件、线缆、天线的质量及施工的影响。4G 时代双路同轴电缆分布系统易受到双路功率不平衡的影响，显著降低了双路系统的性能，在设计时需考虑合路器的插入损耗，并保持两路之间功率的平衡性，5G 时代双路同轴电缆分布系统功率平衡可容忍范围可达 25dB。

5.5 泄漏电缆分布系统

5.5.1 技术特点

使用泄漏电缆（简称“漏缆”）进行信号覆盖的室内分布系统被称作泄漏电缆分布系统。泄漏电缆是一种特殊的同轴电缆，由内导体、绝缘介质和开有周期性槽孔的外导体 3 个部分组成。电磁波在泄漏电缆中纵向传输的同时通过槽孔向外界辐射电磁波；外界的电磁场也可通过槽孔感应到泄漏电缆内部并传送到接收端。

与同轴电缆分布系统相比，泄漏电缆分布系统也可使用馈线、合路器、功分器、耦合器、负载、干放器等器件，但是它主要靠泄漏电缆实现无线信号的辐射与接收，也就是说泄漏电缆同时起到了馈线和天线的作用。泄漏电缆分布系统示意如图 5-8 所示，泄漏电缆末端通常要加上负载，也可以使用天线，以防止信号反射造成驻波比过大影响系统性能。

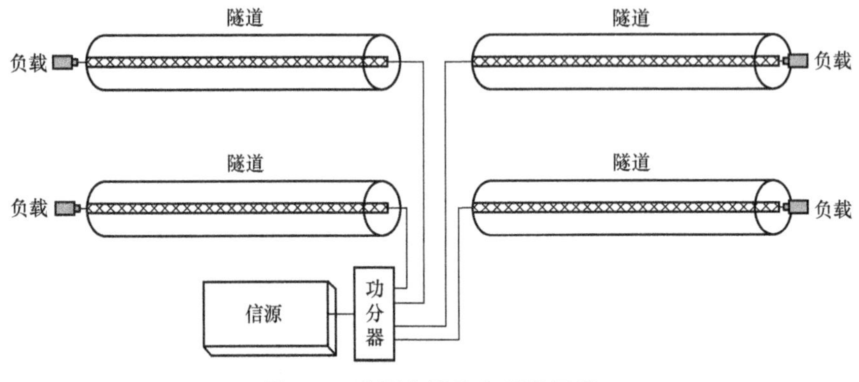

图5-8　泄漏电缆分布系统示意

泄漏电缆分布系统主要用于隧道覆盖，特别是在铁路隧道中，隧道空间狭窄，火车车厢会影响电波传输，只有用泄漏电缆才能保证均匀的信号覆盖及良好的通信质量。泄漏电缆成本较高，这限制了它的广泛应用，但是目前，泄漏电缆分布系统仍然是地铁、铁路隧道等信号屏蔽严重且要求无线信号均匀分布的狭长型覆盖场景的最佳方案。

泄漏电缆的安装一般位于隧道内墙壁一侧车窗高度的位置，可以通过车窗辐射进列车，同时应确保泄漏电缆远离墙壁 20cm 以上，并尽量远离其他电缆，以减少对泄漏电缆性能的影响。

利用泄漏电缆分布系统覆盖具有以下优点。

① 可减小信号阴影和遮挡，在复杂的隧道中如果采用分布式天线，则手机与某特定天线之间可能会受到遮挡，导致覆盖效果不好。

② 泄漏电缆覆盖技术成熟，覆盖效果好，信号波动范围缩小，与其他天线系统相比，隧道内信号覆盖均匀。

③ 可对多种服务同时提供覆盖，泄漏电缆本质上是宽带系统，多种不同的无线系统可以共享同一泄漏电缆，可减少架设多条天线的工程量，大大降低总体造价。

5.5.2　泄漏电缆建设方案

泄漏电缆分布系统一般用于地铁、铁路隧道、公路隧道、矿井等无线传播受限的场景，在房间内部施工困难、人们对常规天线有抵触情绪或美化要求较高的场景也可使用，

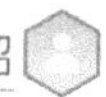

例如，住宅小区、商住两用楼等场景。

对于地铁场景，泄漏电缆分布系统一般采用信源 +POI 设备 + 泄漏电缆的建设方式，以满足多运营商 2G/4G/5G 多系统合路协同覆盖需求。

1. 地铁场景 1-1/4" 漏缆电缆方案

多家运营商共享 1-1/4" 漏缆方案示意如图 5-9 所示。多家运营商共享全频段 1-1/4" 漏缆，以实现 800MHz ～ 3700MHz 全频段接入，最大化实现共享、降低建设成本。如果新建 2 条 1-1/4" 漏缆，则可实现 4G/5G 2T2R 部署；如果新建 4 条 1-1/4" 漏缆，则 5G 可实现 4T4R 部署，同时可将各系统相互组合后产生较强的三阶互调干扰，通过馈入至不同的漏缆降低影响。如果仅需要接入 1700MHz 以上的系统时，则也可以使用低损耗 1-1/4" 漏缆。

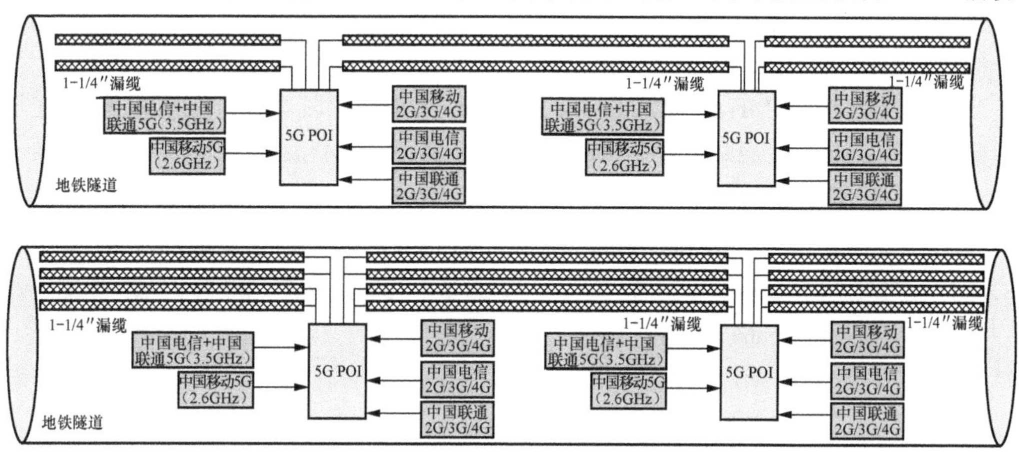

图5-9　多家运营商共享1-1/4"漏缆方案示意

三阶互调干扰理论计算及应用经验说明，典型系统接入时，各系统可进行优化组合馈入 4 根漏缆中，4 根漏缆场景各系统馈入方案见表 5-5，这样可在一定程度上降低组合互调干扰，提升网络质量。

表5-5　4根漏缆场景各系统馈入方案

序号	馈入系统	漏缆 1	漏缆 2	漏缆 3	漏缆 4	通道数
1	中国移动 FDD900	TRX	—	TRX	—	2T2R
2	中国移动 FDD1800	TRX	—	TRX	—	2T2R
3	中国移动 TD-LTE（F&A）	—	TRX	—	TRX	2T2R
4	中国移动 TD-LTE2.3G（E）	—	TRX	—	TRX	2T2R
5	中国移动 TD-LTE2.6G（D&NR）	TRX	TRX	TRX	TRX	4T4R
6	中国联通 L900	TRX	—	TRX	—	2T2R
7	中国联通 LTE1800	TRX	—	TRX	—	2T2R
8	中国联通 UL2100	TRX	—	TRX	—	2T2R

（续表）

序号	馈入系统	漏缆 1	漏缆 2	漏缆 3	漏缆 4	通道数
9	中国电信 / 联通 3.5G	TRX	TRX	TRX	TRX	4T4R
10	中国电信 C/L800	—	TRX	—	TRX	2T2R
11	中国电信 LTE1800	—	TRX	—	TRX	2T2R
12	中国电信 LTE2100	TRX	—	TRX	—	2T2R

多系统共享接入时，由于系统间各阶互调排列组合众多，表 5-5 中的接入方案仅能从一定程度上降低部分互调组合干扰（不同项目也可进行灵活调整），而无法规避所有互调组合带来的影响，因此，工程建设时仍需严格管控施工工艺水平，提升分布系统互调抑制度指标，从而降低互调干扰对网络产生的不利影响。

同时，为保证 4G/5G MIMO 效果，两根漏缆间距应不小于 30cm。

当运营商接入 800MHz ～ 3700MHz 系统时，采用全频段 1-1/4" 漏缆覆盖。根据测试结果，各断点距离对应边缘场强 RSRP[1] 值（全频段 1-1/4" 漏缆）见表 5-6。由表 5-6 可以看出，5G 边缘场强 $RSRP \geqslant -100$dBm 时，断点距离可达 550m。

表5-6　各断点距离对应边缘场强RSRP值（全频段1-1/4"漏缆）

序号	断点距离 /m	边缘场强 RSRP（根据试点测试结果测算）/dBm
1	460	–94.8
2	500	–96.8
3	550	–99.3

当仅接入 1700MHz ～ 3700MHz 频段时，可采用低损耗 1-1/4" 漏缆，从而可以加大断点距离，减少基站信源和电源配套投资。根据测试结果，各断点距离对应边缘场强 RSRP 值（低损耗 1-1/4" 漏缆）见表 5-7。由表 5-7 可以看出，5G 边缘场强 $RSRP \geqslant -100$dBm 时，断点距离可达到 700m。在实际实施阶段，5G 信源共享使用时推荐采用 600m 的断点距离。

表5-7　各断点距离对应边缘场强RSRP值（低损耗1-1/4"漏缆）

序号	断点距离 /m	边缘场强 RSRP（根据试点测试结果测算）/dBm
1	500	–87.8
2	600	–91.8
3	700	–94.8

2. 地铁场景 1-5/8" 漏缆 +1-1/4" 漏缆方案

为满足不同电信运营商差异化需求，从运行维护独立性等方面考虑，也可新建两条 1-5/8" 漏缆承载中国移动全部系统，新建两条 1-1/4" 漏缆承载中国电信、中国联通全部系统，3 家电信运营商隧道漏缆断点信源共点位设置，最大程度共享电源、传输等配套资源。

1. RSRP（Reference Signal Receiving Power，参考信号接收功率）。

中国移动与中国联通、中国电信分缆部署方案如图5-10所示。该方案部署时，电信运营商也可将2700MHz以下的5G系统同时馈入4条漏缆，实现优于2T2R的网络性能。

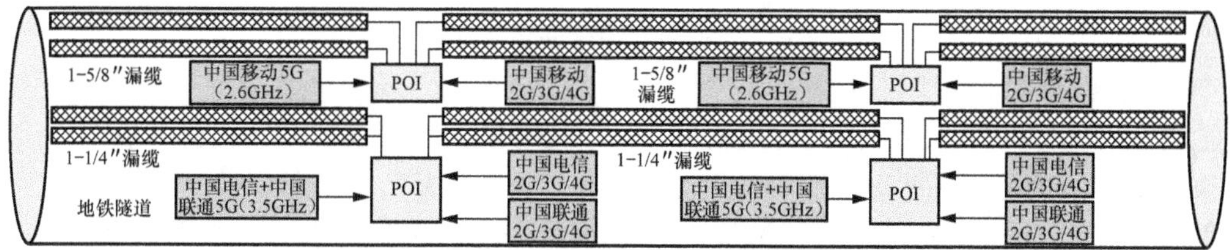

图5-10 中国移动与中国联通、中国电信分缆部署方案

3. 其他采用泄漏电缆的场景方案

对于商住两用楼、居民小区等场景，也可根据现场条件选择泄漏电缆建设。泄漏电缆一般可布置在电梯间、室外，利用水管等外墙设施进行走线，发射点布置在临窗位置，对室内进行覆盖。

由于常规漏缆的辐射张角较小，一般不超过120°，仅适用于隧道等狭长环境，不适用于覆盖非隧道的室内环境。为满足一般的室内覆盖需求，需增大辐射张角。因此，可选用新型广角漏缆辐射，新型广角漏缆如图5-11所示，辐射张角达到170°，新型广角漏缆作为辐射源位于覆盖区域顶部正中（例如，走廊顶部），挂高为2.5m，辐射宽度为20m，到达窗边时覆盖高度为1.6m。

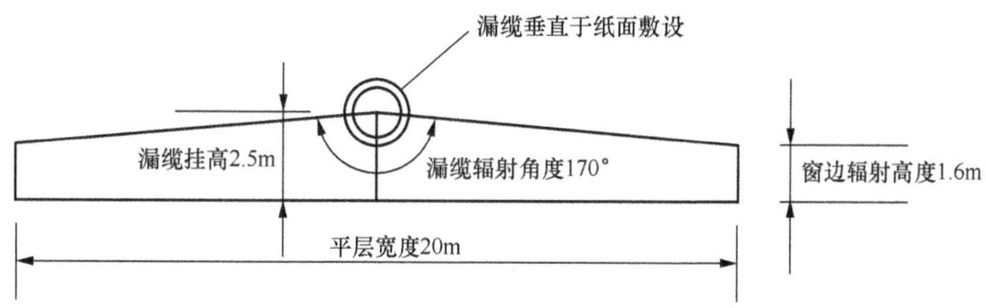

图5-11 新型广角漏缆

从新型广角漏缆试点研究成果来看，相比传统室分覆盖技术，新型广角漏缆覆盖技术有降低互调干扰、降低建设维护成本、提升施工效率、信号覆盖均匀等优点。

5.5.3 泄漏电缆选型

泄漏电缆产品包括1-5/8"漏缆、全频段1-1/4"漏缆和低损耗1-1/4"漏缆、1/2&7/8"广角漏缆，分别适用于不同场景。

1. 隧道泄漏电缆

室内分布系统漏缆类型见表5-8。隧道用泄漏电缆主要有1-5/8"漏缆、全频段

1-1/4" 漏缆和低损耗 1-1/4" 漏缆。其中，1-1/4" 型漏缆支持 5G 高频信号传输，可支持不同场景隧道 5G 覆盖使用。

表5-8　室内分布系统漏缆类型

产品类型	支持频段	应用场景
1-5/8" 漏缆	800MHz ～ 2700MHz	新建隧道，仅部署 2700MHz 以下系统
全频段 1-1/4" 漏缆	800MHz ～ 3700MHz	新建隧道，支持全系统接入
低损耗 1-1/4" 漏缆	1700MHz ～ 3700MHz	存量隧道或不需要部署 800/900MHz 频段的新建隧道

2. 楼宇广角泄漏电缆

普通漏缆及广角漏缆辐射示意如图 5-12 所示。广角漏缆是相对于普通漏缆而言的，其通过特殊的槽孔设计工艺，实现信号辐射角度比普通漏缆大幅增加（约增加至 170°）。由于其本身信号传播与辐射原理与普通漏缆一致，因此，当前业界常用的 1/2&7/8" 型广角漏缆可支持 800MHz ～ 3700MHz，2G/3G/4G/5G 信号均可馈入其中。该方案集传播与辐射信号于一身，因此，可大幅降低无源器件及天线的使用数量，从而减少系统硬件故障点。

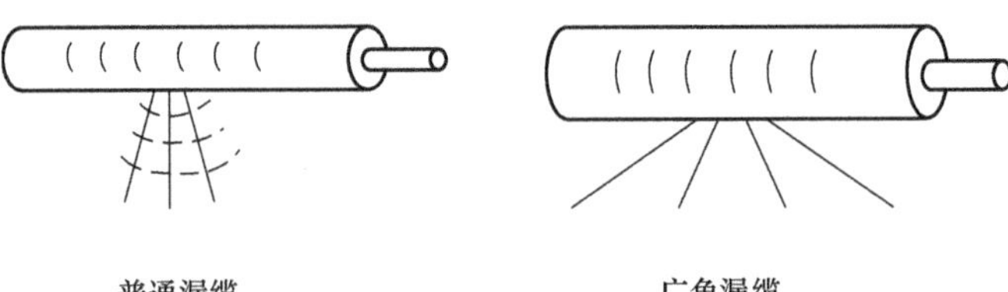

图5-12　普通漏缆及广角漏缆辐射示意

广角漏缆关键技术指标主要包含纵向衰减及耦合损耗，因此，其覆盖综合损耗随着漏缆传输距离线性增加，覆盖特性为漏缆信源馈入端信号最强，沿信号传输方向线性减弱。

5.5.4　需要注意的问题

① 应根据缆线用途，考虑传输损耗、频率适用范围、机械和物理性能等性能指标，合理选择缆线类型。

② 全频段 1-1/4" 泄漏电缆支持 800MHz ～ 3700MHz，可以支持电信运营商 2G/3G/4G/5G 各系统的接入与传输。当隧道覆盖需要接入低、中、高频全频段时，可采用该产品实现全系统接入覆盖。

③ 低损耗 1-1/4" 同轴泄漏电缆支持 1700MHz ～ 3700MHz，采用分段耦合技术，重点优化电信运营商高频 5G NR 系统频段，降低泄漏电缆综合损耗（传输损耗 + 耦合损耗），增加传输距离，减少 5G 高频信源设备使用数量，隧道覆盖时可实现 5G 信源与 3G/4G 系统信源共点位部署。

④ 综合考虑场景特点、造价因素选择漏缆覆盖，覆盖住宅小区及商住楼时需要防止信号外泄造成干扰。

5G 室内覆盖典型场景解决方案

6.1 应用场景分类

根据建筑物用途、用户价值等，楼宇可划分为 18 类场景。考虑用户密集情况、业务保障等级等因素，可将星级酒店、大型商场、大型场馆、政府机关、学校、医院、营业展示厅、交通枢纽定义为八大场景。室内覆盖场景划分见表 6-1。

表6-1 室内覆盖场景划分

序号	覆盖类型	定义
1	星级酒店	三星级以上的酒店（含三星）
2	大型商场	大型批发市场、购物中心、大型商场、大型超市等
3	大型场馆	包括体育中心、运动场所、展览中心、文化中心等
4	政府机关	政府办公大楼、公安局、检察院、法院等政府重要办公场所
5	学校	小学、中学、大学，包含中高职业技术学院
6	医院	包括一、二、三级医院
7	地铁	含站台、站厅及地铁隧道
8	营业展示厅	电信运营商所属的营业厅及业务展示场所
9	居民小区	具有一定规模的住宅小区
10	城中村	城市内区域性的密集村屋
11	写字楼	专指商业办公楼宇，以及事业单位办公场所，例如，教育局等办公场所均列为写字楼
12	集贸超市市场	集贸市场、水果市场、建材市场、普通超市等
13	交通枢纽	旅客候车、候机的集中地点
14	商住两用楼	底层楼为商业用途的商场，中高层为住宅
15	工厂	工厂园区、企业等
16	隧道	交通干道的隧道（例如，高等级公路、铁路等）
17	餐饮娱乐场所	包括美容院、酒吧、健康中心、棋牌室、茶庄、KTV、电影院等，以及三星级以下的酒店、宾馆
18	旅游景点	包括寺庙、景点等，如果有重叠，以其他分类为标准，例如，景区内的酒店归为宾馆 / 酒店

以下针对上述场景从场景特点、覆盖范围、建设原则和方案等方面进行介绍。

6.2　星级酒店

6.2.1　场景特点

酒店客房的外墙多为钢筋混凝土结构，外墙厚度为 25cm ～ 30cm，酒店墙体一般装修材质为砖墙精装修，砖墙精装修的特点是吸收电磁波能力强、损耗大、对信号阻挡较为严重。该区域内用户业务需求多样化，容量需求大，用户较为集中，总体流动性较小。

酒店餐厅、会议室区域空间多为开阔型，面积不等，外墙类型多为钢筋混凝土结构，外墙厚度为 25cm ～ 30cm，对信号阻挡较为严重。该区域内用户业务需求多样化，容量需求大，用户较为集中，总体流动性大。

典型楼体结构为单边墙面走廊 + 单边房间、单边走廊 + 双边房间、单边镂空立柱走廊 + 单边房间、回形走廊 + 外围房间等。

酒店星级越高，高端用户比例越大，语音和数据业务需求均较高。酒店场景覆盖范围为楼层、地下停车场、电梯等区域。

6.2.2　覆盖范围

星级酒店场景覆盖范围为客房、餐厅、会议室、地下停车场、电梯。

6.2.3　建设原则及方案

1. 建设原则

（1）覆盖原则

5G 覆盖应满足星级酒店物业点覆盖需求，综合考虑业务发展、投诉情况、现网测试等因素，建议全区域进行覆盖，优先采用室内分布系统进行覆盖。如果酒店协调难度较大，则可适当选用室内外协同方案进行覆盖。

本场景为实现现有设备价值最大化，应充分利用 2G/4G 现网分布系统覆盖基础，在开展 5G 网络建设时，需对原分布系统走线、设备、天线密度进行评估，避免简单合路，对于不满足工程验收要求的区域，适当开展系统整改，确保 2G/4G/5G 覆盖要求。

（2）双流原则

本场景建设难度低或新建室内分布系统的物业点应优先考虑采取双流建设。地下室

（无人员聚集）、停车场、电梯等非重点区域，且潜在数据业务流量不高的场景不建议建设双流系统。

（3）天线布放原则

此类场景首选天线入户，天线应在满足房间覆盖的前提下尽量安装在房间入口处，降低辐射影响及信号泄漏。

对于走廊里天线的布放，按照信号只穿透一堵墙的原则，天线尽量安装在房间门口，单边覆盖房间 1 ～ 2 个，覆盖较差且条件允许的情况下可以考虑室外覆盖来保证边缘场强。

对于本场景，如果天花板为石膏板和胶合板材质，天线可以内置安装；对于金属材质天花板，天线必须外露安装。如果业主对楼宇美化要求高，站点可以考虑采用美化天线覆盖。

对于结构复杂的物业点应通过模测确定天线安装位置。

2. 建设方案

（1）容量分析

对于酒店场景室分站点，人员密集，人员流动性大，容量需求大，需要充分考虑覆盖区域内的容量需求，考虑固定宽带及其他系统对业务的分流效应。

（2）建设方案选择

综合本场景特点，从技术方案上，本场景建议优先采用传统同轴电缆分布系统、分布式皮基站、光分布进行覆盖。建设单位可结合现场物业条件选择合适的覆盖方案或采用多种方案组合方式实现室内信号良好覆盖。

6.3 大型商场

6.3.1 场景特点

商场楼宇结构通常为扁平化，或者为综合性大厦的低层部分。商场一般以钢筋混凝土的框架结构为主，单层面积大，由于墙体、超市货架等障碍物的阻挡，大部分区域信号衰减严重。业务方面以会话类业务为主。

6.3.2 覆盖范围

大型商场场景覆盖范围包括商场楼层、地下停车场、电梯等区域。

6.3.3 建设原则及方案

1. 建设原则

（1）覆盖原则

建议针对大型商场全区域进行覆盖，优先采用室内分布系统进行覆盖。

（2）双流原则

本场景建设难度低或新建室内分布系统的物业点应优先考虑采取双流建设。地下室（无人员聚集）、停车场、电梯等非重点区域，且潜在数据业务流量不高的场景不建议建设双流系统。

（3）天线布放原则

对于平层内空旷区域的覆盖可采用全向吸顶天线，天线入口功率控制在 6dBm ～ 10dBm，覆盖半径在 15m 以内。

对于隔断较多的区域，应尽量将全向天线安装在十字交叉处以降低墙壁穿透损耗，天线入口功率控制在 6dBm ～ 10dBm，覆盖半径在 10m 以内。

对于狭长的空旷区域，可以选用定向天线进行覆盖，天线入口功率控制在 6dBm ～ 10dBm，覆盖半径在 35m 以内。

2. 建设方案

（1）容量分析

商场、卖场、超市内人员密集，流动性大，容量需求大，需要充分考虑覆盖区域内的容量需求。用户对于语音业务及数据业务需求较高，且具有一定突发性，因此，应考虑采用一体式基站或者分布式基站进行覆盖。同时，调整周边基站覆盖及配置情况，对商场、卖场、超市的各个主要出入口进行有效分担，实现室内外话务均衡的目标。

在分布系统设计时，应保证扩容的便利性，当配置容量紧张时，尽量做到在不改变分布系统架构的情况下，通过空分复用、增加载频及小区分裂等方式快速扩容，满足业务需求。在进行话务预算时，要充分考虑数据业务的需求，为数据业务的吸收留有足够的信道资源。

（2）覆盖方案选择

综合本场景特点，从技术方案上，本场景优先采用分布式皮飞站、传统室内分布系统、光分布系统进行覆盖，可结合现场物业条件选择合适的覆盖方案或采用多种方案组合方式实现室内信号良好覆盖。

6.4 大型场馆

6.4.1 场景特点

大型场馆主要包括大型体育场馆、会展中心，覆盖需求范围包括楼层、地下停车场、电梯等区域。大型场馆一般具有以下特点。

① 建筑面积较大。

② 会展中心一般以宽阔展览厅、露天场馆、内部办公及综合商铺为主，场馆内部空间宽阔，层高在 15m ～ 20m，内部通道房间格局比较复杂；体育场馆内部功能分区较多，结构多样复杂。

③ 人流量巨大，突发性话务需求量大，数据业务需求量大。

6.4.2 覆盖范围

大型场馆场景覆盖范围包括观众区、展厅、办公室、地下停车场、电梯。

6.4.3 建设原则及方案

1. 建设原则

（1）覆盖原则

建议全区域进行覆盖，优先采用室内分布系统进行覆盖。

（2）双流原则

用户密集区域、业务高发区域可考虑采取双流或四流建设。地下室（无人员聚集）、停车场、电梯等非业务高发区域不建议采取双流建设。

（3）天线布放原则

会展中心多为矩形空旷覆盖区，天花挑高通常在 10m 以上，通常情况下在会展中心矩边上安装定向板状天线进行覆盖，根据矩形覆盖区的宽度来决定采用单面定向覆盖还是双面定向对打，根据矩形覆盖区的长度来决定定向板状天线的安装个数。

室外体育场通常为椭圆形覆盖区，中间为赛场，四周为观众看台，此类场景通常选择美化定向大板状天线进行覆盖，安装在看台四周，根据天线的波瓣角度和覆盖距离来决定单面天线的覆盖区域，从而决定定向天线的安装个数。超大型的室外体育场在工程条件许可的情况下可以采用赋形天线实现看台及场地区域的覆盖。

同时由于本场景下用户密度高，所以天线布放还要考虑到单面天线覆盖区域的观众数量，选择匹配合适的信源来分配这些定向天线，既要保证天线口输出功率，又要保

证信源容量能满足覆盖区的要求。

室内体育馆通常也为圆形或椭圆形场馆，但一般整体面积要小于室外体育场，所以通常采用场馆内四周布放定向小板状天线解决覆盖问题。由于会展中心、体育场馆这种类型的场景多为矩形和椭圆形空旷覆盖区，接近自由空间传播环境，故其单天线覆盖距离可达百米以上，但考虑到容量需求及覆盖的控制，一般覆盖范围为几十米，会展中心、体育场馆内的办公区域天线覆盖能力与写字楼类似。

安装人员在安装前应与业主充分沟通，确定是否需要使用美化天线。

本场景天线类型及安装要充分结合容量需求考虑，需要尽量保证小区间隔离度。

本场景应通过模测确定天线安装位置。

2. 建设方案

（1）容量分析

大型场馆场景室分站点高端用户较多，总体话务量高于整网人均话务量，数据业务话务需求量尤其大，建议根据覆盖区域的可容纳人流量，建立合理的人均话务量预算及站点总体容量预算。

（2）覆盖方案选择

综合本场景特点，从技术方案上，本场景优先采用分布式皮飞站、光分布、传统同轴电缆分布系统进行覆盖。可结合现场物业条件选择适合的覆盖方案或采用多种方案组合的方式实现室内信号良好覆盖。

6.5　政府机关

6.5.1　场景特点

该类型建筑物多为钢筋混凝土结构或钢筋混凝土结构外加玻璃幕墙，通常楼层较高，由于该类型建筑功能为政府机关办公用，所以平层内部建筑隔断较多，穿透损耗情况复杂，楼层间穿透损耗也较大。

典型的平层房间布局为包括走廊 + 单 / 双边房间或大开间。

以高端用户及重点保障客户为主，高端用户比例相对较高，语音和数据业务需求均较高。

6.5.2　覆盖范围

覆盖范围为场景内办公区域、停车场、电梯等。

6.5.3 建设原则及方案

1. 建设原则

（1）覆盖原则

覆盖原则为在满足站点覆盖需求的基础上，控制信号泄漏，保证全网质量。该场景办公楼部分总体采用全楼覆盖，覆盖方案总体为采用室内分布系统或室内微站方案。该场景应优先考虑新建室内分布系统。

（2）双流原则

用户密集区域、业务高发区域可考虑采取双流或四流建设。地下室（无人员聚集）、停车场、电梯等非业务高发区域不建议采取双流建设。

（3）天线布放原则

楼内大房间（例如会议室）：平层楼内常出现像会议室这类大房间的覆盖场景，写字楼内部分楼层可能会有中小型会议室，对于这样的场景，一般采用全向吸顶天线进房间进行覆盖。但是此类会议室场景也会出现木质天花吊顶，甚至是无天花的裸顶，对于这样极特殊的场景，可以采用将美化型壁灯式的定向小板状天线安装在会议室侧墙壁上进行覆盖，且能达到很好的覆盖效果。另外，大房间类型场景也可能是普通的办公区域，此时天线需要进房间覆盖，并根据房间面积大小进行天线布放，由于房间内办公区空旷无阻挡，天线间距离约为 15m ～ 20m。

标准平层：标准平层内的天线一般安装在走廊内，采用全向吸顶天线。各类场景情况布放建议分别如下。

① 走廊 + 单 / 双边房间（房间纵深在 4m 以内）：一般走廊 + 单 / 双边房间类型场景的写字楼，房间纵深在 4m 以内，混凝土外墙厚度不超过 25cm 的，天线安装在门外走廊基本可以满足房间内信号的正常使用，天线布放间距在 10m 左右。

② 走廊 + 单 / 双边房间（房间纵深在 4m 以上）：对于房间纵深超过 4m 的情况，建议天线进房间实现覆盖，如果实际施工有难度，天线必须安装在靠近房间门口的位置。如果天线进房间，可以采用定向天线或全向天线，定向天线应安装在靠近房间外缘的位置向内覆盖，全向天线的安装位置应在满足覆盖需求的基础上尽量远离窗边以防止信号泄漏。

③ 隔断式办公区（纤维板或石膏板隔断）：对于纤维板或石膏板类型的矩形隔断式办公场景，天线布放按照天线间距 15m 以内的原则，天线的信号可穿透板材，达到覆盖效果。

④ 隔断式办公区（玻璃隔断）：对于用玻璃隔断的办公场景，穿透损耗约在 4 ～ 5dB，天线的布放间距为 15m。建议室内全向吸顶天线的布放位置外露，特别是金属天花板，金属天花板穿透损耗较大，必须外露安装。如果遇到特殊情况只能内置，则需

要提高天线口输出功率来满足覆盖需求。

2. 建设方案

（1）容量分析

虽然本场景语音和数据业务需求均较高，但要考虑固定宽带及其他系统对业务的分流效应。

（2）覆盖方案选择

从技术方案上，本场景优先采用分布式皮飞站、传统同轴电缆分布系统、光纤分布系统进行覆盖，也可以结合现场物业条件选择合适的覆盖方案或将多种方案进行组合实现室内信号的良好覆盖。

6.6 学校

6.6.1 场景特点

学校是一个小型综合社区，通常由宿舍楼、教学楼、食堂、办公楼、图书馆、大礼堂、体育场所等组成。学校建筑呈区域性集中的特点，学校应综合考虑室内外覆盖协同。同时学校覆盖区域应符合电磁辐射限制要求，确保师生身体健康。

1. 宿舍楼及教学楼

宿舍楼及教学楼区的楼层较低，一般无地下室。学校场景用户密度高，语音和数据业务需求高。

2. 综合办公楼

综合办公楼通常楼层较高，有电梯、地下室，由于该类型建筑为写字办公所用，所以平层内部建筑隔断较多，穿透损耗情况复杂，楼层间穿透损耗也较大，典型的平层房间布局为走廊 + 单 / 双边房间或大开间，且一般具有多个会议室及一个大的会场等。

3. 图书馆、大礼堂及体育场所

该类场所多为矩形空旷覆盖区，层数较少；室外体育场通常为椭圆形覆盖区，中间为赛场，四周为观众看台，面积大，可容纳的人员多；室内体育馆通常为椭圆形或矩形，但一般整体面积要小于室外体育场，可容纳的人员较室外体育场少。

4. 大型食堂

大型食堂的建筑结构与室内体育馆类似，天花挑高较高，一般在 5m 以上，建筑物多为钢筋混凝土结构或钢筋混凝土结构外加玻璃幕墙，层数较少，可容纳的人员较多。

5. 楼宇布局

在学校场景的楼宇布局中，较大型校区的布局要复杂些，一般宿舍楼集中在一起，教学楼集中在一起，餐厅、图书馆及体育场所在教学楼区和宿舍楼区之间，大礼堂、综合办公楼一般各自独立在一个区域。

6. 场景周围环境特点

学校场景周围比较空旷，高楼较少，大都采用室外宏站覆盖，学校场景内受周围宏站的信号影响。

6.6.2 覆盖范围

学校场景覆盖范围主要为宿舍楼、教学楼、食堂、办公楼、图书馆、大礼堂、体育场所楼层及过道。

6.6.3 建设原则及方案

1. 建设原则

（1）覆盖原则

综合考虑业务发展、投诉情况、现网测试等因素，一般采取新建室内分布系统或室内外协同方案进行覆盖。校园覆盖应符合电磁辐射安全要求。

（2）双流原则

考虑到学校为用户密集场景，建议优先采用双流建设。

（3）天线布放原则

平层内的天线一般安装在走廊内，可采用全向吸顶天线，布放时保证天线只穿透一堵墙，尽量将天线安装在房间门口处以降低墙壁穿透损耗。

天线覆盖半径为 5m ～ 7m，单边覆盖 2 ～ 3 个房间，对于开间跨度超过 10m 的房间，需要考虑在房间内安装天线或在室外安装定向天线以降低室内信号在室外的泄漏强度。

对于石膏板和胶合板材质的天花板，天线可以内置安装；对于金属材质天花板，天线必须外露安装。对于需要美化的站点，可采用美化天线覆盖。对于结构复杂的校舍，应通过模测确定天线的安装位置。

2. 建设方案

（1）容量分析

本场景主要针对宿舍楼的覆盖，学生手机拥有率高，信息通信需求强烈，业务总量需求大。此类场景语音及数据需求较高，但需要考虑固定宽带及其他系统对业务的分流效应。

（2）覆盖方案选择

综合本场景特点，分区域或分楼宇的覆盖方式选择建议如下。

① 饭堂：考虑到用户密集及容量需求，建议采用 4T4R（4 发 4 收）分布式皮基站建设。

② 宿舍楼：建议优先采用传统 DAS+RRU 错层进行建设。

③ 教学楼、办公楼：建议优先采用传统 DAS+5G 增速器进行建设。

④ 场馆类（图书馆、体育馆）：建议优先采用传统 DAS+5G 增速器进行建设；对于用户密集、业务量大的区域，可采用 4T4R 分布式皮基站建设。

可结合现场物业条件选择合适的覆盖方案或将多种方案进行组合实现室内信号的良好覆盖。

6.7 医院

6.7.1 场景特点

医院一般由门诊部、住院部、科研楼等多用途楼宇构成。大医院的门诊部和住院部一般分布在不同的楼宇内，门诊部大楼中厅一般中空、空旷；住院部大楼结构一般很规则，中间为过道，两边为房间，隔断多以砖墙为主。较小医院的门诊部和住院部一般在同一栋楼宇内。

6.7.2 覆盖范围

医院场景覆盖范围包括平层内大厅、房间、走廊、电梯、停车场等。

6.7.3 建设原则及方案

1. 建设原则

（1）覆盖原则

综合考虑业务发展、投诉情况、现网测试等因素，建议对全区域进行覆盖，优先采用室内分布系统进行覆盖。

（2）双流原则

原则上优先采用双流建设，其中三甲医院门诊部可采用分布式皮基站建设。地下室（无人员聚集）、停车场、电梯等区域不建议建设双流系统。

（3）天线布放原则

对于平层内空旷区域的覆盖，可采用全向吸顶天线，天线入口功率控制在 6dBm ～ 10dBm，覆盖半径为 15m。

对于门诊室和住院区等隔断较多的区域，天线入口功率控制在 6dBm ～ 10dBm，覆盖半径为10m。

对于狭长的空旷区域，可以选用定向天线进行覆盖，天线入口功率控制在6dBm～10dBm，覆盖半径为35m。

如果门诊大楼中间为中空区域，且进行了分区覆盖，则高层小区靠近中间中空区域的楼层的天线点位要与中空区域保持适当距离，以免在1层中间中空的公共区域有多个小区信号。

医院的具体覆盖区域应与业主进行充分沟通，对于不能进行信号覆盖的特殊区域应在设计前期确定。

2. 建设方案

（1）容量分析

此类场景对语音和数据业务需求较高，其中门诊部业务需求最高，且突发性强。

（2）覆盖方案选择

综合本场景特点，从技术方案上，分类型、分区域覆盖方案选择建议如下。

① 三甲医院：门诊部建议采用4T4R分布式皮基站建设，其他区域或楼宇建议采用传统DAS+5G增速器进行建设。

② 非三甲医院：建议采用传统DAS+5G增速器进行建设。

可结合现场物业条件选择合适的覆盖方案或将多种方案进行组合实现室内信号的良好覆盖。

6.8 营业厅

6.8.1 场景特点

营业厅一般区域内隔断较少，分为办公室与营业厅两部分或只有营业厅。营业厅场景对用户体验要求较高，人流量较大。

6.8.2 覆盖范围

营业厅及周边区域。

6.8.3 建设原则及方案

1. 建设原则

（1）覆盖原则

营业厅作为推广运营商5G业务的窗口，如何对营业厅实现快速、低成本、优质的

5G信号覆盖尤其重要，该场景应优先考虑新建室内分布系统，可选择传统同轴电缆分布系统、室内微站覆盖及其他创新技术试点覆盖。

（2）双流原则

场景建设难度低或新建室内分布系统的物业点应优先考虑采取双流建设。地下室（无人员聚集）、停车场、电梯等非重点区域，或数据业务流量不高的场景不建议建设双流系统。

（3）天线布放原则

一般营业厅内部比较空旷，可采用全向吸顶天线覆盖营业厅，天线间距参照空旷区域天线布放要求。

营业厅周边区域视具体场景参照其他场景建设原则进行天线布放。

2. 建设方案

（1）容量分析

营业厅客户以办理业务的客户、周边商户及人群为主，人口流动性大，用户数高，容量配置应根据物业点实际信息进行核算。

（2）覆盖方案选择

从技术方案上，本场景优先采用分布式皮飞站、一体化皮飞站、光纤分布系统、传统分布系统进行覆盖，也可以结合现场物业条件选择合适的覆盖方案或将多种方案进行组合实现室内信号的良好覆盖。

6.9 交通枢纽

6.9.1 场景特点

交通枢纽又称运输枢纽，是几种运输方式或几条运输干线交会并能办理客货运输作业的各种技术设备的综合体。交通枢纽场景覆盖范围包括候车室、候机楼、站台、售票处、咨询处、行李托运处、办公室、食宿站等区域。

根据交通枢纽场景的具体特点，交通枢纽可分为客运（汽车站、火车站、码头）、货运（汽车站、火车站、码头）、机场、公交总站，各场景的具体特性如下。

1. 客运（汽车站、火车站、码头）

客运（汽车站、火车站、码头）通常设有售票处、问事处、行包托运处、小件寄存处、候车室、停车场等。售票处、候车室、停车场的规模大小视当地的客运量而定。售票处和候车室通常是一个比较空阔的大空间，工作人员办公室、休息室的空间相对较小。

建筑一般为钢筋混凝土结构或钢筋混凝土结构外加玻璃幕墙，语音和数据业务需求较高。

2. 货运（汽车站、火车站、码头）

货运站主要有货物承运、装卸作业和货物列车到发作业三大功能。根据需要设置若干到发线、编组线和封闭的货物库场、库房等场景。货运站设有营业室、调度室、停车场、驾驶人员食宿站，还配有装卸设备和装卸人员。

本场景大部分为室外空旷场地，但有些是墙体封闭型的仓库，本文只讨论后者。本场景有一定话音业务需求，一般数据业务需求较小，但如果有针对物流等相关行业的特定业务应用，则要根据具体情况核算。

3. 机场

机场候机楼是专门为乘坐飞机的人士提供等候飞机、休息的场所。

机场候机楼一般由钢结构加玻璃外墙组成，相对宽敞，空间很大。本场景候机楼内高端用户较多，语音和数据业务需求较高。

4. 公交总站

公交总站是专为市民在市内乘坐或中转公共汽车的场所。本场景用户流转速度快，语音业务需求较高，一般数据业务需求较小。

6.9.2 覆盖范围

交通枢纽场景覆盖范围包括候车室、候机楼、站台、售票处、咨询处、行李托运处、办公室、食宿站。视业务需要，适当覆盖停车场、封闭的货物库场、库房等区域。

6.9.3 建设原则及方案

1. 建设原则

（1）覆盖原则

建议对全区域进行覆盖，优先采用室内分布系统进行覆盖。多采用 BBU+RRU 作为信源，采用室内分布系统或室内微站覆盖，根据物业点情况进行天线布放。

（2）双流原则

场景建设难度低或新建室内分布系统的物业点应优先考虑采取双流建设。地下室（无人员聚集）、停车场、电梯等非重点区域，或数据业务流量不高的场景不建议建设双流系统。

（3）天线布放原则

客运（汽车站、火车站、码头）候车厅是框架结构形状，又有吊顶天花板，建议采用全向天线覆盖，安装在天花板上，天线覆盖半径约为 10m ～ 16m。如果候车厅是雨棚形状，则可以将定向板状天线安装在顶棚向座席覆盖。进出站台的过道处，话务量突发较多，过道比较封闭，可以采用全向吸顶天线覆盖。

货运（汽车站、火车站、码头）一般为大面积的封闭的货物库场、库房，建议使用板状天线，方向朝内进行覆盖，天线安装在墙体上。

机场玻璃外墙可使用定向吸顶天线安装在外墙上，方向朝内进行覆盖，天线覆盖半径约10m ～ 16m；若是混凝土墙，则采用全向吸顶天线安装在吊顶上，天线覆盖半径根据具体情况确定。

对于工作人员办公室、调度室、餐饮等场所，采用全向吸顶天线进行覆盖，可参考写字楼场景。

公交总站可采用全向吸顶天线进行覆盖，天线覆盖半径约为 10m。

2. 建设方案

（1）容量分析

此类场景内人员流动性强，用户密度较大。火车站、码头等交通枢纽内的用户对于语音业务的需求较高，对于数据业务的需求相对较低。飞机场候机楼内的用户对于语音业务及数据业务有较高的需求。

对于交通枢纽（除了货运站）这样的分布系统，其用户数比较多，用户数时变特性明显。节假日高峰期用户的各种业务量会急剧增加。因此机场候机楼和客运站的容量配置应以最高峰需求来配置。

（2）覆盖方案选择

从技术方案上，本场景优先采用分布式皮飞站、光分布、传统同轴电缆分布系统进行覆盖，也可以结合现场物业条件选择合适的覆盖方案或将多种方案进行组合实现室内信号的良好覆盖。

6.10 地铁

6.10.1 场景特点

地铁属于特殊覆盖场景，其大部分区域位于地面以下。地铁场景人流密集、业务量高，站台较为开阔，隧道一般为单轨双洞。地铁信号是否良好是检验运营商网络的依据之一。

地铁一般由地铁业主出资建设多系统合路平台和天线分布系统，运营商采用租赁天馈分布系统的方式在每座地铁站建设信源接入，从而覆盖地下所有区域。

6.10.2 覆盖范围

地铁场景覆盖范围包括站台、站厅、隧道、办公区域。

6.10.3 建设原则及方案

1. 建设原则

（1）覆盖原则

① 地上站台站厅及轨道：一般为市郊地铁站，原则上优先采用周边宏站进行覆盖。

② 地下站台站厅及隧道：可根据业务需要新建或改造室内分布系统。

（2）新建原则

对于站台站厅区域，由于容量需求较大，且是运营商的重要口碑场景，应优先新建分布式皮基站。

地铁隧道场景通常需要考虑多家运营商共建共享。对于新建地铁线路，推荐各运营商共享全频段 1-1/4" 漏缆，以实现 800MHz ～ 3700MHz 全频段接入，最大化实现共享，降低建设成本。新建 2 条 1-1/4" 漏缆，可实现 4G/5G 2T2R 部署；新建 4 条 1-1/4" 漏缆，可实现 5G 4T4R 部署，同时可将各系统相互组合，产生较强的三阶互调干扰，通过馈入至不同的漏缆降低影响。如果仅需要接入 1700MHz 以上的系统，则可以使用低损耗 1-1/4" 漏缆。为保证 4G/5G MIMO 效果，2 条漏缆间距应不小于 30cm。

为降低三阶互调干扰，以及出于网络运行维护独立性的考虑，也可以采用新建 2 条 1-5/8" 漏缆承载中国移动的全部系统，新建 2 条 1-1/4" 漏缆承载中国电信、中国联通的全部系统。采用相同点位设置各运营商隧道漏缆断点信源，最大限度地共享电源、传输等配套资源。

（3）改造原则

对于地铁站台站厅区域，优先改造为新建分布式皮基站；对于原有的 4G 分布式皮基站，可替换为 4G/5G 双模设备，提高工程的可实施性。

对于存量地铁隧道场景，通常已有 2 条 1-5/8" 漏缆。1-5/8" 漏缆支持中国移动 2.6GHz 的 5G 频段，不支持中国电信、中国联通 3.5GHz 的 5G 频段。因此改造主要有以下 3 种方案。

① 新建 2 条 1-1/4" 漏缆，接入中国移动、中国电信、中国联通运营商 5G 信源，新建 5G 的系统与原有系统相互独立运行。该方案的优点为 5G 系统指标不受原隧道分布系统质量的影响。但该方案需要协调新的漏缆安装空间，且 4 条漏缆间距建议在30cm 以上，以保证良好的 MIMO 性能。

② 新建 2 条 1-1/4" 漏缆，接入中国电信、中国联通运营商 5G 信源。中国移动 5G 信源接入原有的 2 条 1-5/8" 漏缆。该方案也需要协调新的漏缆安装空间，且 4 条漏缆间距建议在 30cm 以上，以保证良好的 MIMO 性能。

③ 不新增 1-1/4" 漏缆，中国电信、中国联通重耕 2.1GHz 作为 5G 使用，中国移动

2.6GHz 信源和中国电信、中国联通 2.1GHz 信源直接馈入原有 2 条 1-5/8" 漏缆。对于存量地铁，重新布放漏缆难度较大，当新增漏缆在工程上无法实施时，可考虑采用本方案。

（4）多流选择原则

地铁是运营商重要的口碑场景，且容量需求巨大，站台站厅原则上采用四流建设，可以充分发挥 5G 技术优势。隧道区域受限于安装空间等工程因素，应按需建设双流 / 四流漏缆。

（5）天线布放原则

对于过道、站厅、站台，可以参考空旷区域的覆盖模型；对于地下商业区，可以参考商场覆盖模型。对于地铁出入口与街道连接之处，采用全向天线覆盖，应通过合理设置天线安装位置和发射功率实现与室外信号的协同覆盖。站厅和无泄漏电缆覆盖的站台，可以采用地下停车场模式吸顶天线或板状天线覆盖。隧道和侧壁有安装条件的站台，采用 13/8" 泄漏电缆覆盖。每条地铁线路应就上述各类场合做模拟测试以确定合适的覆盖模型。地铁场景天线 / 泄漏电缆分布如图 6-1 所示。

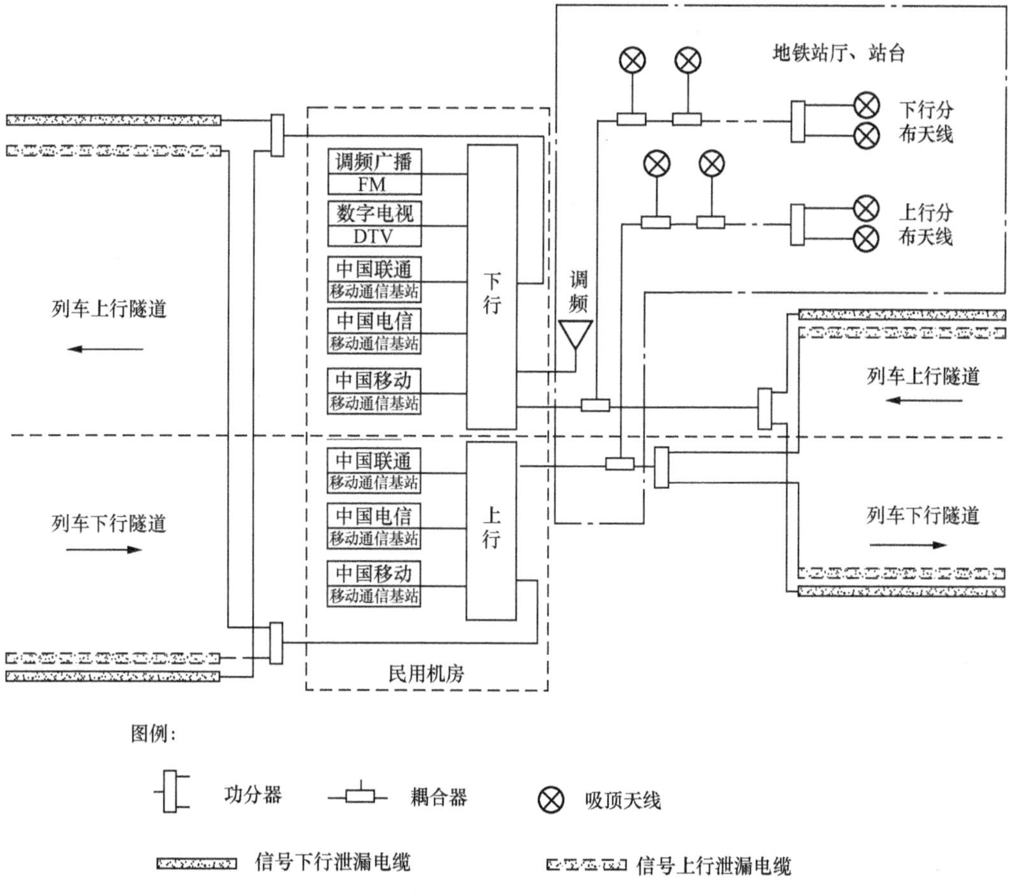

图6-1　地铁场景天线/泄漏电缆分布

2. 建设方案

（1）容量分析

地铁人流量大，语音和数据业务需求较高。

（2）覆盖方案选择

综合本场景特点，从技术方案上，对地铁站厅、站台及地铁人员工作区域的覆盖建议优先采用分布式皮飞站、传统同轴电缆分布系统。对于地铁隧道部分一般采用泄漏电缆进行覆盖，也可以结合现场物业条件选择合适的覆盖方案或将多种方案进行组合实现室内信号的良好覆盖。

6.11 城中村

6.11.1 场景特点

城中村场景多为出租屋建筑群，区域内建筑格局复杂，房屋内隔断较多，楼房间距密集，街道一般较为狭窄，对室外宏站信号屏蔽严重。用户以居民为主，人口密集，用户数较多，话务量较高，晚间时段为业务高峰。

6.11.2 覆盖范围

区域内的室内外覆盖，包括楼宇内部、巷道等。

6.11.3 建设原则及方案

1. 建设原则

（1）覆盖原则

优先采用宏站进行覆盖。对于楼宇密集、业务量大的大型城中村，主要采用宏站＋分布系统的分层式立体覆盖方案，高层（5 层以上）主要采用大网宏站进行覆盖；中低层（1 ～ 4 层）主要采用分布系统进行覆盖。城中村场景覆盖方案示意如图 6-2 所示。

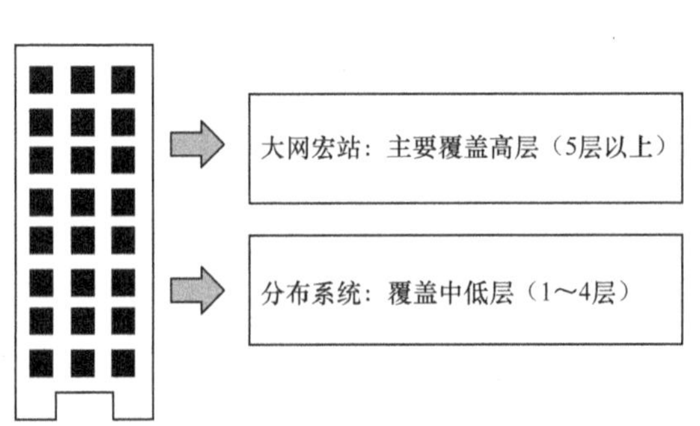

图6-2　城中村场景覆盖方案示意

（2）新建原则

对于存在弱覆盖、高投诉、高容量的

区域，考虑新建室内分布系统进行覆盖。

（3）改造原则

为实现现有设备价值最大化，应充分利用 2G/4G 现网分布系统进行覆盖，在开展 5G 网络建设时，需要对原分布系统走线、设备、天线密度进行评估，避免简单合路，对于不满足工程验收要求的区域，应适当开展系统整改，确保满足 2G/4G/5G 覆盖要求。

（4）多流选择原则

考虑城中村为人流密集场景，原则上优先建设双流系统。

（5）天线布放原则

城中村楼宇一般为个人建筑，基本无法入楼建设天线，主要采用外拉天线进行覆盖。考虑施工及投资效益，采取类似九宫格的部署方式，1 台 RRU 覆盖 9 栋楼宇，在中间楼宇的 4 个角落布放天线（天线可采用周期对数或板状天线）对 9 栋楼进行覆盖。城中村场景天线布放原则如图 6-3 所示。

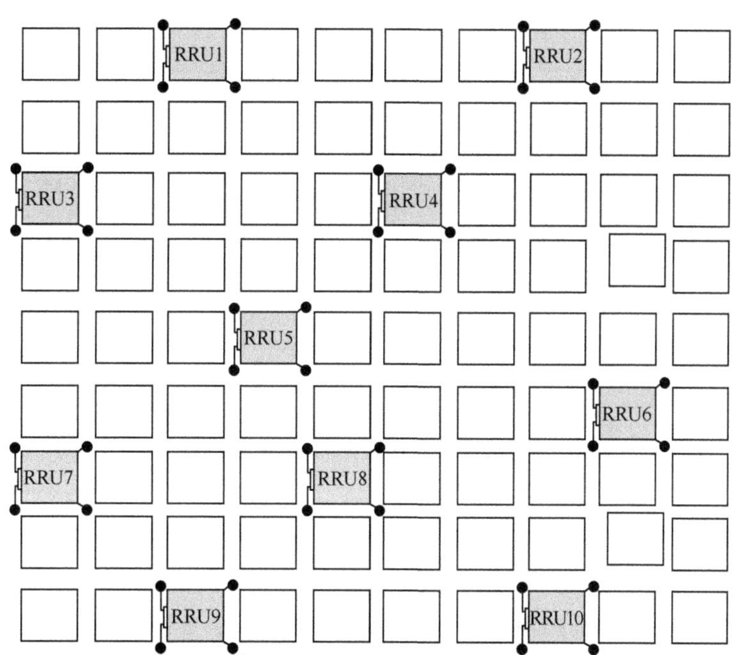

图6–3　城中村场景天线布放原则

2. 建设方案

（1）容量分析

城中村场景人口密集，语音和数据业务需求较高，需要考虑固定宽带及其他系统对业务的分流效应。同时本场景业务的时间效应较为明显，工作时间业务需求低，非工作时间业务需求高。各物业点容量配置应根据物业点实际信息进行核算。

（2）覆盖方案选择

综合本场景特点，从技术方案上，可结合现场物业条件选择合适的覆盖方案或将多种方案进行组合实现室内信号的良好覆盖。

6.12 居民小区场景

6.12.1 场景特点

居民区具有以下特点：

① 人口比较密集，通信时间相对集中；

② 室内用户对通信的需求较大；

③ 建筑密集，排列比较规则，无线信号容易受遮挡；

④ 随着居民环保意识的增强，在居民区内一般无法建设宏蜂窝基站；

⑤ 无线网络覆盖比较困难，容易出现覆盖盲区或盲点。

根据居民小区场景的具体特点，可进行以下分类：

① 高层（小高层）小区［8 层以上（小高层为 8 ～ 11 层），有电梯］；

② 多层小区（5 ～ 7 层，无电梯）；

③ 别墅区和低矮住宅区（4 层以下）。

6.12.2 覆盖范围

居民小区场景建设覆盖范围包括房间、电梯及电梯候梯区、地下停车场、小区室内公共过道等。

6.12.3 建设原则及方案

原则上优先采用室外基站覆盖室内的方式，对于受信号传播环境条件、室外基站选址因素等限制无法通过室外基站覆盖的区域，可灵活采用多种室内覆盖方式。对于楼层较高、楼宇较多的大型居民小区，可采用室分外拉天线楼间对打的方式进行覆盖；对于电梯、地下停车场，可采用对数周期或板状天线等低成本解决方案进行覆盖；在楼道区域，原则上不建设室内分布系统。考虑到居民小区场景的业务需求及该场景的覆盖方式等，原则上不建议建设双流室内分布系统。

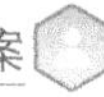

居民小区建筑风格迥异，可根据具体建筑类型选择楼间对打的方式。常见的居民小区场景覆盖方案见表 6-2。

表6-2　常见的居民小区场景覆盖方案

类型	场景描述		覆盖方式建议
散落式	住宅楼宇成不规则、散落式分布		
合围 / 半围式	住宅楼宇沿小区边缘联排分布，组成封闭式 / 半封闭式小区		
横排式	住宅楼宇横排排列，多排组成横排式小区		
单体楼（带裙楼）	住宅小区为单体楼，一般带 3 ～ 4 层裙楼		RRU 天线上仰覆盖 高层住宅 裙楼 RRU

5G 室内覆盖创新方案

7.1　5G 室内覆盖技术创新

7.1.1　多通道联合收发技术

1. 技术原理

多通道联合收发技术利用一个或多个 RRU 的不同通道进行联合接收和发送，在不改变传统室内分布系统结构的情况下，快速实现单路双流、双路四流的效果，实现 5G 低成本高效覆盖。同时，技术可以有效解决目前业内暂缺的大功率 4T4R 的 5G RRU 产品，为部分场景提供大功率 4T4R 的 5G RRU 解决方案。

小区的数据吞吐速率与单流 / 双流 / 四流、资源调度等参数息息相关。其中，数据业务的多流比例主要由秩、信号与干扰加噪声比决定，当无线传播环境能长时间维持几种相关性较小的无线信道（即无线信道矩阵的秩），且基站在进行数据业务无线资源调度时，分配 UE 使用多个码字流的数据业务占比会较高，从而大幅提升数据速率。

多通道联合收发技术在充分利用相邻楼层天线信号穿透楼板后，与本层天线信号一起实现 MIMO 效果。室内分布系统中，主要使用全向吸顶天线。全向吸顶天线的水平面和垂直面的方向图如图 7-1 所示。

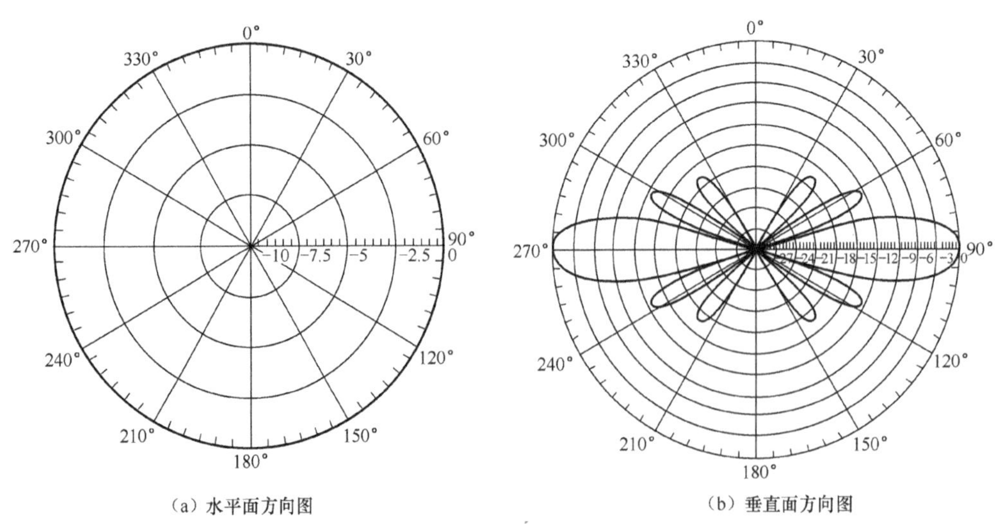

图 7-1　全向吸顶天线的水平面和垂直面的方向图

在水平面上，全向吸顶天线在 360° 方向上的无线信号场强分布相对均匀；在垂直面上，全向吸顶天线的主瓣增益可以帮助上一楼层天线的无线信号向下穿透一层楼板辐射到当前房间。同时由于全向吸顶天线前后比较小，下一楼层天线的后瓣无线信号会向上穿透一层楼板辐射到当前房间。当接收到的邻层信号 SINR 满足一定条件，且与本层信号的无线传输信道相关性较弱时，邻层的穿透信号可有效利用，实现多流效果，进而提高数据速率。

多通道收发技术的容量增益与楼层隔离度密切相关。实测结果显示，对于跨楼层双流实现四流的场景，随着隔离度的增加，速率、矩阵的秩、增益逐渐下降。因此，建议 DAS 多通道联合技术可应用于楼层隔离度小于 25dB 的部署环境。出于以上原因，多通道联合收发技术主要适用于邻层天线可以较好地穿透楼板而覆盖本层的场景。另外，考虑到多通道联合收发技术对垂直主干电缆的需求增加，需要对电缆井的布线空间进行核实。

多通道合并技术的部署有以下 3 种模式。

模式一：跨楼层交叉单流实现双流。现有 DAS 仅部署单路分布系统，在上下楼层重叠覆盖的区域通过多通道联合收发技术实现双流覆盖。跨楼层交叉单流实现双流组网示意如图 7-2 所示。

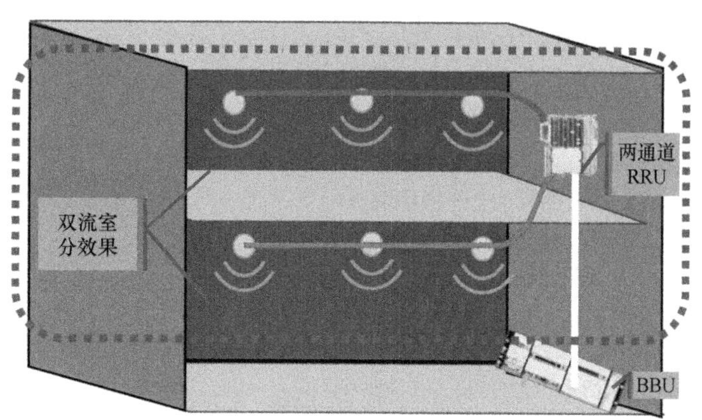

图7-2　跨楼层交叉单流实现双流组网示意

模式二：跨楼层双流错层四流。现有 DAS 已经部署双路，未采用多通道联合收发技术前，具备支持 2×2 MIMO 的能力。采用多通道联合收发技术后，在上下楼层重叠覆盖区域可支持 4×4 MIMO 的网络。跨楼层双流错层四流组网示意如图 7-3 所示。

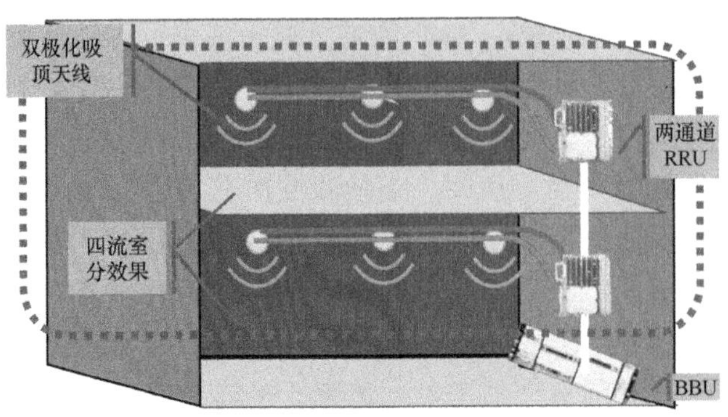

图7-3 跨楼层双流错层四流组网示意

模式三：同楼层双流实现四流。对于同楼层有多个运营商分别部署双路 DAS 且可用于运营商间相互共享的情况，可采用多通道联合收发技术，在同楼层重叠覆盖区域实现支持 4×4 MIMO 的网络。同楼层双流错层四流组网示意如图 7-4 所示。

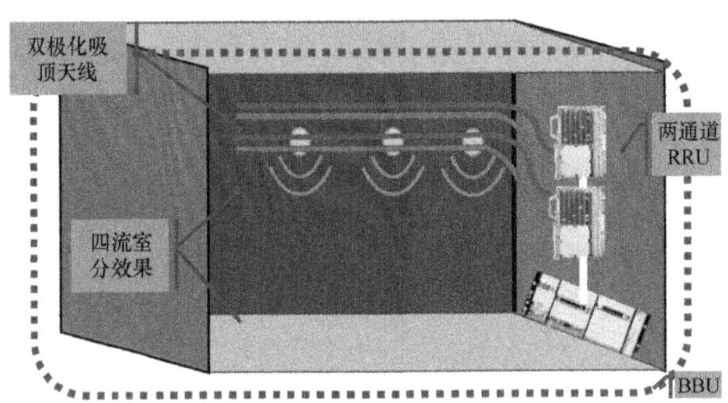

图7-4 同楼层双流错层四流组网示意

多通道合并技术的组网模式与原有 DAS 相同，仍为 BBU+RRU 模式，现网改造工程量小，可以充分利用原有 DAS 的平层馈线和天线。仅需新增垂直主干电缆和合路器件，就可达到在原有单流 DAS 的基础上实现双流、双流 DAS 的基础上实现四流的效果。多通道合并技术与传统 DAS 方案对比见表 7-1。

表7-1 多通道合并技术与传统DAS方案对比

序号	组网方案	组网模式	馈线接入	外接天线	效果
1	普通 DAS 方案	BBU、RRU 分布式组网	利旧现网馈线、新增合路器	单路天线	单流
				双路天线	双流
2	多通道联合收发技术	BBU、RRU 分布式组网	利旧现网馈线、新增合路器	单路天线	双流
				双路天线	四流

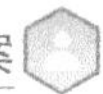

2. 工程应用实例测试结果

以某地市运营商某试验站点测试数据为例，采用 NR 100M 组网进行测试，当单路传统室分实现双流网络覆盖时，定点测试下行峰值速率为 582Mbit/s，相比单流速率提升 78%，拉网测试下行平均速率提升 72%，上行平均速率提升 17%；当双路传统室分实现四流网络覆盖时，定点测试下行峰值速率为 922Mbit/s，相比双流下行速率提升 32%，拉网测试下行平均速率提升 12%，上行平均速率提升 3%。

不同场景方案的速率对比测试情况见表 7-2。信号强度越强，增益越大，近点下行速率相比双流提升 32%，远点下行速率相比双流提升 6%。

表7-2 不同场景方案的速率对比测试情况

测试项目	对比项目	近点速率 /（Mbit/s）		中点速率 /（Mbit/s）		远点速率 /（Mbit/s）		路测速率 /（Mbit/s）	
		下行	上行	下行	上行	下行	上行	下行	上行
DAS 跨楼层交叉双流错层四流	双通道	701	86	643	68	522	48	657	81
	四通道	922	87	677	70	555	51	736	84
DAS 跨楼层单流实现双流	单通道	327	65	329	55	229	23	347	50
	双通道	582	72	486	56	278	25	472	58

不同通道间隔离度（即相同位置的不同通道信号强度差）越小，增益越大，当隔离度大于 25dB 时，DAS 双流错层四流已无明显增益，建议 DAS 错层覆盖的隔离度在 25dB 以内。不同隔离度四流下载速率对比如图 7-5 所示，不同隔离度四流上传速率对比如图 7-6 所示，不同隔离度四流秩（Rank）对比如图 7-7 所示。

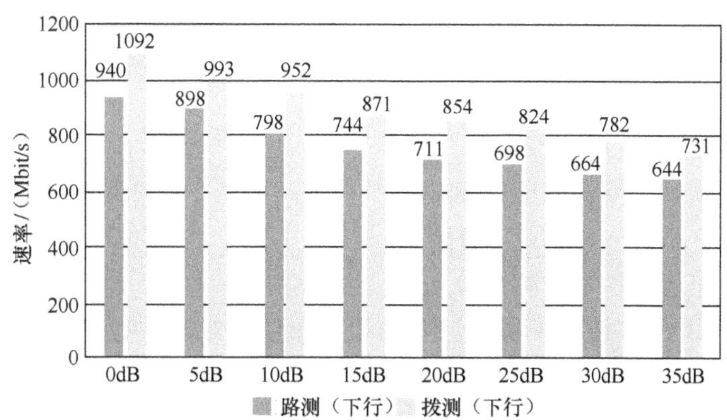

图7-5 不同隔离度四流下载速率对比

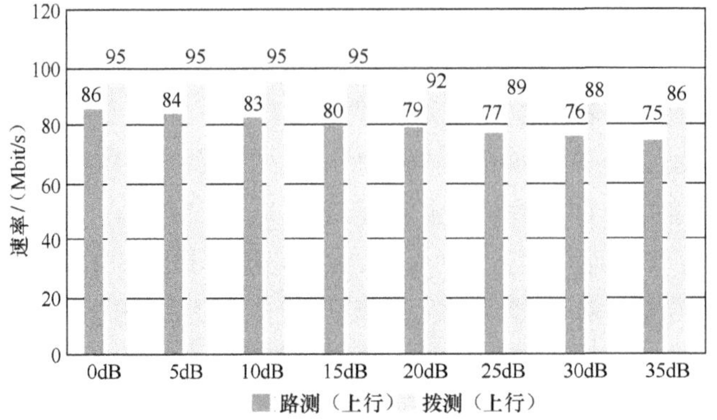

图7-6　不同隔离度四流上传速率对比

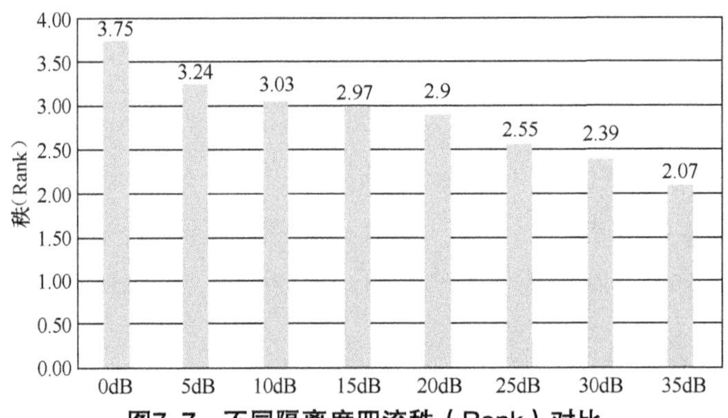

图7-7　不同隔离度四流秩(Rank)对比

3. 性能对比结论

相比常规单流合路，单流错层覆盖提升效果较好，平均速率提升 88%；双路错层覆盖平均速率与分布式皮基站相当。

4. 需注意的问题

① 在本测试站点，楼宇的天线布置较密，RSRP 较常规物业高，多通道合并技术增益相对较高，预计常规物业中增益会有所下降。现试点四通道远点 RSRP 在 −90dBm 以内，平均 RSRP 小于 −70dBm，整体信号较好，在信号较差的场景，增益有所下降。后续将在信号较差的场景进行测试验证。

② 采用多通道合并技术，将增加干线线缆布放，对竖井布放空间有一定要求，增加建设周期，相比常规建设，建设周期增加，需要摸清原分布系统的走线路由情况，改造路由结构较为复杂，对设计及施工要求较高，实施周期增加。

5. 应用场景建议

推荐应用于写字楼、酒店、政府机关等场景，应用区域满足的条件有：容量需求较

大、邻层天线可以较好地穿透楼板而覆盖本层；电缆井有充足空间布放主干电缆。

7.1.2　分布式 Massive MIMO

1. 技术原理

分布式大规模多输入多输出（Massive MIMO）通过将空间离散但连续覆盖的 *n* 个 4T4R 的射频合路组合并为一个 4*n*T4*n*R 的小区来消除小区边界，降低小区间的干扰。合并后形成的 Massive MIMO 小区可以通过多用户多输入多输出（Multi-User MIMO，MU-MIMO）功能来提升系统的上下行容量，即多用户在上下行数据传输时可以空分复用时频资源。当多个 UE 共用时频资源时，UE 之间的信道越接近正交，受到的干扰也就越小，从而提升系统的上下行容量和频谱效率，支持多用户在物理下行共享信道（Physical Downlink Shared Channel，PDSCH）、物理下行控制信道（Physical Downlink Control Channel，PDCCH）和物理上行共享信道（Physical Uplink Shared Channel，PUSCH）的空分复用。分布式 Massive MIMO 技术原理如图 7-8 所示。

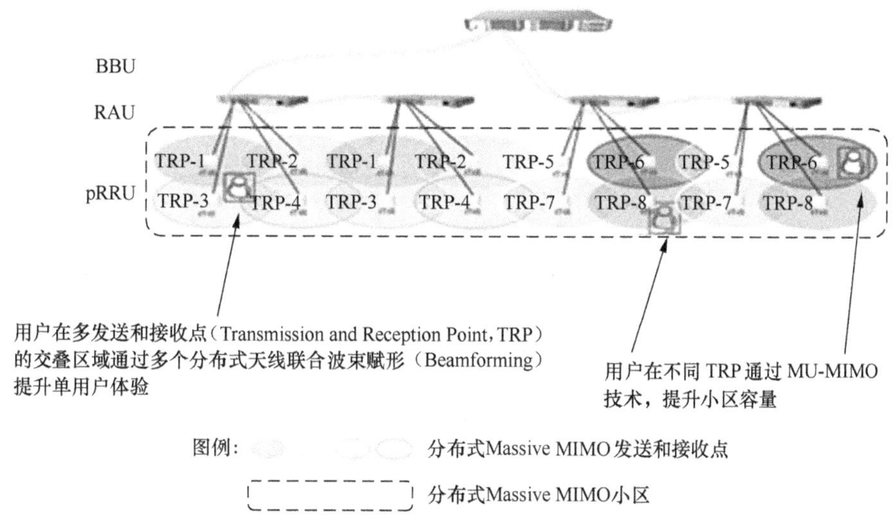

图7-8　分布式Massive MIMO技术原理

分布式 Massive MIMO 功能面向现网 5G 大容量需求，可解决密集组网下的同频干扰问题，提升用户体验，以国内某运营商省公司为例，其已在东莞某园区商用开通 25 个分布式 Massive MIMO 室分小区，保障企业用户大容量场景需求；该运营商省公司计划在全省机场、大型火车站、地铁站、场馆等大容量高价值个人消费者站点全面推广分布式 Massive MIMO，按照该标准调整 5G 室分建设策略及微观设计、硬件配置方案，打造泛在千兆体验网络。

2. 工程应用实例测试结果

以某地市运营商某试验站点测试数据为例，该试验站点位于两条地铁线路的交会处，人流密集，尤其是晚高峰时，业务压力大，是典型的高密重载的大型室内场景。该站点分为站厅 BF1 和站台 BF2，总面积约 11600m^2，单层面积约 6800m^2，现网已建设 4G/5G 分布式皮飞站，其中，5G 采用 1 个 BBU、3 个 RAU 满足站厅覆盖，2 个 RAU 满足站台覆盖，均为单独出光纤，站厅共 17 个 pRRU，站台共 11 个 pRRU，通路数为 4T4R。

本次选取站厅进行 Massive MIMO 功能试点，为对比分析分布式 Massive MIMO 的性能提升情况，采用以下 3 种组网方式进行对比测试：

① 站厅为普通单小区（小区合并）覆盖；

② 站厅为分裂的 3 个小区覆盖；

③ 站厅为单小区下的分布式 Massive MIMO 覆盖。

测试结果验证，分布式 Massive MIMO 对多个 4T4R 小区合并，成为一个 4*n*T4*n*R 的小区，依托分布式多天线技术可极大提升网络质量，分布式 Massive MIMO 仅需在软件侧进行小区划分和功能配置，即可在网络质量、上下行速率、小区容量方面产生明显的增益效果。分布式 Massive MIMO 的对比测试情况见表 7-3。

表7–3 分布式Massive MIMO的对比测试情况

组网方式	平均 SS-RSRP/dBm	平均 SSB[1] SINR/dB	MAC 层平均下载速率 /（Mbit/s）	MAC 层平均上传速率 /（Mbit/s）	下行容量 /（Mbit/s）	上行容量 /（Mbit/s）
普通 1 小区	–77.27	27.65	923.64	151.22	707.5	155.3
小区分裂（3 小区）	–78.21	13.94	869.92	153.32	1335.8	356.1
分布式 MM（9TRP）小区	–69.92	32.47	1360.64	200.11	2560	422

注：1. SSB（Synchronization Signal and PBCH Block，同步信号和 PBCH 块）。

测试结果总结如下。

① 相对于单小区，大幅提升单用户拉网速率，拥有最大 4 倍的空分复用 MU-MIMO 增益；相对于多小区分裂，在小区分裂边界，避免了小区间干扰，提升了交叠区域的用户体验，避免了容量损失；分布式 Massive MIMO 小区相对普通 1 小区，下行拉网速率提升 47%，上行拉网速率提升 32%，下行容量提升 217%，上行容量提升 172%。

② 分布式 Massive MIMO 小区相对小区分裂（3 小区），下行拉网速率提升 56%，上行拉网速率提升 30%，下行容量提升 92%，上行容量提升 18%。

③ 单个分布式 Massive MIMO 小区规划的 TRP 数量越多，拉网速率越高。

3. 应用场景建议

建议部署在容量需求大、重要等级较高、建设多个 4T4R 分布式皮飞 pRRU 的场景，例如机场、大型火车站、地铁站、场馆、大型园区等。

7.1.3 5G 室内外干扰规避

1. 技术应用背景

从中国 5G 频谱资源分配现状来看，部分运营商没有专门的 5G 室内覆盖频段，存在室内外共用相同频段的情况。例如，中国移动获得 2515MHz ～ 2675MHz 共 160MHz 的 2.6GHz 频段资源，其中前 100MHz 带宽用于 NR，同时用于室外和室内，室内外同频组网时，存在较大的室内外同频干扰和网络优化问题。目前 5G 室内外同频干扰的影响已日益凸显，如何降低 5G 室内外干扰成为 5G 网络运营商、设备厂商、研究所等相关单位亟须研究和验证的课题。

同频组网会带来额外干扰，导致 SINR 差，进而影响下载速率。室内外电平相差越大，即隔离度越大，同频干扰影响越小。根据实测结果，室内外电平差值与性能下降程度存在关系，邻区空扰时室内外不同隔离度对上下行速率的影响如图 7-9 所示，邻区上行 50% 加扰时室内外不同隔离度对上下行速率的影响如图 7-10 所示，邻区下行 50% 加扰时室内外不同隔离度对上下行速率的影响如图 7-11 所示，邻区下行 100% 加扰时室内外不同隔离度对上下行速率的影响如图 7-12 所示。

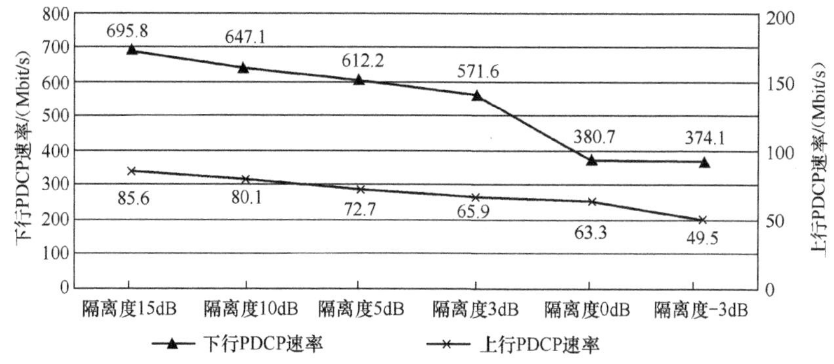

图7-9 邻区空扰时室内外不同隔离度对上下行速率的影响

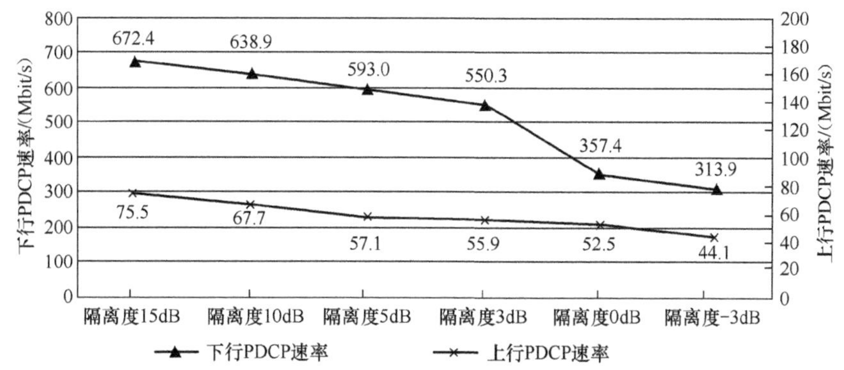

图7-10 邻区上行50%加扰时室内外不同隔离度对上下行速率的影响

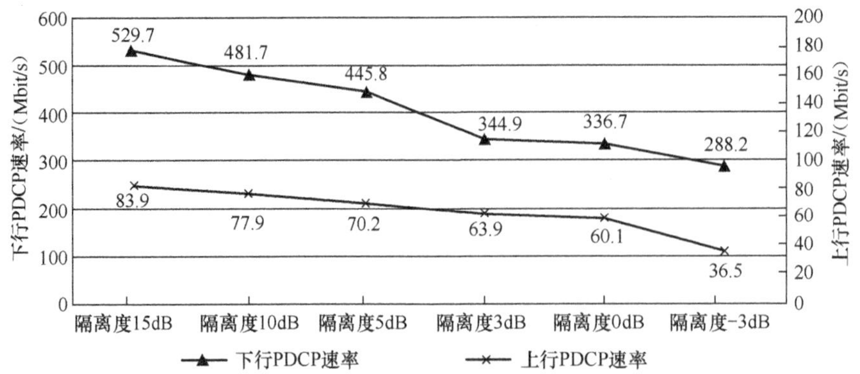

图7-11　邻区下行50%加扰时室内外不同隔离度对上下行速率的影响

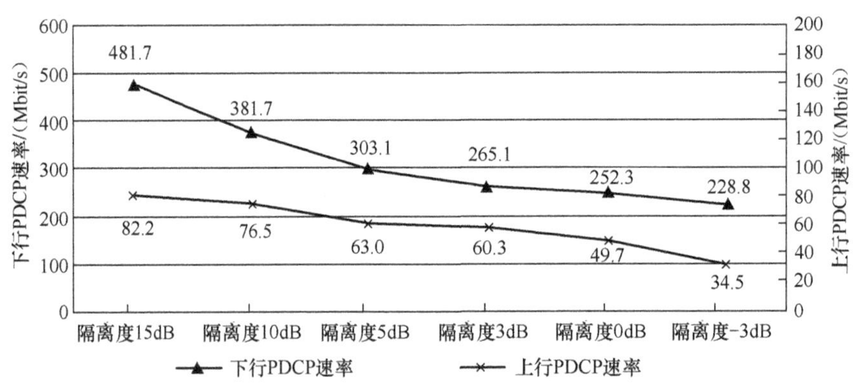

图7-12　邻区下行100%加扰时室内外不同隔离度对上下行速率的影响

从上述测试结果可见，室内外信号隔离度对下载速率有较大影响。室内外小区隔离度在 –3dB 时，邻区满载时的下行速率降为 228Mbit/s，上行速率为 34Mbit/s。因此，室内外同频组网干扰带来的性能恶化影响不可忽视，对网络规划建设、网络优化及设备参数等方面均需要引起重视且最好规避问题。

2. 技术方案

5G 室内外采用同频组网方式，不可避免地引入频率碰撞和上下行干扰，导致网络性能下降。亟须 5G 网络运营商、设备厂商、研究所等相关单位开展针对性研究，提升同频组网下室内覆盖的性能。解决方案包括以下 5 种。

（1）基于 SSB 多波束对齐的性能提升

SSB 多波束对齐与单波束对比如图 7-13 所示。

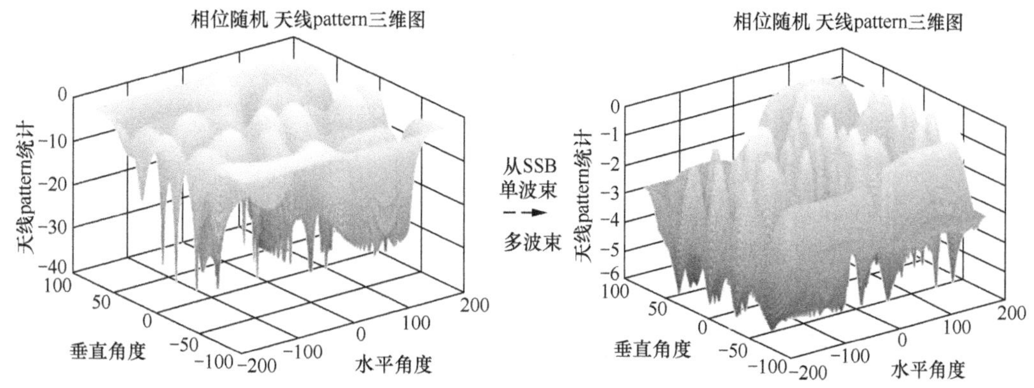

图7-13　SSB多波束对齐与单波束对比

室内站配置多波束具有覆盖增强和规避宏站 SSB 干扰两个效果，有效提升边缘用户感知。

① 覆盖增强：室内小区正交权值轮发，通过降低空间中的覆盖空洞，提升室内小区的覆盖性能。室内站多波束虽然不能实现宏站的赋形效果，但多波束轮发，每个单波波束间正交权值轮发可以降低空间中的覆盖空洞。

② 规避宏站 SSB 干扰：室内外波束对齐，降低室内外小区业务信道和公共信道的碰撞。室内站单波束场景下，宏站多波束的发送时域位置会碰撞干扰室内站的业务信道，在室内室外强干扰场景下，对边缘 UE 整个业务信道测量和信道自适应造成影响，影响用户感知。如果室内站采用多波束，则室内站业务信道干扰变化稳定，有效提升边缘用户感知。

（2）物理资源块随机化

物理资源块（Physical Resource Block，PRB）随机化的基本原理是根据不同的小区划分不同的资源块来分配起始位置，每个小区根据当前时刻的小区类型，选择一种固定的 RB 分配起始顺序，即对于宏基站和室内覆盖基站采用调度起始位置的错开，例如 PRB 从高序号或从低序号分配。当小区 RB 占用率不高时，不同类型的小区间频域资源能够错开，达到降低干扰、提升吞吐量的目的。PRB 随机化技术原理示意如图 7-14 所示。

小区类型的规划基于物理小区标识（Cell ID）方案，小区的 RB 起始位置和该小区的 Cell ID 有关，由于相邻同频小区的 Cell ID 不同，所以相邻小区 RB 起始位置不同，实现尽量避免干扰的目的。

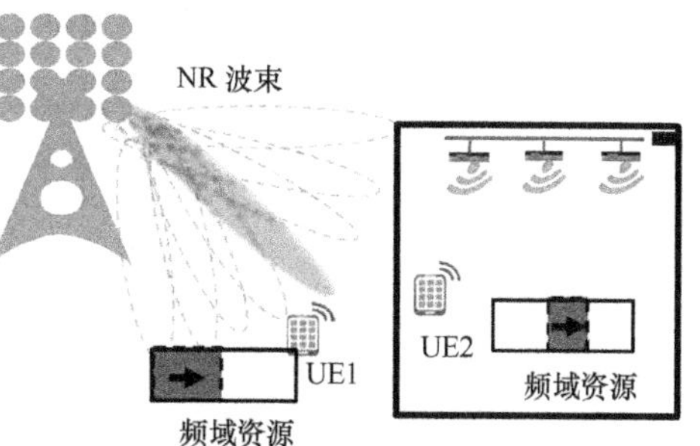

图7-14　PRB随机化技术原理示意

室内外同频邻区间通过 PRB 随机化规避干扰，邻区间 PRB 分配起始位置根据物理层小区标识（Physical layer Cell ID，PCI）模 3（MOD3）错开，考虑到 UE 子集带宽是宽带，所有 UE 配置相同的错开方案。该方案可以解决中低负荷时的同频干扰问题，有效提升边缘区域用户感知，但小区负荷超过 40% 以后，增益不明显。

（3）牺牲容量以降低同频干扰

通过牺牲一定的容量可降低同频干扰，例如采取室内外协同频域错开方式，适用于中低负荷场景；通过同厂家宏站室分多点协同特性（宏站及室分小区间上下行联合发送与接收，同时消除上下行干扰）降低网络整体干扰，提升性能，解决室内外切换时引起的掉话或速率下降等问题。

（4）调整分布系统方案

调整分布系统建设方案，例如将靠窗边的全向天线改造为定向天线，提升室内覆盖水平的同时控制信号外泄。

（5）室内外波束协同管理

采用室内外波束协同管理，调整同频相邻小区用户的波束方向，使宏站波束对室分边缘用户进行避让，提升用户频谱效率。

3. 工程应用实例测试结果

（1）采用基于 SSB 多波束对齐测试结果

以某地市运营商某试验站点为例，基于某厂家 5G 室分站进行参数优化。

① 呼叫质量拨打测试（Call Quality Test，CQT）：室内多波束相较于室内单波束，覆盖 RSRP 有 6dB 左右的增益，下载速率中差站点提升 11%。

② 路测（Drive Test，DT）：室内多波束相较于室内单波束，覆盖 RSRP 有 3dB 左右的增益，下行速率提升 4% ～ 5%。

（2）采用业务信道 PRB 随机化测试结果

以某地市运营商某试验站点为例，基于某厂家 5G 室分站进行参数优化。在邻区 33% 的加扰和同等的业务速率下，上行占用 RB 数在近点、中点、远点分别减少了 6.7%、8.86%、10.81%，下行占用 RB 数在近点、中点、远点分别减少了 8.81%、11.4%、13.84%。

（3）采用上下行干扰随机化调度 + 优化宏站波束的测试结果

以另一地市运营商某试验站点为例，采用厂家 B 设备试点，基于 5G 合路原有 DAS 的参数优化。采用上下行干扰随机化调度 + 优化宏站波束，测试结果如下。

① 强干扰区域 RSRP 从平均 –100dBm 提升至 –95dBm，SINR 从平均 14dB 提升到 22dB。

② 下行速率从 274Mbit/s 提升至 350Mbit/s，上行速率从 31Mbit/s 提升至 53Mbit/s。

4. 存在的问题及后续建议

① 业务信道 PRB 随机化：在错开频域资源、减少同频干扰的同时，存在频选增益降低、中高负荷场景增益受限、与 PCI MOD3 匹配、多小区复杂场景效果降低等弊端。

应用时应予以注意。

②由于 5G 室内外同频组网，室内站点应在规划阶段进行精细化网络规划，在设备开通后进行相应的网络参数优化，包括 SSB 多波束对齐、PRB 随机化。

5. 应用场景建议

当 5G 室内外采用相同频点，存在室内外同频干扰时，推荐采用 SSB 多波束对齐、PRB 随机化等干扰规避技术。

7.1.4 基于有线电视的多网融合室内覆盖方案

随着中国广电获得 5G 牌照，以及中国广电和中国移动之间的深度合作，基于有线电视（Cable Television，CATV）的多网融合室内覆盖方案将会焕发新的活力，有望成为在住宅、酒店、商住楼等场景被广泛应用的解决方案之一。

1. 基于 CATV 的多网融合室分简介

近年来，尽管各种技术手段及大量的资源投入室内覆盖的建设，但是随着用户感知需求度的提升和对高速数据业务的需求，室内深度覆盖不足的问题受到大量的用户投诉，尤其是在室内弱覆盖场景的居民区、酒店宾馆等场所。该类场景由于物业协调困难、业主反对等原因，内部铺设射频电缆困难，且室分天线无法入户安装，导致大量的室内覆盖问题出现。同时，对于高速率的 4G、5G 网络而言，由于其信号频段较高，传播损耗较大，所以在室内多隔断且结构复杂的场景中更难实现深度覆盖，无法满足用户需求。

然而，得益于已广泛布设于住户室内或者酒店客房的 CATV 线缆，移动通信的室内分布信号覆盖可以利用 CATV 进行合路传输来实现。CATV 多网融合解决方案示意如图 7-15 所示。

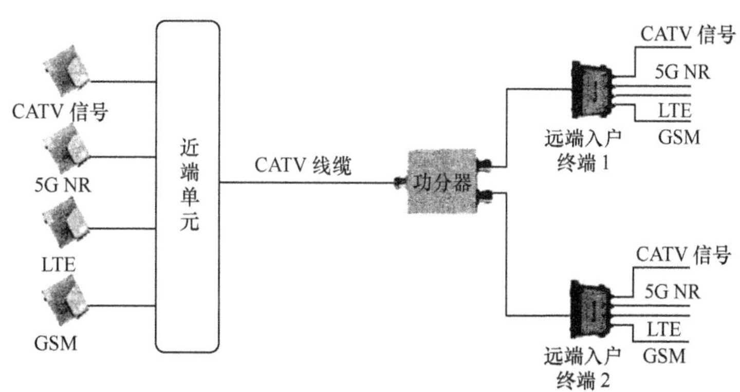

图7-15　CATV多网融合解决方案示意

CATV 无线信号覆盖系统包括信源（通常为 RRU 或一体化站点设备）、传输线路中的分合路器、作为近端机的有线电视无源分配器及作为远端机的入户终端。移动通信信号与

CATV 信号在近端机中实现信号的合路、滤波、变频等处理后，通过分合路器将混合信号传输至用户室内，在入户终端将移动通信信号和 CATV 信号分离，CATV 信号直接传送给电视，对移动通信信号的射频进行放大，通过内部的天线实现无线通信信号的入户覆盖。

对于低场强、低接通率、低速率、高掉话率等 5G 网络室内覆盖难点，因为 CATV 室内入户具有普遍性，所以可采用基于与 CATV 网络合路的室内分布系统来提供普遍而有效的解决方案。同时，低廉的设备成本、简易的工程施工对缩短工期也有很大的帮助。在解决高层覆盖干扰问题、室内走线困难及室内深度覆盖等问题上也具有较大的优势。

作为一种融合创新的室内通信方式，CATV 方式在替代传统室内分布系统的工程实施中具有易安装、低成本、高质量等特性，同时技术人员也需要注意在多网融合过程中一些技术手段的使用。

2. 实施方案及特点

基于 CATV 的多网融合室内分布系统有两种改造方案，这两种改造方案的主要差别在于为使多网信源在 CATV 线路中传输，是选择对信源进行移频还是对 CATV 器件进行改造。

（1）信源移频方案

基于多网的 CATV 共缆传输解决方案，在适配高速率的 4G、5G 业务场景时，为克服高频段的网络信号在 CATV 线缆传输中的高损耗，系统可以使用降频传输，即在传输过程中把高频率的 4G、5G 信号移频到较低的频段以减小损耗，并在传输环节之后对信号进行还原放大。该种技术方案以低损耗的方式保障了业务场景的高质量信号覆盖，在多网传输接入的同时可以不受 CATV 器件的频段限制，使系统可以支持一拖多的组网方式，适合大范围推广使用。此方案的缺点是设备投资较大，建设成本高。

（2）非信源移频方案

高频段信号在不使用降频技术的前提下，需要将 CATV 同轴网络中的分支器和分配器改为宽频分支器 / 分配器，即把通过的频率从 80MHz ～ 1000MHz 扩展到 80MHz ～ 5GHz。另外，以中国移动频段为 2.6GHz 的 5G NR 信号为例，CATV 的 75Ω 同轴网络对其的信号衰减为 46dB/100m。因此，通常要求 4G、5G 等高频段信号和 CATV 信号同轴传输的室内型终端要有足够高的灵敏度。本方案的优点是设备改造投资小，不足之处是信号衰减较大。本方案的改造步骤如下。

① 无线射频（Radio Frequency，RF）信号进入室内房间前，通过 75Ω 的同轴电缆传输至信号混合分配器与 CATV 信号进行合路，然后产生混合射频 /CATV 信号。

② 由于原有 CATV 分配器频段不支持 4G/5G 频段，所以将其更换。

③ CATV 混合信号通过现有的有线电视线缆传送到每一个有电视面板的房间。

④ 进入房间后，混合信号通过远端的信号分离器进行信号分离。

⑤ 分离出去的信号由远端连接的天线发射出去，实现室内覆盖，同时 CATV 信号传输到电视机，电视机便可正常播放电视节目。

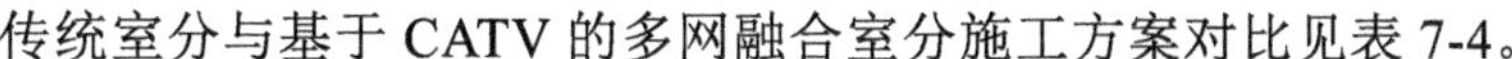

传统室分与基于 CATV 的多网融合室分施工方案对比见表 7-4。

表7–4 传统室分与基于CATV的多网融合室分施工方案对比

站点类型	传输走线	天线安装
传统室内分布系统	与业主协调难度大，需占用专用走线架或线槽	一般安装在走廊处，天花板要钻孔，协调难度较大
基于 CATV 的多网融合室内分布系统	利用原有 CATV 线缆，无须另外布线	远端无线单元内置天线，直接插到 CATV 接线口，施工简便

3. 方案实施效果

在采用 CATV 室内融合组网的实际工程中，近端机可以从基站设备获取移动网络信号作为室内覆盖系统的信号源，移动网络信号和有线电视信号合路后，共用 CATV 线缆进行传输。信号达到室内后由远端单元分离 CATV 信号并放大还原移动网络信号。

根据某沿海城市一酒店采用 CATV 方案后的测试数据，对 TD-LTE 的 RSRP 和 5G NR 同步信号参考信号接收强度（Synchronization Signal-RSRP，SS-RSRP）都具有 20dBm 以上的覆盖效果提升。

随着多网融合的不断深入发展，接入网进入全面发展阶段。虽然光进铜退是演进的主旋律，但是基于CATV多网融合的室内覆盖方案有效利用现有成熟的CATV入户资源，解决了新建室内分布系统造成的协调施工难、建设成本高、投资回报低及监控维护难的问题。因此，作为一种创新和行之有效的手段，CATV 多网融合方案获得了越来越多的关注，在中国广电网络股份有限公司获得了基础电信业务牌照，在中国广电网络股份有限公司与中国移动等运营商的深度合作的背景下，基于 CATV 的多网融合室内覆盖方案将会被逐步推广使用，产生良好的社会效益和经济效益。

4. 应用场景建议

有中低容量需求且已有 CATV 网络的住宅、酒店、商住楼等场景，可选择采用本方案。

7.2 5G 室内覆盖产品创新

7.2.1 5G 增速器

1. 技术原理

5G 室内增速器具有“极简改造、即插即用、差异化覆盖、多流效果”的优势，融合了无线传输及变频核心技术，由近端机、远端机两级架构组成，RRU 的 A 通道信号经 5G 增速器近端机变频，在 DAS 中与 RRU 的 B 通道信号共同传输，在末端用户侧，由远端机还原为 2.6G 信号后，与从 DAS 发射出来的 B 通道信号形成多通道能力，从而实现多流性能。5G 增速器的技术原理如图 7-16 所示。

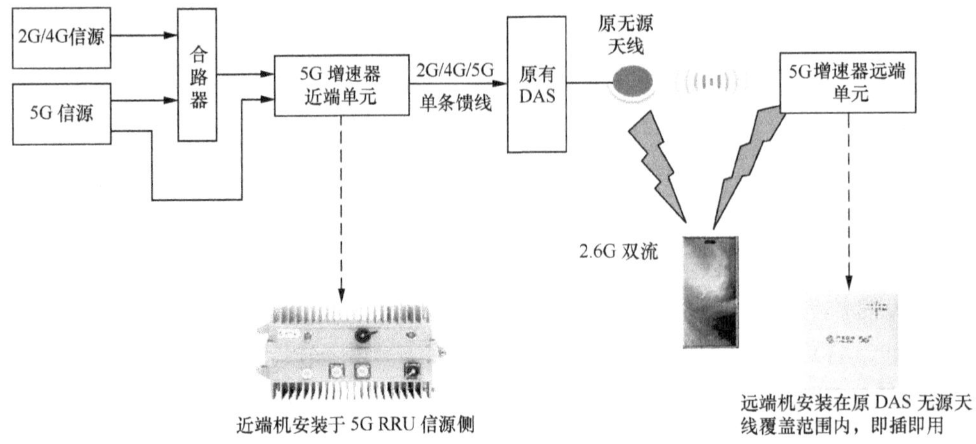

图7-16　5G增速器的技术原理

现有单路室内分布系统可引入 5G 增速器实现双流效果。在 RRU 位置新增 5G 增速器的近端单元，该近端单元将 RRU 中一个通道的 2.6G 信号变频为中频信号；利用原分布系统传输中频信号及 RRU 中另一个通道原有的 2.6G 信号，无须改造原有垂直面、水平面分布系统；在远端覆盖需求区域，经室内分布天线发射中频信号及一路原有的 2.6G 信号，再通过 5G 增速器的远端单元将中频信号还原为 2.6G 信号，该 2.6G 信号与原有的 2.6G 信号一起被 5G 终端接收，从而实现双流性能。

对于现有双路室内分布系统，可引入 5G 增速器实现四流效果，其技术原理与单路室内分布系统引入 5G 增速器实现双流的情况类似。

从分布系统建设上，仅需要在信源接入点进行极简改造引入近端单元，楼层任意区域增加即插即用的远端单元，即可选择性地实现室内部分区域或全部区域的多流覆盖效果，为 5G 室内增速提供差异化服务。

2. 产品特点及优势

5G 增速器相比错层覆盖、有线变频拉远，施工便利，可以保护大量的存量室分投资，同时提升网络质量，有效解决传统 DAS 速率低、分布式皮基站造价高等问题。5G 增速器产品实物示意如图 7-17 所示。5G 增速器还具有极简改造、多流性能、即插即用、差异化覆盖等特点。

（a）5G 增速器近端机

（b）5G 增速器远端机

图7-17　5G增速器产品实物示意

① 极简改造：在合路器位置进行极简改造，可充分盘活现网存量传统 DAS 资源，低成本、高效率地实现 5G 网络覆盖。

② 多流性能：经试点验证，单变双测试的下载速率为 632Mbit/s，较单流提升 80%；双变四测试的下载速率为 930Mbit/s，较双流提升 7%。

③ 便捷安装、即插即用、灵活部署：可选择性地实现室内部分区域或全部区域的多流覆盖效果，差异化地提供服务。

3. 工程应用实例测试结果

（1）原有单路 DAS，采用 5G 增速器改造实现双流性能

×× 市 ×× 大厦 28 楼有单路传统 DAS，下行速率为 351Mbit/s，上行速率为 96Mbit/s。采用 5G 增速器改造后实现双流性能，下行速率达 632Mbit/s，与改造前相比提升近 80%；上行速率达 184.6Mbit/s，与改造前相比提升 92%。单路 DAS 采用 5G 增速器实现双流效果如图 7-18 所示。

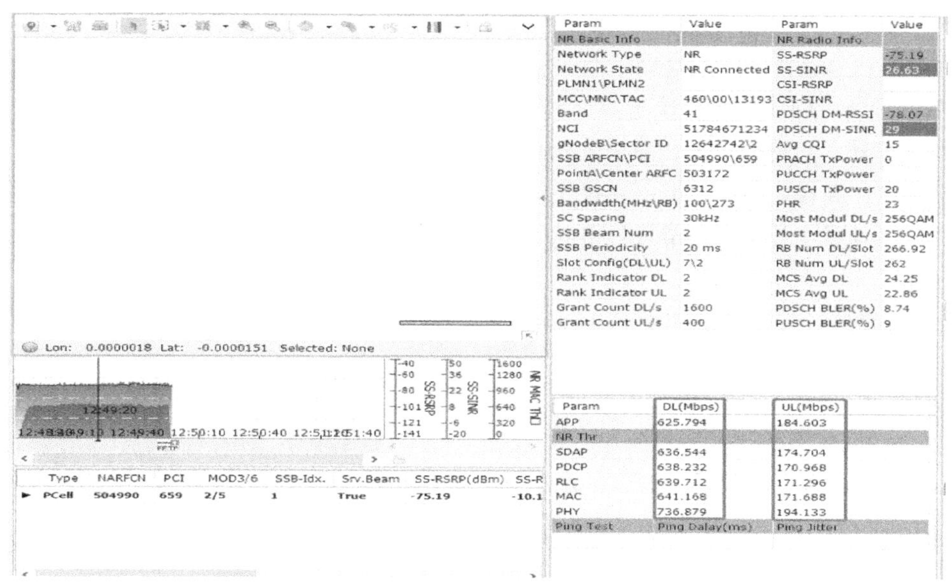

图7-18　单路DAS采用5G增速器实现双流效果

（2）原有双路 DAS 采用 5G 增速器改造实现四流性能

×× 市 ×× 大厦 2 楼有双路 DAS，下行速率为 530Mbit/s。采用 5G 增速器改造后实现四流性能，下行速率达 930Mbit/s，与改造前相比提升 75%；在上行方面，由于受限于终端上行发射天线数量而无明显增益。双路 DAS 采用 5G 增速器实现四流效果如图 7-19 所示。

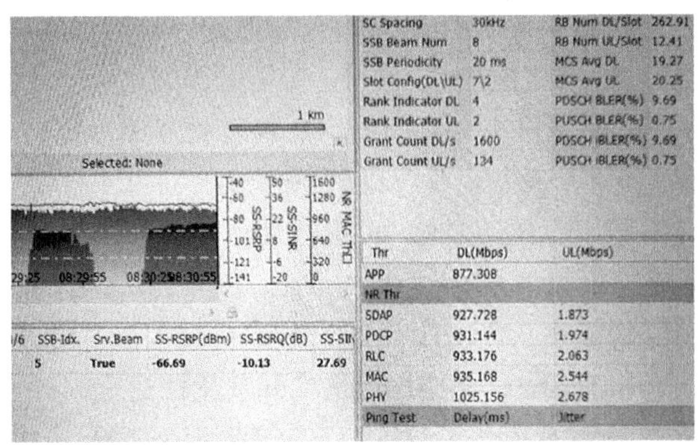

图7-19　双路DAS采用5G增速器实现四流效果

4. 应用场景建议

5G 增速器相比错层覆盖、有线变频拉远，施工便利，可以保护大量的存量室分投资，同时提升网络质量，有效解决传统 DAS 速率低、分布式皮基站造价高等问题。建议使用 5G 增速器的场景如图 7-20 所示，建议在原已建设分布系统的政府、写字楼、高校、酒店、工厂、餐饮娱乐场所等中等容量场景中使用，在节省投资的同时提升网络性能。

图7-20　建议使用5G增速器的场景

5G 增速器分场景部署建议见表 7-5。

表7-5　5G增速器分场景部署建议

序号	覆盖类型	多通道联合收发技术及 5G 增速器覆盖区域
1	餐饮娱乐场所	餐饮区、娱乐区等用户长期驻留区域采用 5G 增速器建设
2	工厂	办公区采用 5G 增速器建设
		宿舍区引入多通道联合收发技术
3	集贸市场、商超	采购区、结算区采用 5G 增速器建设
4	旅游景点	室内用户活动区域（例如展览厅、游玩区域）采用 5G 增速器建设
5	写字楼	办公区、会议室采用 5G 增速器建设
6	星级酒店	会议室、餐饮区、酒店大堂采用 5G 增速器建设
7	学校	教学楼、办公楼采用 5G 增速器建设
		宿舍区引入多通道联合收发技术

（续表）

序号	覆盖类型	多通道联合收发技术及 5G 增速器覆盖区域
8	政府机关	办公室、会议室采用 5G 增速器建设
9	医院	三甲医院：门诊采用分布式皮基站建设，其他区域采用 5G 增速器建设
		三甲以下医院：整体采用 5G 增速器建设

7.2.2　有线移频系统

1. 技术原理

该创新方案通过新增移频近端机、移频远端机，利用原有单路 DAS 实现 5G 2T2R 室分覆盖。工程建设内容包括替换现有合路器 / 耦合器、替换无源天线为有源天线（移频远端机）。

5G 有线移频室内分布系统还具备有源系统天然的可管可控优势，可叠加蓝牙模块实现定位功能。

有线移频系统的技术原理如图 7-21 所示，有线移频系统由近端机、远端机、网管系统等组成。

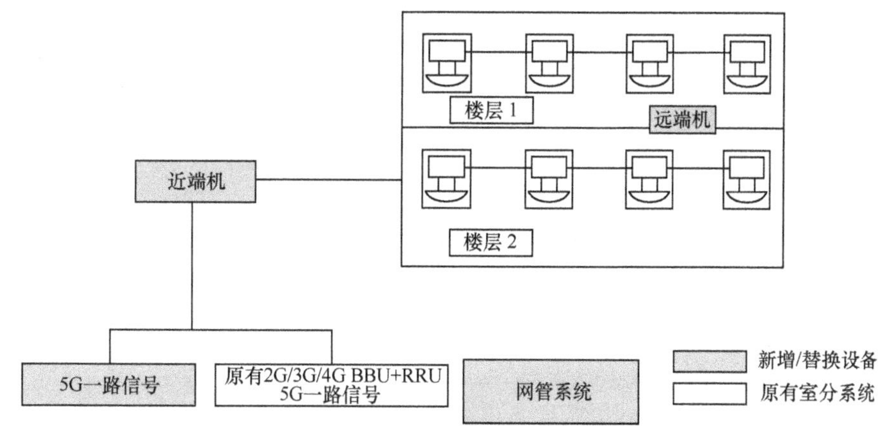

图7-21　有线移频系统的技术原理

有线移频系统各组成部分的功能介绍如下。

① 近端机：内置变频器，将 5G 双路中的一路变频至 600MHz；内置数字同步单元，以保证 5G 变频实现上下行时隙转换，具备 2T2R 能力；内置直流供电单元，给远端机供电；内置监控单元，监控功率平衡。

② 远端机：远端为 2T2R 有源天线；内置变频器，将一路中频信号变频至标准信号，与另一路标准信号一起成为 5G 双路信号；内置蓝牙模块，用于定位与设备监控；内置

底噪消除模块，用于 1 个近端机拖带 N 个远端机时的底噪消除。

③ 网管系统：用于设备状态、故障、功耗等监控；室内位置开放；可采用无线或有线方式连接。

可在单路馈线系统中传输双路 5G 信号，实现双流功能。单路馈线系统中的传输信号包括：一路 5G 标准信号（2.6GHz）、一路 5G 中频信号（600MHz）、4G 信号（1800MHz/2300MHz）、监控单元监控信号（433MHz）。

2. 工程应用实例测试结果

（1）单路馈线系统移频实现双流效果

以某地市运营商某试验站点测试数据为例，采用 NR 100M 组网进行测试，移频系统与常规 DAS 下行吞吐量对比如图 7-22 所示，有线移频系统与常规 DAS 上行吞吐量对比如图 7-23 所示。我们可以看出，有线移频系统可在传统单路 DAS 上实现 5G 2T2R 覆盖，与传统单路 DAS 相比，下行平均速率提升 80%，几乎达到双路 DAS 的效果。

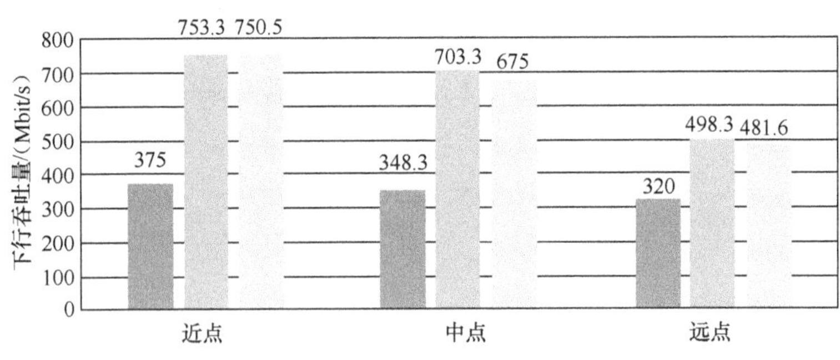

图7-22　移频系统与常规DAS下行吞吐量对比

注：图中近点 RSRP 值为 -60dBm；中点 RSRP 值为 -70dBm；远点 RSRP 值为 -80dBm。

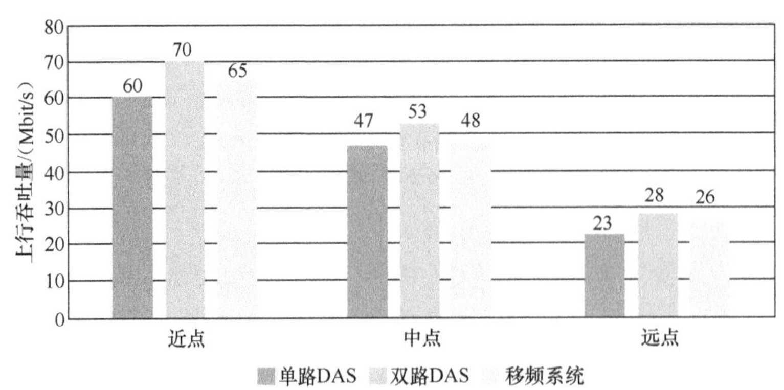

图7-23　有线移频系统与常规DAS上行吞吐量对比

注：图中近点 RSRP 值为 -60dBm；中点 RSRP 值为 -70dBm；远点 RSRP 值为 -80dBm。

有线移频系统实物安装效果如图 7-24 所示。

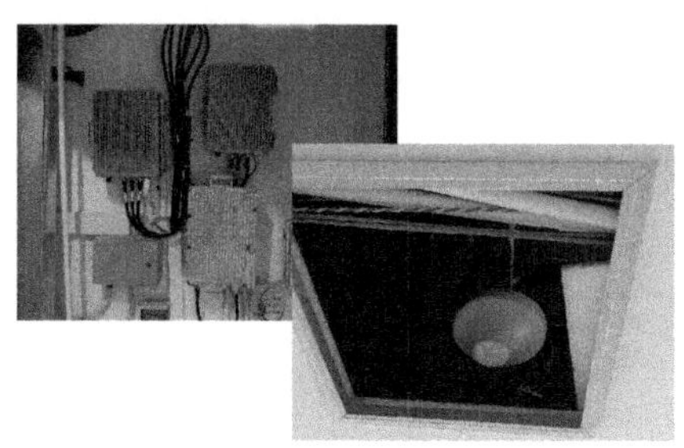

图7-24 有线移频系统实物安装效果

（2）双路馈线系统移频实现四流效果

经测试验证，在 100MHz 带宽下，传统双路 DAS 可实现同层四流覆盖效果，具体介绍如下：

① 峰值速率可达 981Mbit/s（RI=3）；

② 平均 RSRP 为 –70dBm，下行平均速率为 768Mbit/s，上行平均速率为 74Mbit/s。

双路馈线系统移频实现四流效果的测试结果如图 7-25 所示。

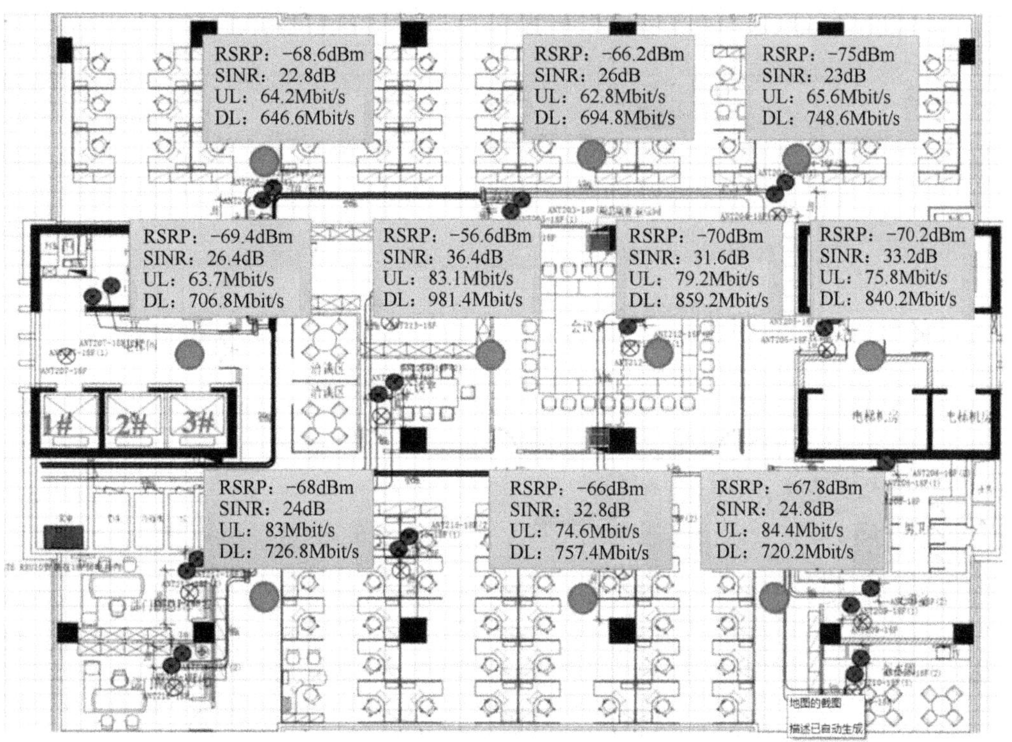

图7-25 双路馈线系统移频实现四流效果的测试结果

（3）网管监控效果

在网管监控方面，移频系统可管可控，包括监控远端有源天线的运行状态、输出功率等。有线移频系统网管系统软件的主界面如图 7-26 所示，有线移频系统网管系统软件的告警监控功能界面如图 7-27 所示。

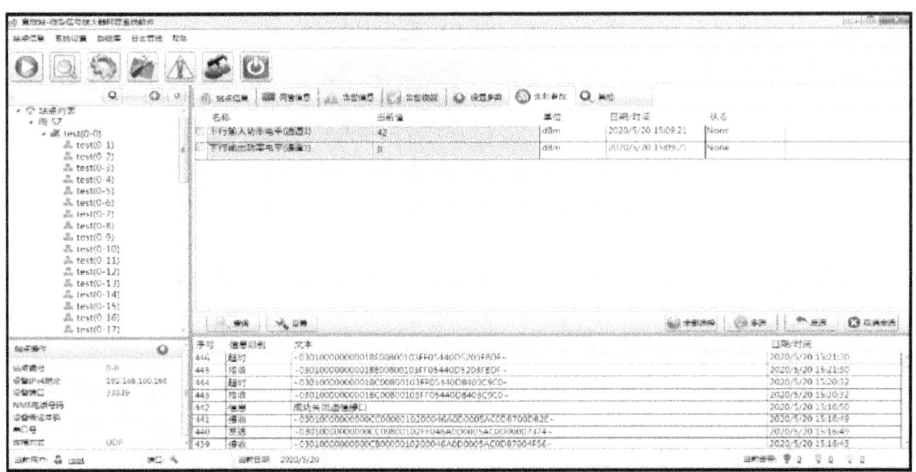

图7-26　有线移频系统网管系统软件的主界面

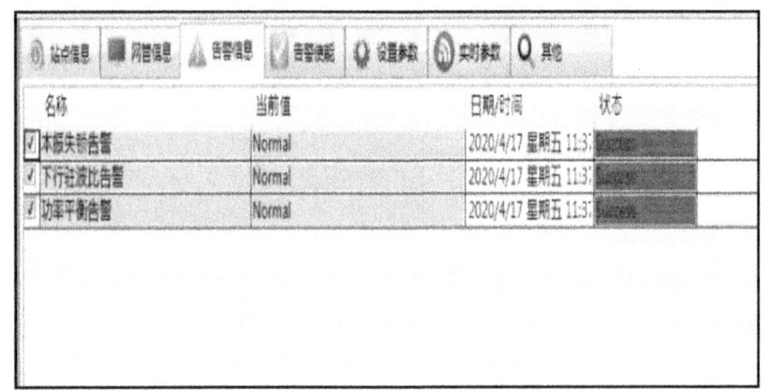

图7-27　有线移频系统网管系统软件的告警监控功能界面

3. 分布式皮基站 pRRU 移频系统

为进一步降低建设造价，可考虑 pRRU 移频拉远方案，目前该产品正在研发，尚无成熟应用。

馈线系统中的传输信号均为中频信号，可降低馈线损耗。

分布式皮基站 pRRU 移频系统如图 7-28 所示。

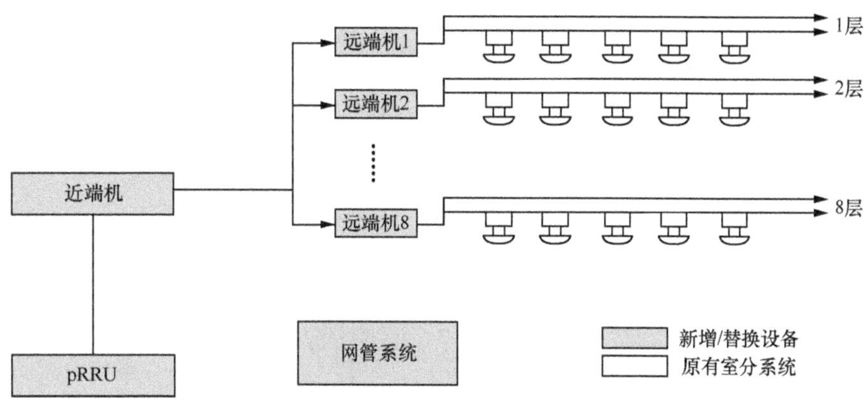

图7-28　分布式皮基站pRRU移频系统

各部分的功能介绍如下。

① 近端机：内置双路变频器，将 5G 双路信号分别变频至 450MHz ～ 550MHz，550MHz ～ 650MHz；内置数字同步单元，保证 5G 变频实现上下行时隙转换；内置直流供电单元，可给远端机供电；内置监控单元，对接网管，实现故障监控和功耗监控等；分路器可实现 1 分 8 路。

② 远端机：内置变频器，将中频信号变频至标准信号；内置射频放大模块，将 pRRU 信源信号放大至天线口；内置底噪消除模块，用于 1 个近端机拖带 *N* 个远端机时的底噪消除。

③ 网管系统：用于设备状态、故障、功耗等监控；室内位置开放；可采用无线或有线方式连接。

4. 存在的问题及注意事项

① 移频系统将引入额外施工工作量，且施工质量要求较高：施工工作量主要来源于替换无源天线为有源天线、替换耦合器等；因为移频系统为有源系统，所以施工过程中需要注意短路问题，需要一次性完成全部相关器件的替换；对原有室分设计图纸的准确性和清晰度要求较高。

② 建议移频系统应用场景为传统单路 DAS 场景。

③ 建议将现有的单变频产品升级迭代为双变频产品，以实现可采用 pRRU 等小型化主设备作为信源的目标，从而降低主设备成本与功耗。

④ 进一步测试验证与多通道技术融合后，在单路 DAS 上实现 5G 4T4R 的效果。

5. 探索 RRU 开放中频接口方案

在试点过程中，发现 RRU 与变频系统对信号的变频处理反复出现多次。如果能开放 RRU 中频接口，则与变频系统融合使用时可减少变频系统的一次变频操作，从而能减少设备使用，降低设备功耗与成本。

建议 RRU 开放中频接口，探索中频信号直接在室分线缆上传输，降低损耗。开放中频接口后，还可进一步探索与 RRU 相关的其他室内覆盖融合方案。

RRU 中频接口示意如图 7-29 所示，开放 RRU 中频接口后的分布系统实施方案示意如图 7-30 所示。

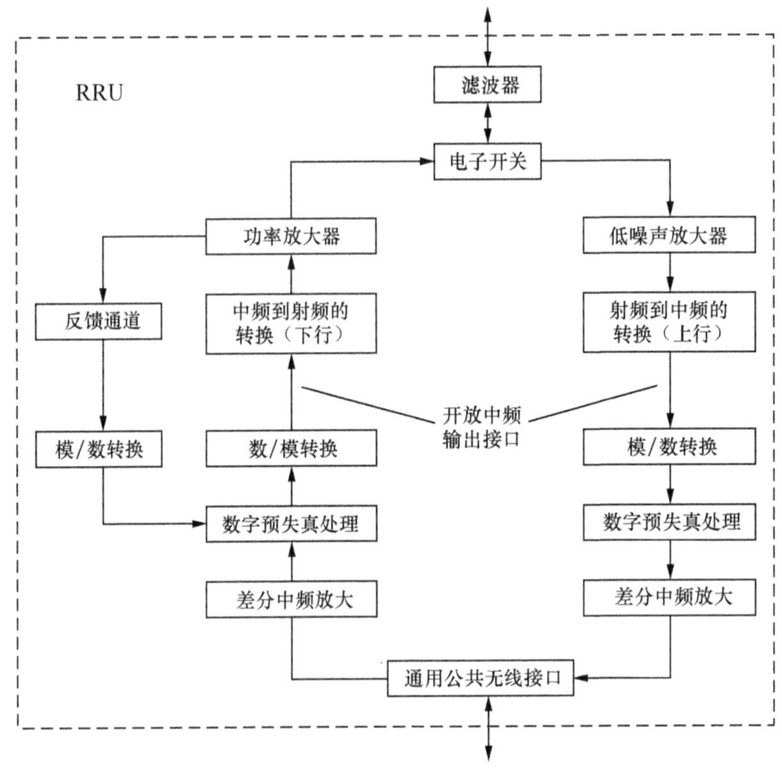

图7-29　RRU中频接口示意

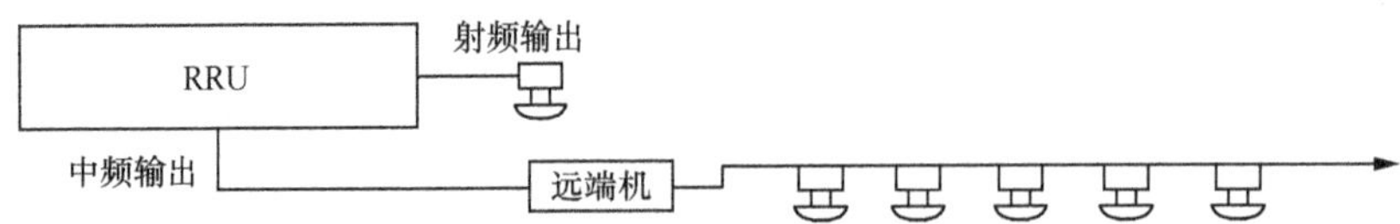

图7-30　开放RRU中频接口后的分布系统实施方案示意

6. 应用场景建议

适用于现有室分为单路系统、有改造为双流的需求，但工程上难以实施改造的场景，利用移频可实现 5G 2T2R 室分部署。若与多通道合并技术相融合，可在原有单路 DAS 上进一步实现 5G 4T4R 覆盖。

7.2.3　扩展型皮基站

5G 扩展型皮基站：采用数字化技术，基于光纤或网线承载无线信号传输和分布的微功率室内覆盖方案，主要用于低容量室内场景，是室内覆盖增强方案之一。

与传统的 5G 基站主设备厂家相比，5G 扩展型皮基站的设备厂家更为广泛，更加社会化。5G 扩展型皮基站是由非传统主设备厂家生产、能满足特定场景下部署应用需求的 5G 无线基站类产品，是运营商网络部署中的有效补充。扩展型皮基站具有造价相对较低、建设方式灵活等特点，可以作为传统建设方案的补充；扩展型皮基站具有定制化、灵活性等特点，可满足中小型行业碎片化需求，丰富行业应用产品需求；扩展型皮基站（及一体化皮飞站等）具有即插即用功能，可快速解决如家庭应用场景的部署需求。

社会化的 5G 扩展型皮基站厂家没有核心网，主要采用 SA 组网方式，与主设备厂家的 5G SA 核心网进行对接，因此需要进一步推动并完善扩展型基站和主设备厂家 SA 核心网的互操作测试。

1. 技术原理

扩展型皮基站由皮基站主机、扩展单元、远端单元组成。扩展型皮基站的组网结构示意如图 7-31 所示。

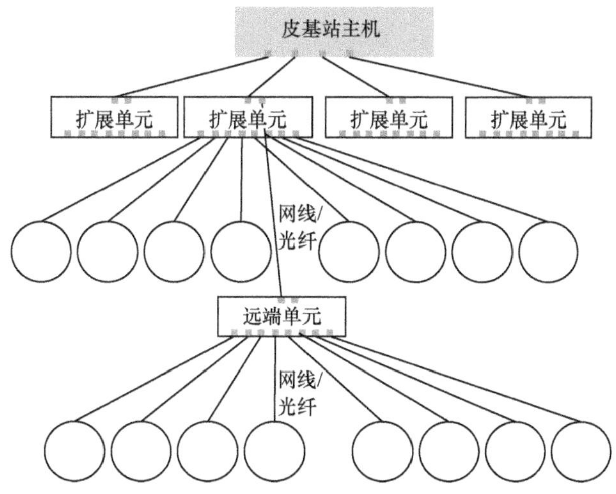

图7-31　扩展型皮基站的组网结构示意

（1）皮基站主机

5G 扩展型皮基站主机与分布式基站结构中的 BBU 类似，都提供同步、基带侧数字处理等功能，通过扩展单元下连到远端单元。下面以中国移动 5G 扩展型皮基站为例，介绍皮基站主机功能。5G 扩展型皮基站主机的功能见表 7-6。

表7-6 5G扩展型皮基站主机的功能

功能项目	详细情况
信道带宽	支持 NR 100MHz
多天线能力	下行：支持 4 天线，每小区最大四流。 上行：支持上行 4 天线的分集接收，每小区最大双流
调制方式	上下行支持 QPSK、16QAM、64QAM、256QAM 调制方式，另外，上行 π/2-BPSK 可选
容量能力	100MHz 带宽下，在采样时间间隔为 100ms 的条件下，每小区支持的 RRC[1] 激活用户数不低于 400 个，每个小区支持的 RRC 连接用户数不低于 1200 个，每秒钟支持的成功接入用户数量不低于 60 个
NR 峰值速率	下行峰值为 1500Mbit/s，上行峰值为 230Mbit/s（下行 4 通道，上行 2 通道，256QAM，100MHz 带宽，DDDDD DDSUU 帧结构，特殊时隙配比 6：4：4）
同步方式	支持北斗同步和 GPS 双模工作，且具备自动切换功能；支持 1588v2 带内方式同步
供电方式	直流 -48 VDC（-40V ～ -57V）（可外接 AC/DC[2] 转换器），或交流 220V 供电
连接拓扑	支持 2 级扩展单元的链形拓扑连接
安装方式	可内置于 19" 标准机架或独立放置
小区合并	支持远端单元进行小区合并，合并后小区底噪恶化不超过规定值
传输接口	至少具有 1 个上联传输接口；至少具有 4 个用于连接扩展单元的传输接口
拉远距离	扩展单元间的直连，可支持 2km 的距离

注：1. RRC（Radio Resource Control，无线资源控制）。
2. DC（Direct Current，直流）。

（2）扩展单元

5G 扩展型皮基站的扩展单元与数字化分布式基站结构中的扩展单元 RAU 类似。5G 扩展型皮基站扩展单元的功能见表 7-7。

表7-7 5G扩展型皮基站扩展单元的功能

功能项目	详细情况
小区分裂能力	扩展单元支持连接 8 个远端单元
接口要求	具有 2 个光纤接口，一个连接主机，另一个用于多个扩展单元间的链形级联
级联能力	扩展单元至少支持 2 级级联，扩展单元与皮基站主机之间的拉远距离为 2km
供电要求	支持连接 8 个远端单元，并具备向远端单元设备 POE 或光电复合缆供电
安装方式	可安装于 19" 标准机架
操作维护	具有操作维护接口，支持远程维护和升级，支持掉电告警

扩展单元与多个远端单元以星形连接，为皮基站主机与远端单元提供数据汇聚和分发功能。下行工作时，扩展单元接收皮基站主机发送的下行数据后，经过分路处理后传给远端单元；上行工作时，扩展单元将远端单元的上行数据汇聚后，发送给皮基站主机。扩展单元同时为远端单元提供 POE 或光电复合缆供电。

（3）远端单元

5G 扩展型皮基站的远端单元与数字化分布式基站结构中的远端单元类似，是实现

5G 网络信号覆盖的实体，射频单元和天线合一，是有源设备，需要为其提供电源。5G 扩展型皮基站远端单元的功能见表 7-8。

表7-8 5G扩展型皮基站远端单元的功能

功能项目	详细情况
支持频段	支持 2515MHz ～ 2675MHz（另外，可选叠加 1710MHz ～ 1735MHz/1805MHz ～ 1830MHz 或 2320MHz ～ 2370MHz 频段）
信道带宽	5G NR 支持 100MHz
射频通道	5G NR 支持 4T4R，或 2T2R
输出功率	5G NR 每通道不低于 250mW
散热方式	自然散热
天线安装	支持内置天线和外置天线
尺寸及重量	小型化、轻量化，便于工程实施（重量不大于 3kg，体积不大于 3L）
接口数量	具有 1 个 RJ45 的 10GE 或以上速率的电接口，或者 1 个 SFP[1] 的 10GB 及以上速率的光接口
拉远距离	采用 POE 供电方式时，拉远传输距离不小于 100m； 采用光电复合缆供电方式时，拉远距离不小于 200m
扩展能力	连接外置天线时，远端单元支持与蓝牙网关一体化外部安装方式，蓝牙网关支持 POE 供电及数据回传

注：1. SFP（Small Form-factor Pluggable，小型可插拔）。

2. 扩展型皮基站的特点及应用优势

5G 扩展型皮基站室内分布系统与传统 DAS 相比，具有众多的技术优势，从 4G 后期逐渐成为室内场景的主流解决方案之一。行业内普遍认为数字化的室分技术是室内网络面向 5G 演进的最佳选择。

5G 扩展型皮基站具有以下优点。

（1）多模多频灵活扩展

针对国内 5G 频段划分及各运营商频率重耕策略的情况，设备提供了支持多模多频的能力，以中国移动为例，室分设备可支持 2515MHz ～ 2675MHz、1710MHz ～ 1735MHz/1805MHz ～ 1830MHz 及 2320MHz ～ 2370MHz 频段。

（2）低成本网络建设

5G 扩展型皮基站采用通用硬件平台和开放性架构，推动低成本数字化室分系统持续演进。针对室分不同的场景特点，扩展型皮基站和主设备分布式皮基站形成高低搭配，通过细分场景，按需配置相应产品和方案来帮助运营商降低网络建设成本。同时在节能方面，软件创新支持深度休眠和亚帧关断等一系列节能技术，降低了运营商的资本性支出和运营支出。

（3）可视化智能运维

与传统 DAS 相比，扩展型皮基站主机到扩展单元之间，扩展单元到远端单元之间均采用光纤连接，易于施工。支持接入运营商扩展型皮基站统一网管系统，实现设备的可视化运维管理，大幅降低设备故障检修成本。

（4）兼顾覆盖和容量平衡

支持灵活的基带合并和射频合并，充分满足不同场景的组网需求，支持扩展单元级联最大限度地扩展覆盖范围。

5G 扩展型皮基站产品在产品种类、网络覆盖、成本性能、安装部署、日常维护成本等方面具有明显的优势，将助力运营商客户，共同降本增效，加快 5G 室内覆盖的建设进程。

3. 应用场景建议

5G 扩展型皮基站主要基于通用处理器平台或者系统级芯片（System on Chip，SoC）进行开发，支持的小区数和用户数略低，具有成本优势，因此扩展型皮基站主要应用于中低流量的用户场景，例如中小规模的写字楼、商住两用楼、餐饮娱乐场所、工厂等。

高流量场景不太适合采用扩展型皮基站。主设备厂家的数字化室分（分布式基站）具有大带宽、多通道的技术优势，给客户提供了最佳的用户体验，因此高流量、重要口碑场景更适合采用主设备厂家的数字化室分（分布式基站）方案。

7.2.4 5G 满格宝

1. 技术原理

5G 满格宝是一套采用空口接收并放大信号的设备，接收不需要传输资源接入，可以节省管道、光缆、传输设备等施工及材料成本；与新型室分相比，其设备价格具有足够的优势，可以有效地提高投资收益率；可以完成快速部署，不需要复杂的流程便可满足用户对 5G 网络的需求。5G 满格宝适用场景示意如图 7-32 所示。

图7-32 5G满格宝适用场景示意

2. 工程应用实例测试结果

5G 满格宝的试点测试情况如图 7-33 所示。

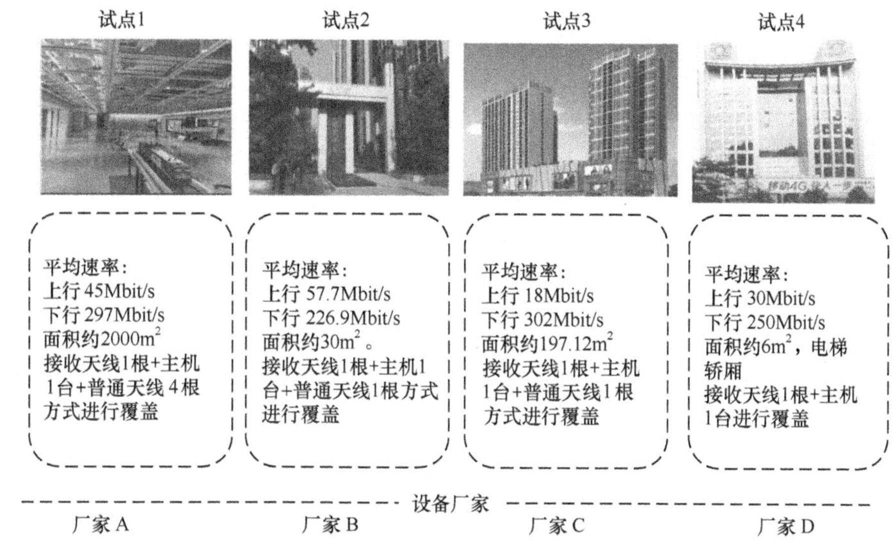

图7-33 5G满格宝的试点测试情况

根据试验站点应用测试结果，5G 满格宝的使用具有以下优点。

① 采用无线传输，节省光纤资源，信号引入快捷。

② 相比于新型室分及拉远皮飞建设方式，成本大幅降低，节省投资 52% 以上。

③ 特殊场景（例如电梯轿厢）可与其他硬件集成，拓展业务合作模式。

3. 注意事项

满格宝的实施需要注意以下事项。

① 设计施工中，当施主天线与重发天线间隔离度不足时会产生自激，信源选取要注意信源强度与质量。

② 系统在对有用信号的放大和转发过程中，不可避免地会将外部噪声一并放大和转发，对信源小区底噪会有一定的抬升。实际布放中需要考虑此因素的影响，采取限定上行转发功率等手段进行控制。

4. 应用场景建议

满格宝可在以下应用场景推广。

① 5G 满格宝适合于解决密闭性较强、用户密度较低，客户对 5G 网络需求又很强的场景，例如住宅、小型办公楼宇等。

② 其他存在标准网络覆盖方案的类似配电房的室内场景，均为潜在推广场景，可通过封装成标准服务产品向用户进行销售。

③ 5G 满格宝集成广告屏产品可在电梯轿厢、楼宇广告等场景推广。

7.2.5 拉远皮飞站

1. 技术原理

当采用常规的分布式皮基站建设方式时，BBU、基带板、RAU 设备资源使用率较低，导致部分投资浪费。采用 pRRU+RAU 拉远、pRRU 拉远进行建设可节省资源。拉远皮飞站组网示意如图 7-34 所示，根据拉远部分是否包括 RAU 可分为以下两种方式。

① 方式一（RAU + pRRU 拉远）：利旧 BBU、切片分组网（Slicing Packet Network，SPN）；新增 RAU、pRRU、基带板、接入光缆（两芯 / 拉远点）。

② 方式二（单独 pRRU 拉远）：利旧 BBU、SPN、RAU；新增 pRRU 及配套的交流转直流电源模块、接入光缆（两芯 / 拉远点）。

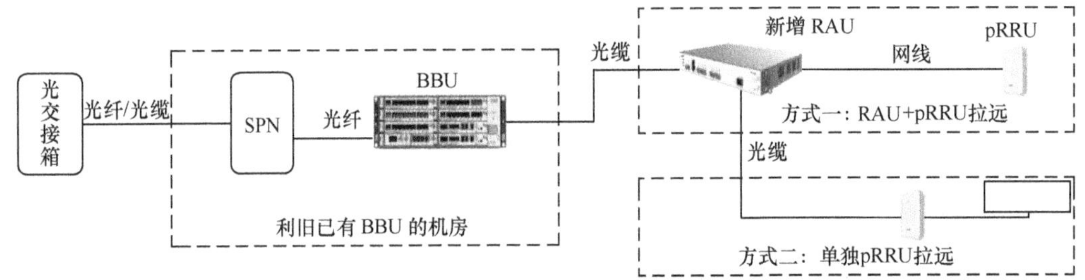

图7-34　拉远皮飞站组网示意

2. 工程应用实例测试结果

以某地市运营商某试验站点的测试数据为例，采用拉远技术后，设备开通运行正常，现场测试效果达到四流皮飞覆盖及速率体验要求。

分别在试验站点的极好区域多次测试上下行业务，选取其中的 3 次结果进行比较。拉远皮飞站实测速率如图 7-35 所示。拉远皮飞站的测试结果见表 7-9，从测试数据分析，在试验站点 1.5km 光路距离范围内，皮飞拉远覆盖速率体验正常，好点（满足 SS-RSRP ≥ −80dBm 或 SS-SINR ≥ 15dB 的位置可视为覆盖好点）测试峰值速率大于 1Gbit/s，平均下载速率为 1Gbit/s。

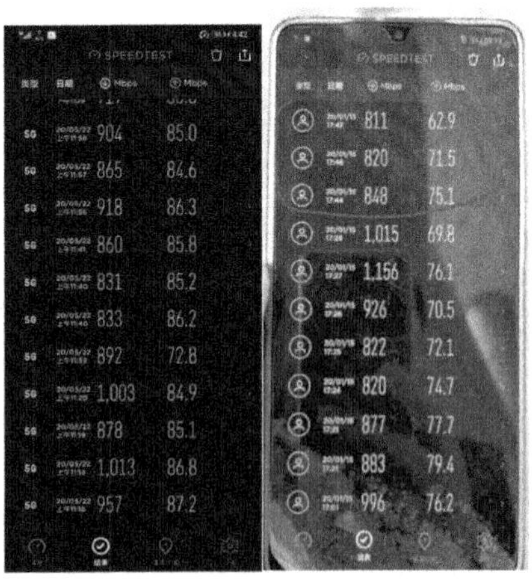

图7-35　拉远皮飞站实测速率

表7-9 拉远皮飞站的测试结果

类型	方式一（RAU+pRRU 拉远）				方式二（单独 pRRU 拉远）			
	第 1 次	第 2 次	第 3 次	平均	第 1 次	第 2 次	第 3 次	平均
下行 /（Mbit/s）	953	1156	890	1000	1003	1013	957	991
上行 /（Mbit/s）	84	76	88	83	85	87	87	86

3. 存在的问题及后续建议

（1）皮飞拉远传输光路距离

综合分析传输时延、传输故障率提升两个方面的因素，建议皮飞拉远传输光路距离不超过 1.5km ～ 2km。

① 传输时延分析：pRRU 的长距离拉远，信号在经过长距离传输后会带来时延，再加上中途传输设备的处理时延，整体的时延会增加。

② 传输故障率评估：综合参考试验站点整理分析的经验值数据，随着传输距离的增加，传输故障率上升明显，光路距离与对应的传输故障率见表 7-10。为控制故障率在合理范围内，降低维护难度，建议拉远光路距离在 1.5km ～ 2km。

表7-10 光路距离与对应的传输故障率

光路距离 /km	传输故障率增幅
≤ 1	≤ 30%
≤ 1.2	≤ 40%
≤ 1.5	≤ 50%

（2）光交接箱距离

考虑到电信运营商现网城区光交接箱的间距约为 200m，郊区约为 300m，因此，建议皮飞拉远传输光路距离在 1.5km ～ 2km（根据经验，取现网光交接箱距离的 5 ～ 7 跳）。

4. 应用场景建议

拉远皮飞站适用于覆盖面积不大的中低流量和中低价值应用场景。例如，餐饮娱乐场所、中小型工厂、商住两用楼等。

7.2.6 5G Femtocell 基站

1. Femtocell 基站简介

Femtocell 基站（毫微微蜂窝式基站），又称桌面基站，是一种基于 IP 宽带技术的网络接入技术，主要用来解决楼宇、家庭室内覆盖的问题。Femtocell 通过用户已有的非对称数字用户线路（Asymmetric Digital Subscriber Line，ADSL）、PON/EPON[1]/

1. EPON（Ethernet Passive Optical Network，以太网无源光网络）。

GPON[1] 等宽带电路连接，远端由专用 Femtocell 网关实现从 IP 网到移动核心网的连通，具有超小型化、即插即用、低功耗等创新特性。Femtocell 基站作为蜂窝网络在室内覆盖的补充，能够为用户提供话音及数据服务。5G Femtocell 基站技术原理如图 7-36 所示。

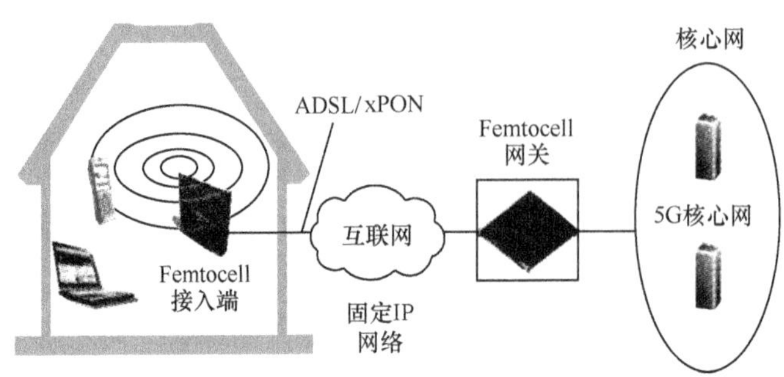

图7-36　5G Femtocell基站技术原理

Femtocell 基站的特点如下。

① 宽带接入。Femtocell 基站基于 IP，采用扁平化的基站架构，可以通过现有的 ADSL、光纤等宽带手段接入移动运营商的网络。

② 低功率。Femtocell 基站发射功率为 10mW ～ 100mW，与 Wi-Fi 接入点类似。它具有 1 个载波，覆盖半径为 10m ～ 100m。

③ 基于蜂窝移动网络标准。Femtocell 基站可以基于任何移动蜂窝通信技术，包括现有的 4G 标准和已成熟商用的 5G NR，与运营商的其他移动基站同制式、同频段，因此，手机等移动终端可以通用。

④ 支持多种标准化协议。Femtocell 基站支持连接运营商核心网的多种接口，支持即插即用，用户可以自行安装 Femtocell 终端，但需要运营商激活，由运营商进行统一配置管理。

⑤ 成本低，结构简单。Femtocell 基站与传统基站相比，价格低廉，用户可以进行社会化自购。社会化自购，即用户购买行为与电信运营商无关，电信运营商不参与销售，仅对用户购买的 Femtocell 基站提供安装、调测等技术性服务。

2. Femtocell 系统架构与定位

Femtocell 系统架构主要包括 Femtocell 网关和 Femtocell 基站。空中接口符合 3GPP 标准，适用于任何移动终端，借助固定宽带接入作为回程网络，由网络侧的 Femtocell 网关汇聚并提供标准的面向移动核心网的接口。

网络中 Femtocell 基站为移动终端提供标准的空中接口，具备 5G 基站（gNodeB）的功能及 AMF 等部分功能。网络侧接口由 Femtocell 网关提供，例如 N2、N3 等接口。

Femtocell 网关还提供安全网关功能，用于建立 Femtocell 基站和 Femtocell 网关之

1. GPON（Gigabit-Capable Passive Optical Network，具有千兆位功能的无源光网络）。

间的安全隧道。

Femtocell 网关事实上发挥了一个虚拟 UPF 或虚拟 AMF 的作用，一方面汇聚所有受控的 Femtocell 基站流量，另一方面向核心网呈现标准的接口功能。同时，整个系统还有 Femtocell 的管理和配置系统。

3. Femtocell 基站技术特征

Femtocell 基站将移动、固定、宽带业务融合在一起，用户通过一个 Femtocell 基站可实现其所有的通信需求，并享受业务在不同接入模式中的融合漫游。Femtocell 基站大大增加了用户黏性，帮助运营商巩固用户规模并发展家庭用户。

（1）即插即用

Femtocell 基站类似于终端设备，使用方法简单、明确。用户通过运营商或社会化自购等方式获取Femtocell基站后，只要接通电源和网络，就可自动完成IP连接、IP分配，以及远程的自动软件升级，进行自动网络规划（例如，频点的选择、PCI 码的分配、邻区列表的自动创建及发射功率的自动调整等）。

（2）接入控制

接入控制主要分为以下 3 个层面。

① 接入层的 UE 接入鉴权。用户可以设置 Femtocell 的接入模式，设置一个白名单编辑功能，以满足对 Femtocell 接入终端的控制。

② Femtocell 基站设备的接入控制。运营商要能够监控 Femtocell 基站的使用，并控制其 IP 是否允许接入。运营商在 Femtocell 基站内置一张类似于 SIM 卡的信息鉴权设备，在用户获取 Femtocell 基站时，运营商可以在 SIM 卡上烧制相应的鉴权信息。

③ 核心网 3GPP 标准的 UE 接入鉴权。Femtocell 对用户的接入必须满足 3GPP 的各项标准规定。

（3）切换控制

Femtocell 必须与宏蜂窝之间实现无缝切换，以提高用户的感知度，切换主要包括 3 个方面：Femtocell 和 Femtocell 之间的切换，Femtocell 向室外宏基站的切换，室外宏基站向 Femtocell 的切换。

Femtocell 和 Femtocell 之间的切换及 Femtocell 向室外宏基站小区的切换不存在问题，只要在 Femtocell 中设置相应的邻区列表即可。但在室外宏基站小区向 Femtocell 的切换中，由于 Femtocell 小区众多，宏蜂窝邻区列表有限，同时还有相当一部分邻区列表用于宏蜂窝小区之间，所以，当宏蜂窝周围的 Femtocell 小区非常密集、数量众多时，宏蜂窝向 Femtocell 切换的性能难以保证。

（4）IP 传输网络质量要求

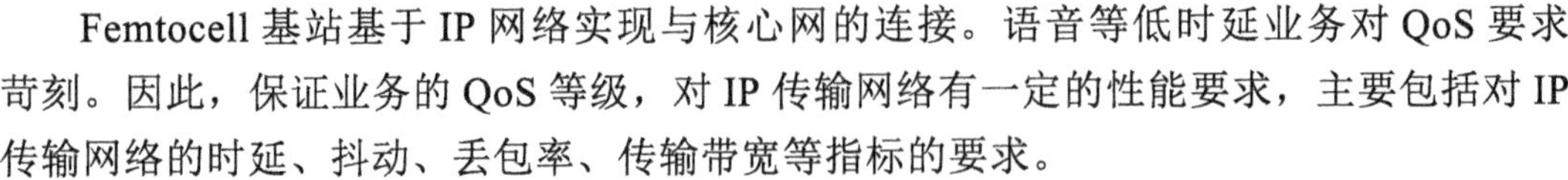

Femtocell 基站基于 IP 网络实现与核心网的连接。语音等低时延业务对 QoS 要求苛刻。因此，保证业务的 QoS 等级，对 IP 传输网络有一定的性能要求，主要包括对 IP 传输网络的时延、抖动、丢包率、传输带宽等指标的要求。

（5）时钟同步技术

Femtocell 基站主要通过接收周围宏基站信号来提取同步时钟信号。如果 Femtocell 基站完全处于孤岛环境，就需要通过自身的时钟振荡器来获取时钟。

4. 应用场景建议

Femtocell 基站应用的主要目的是对室内覆盖进行补充，同时满足业务拓展融合的要求。Femtocell 基站适用于需求面积不大的弱覆盖区域，适合用来进行深度覆盖和精确覆盖，特别适合于重点用户投诉的特定家庭场景，例如，有宽带接入条件，且现有室内覆盖较差的住宅、别墅、城中村、中小企业、超市和楼宇等。

5G 无线网络速度较快，是一种稳定、高质量的宽带接入方式。在不具备固定宽带接入条件，且室内外边界处 5G 网络覆盖质量尚可的场景，也可使用 5G 无线网络方式进行 Femtocell 基站的接入，此时 Femtocell 基站类似于直放站的作用，可扩大 5G 网络的覆盖范围。

Femtocell 基站根据发射功率和覆盖面积，又可细分为家庭级和企业级两种。典型家庭级 Femtocell 的发射功率为 20mW，企业级 Femtocell 的发射功率可达 100mW，覆盖半径为 20m ～ 50m。Femtocell 不同类型应用场景的特征情况见表 7-11。

表7-11　Femtocell不同类型应用场景的特征情况

产品类型	典型参数	应用区域	区域描述	覆盖范围
家庭级 Femtocell	发射功率：20mW 覆盖面积：100m^2	住宅小区	家庭覆盖（100m^2）	整套住宅
		沿街商铺	单间（50m^2），纵深大	本铺面及相邻铺面
		办公室	单间（50m^2），隔间较多	本房间及相邻房间
		酒店公寓	单间（40m^2）	本房间及相邻房间
企业级 Femtocell	发射功率：100mW 覆盖面积： 400m^2 ～ 600m^2	沿街商铺	多个铺面（70m^2），无纵深	左中右 3 个铺面
		办公室	开阔单间，或建材损耗较小的区域	每层 600m^2
		小型企业 / 工厂	开阔单间，或建材损耗较小的区域	每层 600m^2
		超市	开阔单间，或建材损耗较小的区域	每层 600m^2

7.2.7　云小站

1. 技术原理

云小站的显著特色是采用云化架构设计，云小站采用了英特尔通用处理器，支持基站

软硬件解耦；支持云化、虚拟化部署，支持与轻量化 MEC 集成；支持基站基础能力的开放，实现 IT 与 CT 的深度融合；支持开放接口，实现 5G NR 与泛在物联融合组网。

5G 行业应用对网络时延和可靠性要求苛刻。同时，行业用户对生产数据的安全性要求极高。为满足这些行业应用需求，5G 时代需要将云端的算力下沉到本地，在企业或园区部署 MEC，以缩短数据传输时延，并保障数据不出厂，从而让数据从采集、传输到存储、分析整个过程都终结于本地，形成 5G 网络与边缘计算融合的组网架构。云小站通过支持与 MEC 集成，可帮助垂直行业快速实现算力下沉到本地，实现数据流量在企业本地分流和卸载，从而满足各种行业应用的低时延需求，让数据不出厂，保障了企业生产数据的安全性。另外，云小站通过 ICT 网络连接能力开放、算力资源能力开放和第三方应用集成能力开放，让开发者可以便捷地开发应用，让更多第三方应用集成到边缘云，从而推动垂直行业应用加速落地。云小站还支持物联接口开放，可通过在远端单元上的 POE 物联接口与蓝牙终端、UWB 终端等连接，将物联数据 IP 透传至 MEC，提供基于室内定位的增值业务，例如，基于蓝牙的室内定位精度可达 3m ～ 5m，可以为资产管理、室内导航等应用提供定位服务，而基于 UWB 的室内定位精度达 20cm ～ 50cm，可为园区无人驾驶等应用提供定位服务。这样一来，云小站通过支持物联接口开放，就实现了 5G 与泛在物联网融合，实现通信、定位、导航和物联一体化，进一步提升 5G 云网的行业应用价值。

5G 云小站的系统架构与数字化皮飞站相同，由接入单元（集成 MEC）、扩展单元、远端单元组成，5G 云小站组网如图 7-37 所示。运营商可根据实际应用场景的覆盖和容量需求，灵活配置扩展单元、远端单元的数量，实现按需组网、灵活扩展。

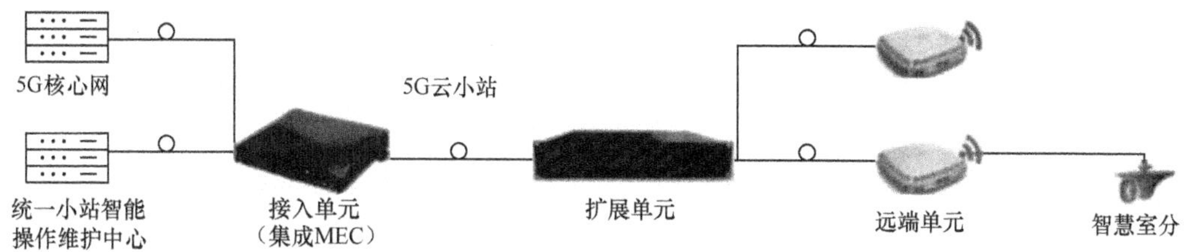

图7-37　5G云小站组网

接入单元负责 5G 无线接入网空口部分物理层及上层协议栈处理、操作维护处理，实现与终端的空口通信及与核心网的连接；扩展单元负责下行分发和上行汇聚与远端单元的通信数据，实现 5G 室内小基站的分布式扩展，并通过光电混合缆为远端单元远程供电，扩展单元通过光纤上连到接入单元；远端单元具备射频收发功能，通过低功率信号发射实现室内 5G 信号的分布式覆盖。

接入单元：支持星型组网，支持与 4 台扩展单元连接，每台扩展单元支持 8 个远端单元接入，并最大支持 2 级扩展单元级联，因此，一个接入单元最大可支持 64 个远端单元接入。支持 4 个小区，每个小区支持 400 个激活态用户，1200 个 RRC 连接态用户。当采用 5ms 单周期、4T4R 时，下行峰值速率达 1700Mbit/s，上行峰值速率达 250Mbit/s；当采用 5ms 单周期、2T2R 时，下行峰值速率达 850Mbit/s，上行峰值速率达 250Mbit/s；当采用 2.5ms 双周期、4T4R 时，下行峰值速率达 1500Mbit/s，上行峰值速率达 375Mbit/s；当采用 2.5ms 双周期、2T2R 时，下行峰值速率达 750Mbit/s，上行峰值速率达 375Mbit/s。接入单元支持小区合并和小区分裂，既支持 NSA 模式，又支持 SA 模式，既支持 CU-DU 分离，又支持 CU-DU 合设。

扩展单元：支持 8 个远端单元接入，支持扩展下一级的扩展单元，最大支持 2 级扩展单元级联，支持将所接各个远端单元的上行 IQ 数据合路，同时也支持将级联的下一级扩展单元的 IQ 数据合路；可将下级信号分发给所接的各个远端单元和级联的下一级扩展单元；支持通过光电混合缆给远端单元进行远程供电。

远端单元：n41 频段支持 60/80/100MHz 信道带宽，n78 频段支持 50/100MHz 信道带宽；采用 4T4R 时每通道的最大发射功率为 250mW，采用 2T2R 时每通道的最大发射功率为 500mW；支持 5G NR 与 4G LTE 双模；支持 −48V 光电混合缆供电；防护等级为 IP31。

5G 云小站的产业化模式具有价格优势。

① 5G 云小站整体基于 x86 芯片，整体架构开放，可共用芯片和其他硬件，可与本地化边缘计算应用更好地对接。

② 在同样的覆盖效果下，云小站的设备成本更低，能够快速扩大规模从而降低成本，另外，云小站还可通过外接智慧天线，减少远端单元数量，进一步降低建网成本。

2. 工程应用实例测试结果

根据试验站点测试结果，试验站点的各测试均达到预期效果，包括接入测试、CQT、DT、远端单元拉远测试、移动性测试、语音测试等。

在设备成本方面，由于目前 5G 云小站设备厂家较少，采购议价方面受限，设备价格较高。某试验站点方案情况：采用厂家 A 的云小站设备，SA 方式组网，部署 6 个远端单元，覆盖面积 5000m^2，平均每个远端单元覆盖 833m^2，为达到与传统室内覆盖方案类似的覆盖效果，厂家 A 云小站设备的方案投资和传统室内覆盖方案相比需要增加 1 倍。

另一试验站点采用厂家 B 设备，采用 NSA 组网，其测试情况为：1 个远端单元外接 4 个智慧天线，覆盖面积 1200m^2，可通过外接天线增加远端单元覆盖面积。不同厂家云小站设备测试结果对比见表 7-12。

表7-12 不同厂家云小站设备测试结果对比

序号	测试项目	厂家 A 测试结果（SA 组网）	厂家 B 测试结果（NSA 组网）
1	CQT 下行峰值测试	最大值为 785.63Mbit/s，均值为 746.48Mbit/s	最大值为 836.94Mbit/s，均值为 726.11Mbit/s
2	CQT 上行峰值测试	最大值为 171.95Mbit/s，均值为 150.49Mbit/s	最大值为 94.58Mbit/s，均值为 85.89Mbit/s
3	DT RSRP 测试	RSRP ≥ -105dBm 的占比为 100%，均值为 -72.6dBm	RSRP ≥ -105dBm 的占比为 100%，均值为 -77.21dBm
4	DT SINR 测试	SINR ≥ 5dB 的占比为 100%，均值为 34.39dB	SINR ≥ 5dB 的占比为 100%，均值为 27.38dB
5	DT 下载速率测试	下载速率≥ 100Mbit/s 的占比为 99.19%，最大值为 780.94Mbit/s，均值为 486.79Mbit/s	下载速率≥ 100Mbit/s 的占比为 99.19%，最大值为 842.99Mbit/s，均值为 656.04Mbit/s
6	DT 上传速率测试	上传速率≥ 10Mbit/s 的占比为 100%，最大值为 171.94Mbit/s，均值为 88.72Mbit/s	上传速率≥ 10Mbit/s 的占比为 100%，最大值为 94.54Mbit/s，均值为 72.02Mbit/s
7	ping 包测试	开通后 ping 包的平均时延为 17.26ms，无丢包	开通后 ping 包的平均时延为 20ms，无丢包

3. 存在问题及后续推广建议

目前云小站的实施须留意以下问题。

① 云小站设备需要设置独立网管。

② 目前 5G 云小站设备厂家较少，采购议价方面受限。

在后续推广方面须留意以下问题。

① 云小站组网方案与数字化皮飞站相比，在架构、功能方面较为类似，在设备安装、施工、开通、优化、运维等方面均有成熟的工序和流程支撑，方便推广。

② 对覆盖应用场景进行精细化管理，方便在改造场景中新增云小站覆盖。在已做 5G 室分合路但局部有高速率下载需求的场景（例如，大型商场内部的高星级渠道点展示厅、重点医院内部的 VR 手术室等），以及 5G 覆盖室内盲点应急建设场景等局部场景中推广应用云小站。

③ 通过试验站点验证，5G 云小站基本满足用户网络质量需求，各项指标和基站业务均正常。云小站室分设备可以降低 5G 主设备门槛，加强竞争，从而降低 5G 建网成本。

4. 应用场景建议

云小站比较适用于中低流量的垂直行业、物联网应用场景，例如，中小型工厂、园区、医院等场景。

7.3 室内分布系统节能新技术

预计到 2025 年，通信行业会消耗全球 20% 的电力，电费将成为决定运营商经营能力的重要因素。对于移动通信业务来说，室内流量占比将高达 80%，因此，在室内场景的能源使用效率几乎决定了整个移动通信系统的能源效率。另外，5G 网络在带来更高速率、更低时延的同时，由于更大的带宽、更多的通道数、低器件集成度等因素的影响，其网络设备功耗会大幅增加，所以，发展并应用 5G 网络室内覆盖节能技术势在必行，意义重大。

室内分布系统业务量在时间方面有着较强的周期特性，呈现出明显的潮汐效应。通过对室内分布系统使用区域进行分析，发现大多数室内分布覆盖场景业务量时段性较强，办公楼、车站等话务量主要集中在工作日的白天，夜间基本无通话；大型超市、商场、购物区在晚 22 点至次日早上 6 点基本无业务量。这表明，在无业务量的时间段内，室内分布系统在空耗能，浪费了大量的电力能源，电信运营商付出了不必要的成本。根据这一特点，室内分布系统完全可以在无业务量期间关闭，为此可以对室分信源设备进行硬件或软件上的关断，达到节能降耗的目的。

多网协调部署（例如，4G/5G 网络协同）为室内分布系统节能提供了基础条件。根据国内网络建设部署原则，在 4G 网络覆盖完善的情况下，5G 网络一般作为容量层承载有高速需求的数据业务，在夜间话务需求较低的时刻，可以关闭 5G 室分信源的射频发射，仅保留 4G 室分信源的射频发射，用户可以继续在 4G 网络上使用，这样即使用户业务量很小，其网络服务也不会被中断。多网协调部署既不影响个别用户持续使用移动通信业务，同时也减少了能源消耗。

多种基站信源节能技术的发展也为室内分布系统节能提供了技术条件。基站信源符号关断、通道关断、载波关断、深度休眠等技术，以及人工智能及大数据技术的发展和推广应用，助力 5G 基站节能目标的实现。

7.3.1 科学合理的室内分布系统设计

在室内覆盖设计阶段，充分利用设备功率能力，合理布置室内分布系统结构，减少器件损耗，例如，通过合理分配功率减少室内分布假负载的使用。另外，根据调查分析，信源馈入位置应选在建筑物中部楼层，使分布系统的结构更加对称，减少耦合器的使用，这种方案比信源馈入位置选在建筑物底部楼层更能有效利用设备功率，室内分布信源在不同位置馈入时的信号电平对比如图 7-38 所示，由此可见，在输入同等功率的情况下，当信源馈入位置选在建筑物中部楼层时，各楼层的信号分布更为均匀，电平相对更高。

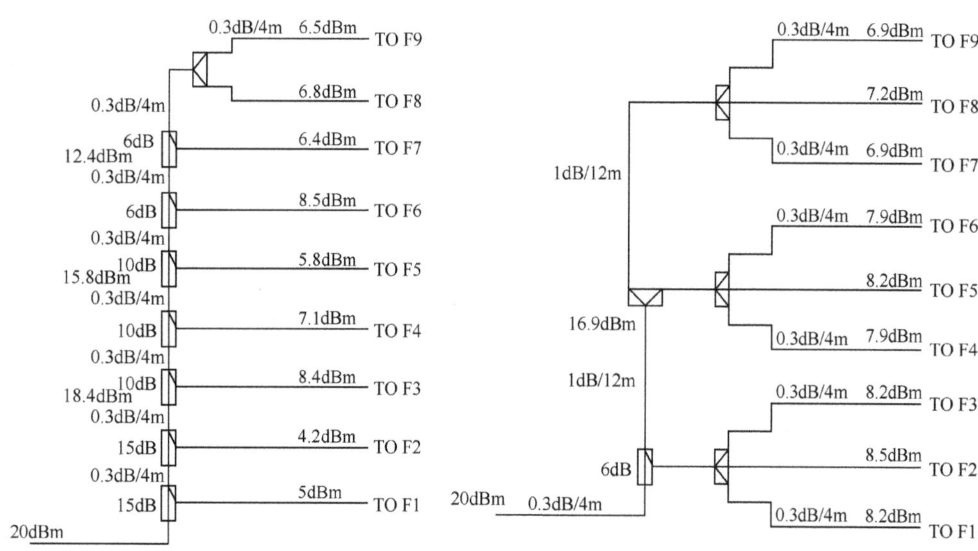

图7–38 室内分布信源在不同位置馈入时的信号电平对比

7.3.2 光伏发电等新能源的应用

对于年日照时数较多地区的室内分布系统，如果其楼顶具备安装太阳能光伏板的条件，则可考虑采用太阳能光伏发电系统，实现室内分布系统的节能降耗，减少电费消耗，并节省人力维护成本，提高移动用户感知。

1. 光伏发电系统结构

本节光伏发电系统指太阳能光伏发电系统，主要由太阳能离网发电机（逆变器、市电 / 太阳能发电机转换一体机）、太阳能光伏板、太阳能控制器、专用胶体蓄电池、光伏汇流箱，以及汇流导线等部分组成，太阳能光伏发电系统组成如图 7-39 所示。

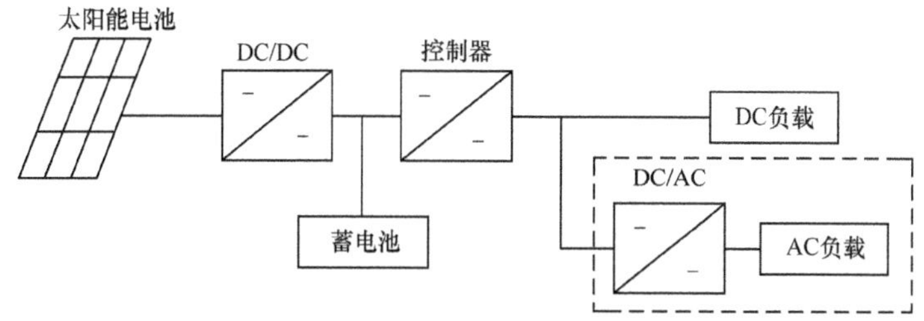

图7–39 太阳能光伏发电系统组成

2. 室内分布光伏发电系统案例

在本室内分布光伏发电系统案例中，室内分布系统用电量大约为 1000W（用电设备主要为室分 BBU、RRU 等），相应的太阳能发电系统配置功率为 1500W。白天由太阳能发电系统直接给设备供电，并通过控制器对蓄电池充电，夜晚无间断切换至蓄电池供电。蓄电池的供电设置时长为4h，随后将再次无间断切换至市电进行供电。如果市电短时间断电，那么蓄电池可以继续为设备供电。本系统能够确保设备的正常工作，其中控制器采用先进的数码技术，控制逆变一体，实现了太阳能发电系统和市电的无间隙转换。

蓄电池使用太阳能发电系统专用胶体电池，对由太阳能转化而来的电能进行储存，延长了太阳能发电系统的使用时间，使其在夜晚或阴天等无太阳能资源时仍可对外供电。储存的蓄电池直流电能通过太阳能发电机（含逆变单元）逆变转换为室分信源设备可用的220V、50Hz的交流电源，具有环保、节能的特点。另外，光伏电池支架采用镀锌高强度钢管安装于楼顶，可以增强其在室外的使用寿命。

太阳能光伏发电板使用寿命为20年，转换率为17%左右，环境温度要求为–60℃～80℃，防护能力等级为IP68，安装位置要求光照充足，太阳能光伏板件为12块，每块最大发电量为125W，共计1500W；控制器保证太阳能电源和市电的无间隙切换，光伏控制器为2000W，其本身功耗≤95W；太阳能发电机对外输出220V、50Hz的交流电，系统最大输出功率＞1200W；太阳能专用胶体蓄电池组容量（C_{10}，48V）为150Ah，胶体蓄电池使用寿命为3～5年。

3. 室内分布光伏发电系统的优势

① 该系统优先以并网发电模式运行。当白天太阳光照充足时，以并网运行方式满足室分信源设备负载的用电需求，多余电力可以反馈至电网，由电力部门补充差价（具体电费可以参照地方电力部门标准）。

② 当市电异常或断电时，该系统能自动切换到离网运行模式，此时室分信源设备负载的用电完全由光伏系统提供，减少代维油机发电时间和次数。

③ 经济效益显著。室内分布光伏发电系统的投资回收期约为5年，远少于其使用年限20年。

④ 良好的社会效益，为节能减排做出重要贡献。经调查，大部分中小型室分站点供电可以用光伏发电完全代替，如果多数站点都能安装光伏发电系统，节能减排效果更佳，同时可以降低电网压力。此外，随着光伏材料成本的逐步下降，通信基站利用光伏发电不仅能够降低成本、节能减排，还能够带动整个行业利用光伏并推动家用光伏的发展，给整个社会带来可观的效益。

7.3.3 人工智能（AI）和大数据技术的应用

AI节能方案借助AI和大数据技术，引入场景特征自学习、节能参数自配置、节能效果自优化功能，可以在保证网络KPI不受影响的基础上，使节能效果达到最优，实现能耗与性能的最佳平衡。

① 场景特征自学习：根据网络拓扑和历史性能数据归纳小区场景特征，并基于场景特征来预测未来各时段的业务量。

② 节能参数自配置：基于场景特征与业务预测自动编排各种节能策略，同时自动配置各种策略的节能参数。

③ 节能效果自优化：节能策略实施后，根据测量报告（Measurement Report，MR）、KPI、用户感知等数据综合评价节能实施后的效果，并且自动对节能参数进行优化调整。节能效果自优化可以使网络性能和节能效果达到最优。

7.3.4 室内分布设备器件级的节能

在室内分布设备器件方面，通过应用新架构、新材料、新功能来实现更高效率的节能，具体体现在以下方面：扩大液体散热、高效率功放、高集成度器件的应用，实现整机功耗的逐年降低；推动半导体材料、工艺、射频系统、功放等众多关键技术的发展，推动设备硬件功耗持续降低；推动通信芯片产业发展，推广应用 7nm/5nm 工艺；提高高效率功率放大器的应用比例，例如氮化镓（GaN）功率放大器。

7.3.5 室内分布信源设备站点级的节能

1. 符号关断

在 5G NR 低频系统中，一个无线帧为 10ms，每个无线帧由 10 个无线子帧构成，每个无线子帧由 2 个时隙构成，每个无线子帧为 1ms，每个时隙为 0.5ms。每个时隙在 Normal CP（常规循环前缀）的情况下，由 14 个符号构成。在实际通信过程中，基站不是任何时候都处于最大流量的状态，因此，对于无线子帧中的符号，不是任何时刻都填满了有效信息。符号关断节能指在没有功率的符号周期时刻关闭功率放大器（Power Amplifier，PA）电源开关，从而达到节能的目的。在有功率的符号周期时刻打开 PA 电源开关，可保证正常业务不受影响。

未开启符号关断节能时，每个符号周期时刻 PA 电源开关均为打开状态。未开启符号关断功能时 PA 电源开关状态如图 7-40 所示。

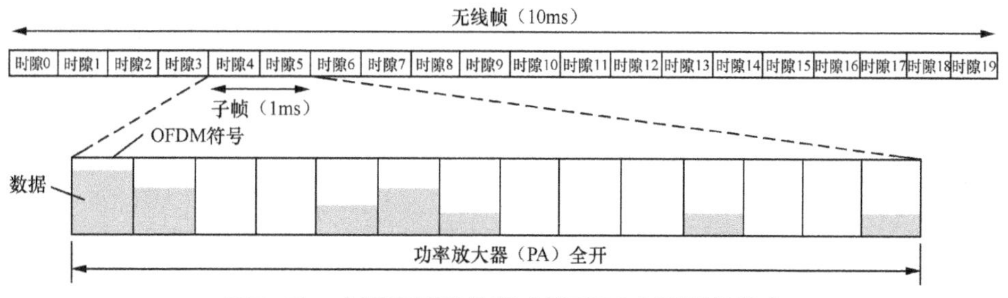

图7-40 未开启符号关断功能时PA电源开关状态

开启符号关断功能时，没有功率的符号周期 PA 电源为关闭状态。开启符号关断功能时 PA 电源开关状态如图 7-41 所示。

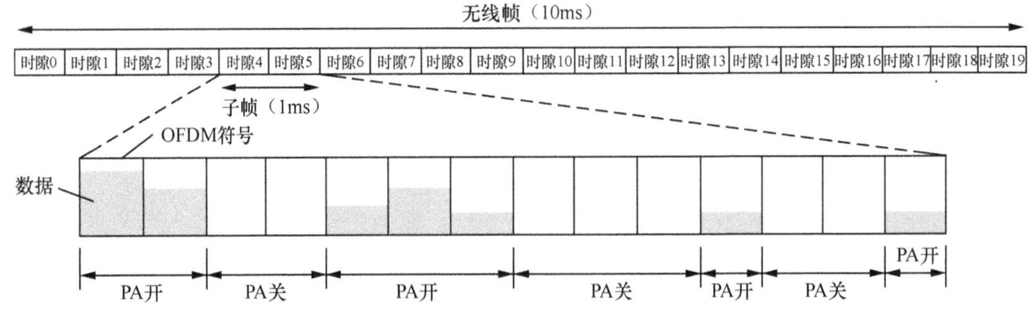

图7-41 开启符号关断功能时PA电源开关状态

智能符号关断功能通过业务数据量监测，在网络低负荷时主动将数据业务调度到指定的符号上，当符号关断功能开启时，若下行符号没有用户发送数据，基站设备通过主动关闭射频部分中功放模块的发射功率来实现节能的目的。

该方案适用于时延不敏感的场景及业务量较低的场景，室分信源基站能够根据业务量的变化，在数据链路层实现集中调度（集中调度会导致时延有少许增加）。RRU 判断子帧是否有数据发送，当无数据发送时，关断射频通道。对于必要的控制信道和信号，室分信源基站仍保持原有的发射周期和功率。因此，当室分信源基站业务量恢复到正常时，符号关断功能终止，功放模块可立即进入工作状态，保证了 5G 网络性能不受影响。

2. 通道关断

当小区无业务或者业务负荷较低时，在系统设定的节能时间段内，可以按照不同的颗粒度进行通道关断以实现节能。通道关断开关打开，在设置的节能时间段内监测当前上行 / 下行资源块利用率，如果满足条件，则触发执行通道关断操作，通过参数来控制通道关闭的具体执行策略，涉及部分发射射频通道、功放的关断。当不满足条件或到达节能结束时间时，退出通道节能状态。该方案适用于夜间负荷低且小区远点用户很少的情况。此外，基站实施通道关断时，一方面需要考虑发射功率的降低对网络 KPI 的影响，另一方面还需要考虑上行接收性能，以避免误估业务负荷的情况。因此，建议分开考虑上下行通道的关断功能，以达到更好的 5G 性能。通常，通道关断节能对于宏基站的效果良好，例如，宏基站的 64T64R 可以随话务容量逐步降低至 16T16R。而对于室内分布信源基站，由于通道数较少（例如，数字化室分为 4T4R），室内分布信源站点的通道关断节能效果比较有限。

3. 载波关断

在 5G NR 多层覆盖的场景下，容量层小区提供热点覆盖，基础覆盖层小区提供连续覆盖。当容量层小区负荷较低时，将 UE 迁移至基础覆盖层小区、关断容量层小区，以达到节能的效果；当基础覆盖层小区负荷升高时，唤醒容量层小区。这种根据容量层小区和基础覆盖层小区负荷变化触发的节能方式被称为载波关断节能。

NR 小区载波关断工作原理如图 7-42 所示。NR Cell A 为容量层小区，NR Cell B 为基础覆盖层小区，当 NR Cell A 负荷较低时，将 UE 迁移至 NR Cell B，关断 NR Cell A，Cell A 节能；当 NR Cell B 负荷升高时，唤醒 NR Cell A。

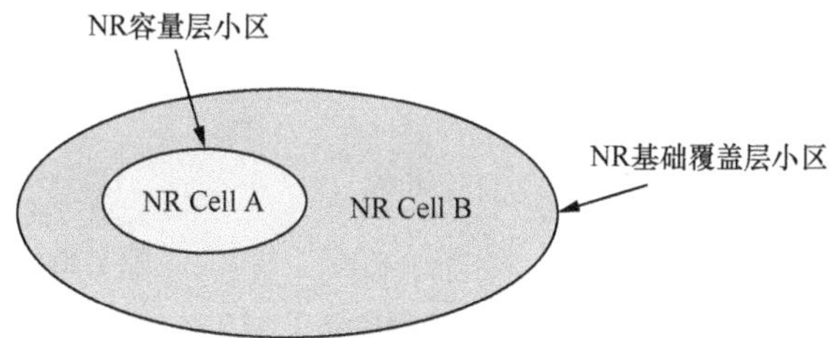

图7-42 NR小区载波关断工作原理

4. 深度休眠

深度休眠功能对于室内分布系统比较有效，特别是在商场、地铁等典型潮汐场景中，深度休眠工作原理如图 7-43 所示。在业务空闲时，pRRU 进入深度休眠模式，数字器件的大部分功能关闭不再提供服务，或者直接下电，当业务量增加并超过预定门限时，可通过 BBU 设备激活 pRRU 设备，灵活实现基站设备节能功效。具体地说，设定深度休眠的启动时间和停止时间，以及检测周期（例如 15min），检测是否有终端驻留和发起业务。如果到达节能启动时间，pRRU 下无业务且无终端驻留，则启动深度休眠（pRRU 掉电或低功率运行）；如果有业务或有终端驻留，则下一个周期再执行检测；如果到达节能停止时间点，则 BBU 触发 pRRU 恢复到正常工作状态。

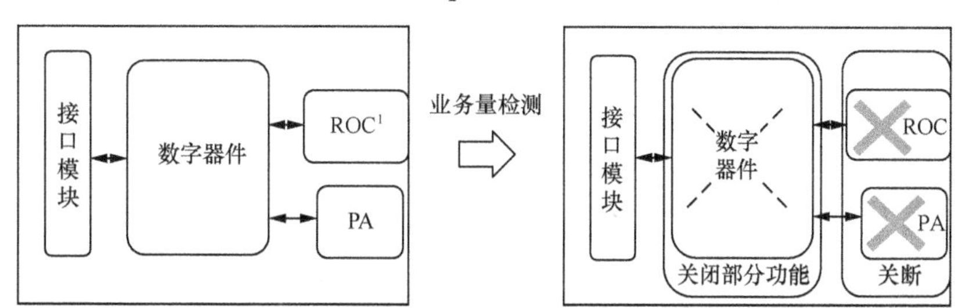

注：1. ROC（Radio On Chip，射频芯片）。

图7-43 深度休眠工作原理

7.3.6 室内分布系统网络级的节能

通过开展多网络协作节能系统建设，实现商用网络规模化部署。另外，在基于云计算的无线接入网架构（Cloud-Radio Access Network，C-RAN）集中部署的条件下，BBU 基带资源池共享，可以节省硬件板卡配置，进一步实现节能的效果。

根据国内网络建设部署原则，在 4G 基础覆盖完善的情况下，5G 网络一般作为容量层承载高速需求的数据业务，在夜间话务需求较低的时刻，可以关闭 5G 网络容量层，仅保留 4G 覆盖满足用户需求，4G/5G 协同网络级节能工作原理如图 7-44 所示。

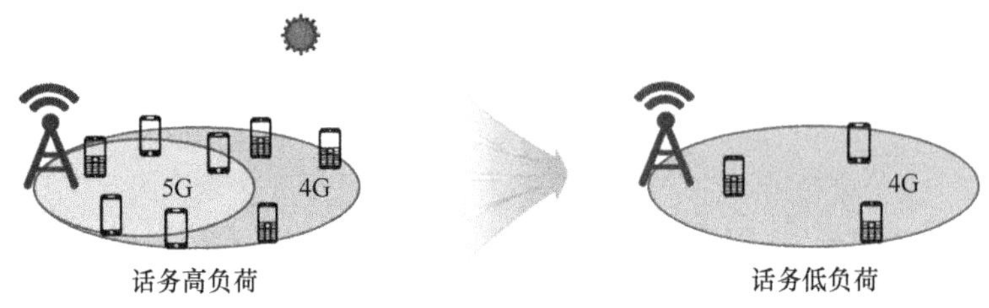

图7-44　4G/5G协同网络级节能工作原理

通过 4G/5G 网络间的协同，获取 4G 基站和 5G 基站负荷，根据 5G 基站历史负载情况，设置关断策略（门限、时间）。若 5G 负载低于特定门限，则关断 5G 网络设备信源；若发现 4G 负载高于特定门限，则打开 5G 网络设备信源。根据 5G 的组网方式有以下两种关断特性。

① NSA 场景下，通过 EN-DC X2 接口，实现低业务时段关闭 5G 信源。

② SA 场景下，通过网管平台，实现低业务时段关闭 5G 信源。

以 NR 的 NSA 方式组网时，可认为其中的 NR 是容量制式，LTE 是基础覆盖制式。如果 NR 业务量较低，则可以智能地关断 NR，同时把流量转移到 LTE 上，一旦 LTE 业务超过门限，就唤醒 NR 小区，这样一来，整个网络的功耗随着业务量的变化而变化。多网协同节能适合整体业务量随时间慢速变化且具备多网络制式同时覆盖的室分场景。

Chapter 8

第 8 章

5G 室内分布系统规划设计

8.1 室内分布系统结构

8.1.1 传统室内分布系统结构

现网最典型的室内分布系统是同轴电缆室内分布系统，其主要由信号源和分布系统组成，典型的室内分布系统组成如图 8-1 所示。

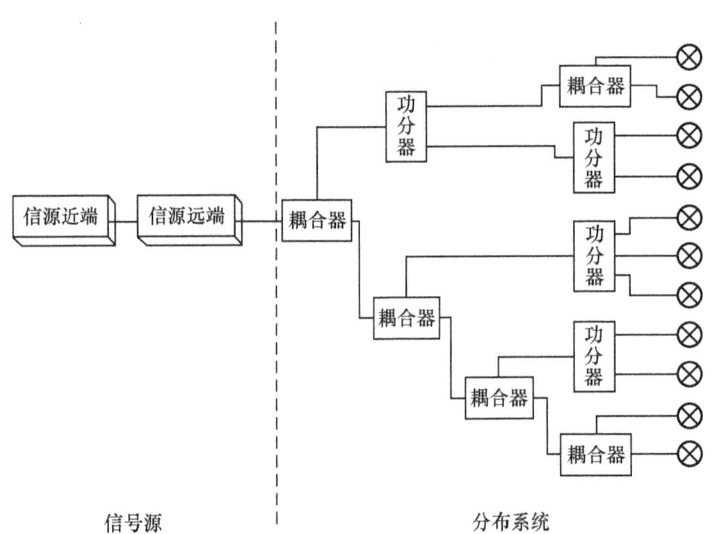

图8-1　典型的室内分布系统组成

1. 信号源

信号源，简称信源，主要提供用于 5G 网络的射频信号。

室内分布系统的信源通常指基站设备。基站设备通过内部的射频单元产生射频信号，是信号真正的源头。在室内分布系统中，信源常采用的基站设备类型包括宏基站、微基站、分布式基站和分布式皮基站设备等。

直放站是一种射频信号中继设备。它将基站设备产生的射频信号进行中转处理放大，再发射出去。直放站没有独立承载业务的能力，它只能使主基站的覆盖范围

扩大，因此，严格意义上不能将直放站称作信源，只是在工程中，为了将其与分布系统区分开，通常将其纳入信源范畴。直放站主要应用在 2G/3G 等早期移动网络中。

2. 分布系统

分布系统负责将信源发出的射频信号通过各种有源、无源器件和线缆等分配到室内各个角落的小功率天线上，实现室内的均匀覆盖。

分布系统根据其传输介质的不同，可以分为同轴电缆分布系统、泄漏电缆分布系统、光纤分布系统、五类线分布系统等，其中，同轴电缆分布系统是现网中采用最广泛的分布系统。

同轴电缆分布系统主要由射频同轴电缆、室内天线和元器件组成，其中元器件又可以分为无源器件和有源器件，5G 室内分布系统使用的主要是无源器件。

① 射频同轴电缆：俗称馈线，主要完成射频信号的传输。

② 室内天线：室内分布系统中所采用的天线主要是小增益室内天线，覆盖范围相对较小。室内天线主要完成馈线中射频信号与空间电磁波信号的转换，实现无线信号的发送与接收。

③ 元器件：室内分布系统所采用的元器件种类有很多，功能各不相同。其中，使用最多的器件是功分器和耦合器，它们主要负责射频信号上下行传输过程中的合路与分配。

8.1.2　数字化室内分布系统结构

随着移动通信网络的发展和技术的进步，室内分布系统的形态也在不断变化。结合 5G 业务需求和技术特点，数字化室内分布系统应运而生。数字化室内分布系统架构如图 8-2 所示。

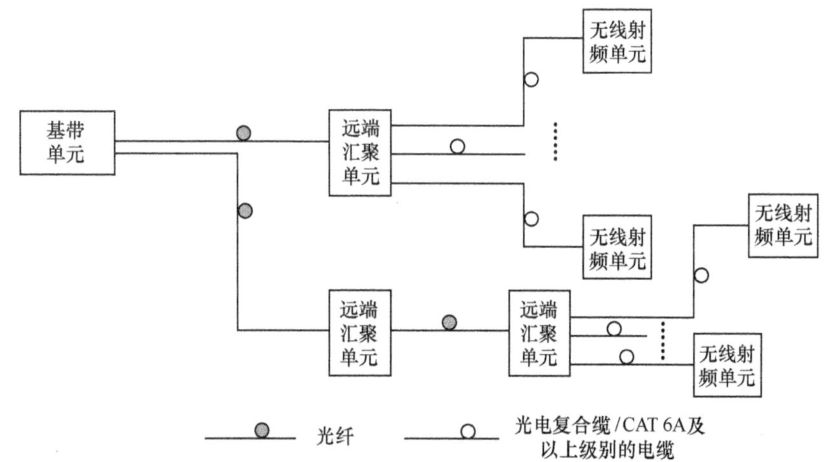

图8-2　数字化室内分布系统架构

数字化室内分布系统的组成包括基带单元（BBU）、远端汇聚单元（RAU）、无线射频单元（RRU）。BBU 与 RAU 之间、RAU 之间均采用光纤连接，根据传输距离选用光模块，最大拉远距离通常为 10km；RAU 与 RRU 之间采用五类线或六类线连接，RRU 支持 POE 供电。RRU 尺寸较小（直径最小可达 10cm 左右），可以直接放装或外接天线。数字化室内分布系统适用于容量需求较大的重要室内大型场景，尤其适用于大型场馆、交通枢纽等覆盖面积大、单位面积业务密度高或潮汐效应明显的场景，在 4G 和 5G 室内分布系统中得到了广泛应用。

数字化室内分布系统具有以下优点。

① 易于协调、施工快捷。传统分布系统的无源器件多，采用馈线布放，容易引起业主反感，施工周期也较长。数字化室内分布系统采用光纤和网线连接，降低了协调难度，且比同轴电缆（馈线）易于布放，建设速度快。

② 软件设置小区合并或分裂，扩容方便。传统分布系统扩容可能会增加 RRU 数量，对分布系统进行小区分裂造价高且施工难度大。分布式皮基站和飞基站中每个 pRRU 都可以划分为一个小区，直接在网管系统后台配置即可完成扩容，简单快捷，便于灵活构建较大规模的分布系统。

③ 全系统监控，运维成本低。传统室内分布系统都是无源系统，如果中间环节出现故障，那么只能翻开吊顶检修，故障定位难度大，给维护带来很大的麻烦。数字化室内分布系统的各个网元都可以通过网管实时监控，很容易定位故障点，运维成本低。

数字化室内分布系统也有一些缺点，主要缺点如下。

第一，主设备厂家的支持程度有一定差别，造价成本较高，个别厂家设备的成熟度低。

第二，在建设前需要明确支持的网络制式和频段。如果建成后需要提供其他系统或新的频段覆盖，则需更新远端模块，产生一定的改造工程量。

第三，远端为有源设备，需要独立供电或通过五类线供电，因此，不适用于取电困难、封闭、潮湿的应用场景。

8.2 室内分布系统设备器件

8.2.1 合路器

合路器是将不同制式或不同频段的无线信号合成一路信号输出，同时实现输入端口之间的相互隔离的无源器件。

由于多系统合路对宽频合路器的指标要求较高，宽频合路器须满足以下要求。

① 具有优异的通带传输特性。

② 通带插入损耗小；通带匹配特性好，即驻波比小；通带波动小；通带传输时延小。

③ 各网之间隔离度要高，即合路滤波器应具有优异的阻带抑制特性。

④ 互调衰减抑制要高，以免造成互调干扰。

⑤ 要有足够的功率容量。

下面以用于中国移动的多制式室内分布系统合路器为例，说明典型设备厂家产品的性能指标。典型设备厂家五合一室分合路器技术指标见表8-1，该产品能支持中国移动GSM900/DCS1800/TD-F&A/TD-E/5G NR系统。典型设备厂家五合一室分合路器功能示意如图8-3所示。典型设备厂家五合一室分合路器产品外观示意如图8-4所示。

表8-1 典型设备厂家五合一室分合路器技术指标

<table>
<tr><th colspan="7">电气指标</th></tr>
<tr><td colspan="2" rowspan="2">频段/MHz</td><td>Port1</td><td>Port2</td><td>Port3</td><td>Port4</td><td>Port5</td></tr>
<tr><td>GSM800-960</td><td>DCS1710-1830</td><td>TD-F&A1880-2025</td><td>TD-E2320-2370</td><td>5G2515-2675</td></tr>
<tr><td colspan="2">插入损耗/dB</td><td colspan="5">≤ 0.5</td></tr>
<tr><td colspan="2">带内波动/dB</td><td colspan="5">≤ 0.4</td></tr>
<tr><td colspan="2">驻波比</td><td colspan="5">≤ 1.3</td></tr>
<tr><td colspan="2">隔离度/dB</td><td>≥ 80
@1710MHz～2675MHz</td><td>≥ 80
@800MHz～960MHz
≥ 80
@1880MHz～2675MHz</td><td>≥ 80
@800MHz～1830MHz
≥ 55
@2300MHz～2675MHz</td><td>≥ 80
@800MHz～1830MHz
≥ 55
@1880MHz～2025MHz
≥ 55
@2515MHz～2675MHz</td><td>≥ 80
@800MHz～1830MHz
≥ 55
@1880MHz～2370MHz
≥ 15
@2400MHz～2484MHz</td></tr>
<tr><td colspan="2">功率容量/W</td><td colspan="5">300W（4×75W）</td></tr>
<tr><td rowspan="2">互调抑制/dBc</td><td>三阶</td><td colspan="5">≤ -150@2×43dBm</td></tr>
<tr><td>五阶</td><td colspan="5">≤ -155@2×43dBm</td></tr>
<tr><td colspan="2">端口阻抗/Ω</td><td colspan="5">50</td></tr>
<tr><th colspan="7">机械特性</th></tr>
<tr><td colspan="2">外形尺寸/mm</td><td colspan="5">201×188×35.5</td></tr>
<tr><td colspan="2">颜色</td><td colspan="5">亮灰</td></tr>
<tr><td colspan="2">接头类型</td><td colspan="5">N-Female</td></tr>
<tr><td colspan="2">安装方法</td><td colspan="5">壁挂</td></tr>
<tr><td colspan="2">工作温度/℃</td><td colspan="5">-25～55</td></tr>
<tr><td colspan="2">工作湿度</td><td colspan="5">≤ 95%</td></tr>
</table>

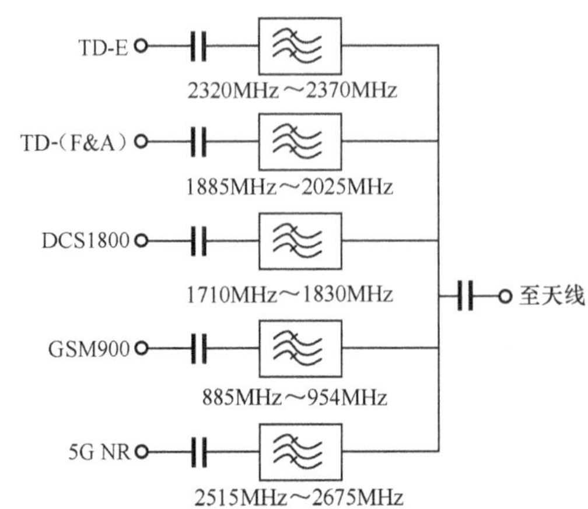

图8-3　典型设备厂家五合一室分合路器功能示意

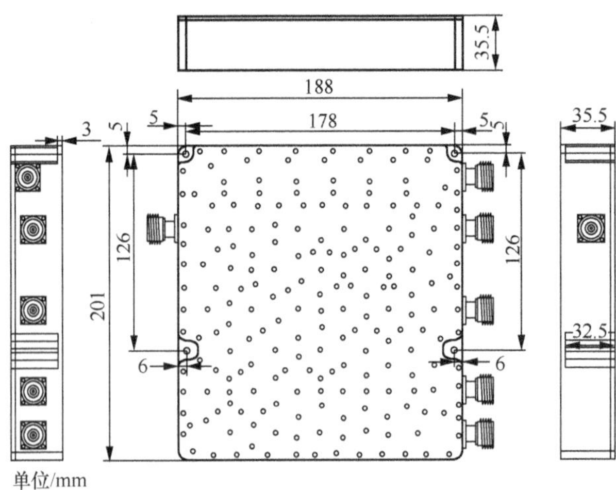

图8-4　典型设备厂家五合一室分合路器产品外观示意

8.2.2　天线

天线是将传输馈线中的电磁波能量辐射到自由空间，同时也能接收自由空间的电磁波能量反馈到传输馈线的设备。根据工作频率范围、驻波比、损耗需求，选取合适的室分器件，由于各电信运营商使用的频率范围有差异，本节以中国移动为例，介绍其器件选型要求。中国移动 5G 网络使用 2.6GHz 频段，考虑到 2G/4G/5G 多系统共用，要求室分器件工作频率范围为 800MHz ～ 2700MHz。根据室分天线辐射方向图及不同的应用场景分类，常见的室分天线有室内全向吸顶天线、室内定向壁挂天线、射灯型美化天线、对数周期天线等类型，以下是室内分布系统中典型天线的性能指标。

1. 室内全向吸顶天线

室内全向吸顶天线外形酷似蘑菇头，是应用最多的分布系统天线。室内全向吸顶天线技术指标见表 8-2，全向室内吸顶天线实物如图 8-5 所示。室内全向吸顶天线的特点是其天线水平方向图表现为 360° 均匀辐射，通常安装在吊顶或天花板上，能够对周围小范围空间进行均匀的信号覆盖。

表8-2 室内全向吸顶天线技术指标

技术指标	指标数值
工作频率 /MHz	824 ～ 960
	1710 ～ 2690
用途	室内吸顶安装，全向收发
增益 /dBi	2.1
驻波比	≤ 1.5
水平波束宽度	360°
垂直波束宽度	180°
极化方式	垂直极化
功率容量 /W	100
接头	N-K
阻抗 /Ω	50
尺寸 /mm	直径 200，高 78
重量 /kg	0.5

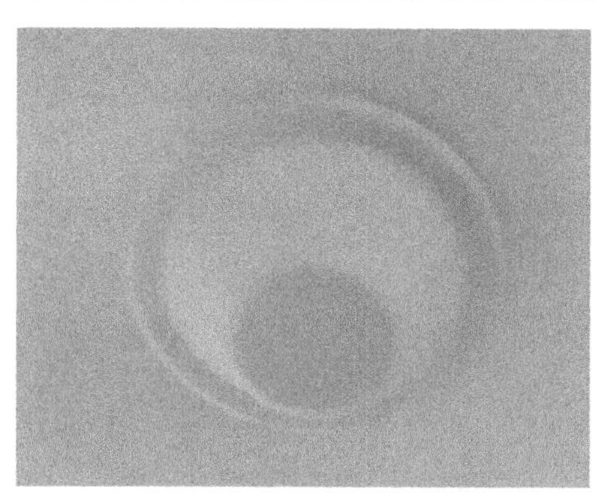

图8-5 全向室内吸顶天线实物

2. 室内定向壁挂天线

室内定向天线也可称为定向壁挂天线、定向板状天线，通常采用壁挂方式安装。定向室内天线技术指标见表 8-3，定向室内天线实物如图 8-6 所示。室内定向天线的特点是增益比室内全向天线增益高，在室内分布系统中可以弥补室内全向吸顶天线方向性和穿透性较差的缺点，多用在狭长的室内空间或一些遮挡损耗较大的位置，例如，车库的进出通道、电梯及走廊等位置。

表8-3　定向室内天线技术指标

技术指标	指标数值
工作频率 /MHz	880 ～ 960
	1710 ～ 2690
用途	室内安装，定向收发
增益 /dBi	≥ 6.5
驻波比	≤ 1.5
水平波束宽度	75 ± 10°
垂直面半功率波瓣宽度	65°
极化方式	垂直极化
功率容量 /W	≥ 50
接头	N-Female
阻抗 /Ω	50
体积	≤ 174mm × 154mm × 52mm
重量 /kg	≤ 0.40

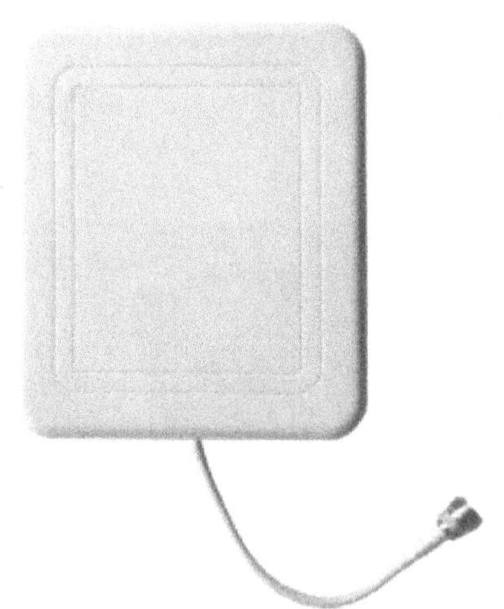

图8-6　定向室内天线实物

3. 射灯型美化天线

射灯型美化天线主要用于覆盖范围大且有美化要求的场景，例如，体育场、住宅小区等场景。美化天线与环境和谐统一，因此，美化天线形式多样，除了常见的射灯型美

化天线，还有草坪灯美化天线、蘑菇型美化天线、灯杆型美化天线、指示牌美化天线等。射灯型美化天线技术指标见表 8-4，射灯型美化天线实物如图 8-7 所示。

表8-4　射灯型美化天线技术指标

电气指标	指标数值
频率范围 /MHz	820 ～ 960/1710 ～ 2690
增益 /dBi	6.5/8.5
极化方式	垂直
水平波瓣宽度	60° ± 10°或 50° ± 20°
垂直波瓣宽度	60° ± 10°或 50° ± 20°
机械下倾角	± 45°
端口隔离度 /dB	≥ 23
前后辐射比 /dB	≥ 18
三阶互调 /dBm	≤ –107
电压驻波比	≤ 1.5
最大功率 /W	100
接口型式	N 型阴头
阻抗 /Ω	50
机械指标	**指标数值**
天线尺寸 /mm	362 × 339 × 125
包装尺寸 /mm	410 × 390 × 230
天线重量 /kg	4.5
工作温度 /℃	–40 ～ 60
最大风速 /（m/s）	55

图8-7　射灯型美化天线实物

4. 对数周期天线

对数周期天线的形状为锥形，其具有比常规定向天线更好的方向性，增益更高，适用于短距离隧道的覆盖。对数周期天线技术指标见表 8-5，对数周期天线实物如图 8-8 所示。

表8-5　对数周期天线技术指标

技术指标	指标数值
工作频率 /MHz	880 ～ 960
	1710 ～ 2690
增益 /dBi	9 ± 1 或 10 ± 1
驻波比	≤ 1.5
水平波束宽度	75° ± 5°
垂直面半功率波瓣宽度	55° /50°
极化方式	垂直或水平极化
功率容量 /W	50
接头	N 型阴头
阻抗 /Ω	50

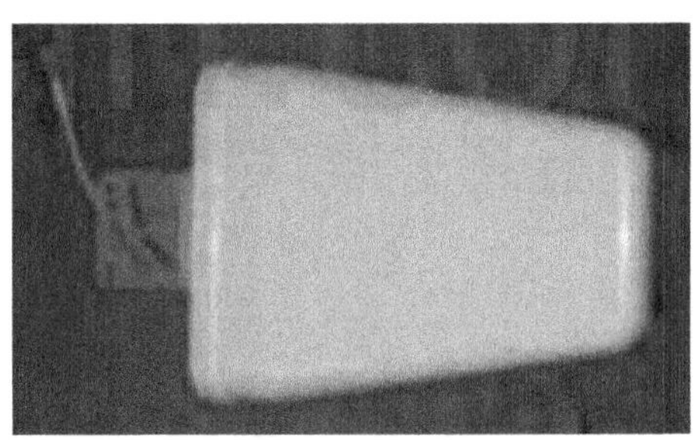

图8-8　对数周期天线实物

8.2.3　功分器

功分器（全称功率分配器）是一种将一路输入信号能量等分成两路或多路输出信号的器件，也可反过来将多路信号能量合成一路输出，此时也被称为合路器。一个功分器的输出端口之间应保证一定的隔离度，基本分配路数为 2 路、3 路和 4 路，通过它们的级联可以形成多路功率分配。使用功分器时，若某一输出端口不接输出信号，则必须接匹配负载，不能空载。

功分器的主要技术参数有插入损耗、分配损耗、驻波比、功率分配端口间的隔离度、功率容量和频段宽度等。典型的功分器技术指标见表8-6，宽频带二功分器实物如图8-9所示，宽频带三功分器实物如图8-10所示，宽频带四功分器实物如图8-11所示。

表8-6 典型的功分器技术指标

技术指标	指标数值
工作频带 /MHz	800 ～ 2700
分配损耗 /dB	二功分：3
	三功分：4.8
	四功分：6
插损	800MHz ～ 2200MHz：0.1dB
	2200MHz ～ 2700MHz：0.2dB
阻抗 /Ω	50
驻波比	二功分：≤ 1.2
	三功分：≤ 1.25
	四功分：≤ 1.3
功率容量 /W	200
接头类型	N 型 K 头
体积	二功分：202mm × 43mm × 25mm
	三功分：202mm × 61mm × 25mm
	四功分：202mm × 61mm × 43mm
重量 /kg	二功分：0.36
	三功分：0.39
	四功分：0.42
环境温度 /℃	-40 ～ 75
相对湿度	≤ 95%

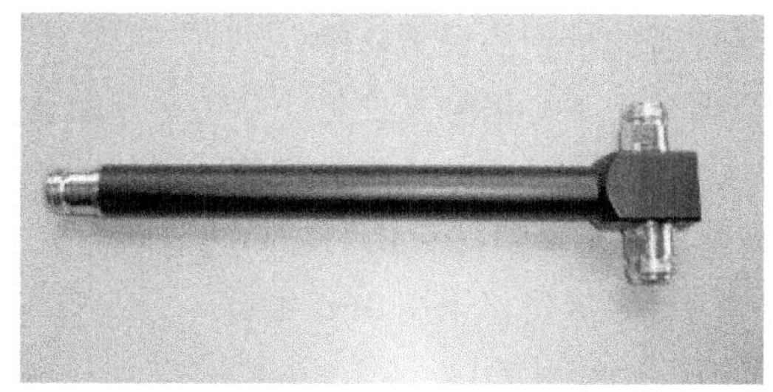

图8-9 宽频带二功分器实物

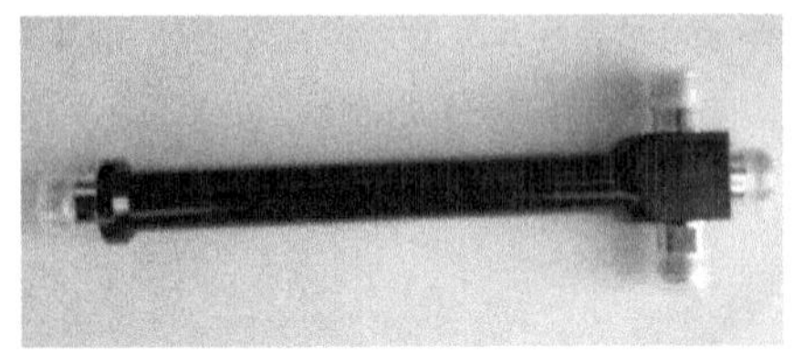

图8-10　宽频带三功分器实物

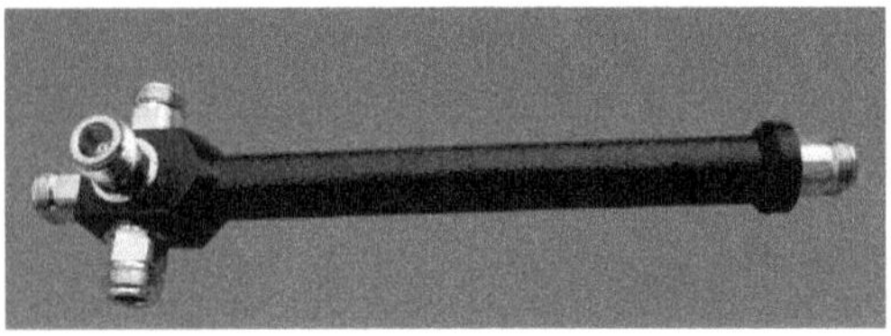

图8-11　宽频带四功分器实物

（1）频带宽度

频带宽度是各种射频电路的工作前提，功分器的设计结构与工作频率密切相关。

（2）功率损耗

功率损耗分为分配损耗和插入损耗。

① 分配损耗：主路到支路的分配损耗实质上与功分器的功率分配比有关，当功分器输出为 N 路时，分配损耗理论计算如式（8-1）所示。

$$分配损耗=10\times\lg(1/N) \qquad 式（8-1）$$

② 插入损耗：输入输出间的插入损耗是由传输线（例如微带线）的介质或导体不理想等因素引起的，是输入端的驻波比所带来的损耗。

功分器功率损耗见表 8-7。

表8-7　功分器功率损耗

功分器种类	插入损耗 /dB	分配损耗 /dB	总损耗 /dB
二功分	0.25	3	3.25
三功分	0.3	4.8	5.1
四功分	0.5	6	6.5
八功分	0.8	9	9.8

（3）驻波比

驻波比指沿着信号传输方向的电压最大值和相邻电压最小值之间的比率。每个端口的电压驻波比越小越好。

（4）功率容量

功率容量是指电路元件所能承受的最大功率。

在分布系统中，功分器对于下行信号来说是一个功率分配器，对于上行信号来说是一个（小信号）合路器。功分器上标注的功率是指输入端口的最大输入功率，而其作为（小信号）合路器时，不能在输出端口按标注的功率输入信号。功分器不宜用于大功率合成，两个大功率的载波信号合成建议采用 3dB 电桥。

（5）隔离度

隔离度是指本振或信号泄漏到其他端口的功率和原功率之比。如果每个支路端口输入功率只能从主路端口输出，而不从其他支路输出，这就要求支路之间有足够的隔离度，隔离度一般大于 20dB。

8.2.4　耦合器

耦合器常用于对规定流向射频信号进行取样，是一种非均匀分配功率的器件。在无内负载时，定向耦合器往往是四端口网络。耦合器实物如图 8-12 所示。

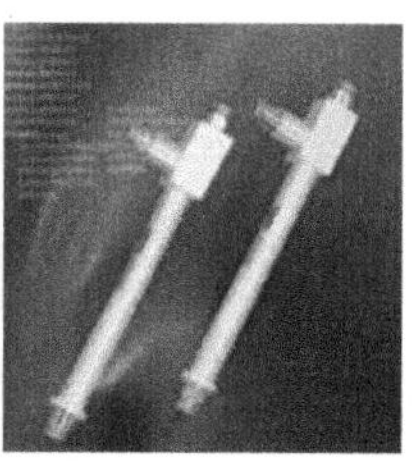

图8-12　耦合器实物

定向耦合器是一种低损耗器件，它接受一路输入信号而输出两路在理论上有以下特性的信号。

① 输出的幅度不相等：主线输出端为较大的信号，基本上可以看作直通，耦合线输出端为较小信号。

② 主线上的理论损耗取决于耦合线的信号电平，即取决于耦合度。

③ 主线和耦合线之间具有较高的隔离度。

耦合器的作用是将信号不均匀地分成 2 份（即主干端和耦合端，也称为直通端和耦合端）。

1. 主要指标

耦合器主要指标有耦合度、功率损耗、隔离度、方向性、输入 / 输出驻波比、功率容限、工作频段、带内平坦度等。典型耦合器技术指标见表 8-8。

表8-8　典型耦合器技术指标

技术指标	指标数值
工作频段 /MHz	800 ～ 2700
耦合度 /dB	6、10、15、20
插损（不包含分配比）/dB	≤ 0.1
阻抗 /Ω	50
输入 / 输出驻波比	≤ 1.2
功率容限 /W	200

（续表）

技术指标	指标数值
接头类型	N–K
体积	141mm × 24mm × 58mm
重量 /kg	0.3
环境温度 /℃	–30 ～ 55
相对湿度	95%

（1）耦合度

耦合度是指信号功率经过耦合器，从耦合端口输出的功率和输入信号功率的差值（一般都是理论值，例如 6dB、10dB、30dB 等）。

耦合器损耗计算原理如图 8-13 所示。耦合度是输入端输入功率（P_1）与耦合端输出功率（P_3）之比的分贝数，耦合度计算如式（8-2）所示。

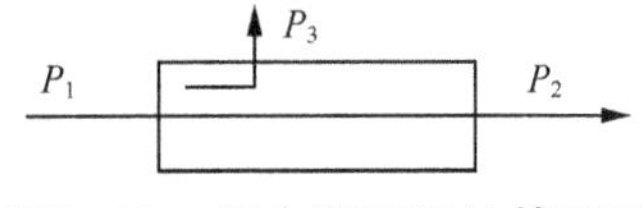

图8–13　耦合器损耗计算原理

$$C = 10 \times 1\text{g}(P_1/P_3)\ (\text{dB}) \qquad 式（8-2）$$

（2）功率损耗

功率损耗分为耦合损耗和插入损耗。

① 耦合损耗：理想的耦合器输入信号功率为 P_1，耦合端输出功率为 P_3，输出端口功率 P_2 必定要有所减少。由能量守恒定律可以推算出，定向耦合器的理想耦合损耗为 $-10 \times \lg(1-10^{-C/10})$，其中 C 为耦合度。

② 插入损耗：信号功率经过耦合器至输出端输出的信号功率减少的值再减去耦合损耗所得的数值，各厂家各型号耦合器的插入损耗略有差异，差异在 0.5dB 左右。

综合以上两种损耗，通过损耗的计算如式（8-3）所示。

$$通过损耗 = 耦合损耗 + 插入损耗 =-10 \times 1\text{g}\ (1-10^{-C/10})\ +0.5 \qquad 式（8-3）$$

（3）隔离度

隔离度指的是输出端口和耦合端口之间的隔离，一般此指标仅用于衡量微带耦合器。腔体耦合器的隔离度非常好，没有此指标要求。

（4）方向性

方向性指的是输出端口和耦合端口之间的隔离度再减去耦合度所得的值，由于微带耦合器的方向性随着耦合度的增加逐渐减小，当耦合度在 30dB 以上时基本没有方向性，所以微带耦合器没有此指标要求。在 1700MHz ～ 2700MHz 时，腔体耦合器的方向性为 17dB ～ 19dB；在 824MHz ～ 960MHz 时，腔体耦合器的方向性为 18dB ～ 22dB。

（5）输入 / 输出驻波比

输入 / 输出驻波比指的是输入 / 输出端口的匹配情况，各端口要求一般为 1.2 ～ 1.4。

（6）功率容限

功率容限指的是可以在一个耦合器（不损坏的）上长期通过的最大工作功率容限，一般微带耦合器平均功率为 30W ～ 70W，腔体耦合器平均功率为 100W ～ 200W。在耦合器上标注的功率同样是指输入端口的最大输入功率，输出端口和耦合端口不能用标注的最大功率输入。

（7）频率范围

为满足后期发展的需要，频率范围要求在 800MHz ～ 2700MHz。

（8）带内平坦度

带内平坦度指的是整个可用频带耦合度的最大值和最小值之间的差值。

（9）基站耦合器

基站耦合器是较为特殊的一种耦合器，主要用于耦合基站信号。

2. 腔体耦合器和微带耦合器的区别

腔体耦合器的内部是 2 条金属杆，组成一级耦合的网络。微带耦合器的内部是 2 条微带线，组成一个类似于多级耦合的网络。

从结构上来说，微带耦合器利用 1/4 波长的微带线，腔体耦合器利用谐振腔。相对而言，微带耦合器价格便宜但插入损耗达 0.5dB，而腔体耦合器价格稍贵但插入损耗只有 0.1dB。腔体耦合器和微带耦合器对比见表 8-9。

表8–9 腔体耦合器和微带耦合器对比

类别	微带耦合器	腔体定向耦合器	同轴腔体耦合器
插入损耗	大	较小	小
驻波比	较差	较好	差
方向性	较好	较好	不作为声明值
功率容限	小	中	大
端口匹配	所有端口阻抗匹配	所有端口阻抗匹配	输入口匹配
内部结构	焊接方式	有隔离电阻	空气介质，无焊点
可靠性	中	中	高

8.2.5 电桥

电桥是定向耦合器的一种，是具有两个输入端口和两个输出端口的四端口网络，它的特性是两端口输入、两端口输出，两个输入端口相互隔离，每个输出端口各输出

50% 的输入端口功率。在同频带内不同载波间，电桥将两个无线载频合路后馈入天线或分布系统（通常为 Rx 和 Tx）。当电桥作为单端口输出使用时，另一输出端必须连接匹配负载（假负载）以吸收该端口的空闲输出功率，否则将严重影响系统的传输特性，匹配负载的功率选择需根据输入信号的功率来确定，不能小于两个输出端口信号功率电平之和的 1/2。负载会带来一定的损耗（3dB），有时电桥的两个输出端口都要用到，这时就不需要负载，也无损耗产生。电桥主要指标见表 8-10，电桥实物如图 8-14 所示。

表8-10　电桥主要指标

种类	大功率电桥
频率范围 /MHz	800 ~ 2700
耦合度	3dB
频带波动 /dB	0.3
插入损耗 /dB	<0.3
驻波比	<1.2:1
输入隔离度 /dB	>28
功率容量 /W	200
峰值功率 /kW	0.5
阻抗 /Ω	50
接头	N-K
体积	133mm × 40mm × 25mm
重量 /kg	0.2
环境温度 /℃	-55 ~ 125
相对湿度	≤ 95%

图8-14　电桥实物

8.2.6 衰减器

衰减器可以分为两种类型，即固定型衰减器和可变型衰减器。

1. 固定型衰减器

固定型衰减器主要指标见表 8-11，固定型衰减器实物如图 8-15 所示。

表8-11 固定型衰减器主要指标

型号	6dB	10dB	15dB	20dB	30dB
插入损耗 /dB	6 ± 0.5	10 ± 0.8	15 ± 1.0	20 ± 1.0	30 ± 1.0
频率范围 /MHz	800 ～ 2700				
回波损耗 /dB	20				
功率容量	2W，峰值功率 0.5kW				
温度范围 /℃	-40 ～ 70				
端口类型	N 型				
尺寸 /mm	20 × 50				

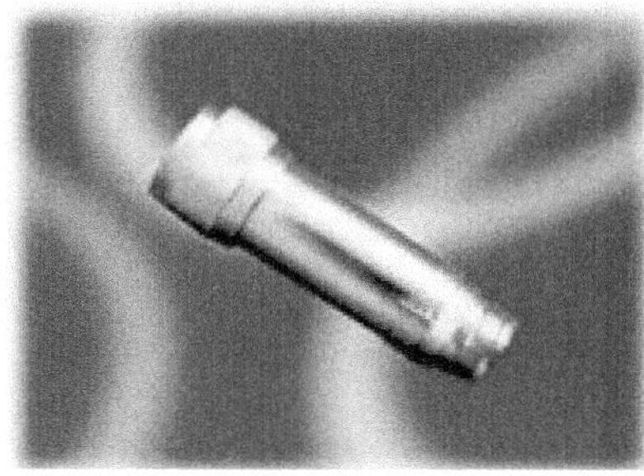

图8-15 固定型衰减器实物

2. 可变型衰减器

可变型衰减器主要指标见表 8-12，可变型衰减器实物如图 8-16 所示。

表8-12 可变型衰减器主要指标

型号	30dB	50dB
频率范围 /MHz	800 ～ 2700	
回波损耗 /dB	20	
功率容量 /W	50（最大值）	
温度范围 /℃	-40 ～ 70	
端口类型	N 型	
尺寸 /mm	80 × 52 × 52	

图8-16　可变型衰减器实物

8.2.7　负载

负载是一种特殊的衰减器，衰减度无限大。终端在某一电路或电器输出端口，接收电功率的元器件、部件或装置统称为负载。

负载的作用是防止驻波告警、驻波烧毁。负载主要指标见表 8-13，负载类型 1 实物如图 8-17 所示，负载类型 2 实物如图 8-18 所示。

表8-13　负载主要指标

项目	性能指标
频率范围 /MHz	800 ～ 2700
回波损耗 /dB	≥ 20
功率容量 /W	2、10、50
温度范围 /℃	-40 ～ 70
端口类型	N 型

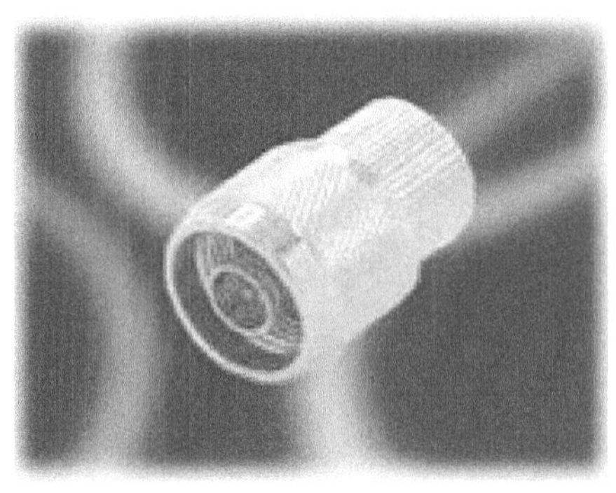
图8-17　负载类型1实物

图8-18　负载类型2实物

8.2.8　射频同轴电缆

射频同轴电缆是连接室分信源、射频器件、天线并进行信号传输的线缆，主要工作频率范围为 100MHz ～ 3000MHz。室内分布系统中使用最广泛的馈线是 1/2" 普通馈线和 7/8" 普通馈线，馈线硬度大，对信号的衰减小，屏蔽性能好。1/2" 普通馈线是最常用的室内分布系统射频电缆类型，而 7/8" 普通馈线主要用在单根馈线超过 30m 的场景，例如主干馈线，可以降低信号衰减。百米衰减（dB/100m）是射频电缆的主要指标，频率越高，衰减越大，射频同轴电缆主要指标见表 8-14。

表8-14　射频同轴电缆主要指标

指标		7/8" 同轴电缆	1/2" 同轴电缆
阻抗 /Ω		50 ± 1	50 ± 1
最大百米衰减（20℃）（dB/100m）	450MHz	2.65	4.475
	800MHz	3.63	6.46
	900MHz	3.88	6.87
	1000MHz	4.12	7.28
	1500MHz	5.18	9.09
	1800MHz	5.75	10.1
	2000MHz	6.11	10.7
	2500MHz	6.95	12.1
	3000MHz	7.78	13.4

（续表）

指标		7/8" 同轴电缆	1/2" 同轴电缆
功率容量 /kW（环境温度为 40℃，内导体温度为 80℃）	450MHz	3.41	1.59
	800MHz	2.48	1.17
	1000MHz	2.19	1.04
	1500MHz	1.74	0.833
	1800MHz	1.57	0.753
	2000MHz	1.48	0.71
	2500MHz	1.3	0.627
	3000MHz	1.16	0.565
直流击穿电压 /V	—	6000	4000
峰值功率 /kW	—	91	40
截止频率 /GHz	—	6	8.8
屏蔽衰减 /dB	—	>120	>120
绝缘电阻 /（MΩ/km）	—	≥ 5000	≥ 5000
电压驻波比	820MHz ～ 960MHz	≤ 1.1	≤ 1.1
	1700MHz ～ 960MHz	≤ 1.1	≤ 1.1
	820MHz ～ 1900MHz	≤ 1.1	≤ 1.1
	2100MHz ～ 2700MHz	≤ 1.1	≤ 1.1

8.2.9 泄漏电缆

泄漏电缆简称漏缆，是沿着同轴电缆的外导体按一定规律配置狭窄的周期性或非周期性的槽孔形成的，具有馈线和天线的双重属性。

泄漏电缆的使用场景主要是地铁、隧道等狭长区域。隧道用室内分布系统泄漏电缆类型见表 8-15，隧道用泄漏电缆主要有 1-5/8" 漏缆、全频段 1-1/4" 漏缆和低损耗 1-1/4" 漏缆，其中 1-1/4" 型漏缆支持 5G 高频信号传输，支持不同场景隧道 5G 覆盖使用。

表8-15　隧道用室内分布系统泄漏电缆类型

产品类型	支持频段 /MHz	应用场景
1-5/8" 漏缆	800 ～ 2700	用于部署 2700MHz 以下的系统
全频段 1-1/4" 漏缆	800 ～ 3700	用于支持全系统接入
低损耗 1-1/4" 漏缆	1700 ～ 3700	不需部署 800MHz/900MHz 频段的隧道

另外，还有用于楼宇覆盖的创新型广角泄漏电缆。广角漏缆是相对于普通泄漏电缆而言的，其通过特殊的槽孔设计工艺，实现信号辐射角度大幅增加（约增加至 170°）。由于

其本身信号传播、辐射原理与泄漏电缆一致，所以当前业界常用的 1/2" 和 7/8" 型广角漏缆可支持 800MHz ～ 3700MHz，2G/3G/4G/5G 信号均可馈入其中。该方案集传播与辐射信号于一体，可大幅减少无源器件及天线的使用数量，从而减少系统硬件故障点。广角漏缆与普通漏缆辐射对比如图 8-19 所示。

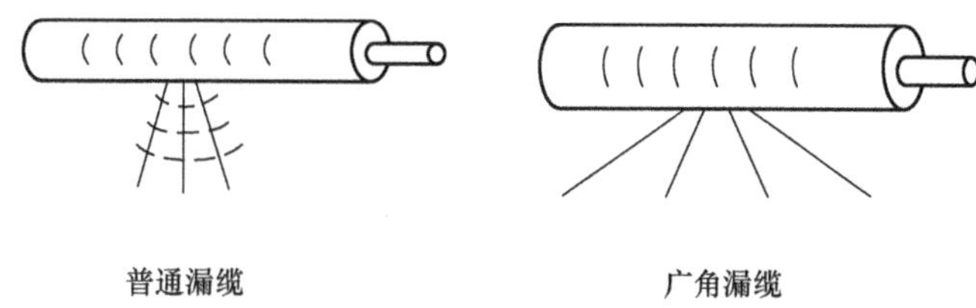

图8-19　广角漏缆与普通漏缆辐射对比

广角漏缆的关键技术指标主要包含纵向衰减及耦合损耗，因此，其覆盖综合损耗随着漏缆传输距离线性增加，覆盖特性为漏缆信源馈入端信号最强，沿信号传输方向线性减弱。

8.2.10　六类及以下的线缆

“六类”是指六类非屏蔽双绞线，六类非屏蔽双绞线的各项参数都有大幅提高，带宽也扩展至 250MHz 或更高。六类布线的传输性能高于五类、超五类标准，最适用于传输速率高于 1Gbit/s 的应用。在 5G 新型数字化室内分布系统中，pRRU 将可能会用到六类线缆。六类线缆主要指标见表 8-16。

表8-16　六类线缆主要指标

序号	电气性能	参数
1	工作电容 /（nF/100m）	≤ 5.6
2	线对对地电容不平衡 /（pF/100m）	≤ 330
3	额定传输速率	65%
4	线对时延差 /（ns/100m）	≤ 45
5	最大导体直流电阻 /（Ω/100m）	7.32（24AWG）
6	线对直流电阻不平衡性	≤ 2%
7	绝缘电阻最小值 /（MΩ/km）	5000

8.3　室内分布系统规划思路

室内覆盖是无线网络建设的重要内容，运营商在开展室内覆盖规划时一般按照“先室外，后室内”的建设节奏，规划思路如下。

1. 室内外协同，多种方案解决室内覆盖需求

坚持室内外协同、4G/5G 协同，优先考虑利用室外宏基站实现室内覆盖，对于室外宏基站无法覆盖或容量无法满足的楼宇，可建设室内分布系统进行覆盖。

2. 建立评估体系，精准把握建设需求

满足市场发展需求，确保高质量网络覆盖，建立室内覆盖规划评估体系，结合用户投诉、弱覆盖、网络容量、场景类型、楼宇面积、楼宇高度等多个方面的因素，对覆盖楼宇进行综合性打分，根据得分情况确定室内分布系统建设优先级，实现精准规划建设。室内覆盖评估体系参考见表 8-17。

表8-17 室内覆盖评估体系参考

得分维度		得分及定义
场景特点（满分100分，占比 50%）	场景类型	满分 40 分。属于八大重要场景得 40 分；属于写字楼和工厂得 30 分；属于大型居民小区得 20 分
	楼宇面积	满分 30 分。单栋楼宇面积在 10000m^2 ～ 20000m^2 得 10 分，在 20000m^2 ～ 30000m^2 得 20 分，在 30000m^2（含）以上得 30 分
	楼宇高度	满分 30 分。平均楼层数在 10 层～ 20 层得 10 分，在 20 层～ 30 层得 20 分，在 30 层（含）以上得 30 分
业务需求（满分100分，占比 50%）	用户投诉	满分 40 分。存在 1 宗投诉得 10 分，存在 2 宗投诉得 20 分，存在 3 宗投诉得 30 分，存在 4 宗及以上投诉得 40 分
	弱覆盖	满分 30 分。楼宇主覆盖小区为宏站，楼宇覆盖率低于 50%，或楼宇平均 RSRP 低于 -113dBm，得 30 分
	网络容量	满分 30 分。楼宇主覆盖宏站小区为容量高负荷问题小区，得 30 分

3. 合理选择建设方式，精准建设，保障投资效益

以投资效益为先，根据场景业务需求、口碑效应、建设可实施性等因素，合理选择建设方式，确保资源精准投入。例如，分布式皮基站应选择在人流量密集、业务量高、品牌效益高的场景开展建设，需充分盘活存量传统 DAS 资源，引入错层覆盖、5G 增速器等低成本室分新技术提升 DAS 场景的 5G 性能，最大化现有设备价值。

4. 4G/5G 协同规划，预留网络扩展空间，避免重复建设

遵循网络协同部署、信源按需耦合、分布系统一次到位原则。综合考虑 4G/5G 业务发展需求，统筹分布系统建设，提前部署合路器，预留相应接口，避免重复建设。同时，分布系统建设须提前考虑业务发展及网络演进，为小区分裂、载波扩容等预留可扩展空间。

8.4 室内分布系统设计流程

8.4.1 室内分布系统设计总体流程

室内分布系统设计总体流程可分为现场数据资料收集、建设模式确定、室内覆盖设计、室内容量设计、室内外信号协调及多系统干扰分析等环节。室内分布系统规划设计整体流程如图 8-20 所示。

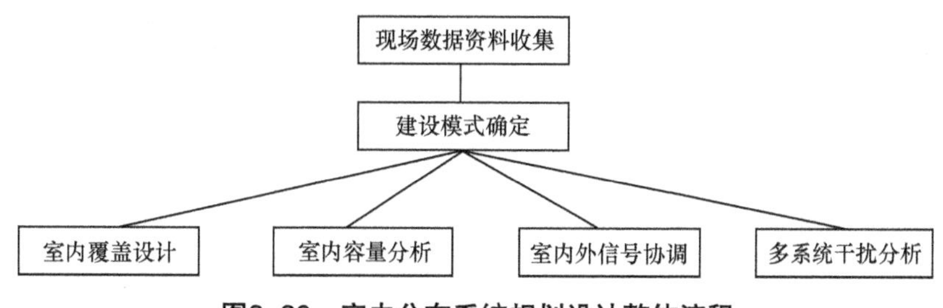

图8-20 室内分布系统规划设计整体流程

8.4.2 现场数据资料收集

目标网络覆盖区城的资料收集和分析是网络建设必不可少的一步，是进行室内分布系统规划设计的基础和依据。其目的是对网络覆盖区域的基本信息、市场需求、业务分布等进行细致了解后，获取数据化的资料，作为后期网络规划的输入数据。资料收集和分析的具体内容包括场景特征、用户业务需求信息、现有网络资料、竞争对手信息等。

1. 场景特征

建筑物的场景特征包括建筑物的边界信息、地形、人为环境、位置、类型、结构、建筑图纸等。建筑物的功能类型及分布特点等情况，是进行室内覆盖分析和室内分布系统规划的基础。通常建筑物根据功能可以分为酒店、饭店、住宅区、写字楼等居住生活办公场所，机场、火车站、码头等交通枢纽，体育馆、展览馆、大型会场等公共活动场所，超市、购物街等大型娱乐购物场所，以及地下停车场、隧道等特殊区域。

建筑物的类型决定覆盖规划、小区规划和容量规划等，例如，在机场、火车站、码头等交通枢纽，人群密集，且不分时段，控制信道和业务信道的话务量都很大，同时，这些区域的覆盖面积大，自然隔断少，小区规划难度较大。体育馆、展览馆、大型会场等公共活动场所的覆盖特点与车站等相似，只是业务量的时间性明显，集中在某特定时段，而其他时间较为空闲，这种场所要求信源容量有很好的扩展性。酒店、写字楼等居住或办公场所需要采用立体覆盖方式，涉及电梯间与建筑物整体覆盖的问题，一般会对电梯间进行单独覆盖，楼层之间的小区规划和高层的干扰规避都是难点。与写字楼相比，大型超市等购物场所的特点是人群密度大，流动性强，时间长，没有隔断或者房间，建筑物的外立面一般为玻璃，穿透损耗小，可以考虑利用邻近的室外信号覆盖。

2. 用户业务需求信息

用户业务需求信息包括现有的用户类别和用户业务模型（例如，收入水平、人口密度、消费习惯、已开通业务等），以及现有的容量需求（例如，现有的话务量、数据业务和潜在的用户业务类型等）。业务需求信息的获取主要是通过场景相应的业务分布建立相关业务模型来实现，其目的是更加合理地提出信源需求，提高资源利用率和回收成本。目前5G业务主要针对的高速数据业务，例如，高速视频、高速上网等业务。

3. 现有网络资料

由于室内分布系统的建设方式通常采用多系统叠加建网，所以，这就要求对每种制式的网络需求有合理的规划和配置。如果运营商已经建设了其他制式的网络，在室内分布系统规划设计前需要尽可能完整地收集现有网络的资料（主要包括已建站址信息、基站数据、小区话务量、各小区数据业务流量等），便于在后期的网络规划中合理利用现有的网络资源，避免与新建系统产生干扰等问题。同时，现有网络的用户业务使用情况可给室内分布系统中新建网络的类似业务需求预测提供重要的参考。

4. 竞争对手信息

竞争对手在某室内场景的网络状况和建网策略对自身的室内分布系统规划目标（例如，覆盖率、业务提供、建设成本等）会造成相关影响。只有尽可能了解竞争对手在室内分布场景中的建设信息，才能在新的室内分布系统建设中明确重点，进而取得市场竞争主动权。

8.4.3 建设模式确定

在建设模式上，首先应确定现有场景是否已存在其他网络技术制式的室内分布系统，对于不存在其他网络技术制式室内分布系统的场景，应采用新建模式，而对于已存在室内分布系统的场景，则应结合已有室内分布系统情况进行改造。5G室内分布系统的速率与通道数密切相关，5G终端普遍支持4T4R，因此，高容量场景可直接采用4T4R新型数字化室内分布系统。若采用传统DAS，可根据业务需求量、重要程度及工程可实施性选择单路或双路系统。

1. 新建模式

（1）新建单路系统

对于业务需求量相对不高、覆盖面积不大及重要性程度不高的场景，可选择新建单路系统，多网络体制共用，以降低综合造价。

（2）新建双路系统

对于业务需求量大、重要性程度较高的场景，可选择新建双路系统，以提升网络业务性能和容量。

（3）新建新型数字化室内分布

对于业务需求量极大、重要性程度高的场景，可建设四流室内分布系统，由于四流的传统 DAS 在工程建设方面难度太大，难以实现，可直接采用 4T4R 新型数字化室内分布系统。

2. 改造模式

（1）改造单路

通过合路器使用原单路分布系统，5G 与其他系统共用原分布系统，按照 5G 系统性能需求进行规划和建设，必要时应对原系统进行适当改造。

（2）单路改造双路

通过合路方式共用单路分布系统，同时新建另一路分布系统。应通过合理的设计确保两路分布系统的功率平衡。

（3）双路改造双路

通过合路方式共用原双路分布系统，合理设计确保两路分布系统的功率平衡。

8.4.4　室内覆盖设计

链路预算通过对无线通信系统信号传播途径中的各种影响因素进行调研，对系统的覆盖能力进行估计，在保持一定通信质量的情况下获得链路所允许的最大传播损耗，结合传播模型进一步估算最远覆盖距离和覆盖面积，最终将会影响天馈系统的布放方案。

1. 室内覆盖的链路预算简介

室内覆盖的链路预算是为了保证能提供足够高的信号电平到达手机进行通信，测算从信源发射端到手机接收端之间信号衰减的过程。链路预算从信源发射端开始，到天线输出端，最后到手机接收端结束，其结果用于指导室内分布系统设计，验证分布系统路由、天线位置设计的合理性，链路预算是传统室内分布系统设计的基础，其准确性直接影响分布系统覆盖的效果。

室内覆盖链路预算示意如图 8-21 所示，室内覆盖的链路预算分为两段，第一段为同轴电缆分布系统中射频信号功率衰减，第二段为天线辐射出的无线电磁波信号功率在室内无线空间中传播的衰减。

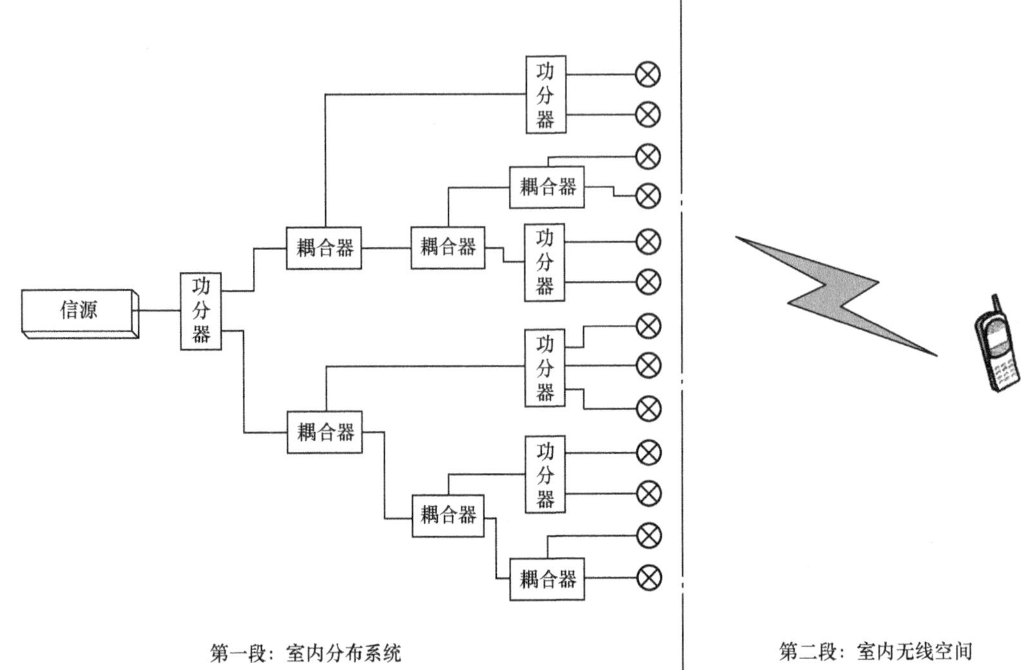

图8-21　室内覆盖链路预算示意

第一段室内分布系统的链路预算从信源发射端口开始，到天线输出端口结束，主要包括射频信号通过无源器件的分配损耗、介质损耗和在同轴电缆中传播的衰耗。

室内分布系统的链路预算，需要完整的分布系统组网拓扑和信源输出信号发射功率及工作频率，通过数学运算准确地算出信号衰减的过程及所有天线口的信号功率。在室内分布设计时，利用系统图来完成链路预算，通过功率的计算结果来修正器件类型的选择和分布系统的路由设计，实现天线口输出功率均匀良好。

室内无线空间的链路预算从天线输出端口开始，到手机接收端结束，主要包括无线信号在自由空间中的传播损耗，室内各种传播介质和遮挡物的穿透损耗（例如，空气的传播损耗，门、墙体等造成的穿透损耗等），另外还要考虑一定的衰落余量。通过测算验证建筑物内所有覆盖区域信号覆盖是否均匀良好，手机在覆盖区域内接收的信号电平值是否满足边缘覆盖电平要求。

室内无线空间的链路预算，是在设计完成后、工程实施前对分布系统设计的效果进行验证的重要手段。但是由于无线环境的复杂性、时变性，所以预算很难精确完成，工程上大多利用无线信号传播模型来进行估算，或是利用建立好传播模型的仿真软件进行仿真。

对于特别重要的场景和区域，为了精确地验证设计效果，会在建筑物内进行室内分布系统模拟测试。测试时会选择典型楼层，按照设计方案模拟安装信号源和天线，并

设定参数，最后利用测试设备对区域的覆盖效果进行测试。

2. 室内覆盖链路预算

下面以中国移动 2.6GHz 频段室内覆盖系统为例，说明室内覆盖链路过程、典型参数取值及链路预算结果。2.6GHz 室内覆盖系统链路预算见表 8-18。

表8-18　2.6GHz室内覆盖系统链路预算

链路参数	2.6GHz 4T4R	
	下行	上行
天线配置	4T4R	2T2R
信道带宽 /MHz	100	100
帧格式（子载波）/kHz	30	30
RB 数	272	272
子载波数	12	12
符号数	14	14
边缘吞吐率 /（Mbit/s）	100	20
边缘用户占用 RB 数	272	272
边缘用户占用带宽 /（Mbit/s）	100	100
发射端		
总发射功率 /mW	1000	100
发射功率 /（dBm/ 子载波）	–5.14	–15.14
发射天线增益 /dBi	2	0
馈线损耗 /dB	0	0
EIRP/（dBm/ 子载波）	–3.14	–15.14
接收端		
解调门限 SINR/dB	6	8
频谱效率	1.83bit/s 每 RE	1.83bit/s 每 RE
接收天线增益 /dBi	0	0
馈线损耗 /dB	0	0
噪声系数 NF/dB	7	3.5
热噪声 /（dBm/ 子载波）	–129.23	–124.09
最小接收灵敏度 /（dBm/ 子载波）	–116.23	–112.59
干扰余量 /dB	6	2

（续表）

链路参数	2.6GHz 4T4R	
	下行	上行
RSRP/dBm	–110.23	–110.59
链路损耗和小区半径		
最大允许的链路损耗 /dB	107.09	95.45
穿墙损耗 /dB	13	13
阴影衰落因子（慢衰落余量）/dB	6.2	6.2
覆盖场景	一堵墙	一堵墙
用户场景	室内	室内
室内链路损耗 /dB	87.89	78.25
传播模型	ITU–R P.1238 模型	ITU–R P.1238 模型
发射天线高度 /m	3	3
接收天线高度 /m	1.5	1.5
载波频率 /GHz	2.6	2.6
小区半径 /m	30.15	15.05
天线间距 /m	60.3	30.1

从上述链路预算可看出，对于中国移动 2.6GHz 的数字化室内分布系统，天线（pRRU）间距主要受制于上行链路，天线间距宜控制在 30m 以下。

3. 天线口信号功率电平要求

天线口信号功率电平要求是指要保证室内信号强度满足业务接入和最小覆盖电平要求时天线口的无线信号输出功率值，它可以通过各网络的边缘覆盖电平指标、利用传播模型或模拟测试得到的室内无线空间传播损耗结果进行计算得到。

在工程中，利用室内无线空间传播损耗的经验值与各移动网络规定的边缘信号电平值，估算出各单制式网络天线口功率（不含天线增益），通常设置在 5dBm ～ 15dBm。

实际设计时，还要依据信号频段、天线周围环境、覆盖区域大小及隔断情况等灵活调整。

① 5G 室内覆盖系统所使用的频段在 2GHz 以上（中国移动 2.6GHz、中国电信 / 中国联通 3.5GHz），其绕射、穿透能力比 4G 网络差，路径损耗更大。因此，在相同位置和覆盖范围的情况下，通常 5G 的天线口功率要比 4G 大。

② 对于一些高档楼盘，天线必须安装在吊顶内，在设计时要根据吊顶材料，对天线口功率预留 2dB ～ 3dB 的功率余量。如果是金属吊顶，天线就应该安装在吊顶外，

减少金属吊顶对信号的屏蔽。

③ 用于电梯覆盖的天线，由于电梯轿厢为金属材质，对信号穿透的衰减较大，因此，天线口功率通常设置得也较高，一般为10dBm～15dBm。

④ 天线输出功率的大小要结合天线密度进行设置。例如，在隔断较多、房间较小的区域，天线的密度会比空旷区域大，此时天线功率可能就较低。

4. 分布系统链路设计

分布系统的天线分散在平层的各个位置，而信源远端设备通常安装在弱电井内，中间通过馈线、功分器和耦合器等器件完成连接，形成分布系统链路。分布系统链路连接方式在理论上可以有无数种，但在实际设计时，并不能随心所欲地进行连接，原因如下。

一是分布系统的链路设计应保证各天线口信号功率满足覆盖的要求且相对均匀。

二是设计分布系统链路时，应尽量使信源发射端到天线输出端之间的信号传播总衰耗较小。减小分布系统中信号传播衰耗的主要方法有以下两种。

① 减少分布系统馈线不必要的绕线、回线布放。整个分布系统中的馈线总长度越长，总的信号传播损耗就越大，相同信源设备所能携带天线的数量就会越少，信源设备数量增加，设备和馈线成本也会相应增加。因此，在分布系统设计中，要合理地规划馈线走线路由和器件，尽量减少绕线、回线布放。

② 合理地使用损耗低的馈线。实际室内分布系统工程应从成本和施工可实施性上进行考虑，大多采用1/2"馈线。当分布系统中主干上单条馈线长度超过30m时，通常会使用7/8"馈线来减少线路上的损耗。在主要的支路上，如果单条馈线长度超过10m，且敷设路由为直线，那么也可以采用7/8"馈线。

为了满足各网络简单合路的要求，在分布系统链路设计时通常采用“天线分簇”的方法，“天线分簇”的链路设计方法是指将位置相对靠近或在同一方向上的几个天线放在一起，它们通过馈线和功分器、耦合器连接成一条“支路”，再与其他“支路”进行连接，逐层向上连接形成树状结构，最后形成完整的分布系统链路。使用小功率耦合器或功分器，将信号分配为多路，每一路的多个天线形成一“簇”。采用此方法设计的分布系统馈线的显著优势是便于后期其他系统简单合路，避免大范围的天馈系统整改。

5. 信源数量估算

分布系统链路一般采用“先平层，后主干”的顺序进行设计，即先将每层楼的天线采用分簇的方法进行连接，根据楼层面积及设计的天线数量估算出一台信源设备最多可携带的天线数，从而计算出信源设备数量和安装位置，然后完成信源与每个平层或支路之间的主干路由的设计。

信源最大能携带天线数与信源的输出功率、天线口输出功率、楼层面积及天线分布等都有密切关系，设计时通常根据经验进行预估，也可以通过下述方式进行估算。

分布系统中的功率消耗可以分为三大部分：一是信号在馈线和器件中的传播和介质损耗 P_b；二是信源信号分配到多个天线上的分配消耗；三是信号从天线口辐射到无线空间中的能量转换的消耗。输入功率经过这 3 部分消耗后，即为天线口的输出功率 P_o。

依据能量守恒定律可知，信源参考信号功率在分布系统中的消耗等于这 3 部分功率消耗之和。信源输出的参考信号功率 P_i 很容易得到；天线口输出功率 P_o 较为均匀，可以根据工程经验来取值；如果能够算出信源到每个天线链路的传播和介质损耗 P_b 的平均值，就可以计算得到最大允许的信源信号用在分配到多个天线上的分配消耗，进而可以估算出此信源可以携带的天线数量：$X=10^{\frac{P_i-P_o-P_b}{10}}$。

其中，信源到每个天线的链路传播和介质损耗平均值 P_b，可以用信源与其覆盖范围内中间楼层天线之间的距离进行近似计算。可按 90% 的馈线采用 1/2" 馈线，10% 的馈线采用 7/8" 馈线进行馈线传播损耗的测算，无源器件介质损耗可按每个器件 0.4dB 进行近似测算。

6. 分布系统天线功率校核及调整

分布系统链路设计依据工程经验进行功率分配估算，从而完成分布系统链路连接，这样的估算是不准确的。因此，在系统图中把平面图中的分布系统链路转换成拓扑图，再进行准确的信号衰减链路预算，验证天线口功率。链路预算后，如果天线口功率没有全部满足设计要求，则要对系统图和平面图中的器件或路由进行修正，直到天线输出功率全部满足要求。不同情况采用不同的调整策略，具体如下。

① 如果天线口功率普遍偏高，则可调整增加单位信源所连接的分布系统，并使用衰减器对主干信号进行衰减，以达到匹配。

② 如果天线口功率普遍偏低，则需要减少信源连接的分布系统的数量，并对主干所连接的分支进行重新规划。

③ 如果出现天线口功率不均匀，即功率偏高、偏低的情况，则需要对分布系统支路的器件进行调整，使不同天线口的功率相对均衡。

8.4.5 室内容量分析

1. 容量设计

室内分布站点容量设计的总体思路是先通过室分楼宇高峰人流量及运营商渗透率估算用户数，再结合5G用户模型，计算出容量需求，同时通过单小区配置计算单小区容量，最后通过容量需求及单小区容量，计算出设计所需的小区数目。室内分布系统容量设计示意如图 8-22 所示。

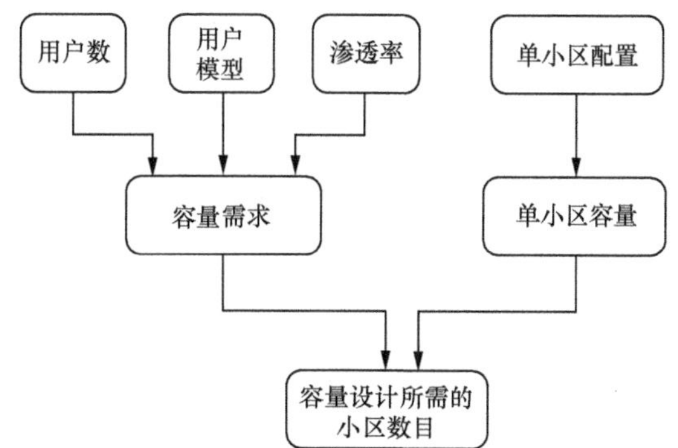

图8-22　室内分布系统容量设计示意

室内分布系统容量设计的主要参数如下。

① 室分楼宇高峰人流量（人）：估算楼宇人流量，或根据典型场景人流密度模型进行估算。

② 运营商市场占有率（%）/5G 用户渗透率（%）：各运营商的市场占有率及 5G 用户渗透率。

③ 忙时用户激活率（%）：忙时上网的用户数占总放号用户数的百分比，可根据话务统计。

④ 下载（DL）业务占空比（%）：平均每用户有数据下载的时间占总上网时长的百分比，分场景不同，可根据话务统计。

⑤ 上传（UL）业务占空比（%）：平均每用户有数据上传的时间占总上网时长的百分比，分场景不同，可根据话务统计。

⑥ 上行 / 下行用户平均吞吐率（Mbit/s）：根据用户行为习惯、用户业务预测分析或话务统计分析，合理取定当地的 5G 数据业务模型。

⑦ 上行 / 下行单小区容量（Mbit/s）：与载波带宽、收发配置及不同场景的无线环境有关。

⑧ 并发用户数（人）= 高峰人流量（人）× 运营商市场占有率（%）× 用户渗透率（%）× 忙时用户激活率（%）× 业务占空比（%）。

⑨ 下行容量需求（Mbit/s）= 并发用户数（人）× 下行用户平均吞吐率（Mbit/s）。

⑩ 上行容量需求（Mbit/s）= 并发用户数（人）× 上行用户平均吞吐率（Mbit/s）。

⑪ 下行小区数需求（载扇）= 下行容量需求（Mbit/s）/ 下行小区容量（Mbit/s）。

⑫ 上行小区数需求（载扇）= 上行容量需求（Mbit/s）/ 上行小区容量（Mbit/s）。

取⑪、⑫二者中的较大值即为容量设计的小区数目。

假设某楼宇高峰人流量为 10000 人，室内分布系统容量分析见表 8-19。

表8-19 室内分布系统容量分析

输入参数	数值	
	DL	UL
高峰人流量 / 人	10000	
运营商市场占有率	40%	
5G 用户渗透率	30%	
忙时用户激活率	20%	
DL/UL 业务占空比	10%	10%
DL/UL 并发用户数 / 人	24	24
DL/UL 用户平均吞吐率 /（Mbit/s）	50	5
DL/UL 容量需求 /（Mbit/s）	1200	120
DL/UL 单小区容量 /（Mbit/s）	650	50
DL/UL 小区数（单载波）/ 个	2	3

按照上述思路计算，下行需要配置 2 个小区，上行需要配置 3 个小区，取其中的较大值，该室分站点建议配置 3 个小区。

2. 小区划分原则

室内分布系统小区规划应遵循以下原则。

① 室内分布系统小区规划要充分考虑室内的具体环境，规划时重点考虑小区之间的隔离，可以借助建筑物的楼板、墙体等自然屏障产生的穿透损耗形成小区间的隔离。

② 空旷或封闭性较差的室内环境，例如，同一楼层由多个小区覆盖的商场、超市，或挑空大堂、体育场馆等开放性室内环境，必须严格控制不同小区之间的覆盖区域；对于大型场馆等小区间隔离度较低的场景，应采用异频组网。

③ 原则上单个小区的覆盖面积不宜过大，容量不宜过高，均衡覆盖容量，从而避免后期容量增加对现网室内分布系统进行较大调整。

8.4.6 室内外信号协同

1. 室内外信号覆盖协调

由于室内分布物业点通常面积较大，所以需要室内外信号分工合作实现覆盖，室内外综合覆盖方案以室内分布系统为主导，通过拉远部署等方式，并在此基础上结合其他的技术手段进行室内外一体化覆盖。例如，使用种类繁多的美化天线在不引起业主注意的情况下对室内空间进行深度覆盖，同时还可以使用射灯天线、空调美化天线等进行楼间互打，利用灯杆天线进行低层覆盖，以及通过室内分布外引等技术覆盖邻近街。

对于居民小区或一些办公楼而言，室内分布系统的信号由于天馈布放位置的原因，可能只能改善电梯井、楼道及地下车库等特殊区域的覆盖，对于一些室内房间的覆盖，由于建筑墙体损耗较大，所以需要考虑让室外信号从外侧穿透玻璃进行覆盖。另外，室内外信号覆盖协调还体现在切换区的设置上，对于门口及阳台这些室内外切换发生带，要注意保持以室外信号作为主覆盖信号，设置合理邻区关系及切换参数，控制由于乒乓切换导致的网络质量下降问题。

2. 室内外信号干扰协调

建设室内分布系统时还需要通过合理控制室内外小区边界和信号交叠覆盖深度，以及合理配置无线网络参数，有效控制室内外信号之间的相互干扰。对于 5G 系统，由于室内外采用相同频段，同频干扰问题更为严重，室内外之间需要通过科学规划来避免相互之间的干扰。采用基于室分小区 SSB 多波束对齐、PRB 随机化、室内外波束协同管理等多种措施可减小室内外同频干扰的影响。

3. 室内覆盖精准设计

（1）重视现网勘察，全面摸查楼宇覆盖现状

楼宇在开展 5G 室分建设前，需要对现场全面摸查信号的覆盖情况，例如，达到覆盖指标要求后不再建设室内分布系统（高容量、高价值场景除外），需要特别注意，位于主覆盖小区内、楼体薄的物业点。

（2）室内分布建设方案优化

结合楼宇摸查情况，做精做细室内分布设计方案，对于需要新建室内分布系统的楼宇，应综合室外覆盖室内的情况，优化设计方案，楼宇窗边的浅层区域可通过室外宏站进行覆盖，分布系统天线可根据楼宇摸查数据适当远离窗边，形成室内外协同立体覆盖，实现精细化建设，降低室内分布造价。

（3）充分发挥室外宏基站覆盖优势，低成本实现室内覆盖

对于中国移动来说，2.6GHz 及 700MHz 室外宏基站的覆盖能力较好，可实现楼宇浅层覆盖，尤其是 700MHz 频段，95% 边缘处 700MHz 场强高于 2.6GHz 平均约 5dB。但基于频段带宽方面的原因，700MHz 速率仅为 2.6GHz 的 30%。700MHz 与 2.6GHz 室外宏基站覆盖能力对比测试情况见表 8-20。由表 8-20 可知如下内容。

① 2.6GHz 频段覆盖低于 700MHz 频段，但站点密度比 700MHz 高，多通道增益高，在干扰控制较好的情况下，测试楼宇边缘平均下行速率达 200Mbit/s 以上，上行速率可达 20Mbit/s 以上。

② 700MHz 频段覆盖优势明显，但由于站点密度低、天线为 4TR，以及受广电电台干扰、站间同频干扰、频段带宽等因素影响，700MHz 基站测试速率明显低于 2.6GHz 频段。700MHz 基站速率测试楼宇边缘平均下行速率达 60Mbit/s 以上，上行速率可达 5Mbit/s 以上。

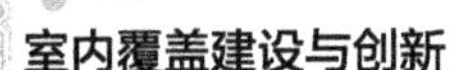

表8-20 700MHz与2.6GHz室外宏基站覆盖能力对比测试情况

楼宇	网络	与室外宏站距离/m	RSRP/dBm		SINR/dB		下行速率/(Mbit/s)		上行速率/(Mbit/s)	
			平均	95%	平均	95%	平均	95%	平均	95%
楼宇1	700MHz	190/180	-87.3	-100.7	7.3	-5.7	116	51	20	5
	2.6GHz	190/180	-91.2	-109.5	13.7	2.5	501	160	71	7
楼宇2	700MHz	80	-75.4	-88.7	4.9	-4.5	204	140	33	8
	2.6GHz	80/260	-82.5	-93.3	10.4	-1.4	649	418	96	45
楼宇3	700MHz	20	-88	-97.9	3	-4.3	140	72	7	5
	2.6GHz	20/300/310	-94.6	-106.1	6.5	0.5	486	124	45	10
楼宇4	700MHz	160/190	-81.7	-89.4	6.7	-1.2	176	130	19	6
	2.6GHz	190/450/160/195	-86.7	-94.8	8.1	0	569	409	87	45
楼宇5	700MHz	310	-86.3	-96.7	3.1	-2.1	151	77	10	6
	2.6GHz	310/380	-89.2	-97.6	6.3	0.6	509	361	65	23
楼宇6	700MHz	200	-87	-104.1	8.5	0.2	128	15	15	2
	2.6GHz	200/300/500	-98.8	-111.3	4.7	-4.1	287	61	38	11
楼宇7	700MHz	760/300	-87.9	-101.7	5.8	-1.9	105	40	34	8
	2.6GHz	100/300	-79.5	-98.9	15.9	5.9	664	257	117	38
楼宇8	700MHz	260/150	-82.1	-96.5	13.6	-1	144	60	38	5
	2.6GHz	150	-89	-101.2	12.4	1.3	502	209	63	20
楼宇9	700MHz	620/280/500	-85.3	-96.4	1.1	-5.7	126	61	26	5
	2.6GHz	100/200	-81.5	-103.5	12.8	-2.4	638	143	100	11
楼宇10	700MHz	280	-89	-98.4	6	-0.5	103	48	16	6
	2.6GHz	100/280	-93.1	-104.1	8.6	-0.9	404	142	60	10
700MHz平均情况			-85	-97.1	6	-2.7	139.3	69.3	21.9	5.4
2.6GHz平均情况			-88.6	-102	9.9	0.2	521	228.3	74.2	22

8.5 室内分布系统设计指标要求

8.5.1 覆盖指标

室内分布系统的规划设计应根据各电信运营商的具体要求考虑各系统的覆盖指标，以下5G覆盖指标可供参考。5G室内分布系统覆盖指标要求见表8-21。

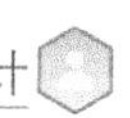

表8-21 5G室内分布系统覆盖指标要求

序号	网络制式	参考指标	覆盖电平 /dBm	覆盖率
1	2.6G NR	SS-RSRP	−105	95%
2	3.5G NR	SS-RSRP	−110	95%

注：表中内容仅作为5G室内分布系统覆盖设计的参考，实际实施时应根据运营商的具体要求、建筑物内部不同的功能区、不同的用户需求等进行差异化的设计，例如，会议室、营业厅等区域覆盖电平可适当加强，电梯、地下停车场等区域覆盖电平可适当减弱。

需要说明的是，对于5G的覆盖指标，RSRP与4G网络略有差异，5G网络将4G CRS[1] RSRP拆分成SSB和信道状态信息（Channel State Information，CSI），用以表示广播信道及业务信道的相关能力。5G系统覆盖指标说明见表8-22。

表8-22 5G系统覆盖指标说明

5G 指标	含义说明	测量状态
SS-RSRP	接收到的广播消息 RSRP，体现广播信道的覆盖与可接入能力	空闲态
CSI RSRP	确定 CSI-RS 波束下的 RSRP	连接态
SS SINR	广播消息的 SINR，体现小区间 SSB 的碰撞情况	空闲态
CSI SINR	测量 CQI[1]、Rank	连接态

注：1. CQI（Channel Quality Indication，信道质量指示）。

8.5.2 信号外泄

在进行5G室内分布系统设计时，需要严格控制信号外泄。各系统信号外泄要求见表8-23。

表8-23 各系统信号外泄要求

序号	网络制式	参考指标	室外 10m 处信号电平 /dBm
1	2.6G NR	SS-RSRP	−110
2	3.5G NR	SS-RSRP	−115

注：表中内容仅作为室内分布系统覆盖设计的参考，一般在室外10m处室内小区外泄的信号电平应比室外主小区低10dBm以上。

8.5.3 天线口输出功率

天线口输出功率大小应根据覆盖区域的大小、隔断的疏密程度设置，一般情况下，天线口输出功率不宜超过15dBm。对于天线安装高度较高、距离人群较远的场景（例如，体育场馆、会展中心、机场航站楼等）或对覆盖有特殊要求的场景（例如，干扰严重的

1. CRS（Cell Reference Signal，小区参考信号）。

建筑物高层），天线口功率可适当提高，但应满足国家对于电磁辐射防护的规定。

室内分布系统天线发射电磁波时应满足 GB 8702—2014《电磁环境控制限值》中关于公众曝露控制限值（频率为 30MHz ～ 3000MHz 时）或豁免范围的要求。

1. 公众曝露控制限值

为控制电场、磁场、电磁场导致的公众曝露，环境中电场、磁场、电磁场场量参数的方均根值应满足相关要求。公众曝露控制限值见表 8-24。

表8-24　公众曝露控制限值

频率范围 f/MHz	电场强度 E/（V/m）	磁场强度 H/（A/m）	磁感应强度 B/μT	等效平面波功率密度 S_{eq}/（W/m^2）
30 ～ 3000	12	0.032	0.04	0.4

注：场量参数是任意连续 6 分钟内的方均根值。

2. 豁免范围

从电磁环境保护管理角度，以下产生电场、磁场、电磁场的设施（设备）可免于管理：向没有屏蔽空间发射 3MHz ～ 300GHz 电磁场的设施（设备），等效辐射功率小于 100W 的设施（设备）。

对于电磁辐射超过限值的区域，可以采取以下措施调整设备的技术参数。

① 调整设备的发射功率。

② 调整天线的型号。

③ 调整天线的高度。

④ 调整天线的俯仰角和方向角。

8.6　新建分布系统设计要点

新建分布系统场景，一般是指没有任何已建其他通信系统的分布系统，或原有分布系统无法通过改造承载 5G 系统，需要完全新建分布系统来满足 5G 信源的接入。

8.6.1　新建室内分布系统原则

新建室内分布系统原则是要满足市场和网络发展的需求，充分考虑 4G/5G/ 物联网协同发展及投资效益，运用多种手段，提高深度覆盖水平。

① 遵循投资效益为先的原则，优先选择高数据业务区域、人流量密集的场景，采用综合效益最高的建设方式进行覆盖。

② 遵循室外与室内、优化与建设协同的原则，优先采用室外覆盖室内、网络优化手段实现室内覆盖，然后再建设室内站，逐步形成室内外协同的立体覆盖网络。

③ 遵循 4G/5G/ 物联网协同部署原则，信源按需耦合、分布系统一次到位，提前部署合路器，避免重复建设。

④ 住宅区原则上优先采用楼间对打方式覆盖、电梯采用“满格宝”、地下停车场采用板状天线或对数周期天线的低成本解决方案。

⑤ 综合考虑网络建设投资效益，精确开展室内覆盖建设，遵循“人有我有”原则。

⑥ 分布系统建设需要提前考虑业务发展及网络演进，为小区分裂、载波扩容等预留扩展空间。

⑦ 鼓励创新，通过新技术、新手段有效解决室内覆盖问题，推动各种新型技术的成熟与应用。

⑧ 综合考虑 4G/5G 业务发展、投资效益、设备支持能力及部署节奏，合理选择室分建设方式，容量型场景建议优先采用 4T4R 4G/5G 分布式皮飞站建设；覆盖型场景建议采用常规室分建设，后续可直接馈入信源快速支持 5G。

⑨ 5G 室内覆盖系统的建设应体现 5G 网络的性能特点并保证网络质量，且不影响现网系统的安全性和稳定性。

8.6.2 新建分布系统覆盖方案选择原则

新建分布系统覆盖方案应根据场景建筑结构、使用功能、用户数量、容量需求、覆盖目标等综合选择。同一建筑可按不同容量需求细分成多个功能区，按需进行方案选择匹配。

对于大话务热点区域，5G 大带宽低时延业务需求可能较多，例如，城市核心区地铁站台站厅，车站候车厅，机场候机区，体育场馆看台区域，四星、五星级酒店大堂及会议室多功能厅楼层等，可优先使用数字化有源室分方案实现高容量话务吸收；对于其他低话务功能区域，例如，城市郊区地铁站台站厅、车站办公区、机场行政办公楼、体育场办公区、酒店客房区等，建议使用无源室分方案，实现低成本覆盖。对于普通室分楼宇，用户密度较低，超高速业务应用较少，建议优先使用无源室分进行覆盖，以充分发挥其总体投资少、可共享资源比例高、运营维护成本低等优势，实现 5G 网络的高性价比部署。对于住宅小区，可通过立体多方案实现低成本部署，室内平层区域覆盖可采用楼间射灯天线对打方案，电梯及地下停车场深度覆盖可采用无源器件、天线及广角漏缆方案。

另外，室分建设方案一方面应考虑多家电信运营商的共建共享，在资源共享率与需求匹配之间获得最佳平衡；另一方面还应根据现场物业条件进行选择，充分考虑室分产品与站点现场装修风格、安装条件等匹配的问题。

车站 / 机场场景的新建室分方案选择建议见表 8-25；场馆 / 商务楼 / 机关办公楼场景的新建室分方案选择建议见表 8-26；普通楼宇 / 住宅小区场景的新建室分方案选择建议见表 8-27。

表8-25　车站/机场场景的新建室分方案选择建议

场景	功能区	推荐方案	备注
车站	车站候车厅	有源室分	pRRU
	车站售票厅		
	车站办公区	无源室分	无源器件＋天线
机场	机场航站楼	有源室分	—
	机场换乘区		
	机场运行指挥区		
	机场现场服务区		
	机场隧道	无源室分	5/4 泄漏电缆

表8-26　场馆/商务楼/机关办公楼场景的新建室分方案选择建议

场景	功能区	推荐方案	备注
大型场馆、大型商务楼宇、政府机关办公楼	展馆（层高 6m 以上）	有源室分	—
	展馆（层高 6m 以下）	无源室分	无源器件＋天线或广角漏缆
	办公区		
	剧场、影院	有源室分	—
	体育场馆看台		
	四星、五星级酒店大堂		
	四星、五星级酒店会议室		
	四星、五星级酒店客房	无源室分	无源器件＋天线
	校园宿舍楼	有源室分	—
	校园教学楼	有源室分 / 无源室分	无源器件＋天线
	商场卖场	无源室分	无源器件＋天线或广角漏缆
	商场展厅		
	商场餐饮娱乐场所		
	医院住院部		
	医院门诊大楼	有源室分	—
	地下车库	无源室分	无源器件＋天线或广角漏缆
	电梯	无源室分	无源器件＋天线 / 高增益电梯天线

表8-27　普通楼宇/住宅小区场景的新建室分方案选择建议

场景	功能区	推荐方案	分布产品
普通楼宇	普通楼宇平层	无源室分	无源器件 + 天线或广角漏缆
	普通楼宇地下车库		
	普通楼宇电梯		无源器件 + 天线 / 高增益电梯天线
住宅小区	住宅小区平层	室分外引	无源器件 + 射灯天线
	住宅小区地下车库	无源室分	无源器件 + 天线
	住宅小区电梯		无源器件 + 天线 / 高增益电梯天线

8.6.3 共建共享方案

当两家或两家以上的运营商有 5G 室内网络建设需求时，应采用标准 5G POI 加上无源器件及天线或广角漏缆的方案进行网络建设，多运营商共享分布系统组网如图 8-23 所示。虽然中国电信和中国联通共享 5G 系统，但它们各自的 3G/4G系统仍需要独立部署，因此，同时提出部署需求时，仍需按两家运营商建网进行方案选择。运营商当前接入的系统可能仅使用部分 POI 端口，剩余端口可作为未来新增运营商或系统扩容预留。

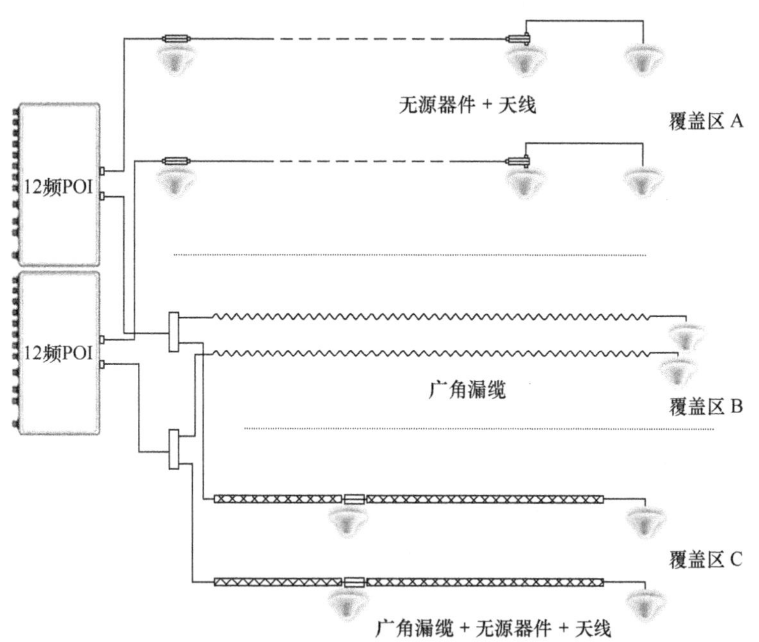

图8-23　多运营商共享分布系统组网

目前的分布系统共建共享，主要是无源分布系统的共享。对于有源分布系统，尚无定型的多频多模数字化有源设备。另外，基于不同运营商网络的运维调整独立性考虑，现阶段有源分布系统均是各运营商独建。

8.7 改造分布系统设计要点

8.7.1 改造总体思路

① 充分利用现网室内覆盖的基础，根据业务发展、场景需求，对已有室分站点进行充分切实的需求评估，对于确实有需求的场景实施精细化室分改造，实现现有设备价值的最大化。

② 先对现网的室分部署进行排查和梳理，重点评估走线、设备、耦合器、天线等无源器件指标。对馈线、合路器等无源器件的功率容限、隔离度等指标进行评估，对不满足相关指标的元器件按需进行替换和改造。根据 4G/5G 覆盖要求，对天线的布局和密度进行排查，对于不满足要求的区域按需进行天线布放和改造。对于已有 2G 分布系统简单改造而导致无法满足 4G/5G 深度覆盖要求的，则应同时对分布系统进行升级改造，避免采用简单合路方式进行建设，确保室分天线密度、天线口输出功率满足网络规划设计要求。

③ 对现有室内分布系统的双路改造应重点关注功率平衡和施工难度等问题，对确有双路改造需求的，要确保双路的功率平衡和天线的隔离度，确保改造后达到双路的效果。双路室分建设中需要保证两路室分的功率差值控制在 5dB 以内，避免因功率不平衡而使终端仅可实现单路传输或频繁进行单双路切换导致下载速率低的现象。

④ 对于已有分布系统仅覆盖楼宇部分区域的场景，可视业务发展需求适度进行扩建。

⑤ 对于业务流量需求不高的室分，例如，专用于覆盖地下停车场、电梯等场景的室分，现网 2G 日均数据业务流量小于 50MB 的室分物业点，建议引入 4G/5G 信源的优先级靠后。

⑥ 从频段支持能力来看，早期的原有分布系统中大部分对 5G 支持程度较低，建议优先替换天线，然后进行无源器件的更换改造，再实施 5G。

⑦ 从速率支持能力来看，传统 DAS、光分布、前期分布式皮飞站均需要替换设备和无源器件，分布式皮飞站需要更换 CAT6A 网线或光电复合缆。

8.7.2 改造分布系统前的评估

分布系统 5G 改造前，通常需要对现有系统的整体情况做技术评估，根据现网情况制定不同的改造方案，可以从以下 5 个方面进行评估。

1. 原分布系统完整性评估

原分布系统完整性评估主要是指对原工程项目的竣工资料及现场系统安装使用情况信息进行收集了解。

原工程项目竣工资料主要包括竣工图纸（平面安装图及系统图）、物料规格书、物料使用清单、工程量清单等，通过这些资料可以了解项目建设规模、使用元器件关键规格及数量、天线覆盖的准确区域等信息。

现场系统安装情况信息了解主要是指根据竣工文件图纸情况，核对现场安装的物料POI型号、无源器件天线数量、天线安装位置与数量等与竣工文件差异情况，对于数量差异较大或无法核实准确差异的站点，建议重新建设分布系统。对于数量差异较小的站点，需要核实准确差异情况并形成需要补充的物料清单，在改造方案设计时对差异物料一并进行补充。

2. POI规格评估

室内分布系统通常为多系统接入，通过POI将2G/3G/4G系统馈入一套分布系统。对该元件的评估，主要是指了解现有POI端口总数量、每个端口支持的频率带宽、已经使用的端口信息、空闲的端口信息、每端口支持的平均功率容量等。

如果POI空闲的端口支持需要馈入的5G信号全带宽，该端口平均功率容量不小于200W，则该端口具备直接馈入5G信源的初步条件；如果已占用的端口频率带宽包含需要馈入的5G信号全带宽，则可以将原系统与5G系统通过3dB电桥进行同频合路后，再馈入该频段端口；如果运营商采用替换（或软件升级）原4G设备为4G/5G共模设备，则直接馈入支持4G/5G全带宽的端口即可。

如果现有POI各端口均不支持需要馈入的5G信号全带宽，则需要更换该POI，或在其后端增加扩展单元。

3. 无源器件/天线规格评估

无源器件/天线规格评估主要是指了解该类型元件支持的频率范围、功率容量、三阶互调抑制度、接头类型等。

通过资料查看及现场核对，确认现场无源器件/天线支持的频率范围，如果仅支持800MHz～2500MHz，则中国移动、中国电信和中国联通3家运营商的5G室内分布系统均无法直接馈入；如果支持800MHz～2700MHz，则可以支持中国移动2.6GHz的5G室内分布系统信号馈入，但仍无法支持中国电信和中国联通3.5GHz系统。

无源器件根据功率容量分为500W及300W两大类型。由于5G NR引入后，系统输入功率大幅增加，所以如果原系统前三级使用300W型器件，建议统一更换为具有DIN型接头、功率容量为500W、互调指标优于−150dBc@2×43dBm的产品，以保证在总体输入功率增大的情况下，器件有良好的性能。

4. 馈入5G系统后覆盖情况评估

馈入5G系统后覆盖情况评估主要是指通过对原系统无源器件天线进行评估，确认其支持（或更换后支持）新增的5G系统频段后，需要再对已开通的2G/3G/4G系统覆盖情况做进一步分析，以此预估5G系统合路后的覆盖效果及可能对现网各系统覆盖指标带来的影响，确定合路改造方案的可行性。

评估可以分3步进行：第1步，选取某已开通的系统做室内路测（或由运营方协助进行MR统计分析），了解该系统当前的覆盖情况；第2步，理论计算5G系统与路测系统端到端损耗数值，得出系统间差值；第3步，根据已开通系统路测情况及计算结果进行5G系统合路后的覆盖指标评估，得出分析结论。下面对每个步骤分别进行介绍。

已开通系统路测主要分为测试系统选择和测试轨迹确定。测试系统尽量选择与待部署5G系统的频率相同或相近的系统。有条件选择相同频率时，则可简化第2步的计算工作量且提高评估准确性。如果待部署5G系统频率为中国移动2.6GHz，并且现场已开通中国移动LTE-D频段系统，则直接对其进行路测即可。路测轨迹选择对评估的准确性非常重要，需要选择已覆盖建筑的典型区域，再对各个区域的近中远点匀速行走进行遍历测试。例如，酒店分为大堂区、会议室、客房区、电梯等，需要对各区域分别进行遍历测试，对各典型区域的遍历测试做好统计。

计算5G系统合路后与路测系统场强数值差异，主要包括计算主设备发射功率差异、POI损耗差异、馈线损耗差异、自由空间损耗差异、隔断损耗差异等。以改造前测试系统为LTE 2.3GHz为例，采用单运营商合路器方式进行多系统合路，改造后部署5G系统为2.6GHz和3.5GHz。以POI方式进行合路为例，改造前室分方案系统如图8-24所示，改造后室分方案系统如图8-25所示。

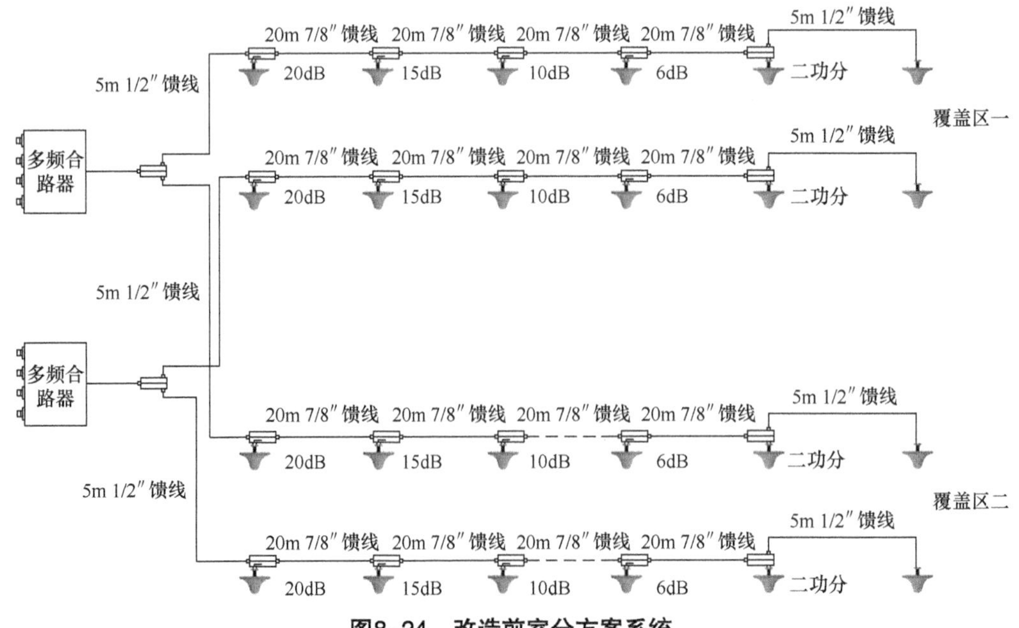

图8-24 改造前室分方案系统

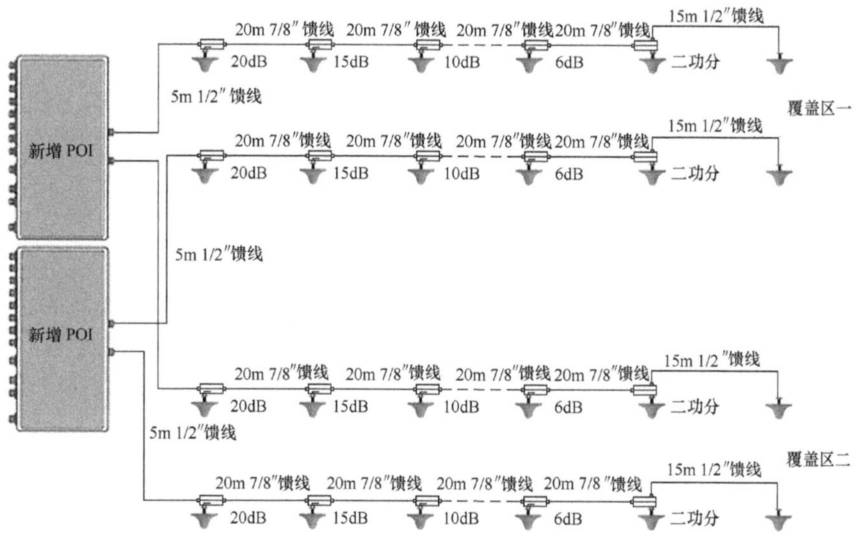

图8-25 改造后室分方案系统

根据以上改造方案，以某一功能区最末端天线为例，对于已开通的测试系统，首先，了解当前系统子载波功率配置及合路单元插损；其次，根据某一覆盖区天线所带馈线长度及器件类型计算分布系统损耗；最后，根据天线覆盖半径及障碍物穿损等计算空间传输损耗，从而得出改造前分布系统总损耗。改造后 5G 系统损耗同理计算可得，最终可通过 5G 系统与测试的 4G 系统之间系统总损耗差异、信源子载波功率差异、改造后合路系统损耗、测试系统平均覆盖场强数值，计算得出 5G 改造后系统场强预估值。改造方案 5G NR 系统覆盖场强评估计算见表 8-28。

LTE 2.3GHz 系统由于改造前后合路器更换为 POI，所以系统损耗增加 4dB，5G NR 2.6GHz 和 3.5GHz 系统损耗通过计算并与 2.3GHz 进行对比分析，得出的结论为：如果某区域 LTE 2.3GHz 遍历测试平均场强（SS-RSRP）为 –95dBm，则改造完成后，LTE 2.3GHz 平均场强为 −99dBm，NR 2.6GHz 约为 −104.74dBm，NR 3.5GHz 约为 −111.03dBm。当然，评估结果仅对合路系统进行覆盖场强理论值预估，项目实施结果可能因现场环境影响与理论值存在一定偏差。运营商如果可以接受理论评估结果，则可对原分布系统进行直接合路改造；如果不满足覆盖要求，则可对竖井主干线路进行适当改造，增加信源及合路点数量，以此增加分布系统馈入功率。如果系统无法进行改造，则需要重新建设一套 5G 无源室内分布系统。

5. 分布系统抗干扰水平评估

分布系统抗干扰水平评估是指当更换合路单元直接馈入 5G 信号进行分布系统 5G 升级改造时，通过了解现网分布系统各小区干扰水平情况，评估新增 5G 系统合路后干扰水平可能恶化的可接受程度。当前，系统抗干扰水平评估主要通过观察基站后台干扰水平统计数值和使用互调仪测试分布系统三阶无源互调抑制度指标的方法。

表8-28　改造方案5G NR系统覆盖场强评估计算

系统名称	设备功率		当前系统合路损耗/dB	改造后系统合路损耗/dB	分布系统损耗						空间传输损耗				改造前系统总损耗/dB	改造后系统总损耗/dB	测试场强/dBm	5G改造后预估场强/dBm
	单载波总功率/W	子载波功率配置/dBm			7/8"馈线长度/m	7/8"馈线损耗/dB	1/2"馈线长度/m	1/2"馈线损耗/dB	无源器件总损耗/dB	天线增益/dBi	天线覆盖半径/m	空间损耗/dB	穿透损耗（10～12cm砖墙）/dB	慢衰落余量/dB				
LTE 2.3GHz	20	12.2	1	5	80	5.76	20	2.64	11.1	4	10	71.6	10	9	107.1	111.1	-95	-99
NR 2.6GHz	50	11.8	—	4	80	5.92	20	2.82	11.1	4	10	72.6	11	9	—	112.44	—	-104.74
NR 3.5GHz	50	11.8	—	4	80	7.69	20	3.24	11.1	3.5	10	75.2	12	9	—	118.73	—	-111.03

观察当前3G/4G小区基站的干扰水平，通过提取运营商基站后台干扰相关数据，并按相关运营商要求方式进行统计分析，如果当前各系统干扰电平未超过运营商要求或对用户相关业务无任何影响，则可以尝试进行5G系统直接合路。如果当前各系统干扰水平已经超过运营商的相关要求，则可能因新增5G系统的合路，导致干扰指标恶化，建议新增分布系统承载5G系统。

通过互调仪对无源分布系统进行互调测试，也可对当前分布系统抗干扰能力进行评估。利用互调仪对合路单元后端无源分布系统进行整体三阶互调测试。如果系统互调指标在相关要求范围内，说明分布系统整体互调干扰抑制指标较好，则可以尝试直接合路5G系统。如果整体互调指标不满足要求，则需要对分布系统互调抑制水平进行整改（例如，将系统前级普通连接器更换为增强型连接器，将-140dBc N型300W器件更换为-150dBc DIN型500W产品等）达标后，再尝试合路5G系统。

8.7.3　各类型场景改造方案选择建议

对原室内分布系统进行5G改造时，也要综合考虑。与原系统相比，需考虑是否需要新增或减少覆盖区域及调整新增系统天线间距，以获得更优性价比的建设方案，而不是简单地对原系统覆盖点位进行等数量复制。由于我国目前的室内分布系统，尤其是传统无源室内分布系统，普遍存在多家运营商共享的情况，所以本小节将介绍在共建共享背景下各种场景5G室分改造方案。

① 现有3G/4G分布系统使用方为单独运营商，当需要改造为5G分布系统时，改造思路及方案需要根据当前系统使用方、覆盖需求方、原有分布质量情况、支持频段情况等因素综合确定。运营商独享站点5G无源室内分布系统改造思路及方案建议见表8-29。

表8-29　运营商独享站点5G无源室内分布系统改造思路及方案建议

当前系统使用方	5G覆盖需求方	原分布系统质量是否良好	现网器件天线支持频段/MHz	改造思路	方案建议
中国移动	中国移动	是	800～2500	新增合路器，更换原无源器件、天线	2.6GHz扩展合路器+5G器件+5G天线
		是	800～2700	新增合路器	2.6GHz扩展合路器
		否	—	叠加5G分布系统	合路器+5G器件+5G天线
	中国电信/中国联通（2.1GHz）	是	—	新增12频POI	12频POI
		否	—	叠加5G分布系统	12频POI+5G器件+馈线+5G天线

（续表）

当前系统使用方	5G 覆盖需求方	原分布系统质量是否良好	现网器件天线支持频段 /MHz	改造思路	方案建议
中国移动	中国电信 / 中国联通（3.5GHz）	是	—	新增 12 频 POI，更换无源器件、天线	12 频 POI + 5G 器件 + 5G 天线
		否	—	叠加 5G 分布系统	12 频 POI + 5G 器件 + 馈线 + 5G 天线
	中国移动 + 中国电信 / 中国联通（2.1GHz）	是	800～2500	新增 12 频 POI，更换无源器件、天线	12 频 POI + 5G 器件 + 5G 天线
		是	800～2700	新增 12 频 POI	12 频 POI
		否	—	叠加 5G 分布系统	12 频 POI + 5G 器件 + 馈线 + 5G 天线
	中国移动 + 中国电信 / 中国联通（3.5GHz）	是	—	新增 12 频 POI，更换无源器件、天线	12 频 POI + 5G 器件 + 5G 天线
		否	—	叠加 5G 分布系统	12 频 POI + 5G 器件 + 馈线 + 5G 天线
中国电信 / 中国联通	中国移动	是	800～2500	新增 12 频 POI，更换原无源器件、天线	12 频 POI + 5G 器件 + 5G 天线
		是	800～2700	新增 12 频 POI	12 频 POI
		否	—	叠加 5G 分布系统	合路器 + 5G 器件 + 馈线 + 5G 天线
	中国电信 / 中国联通（2.1GHz）	是	—	更换合路器	合路器
		否	—	叠加 5G 分布系统	5G 器件 + 馈线 +5G 天线
	中国电信 / 中国联通（3.5GHz）	是	—	新增 POI，更换无源器件、天线	12 频 POI + 5G 器件 + 5G 天线
		否	—	叠加 5G 分布系统	12 频 POI + 5G 器件 + 馈线 + 5G 天线
	中国移动 + 中国电信 / 中国联通（2.1GHz）	是	800～2500	新增 12 频 POI，更换无源器件、天线	12 频 POI + 5G 器件 + 5G 天线
		是	800～2700	新增 12 频 POI	12 频 POI
		否	—	叠加 5G 分布系统	12 频 POI + 5G 器件 + 馈线 + 5G 天线
	中国移动 + 中国电信 / 中国联通（3.5GHz）	是	—	新增 POI，更换无源器件、天线	12 频 POI + 5G 器件 + 5G 天线
		否	—	叠加 5G 分布系统	12 频 POI + 5G 器件 + 馈线 + 5G 天线

② 现有 3G/4G 分布系统使用方为多家运营商，当需要改造为 5G 分布系统时，改造思路及方案需要根据当前系统使用方、覆盖需求方、原有分布质量情况、支持频段情况等因素综合确定。运营商共享站点 5G 无源室内分布系统改造思路及方案建议见表 8-30。

表8-30　运营商共享站点5G无源室内分布系统改造思路及方案建议

当前系统使用方	5G 覆盖需求方	原分布系统质量是否良好	现网器件天线支持频段 /MHz	改造思路	方案建议
中国移动 + 中国电信 / 中国联通	中国移动	是	800 ～ 2500	新增扩展 POI，更换原无源器件、天线	2.6GHz 扩展 POI + 5G 器件 + 5G 天线
		是	800 ～ 2700	新增扩展 POI	2.6GHz 扩展 POI
		否	—	叠加 5G 分布系统	RRU 直连 / 合路器 + 5G 器件 + 馈线 + 5G 天线
	中国电信 / 中国联通（2.1GHz）	是	—	更换 POI	12 频 POI
		否	—	叠加 5G 分布系统	RRU 直连 + 5G 器件 + 馈线 + 5G 天线
	中国电信 / 中国联通（3.5GHz）	是	—	更换 POI，无源器件、天线	12 频 POI + 5G 器件 + 5G 天线
		否	—	叠加 5G 分布系统	RRU 直连 /3 频 POI/12 频 POI + 5G 器件 + 馈线 + 5G 天线
	中国移动 + 中国电信 / 中国联通（2.1GHz）	是	800 ～ 2500	新增 12 频 POI，更换无源器件、天线	12 频 POI + 5G 器件 + 5G 天线
		是	800 ～ 2700	新增 12 频 POI	12 频 POI
		否	—	叠加 5G 分布系统	合路器 + 5G 器件 + 馈线 + 5G 天线
	中国移动 + 中国电信 / 中国联通（3.5GHz）	是	—	更换 POI，更换无源器件、天线	12 频 POI + 5G 器件 + 5G 天线
		否	—	叠加 5G 分布系统	3 频 POI/12 频 POI + 5G 器件 + 馈线 + 5G 天线
中国电信 + 中国联通	中国移动	是	800 ～ 2500	新增 POI，更换原无源器件、天线	2.6GHz 扩展 POI + 5G 器件 + 5G 天线
		是	800 ～ 2700	新增扩展 POI	2.6GHz 扩展 POI
		否	—	叠加 5G 分布系统	合路器 + 5G 器件 + 馈线 + 5G 天线
	中国电信 / 中国联通（2.1GHz）	是	—	更换 POI	12 频 POI
		否	—	叠加 5G 分布系统	RRU 直连 + 5G 器件 + 馈线 + 5G 天线

（续表）

当前系统使用方	5G 覆盖需求方	原分布系统质量是否良好	现网器件天线支持频段 /MHz	改造思路	方案建议
中国电信 + 中国联通	中国电信 / 中国联通（3.5GHz）	是	—	新增合路器，更换原无源器件、天线	3.5GHz 扩展合路器 + 5G 器件 + 5G 天线
		否	—	叠加 5G 分布系统	RRU 直连 /3 频 POI/12 频 POI + 5G 器件 + 馈线 + 5G 天线
	中国移动 + 中国电信 / 中国联通（2.1GHz）	是	800 ～ 2500	新增 12 频 POI，更换无源器件、天线	12 频 POI + 5G 器件 + 5G 天线
		是	800 ～ 2700	新增 12 频 POI	12 频 POI
		否	—	叠加 5G 分布系统	合路器 + 5G 器件 + 馈线 + 5G 天线
	中国移动 + 中国电信 / 中国联通（3.5GHz）	是	—	更换 POI，更换无源器件、天线	12 频 POI + 5G 器件 + 5G 天线
		否	—	叠加 5G 分布系统	3 频 POI/12 频 POI + 5G 器件 + 馈线 + 5G 天线
中国移动 + 中国联通 + 中国电信	中国移动	是	800 ～ 2500	新增合路器，更换原无源器件、天线	2.6GHz 扩展 POI + 5G 器件 + 5G 天线
		是	800 ～ 2700	新增合路器	2.6GHz 扩展 POI
		否	—	叠加 5G 分布系统	RRU 直连 / 合路器 + 5G 器件 + 馈线 + 5G 天线
	中国电信 / 中国联通（2.1GHz）	是	—	新增 POI	12 频 POI
		否	—	叠加 5G 分布系统	RRU 直连 + 5G 器件 + 馈线 + 5G 天线
	中国电信 / 中国联通（3.5GHz）	是	—	新增合路器，更换原无源器件、天线	3.5GHz 扩展合路器 + 5G 器件 + 5G 天线
		否	—	叠加 5G 分布系统	RRU 直连 /3 频 POI/12 频 POI + 5G 器件 + 馈线 + 5G 天线
	中国移动 + 中国电信 / 中联通（2.1GHz）	是	800 ～ 2500	新增 12 频 POI，更换无源器件、天线	12 频 POI + 5G 器件 + 5G 天线
		是	800 ～ 2700	新增 12 频 POI	12 频 POI
		否	—	叠加 5G 分布系统	合路器 + 5G 器件 + 馈线 + 5G 天线
	中国移动 + 中国电信 / 中国联通（3.5GHz）	是	—	更换 POI，更换无源器件、天线	12 频 POI + 5G 器件 + 5G 天线
		否	—	叠加 5G 分布系统	3 频 POI/12 频 POI + 5G 器件 + 馈线 + 5G 天线

8.8 分布系统勘察

分布系统勘察是设计的基础和前置工作，勘察的主要内容包括建筑物基本信息收集及勘察，无线信号环境的测试及分布系统施工环境的勘察。

8.8.1 建筑物基本信息收集及勘察

1. 新建室内分布系统勘察

建筑环境的勘察是室内分布系统勘察的第一步，包括建筑物基本信息的勘察及现有分布系统的核实与勘察。在勘察前应尽量协调物业拿到建筑图样，如果已建设有分布系统，则应拿到已建分布系统的平面图，打印出来在现场核实。

建筑基本信息的勘察主要包括以下内容。

① 站点名称与地址的核实、经纬度的勘察。测量经纬度时必须保证测量精度，GPS/ 北斗定位仪要放在建筑物所在区域内无遮挡的位置，且等搜索到的卫星数量大于 3 个以后再开始记录。

② 对建筑场景性质、楼栋数、楼层数、面积、人流量的勘察，同时，拍照了解大楼或物业整体情况。

③ 主要覆盖区域的勘察。很多室内分布系统的建筑内有多个功能区，有时一个室内分布系统是由多个楼宇组成的建筑群，在现场勘察时要分别进行记录并拍照。覆盖区域是分布系统设计的目标，如果未能勘察清楚，则可能导致覆盖区域不完整或覆盖效果不好等问题。

④ 建筑内部布局、隔断情况的勘察，电梯、电井的数量与位置的勘察。房间的尺寸、数量、开放程度，门窗的位置及材质，墙壁的材质，这些都是需要勘察的内容，现场多采用照相方式记录。不同材质和位置的门窗与墙体对无线信号在传播过程中的衰减影响程度不一样。对于电梯与电井的分布情况，电井的开门方向、运行楼层也需要重点关注。

对于没有建筑图样的站点，勘察时需要对建筑内不同结构楼层的整体及内部房间的尺寸、门窗的宽度与相对位置等进行测量，并绘制出建筑结构草图。

建筑基本信息勘察的主要内容需要通过照相、草图上标注和勘察记录表等多种方式进行记录。

2. 改造室内分布系统勘察

在进行分布系统建设时，如果同一家运营商在该建筑内已经有一套其他网络制式的室内分布系统，则新网络的设计优先选择在原分布系统上进行合路，以节约投资，避免重复建设造成浪费，因此，对现有网络的室内分布系统的勘察是非常重要的。

经验丰富的勘察设计人员在站点勘察前一般会提前查询现网资料，核实所服务的运营商在勘察站点建筑内是否已经建设分布系统。如果已经建设分布系统，则应该将原设计或竣工方案提前打印出来，在勘察时进行现场核对，以提高效率。

在现场建筑环境勘察时，依据打印的先前网络制式分布系统方案，结合现场实际情况，对建筑内部的室内分布系统进行勘察核实。现有室内分布系统的勘察主要包括以下内容。

① 对原分布系统的网络制式的勘察。原分布系统的网络制式和工作频段直接影响设计时合路器的选择。

② 对原分布系统覆盖区域的勘察。这部分勘察主要是核实原分布系统是否全覆盖，或者是否与本次拟覆盖的区域一致。基于传统 2G 所在频段的优势，其宏基站的覆盖范围和效果较好，在很多室内区域也有较好的覆盖信号。由于 2G 在进行室内分布覆盖时，可能只对部分室内弱覆盖区域进行了覆盖，而 4G、5G 由于频率较高，其宏基站覆盖范围和效果不如 2G，在相同的建筑内部，4G、5G 的弱覆盖区域会大于 2G，所以在建设室内分布系统时，4G、5G 一般采用全覆盖，另外，需要核实原 2G 分布系统是否进行了全覆盖。

③ 对原分布系统天线点位及密度的勘察。这部分勘察主要针对老分布系统的点位分布较散、天线间距较稀的情况。特别是一些旧的 2G 分布系统，由于 2G 使用频段较低，传播损耗小，所以在室内分布覆盖时，天线间距较大，同时天线点位的精度要求没有 4G、5G 高。如果直接将 4G、5G 进行简单的合路，可能无法达到用户要求的覆盖效果，需要在设计时对合路点的选择进行分析，天线点位可能需要改造和增加。

④ 在一些特殊情况下，还需要对原来的分布系统的建设年限进行勘察核实，如果分布系统老化故障问题较多，或者老的无源器件无法支持 4G、5G 的工作频段等，那么这些将影响最终的方案设计。

⑤ 对其他运营商已有分布系统的勘察。如果一个站点已有且只有其他运营商的分布系统时，在勘察过程中要结合当地的室内分布系统共建共享要求和原则，核实可否共享其他运营商的分布系统。如果采用共享方式，则在勘察时，需要注意的事项与合路同一运营商的分布系统相似；如果不共享而采用新建方式，则需要注意新建分布系统时，天线点位一定要与原分布系统天线保持一定的距离以增加隔离度，防止不同网络系统间的干扰。

⑥ 原有分布系统的勘察，通常要对原分布系统天线、信源设备位置进行拍照，对于一些特殊情况，还要在打印出来的原分布系统图样上进行标注与说明。

8.8.2 无线信号环境的测试

在对室内分布系统勘察时，要对建筑内部现网的无线环境进行测试勘察，验证建筑物室内覆盖的必要性，确定弱覆盖区域，分析周边无线环境与新建分布系统之间的影响，用于指导室内分布系统设计。

在室内分布系统勘察时，无线环境的测试主要有呼叫质量拨打测试（CQT）和步测（Walking Test，WT）两种方式。

1. 呼叫质量拨打测试

呼叫质量拨打测试（CQT）是指在预先定义的重点区域分别进行拨打测试，感受实际业务情况，主要用来检验网络性能的测试手段。通过使用手机终端在测试地点拨叫（主叫、被叫），最后对测试结果进行统计分析。

（1）采样点的选择

在对不同的建筑进行 CQT 时，每个建筑要选择多个采样点位置。采样点应依据建筑的场景类型在建筑物内合理分布，要选取人流量较大和移动电话使用频繁的地方，能够暴露区域性覆盖问题而不是孤点覆盖问题的地方。对于高层建筑物，要求在顶楼、楼中部位、底层（含地下停车场）3 个部分分别选择采样点，避免在一个位置进行多次拨打，并在客梯和地下停车场进行至少一次主叫。同一楼层的相邻采样点至少相距 20m 且在视距范围之外，具体以用户经常活动的地点为首选。

① 住宅小区在深度覆盖、高层、底层等区域选择不同采样点进行测试，以连片的 4～5 幢楼作为一组测试对象选择采样点。

② 医院的采样点重点选取门诊、挂号缴费处、停车场、住院病房、化验窗口等人员密集的地方。有信号屏蔽要求的手术室、X 光室、CT 室等场所不做测试。

③ 火车站、长途汽车站、公交车站、机场、码头等交通集聚场所的采样点重点选取候车厅、站台、售票处等地方。

④ 学校的采样点重点选取宿舍区、礼堂、食堂、行政楼等人群聚集活动场所，例如，学生活动中心（会场 / 电影院等）、学生宿舍公寓、学生 / 教工食堂等，教学楼主要测试休息区和会议室。

⑤ 商场的采样点应该包括商铺及休息场所。

⑥ 高层写字楼的低层（包括停车场）、中层、高层选择不同采样点进行测试。

（2）测试方法

① 采用同一网络手机相互拨打的方式进行测试，测试手机使用当地本网签约卡。

② 在每个场景的不同采样点位置进行主叫、被叫各 5 次，每次通话时长不得少于 30s，呼叫间隔为 15s 左右。出现未接通的现象，在 15s 以后重拨。

③ 测试过程中应进行一定范围的慢速移动和方向转换，模拟用户真实感知通话质量。

（3）测试记录

在室内分布系统勘察时，采用 CQT 对信号场强和拨打情况进行记录。除了要记录信号场强，还要记录小区代码、频点等信息，同时还需要关注拨打电话后的通话状态，包括是否有掉话情况的发生、通话质量如何等。

2. 步测

测试人员在室内手持测试仪器沿着室内的路线步行测量无线网络性能称为步测（WT）。WT 是一种更详细的室内无线信号测试方式，通过测试人手持安装有测试软件的测试手机或笔记本电脑，将建筑物内部平面图导入软件中，人在室内主要测试区域内步行，利用测试软件将步行路径上的无线信号情况记录下来，再由软件对数据进行统计整理并形成分析报告。

步测是一种为了掌握网络信号质量、电平、覆盖等状况，利用专门的测试设备对室内进行测试的方式。测试的结果用于指导室内分布系统设计，分析室内分布系统建成后室内外无线信号覆盖的相互影响。测试时，需要注意以下 3 种情况。

① 楼层结构相同时，不用每层都测，选择有代表性的楼层测试即可。高层建筑物可以在顶部、中部、底部各选择一层进行测试。

② 建筑结构不同的楼层，每层都要进行测试。

③ 确定无信号的区域可不测试，例如，电梯、车库。

8.8.3 工程施工环境的勘察

工程施工环境的勘察是从天线侧开始的，首先要对覆盖区域内天线的选型和安装位置进行勘察确定，然后对包括馈线、器件在内的分布系统走线路由进行分析，核实其可实施性，最后勘察信源远端设备的安装位置。

1. 天线点位的勘察

天线点位的勘察是分布系统勘察最重要的一环，直接关系到分布系统建成后覆盖的效果，它包括天线的选型（含全向天线和定向天线）及安装位置的勘察。

（1）全向天线的选型

① 在室内分布系统中使用最多的全向天线是室内全向吸顶天线，它被安装在天花板上，适用于大部分对覆盖方向性要求不高的场景。

② 在物业对美观要求较高的建筑内，需要采用合适的室内美化全向吸顶天线来代替，例如，烟感型美化天线可以用在房间室内的覆盖等。

③ 在室内分布系统外拉小区覆盖时，在征得业主同意的情况下，可以在住宅小区内使用美化灯杆全向天线。

（2）定向天线的选型

① 室内分布系统中使用最多的定向天线是室内定向壁挂天线，它安装在侧面墙壁上，用于对方向性或增益要求较强区域的覆盖，包括一些狭长的区域，或需要穿透隔断才能进行覆盖的区域，例如，车库进出口、建筑物窗边向里覆盖、电梯覆盖等。

② 在一些没有侧墙安装定向壁挂天线的位置，可以将室内定向吸顶天线安装在天

花板上，但其方向性和增益较定向壁挂天线差。

③ 在公路隧道和人行隧道覆盖中多使用对数周期天线。

④ 在物业对美观要求较高的建筑内，需要选择合适的室内美化定向天线来代替定向天线，例如开关面板天线可以用于宾馆房间内的覆盖。

⑤ 在室内分布系统外拉小区覆盖时，在征得业主同意且能控制信号外泄的前提下，可以在住宅楼的中间楼层或低楼层楼房顶部采用射灯型美化天线进行住宅内的信号覆盖。

（3）天线安装位置的勘察

室内分布系统的天线通常采用“低功率，多天线”的思路进行布放，实现室内均匀的信号覆盖。虽然不同运营商对于天线密度的要求会有所差别，但是整体覆盖思路相似。

① 在较空旷、少隔断、层高不高的建筑中，通常采用室内全向吸顶天线，天线向四周均匀覆盖。安装位置要避开立柱等遮挡物，覆盖直径即天线间隔设计在 10m ～ 15m。

② 在空旷、层高很高的建筑中，通常顶部不具备安装吸顶天线的条件，可以采用室内定向壁挂天线安装在建筑内两侧的侧墙上交叉进行覆盖。

③ 在房间布局规则、隔断相对固定的建筑中，天线的布放应该兼顾走廊与两侧的房间。如果协调难度大，天线只允许安装在走廊上，那么此时天线的布放位置应该尽量使天线信号传播到室内的衰减最小。通常在正对的 2 扇或 4 扇房门中间布放全向吸顶天线，对多个房间同时覆盖；如果房门位置不规则，则天线尽量放在只穿一堵墙就能同时覆盖多个房间的位置，通常可在房间相邻的位置设置全向吸顶天线。如果物业允许，且建筑内业务需求量大、重要性高，还可以采用“天线入室”的方式进行覆盖。通常采用小型美化天线，例如，烟感型全向吸顶美化天线、开关面板型定向壁挂美化天线等，它们可以安装在房间内，实现对房间内部的覆盖。此时走廊只要少量几个定向壁挂天线就可以实现覆盖。

④ 虽然许多建筑内部房间和隔断很多，但结构并不规则，此时应保证主要覆盖区域尽量有天线直接或只穿透一层隔断覆盖，天线的位置优先安装在多个隔断的交叉位置，可以兼顾多个房间或区域的覆盖，天线的间隔通常为 6m ～ 10m。

⑤ 电梯的井道墙体较厚，电梯轿厢多为金属体，信号衰减严重，是室内分布系统要重点考虑的地方。电梯的穿透损耗较大，一般为 20dB ～ 30dB，大多选用高增益的定向天线覆盖。电梯的覆盖方法有很多种，常见的方式有两种：一是在电梯井道中设置方向性较强的定向天线，例如，室内定向壁挂天线、对数周期天线，从上往下覆盖，依据建筑每层楼的层高，每 3 ～ 5 层楼安装一个；二是采用室内定向壁挂天线从电梯井内朝向电梯门方向进行信号辐射，每 1 ～ 3 层楼安装一个。采取上述两种方式对电梯覆盖时，通常都要在电梯厅布置一副全向天线，保证进出电梯信号的延续；减少进出电梯的掉话概率。观光电梯通常优先考虑用室外宏基站进行覆盖，一般不采用井道布置天线的方式。

⑥ 在对建筑的中低楼层窗边进行覆盖时，特别是窗外有重要干道的建筑，应选用定向天线，天线主波瓣从窗边向建筑内部辐射，天线背波瓣应尽量有水泥墙体遮挡，避免室内信号外泄影响室外网络质量。因此，在靠近干道的窗边可采用定向壁挂天线向内部进行信号辐射。

⑦ 对于采用室内分布系统外拉覆盖方式进行覆盖的住宅小区等建筑，使用室内全向吸顶天线和定向壁挂天线对建筑内车库和电梯进行覆盖，在建筑楼顶或中部安装射灯型美化天线，在小区内安装美化灯杆或指示牌天线，实现对住户家里和小区内的覆盖。小增益美化天线口输出功率较宏基站小很多。天线安装要严格控制室外天线的覆盖范围，避免信号对周边宏基站网络的覆盖造成不良影响。

⑧ 天线的选型与安装位置的勘察是有一定规律可循的，同时也是非常灵活的，勘察时要以覆盖区域为中心，因为室内分布系统天线口输出的功率较小，所以通常要达到良好的覆盖效果，天线的位置到覆盖区域之间要少遮挡或无遮挡。除了要考虑墙壁隔断等对信号的影响，还要注意天线的安装位置要避开立柱、横梁、消防管道等，在有吊顶的建筑，特别是金属吊顶，天线应尽量安装在吊顶下方。

⑨ 在勘察天线点位时，应准备好建筑物的结构图样，在适合挂天线的相应位置处进行标记。

2. 走线路由的勘察

现代建筑通常设有专门的井道和桥架用于各种线路的布放，室内分布系统的垂直走线一般沿弱电井敷设，水平走线则通常沿水平桥架敷设，因此，走线路由的勘察，实际上就是对建筑内弱电井道位置和桥架走向的勘察。由于桥架与井道的情况比较复杂，所以现场多采用照相的方式记录。

如果建筑内没有井道和桥架，或桥架空间不够，则分布系统应穿过 PVC 管或波纹管后沿墙体敷设，保证线缆的美观与安全；如果有吊顶，则应在吊顶内部走线。

电梯覆盖的走线路由比较特殊，特别是楼层高的电梯，其走线路由通常是单独的一路，在建筑的中间楼层打孔进入电梯井内，经二功分器后，沿电梯井道分别向上向下敷设。

走线路由的勘察内容需要记录弱电井的位置和数量、电梯的位置和数量、是否有桥架和吊顶等。勘测弱电井要注意是否有足够的空间走线，走线是否受其他走线的影响，勘察电梯要记录电梯缆线进出口位置、电梯停靠区间。

3. 信源远端设备安装位置的勘察

信源远端设备包括分布式基站的 RRU、分布式皮基站的扩展单元、光纤直放站远端等，在大部分的建筑场景，远端设备安装的位置都在弱电井内。远端设备安装的位置通常还有一些其他配套设备需要安装。如果远端设备为直流供电，则需要安装小型一体化开关电源，为设备提供直流供电及后备电；如果设备是通过光缆与上级设备进行连接，还需要安装光纤终端盒，实现光缆与尾纤的连接。

在确定弱电井位置后，要对弱电井是否有安装远端信源设备及其配套电源设备的空间进行核实。如果准备安装设备楼层的弱电井空间不够，则要勘察上下楼层弱电井的空间，就近选择合适的楼层，最后记录拟安装设备电井的位置和楼层，并拍照记录其内部空间结构。

对于没有弱电井的场景，远端设备可以考虑安装在楼梯间或车库等位置。安装远端设备的位置应选择在较少行人经过之处，其高度应让行人无法直接触碰，同时还要考虑防尘、防水等因素，勘察时同样应记录位置，并对安装空间进行拍照。

天线点位的勘察、走线路由与远端设备安装位置的勘察都属于分布系统实施环境的勘察，需要现场拍照、绘制草图和填写勘察记录表。拍照主要记录天线安装点位、桥架走线方向、弱电井空间等信息。草图中应记录天线的安装点位和类型、弱电井的位置等信息。

4. 机房的勘察

机房的勘察是指信源近端设备安装环境的勘察，近端设备包括机柜式基站设备、BBU、光纤直放站近端机等。近端设备需要配套设备才能正常工作，配套设备包括交流箱、开关电源、蓄电池组、传输设备、空调等。近端信源设备负责所属整个室内分布系统的正常运转，因此，其安装条件和电源配置等要求也相对较高。从设备安全性、维护便利性等角度来看，应尽量将近端设备安装在条件良好的机房内，但新租用的机房一般会产生较多的费用，成本较高，实际勘察时应依据物业协调情况、运营商的要求和现场勘察的实际情况综合而定。

机房的勘察总体上可以分为新建机房勘察和共址机房勘察，部分网络由于需要授时同步，还要对 GPS/ 北斗天线安装条件进行勘察。

（1）新建机房勘察

新建机房分为新建壁挂空间和新建落地机房两种情况。新建机房勘察时要现场拍照、绘制草图，并在记录表中记录相关信息。

① 新建壁挂空间的本质就是在物业允许的位置壁挂设备，可能是弱电井、楼梯间等地方，此时信源和配套电源设备均采用小型的，利用挂墙件在墙上安装。勘察时要对壁挂的空间面积是否满足所有设备的安装空间需求、壁挂的墙体承重是否满足要求等进行核实。由于不是专用机房，所以还要对安装设备的位置是否存在安全隐患进行重点核实。

② 新建落地机房包括租用机房、自建砖房、自建活动板房等方式，勘察时应首先测量机房的长宽高及门窗的相对位置等，以便合理布置设备。如果机房要安装外置蓄电池，则需对地面的承重条件进行核实。依据机房的温湿度环境情况确定是否需要安装空调，同时核实机房外是否有空间安装空调外机。另外，还要与物业沟通、核实机房的供电情况、大楼的防雷接地情况等。

（2）共址机房勘察

共址机房的勘察重点是原有机房空间和设备资源的使用情况，需要核实能否满足新增设备的需要，共址机房需要勘察的记录信息主要包括以下内容。

① 机房空间面积及使用情况，剩余空间是否预留够。

② 走线架、馈线窗和接地排等是否有多余空间供新增设备及走线使用。

③ 交流配电箱的总容量、线径、断路器是否能够满足新增设备后的用电需求。

④ 开关电源设备型号、总容量、现有容量、现有负荷等用于核算新增设备后容量是否满足；断路器熔丝的使用情况及是否有剩余的合适的断路器用于接入新增设备。

⑤ 蓄电池的容量是否满足增加设备后的容量需求。

⑥ 机房现有设备的信息及用电情况，包括通信设备、空调、动环监控等。

共址机房拍照较新建机房多，主要包括以下内容。

① 机房全景拍照。

② 机房内设备分布情况拍照，可以站在机房 4 个角落向机房里各拍一张。

③ 新增信源设备安装位置拍照。

④ 原有设备及使用情况的拍照，包括原交流箱和开关电源的引入线径、设备型号、模块数、模块型号、断路器使用情况；蓄电池的摆放方式、型号、容量；馈窗、地排、走线架使用情况；通信及其他设备的使用情况等。原有设备配置及运行情况的照片，要求正面拍摄，并且尽量清晰详细，以备后期查询核实。

共址机房勘察前可以查询该机房运营商原设计图样，打印出来用作现场勘察核实；如果无法获取原设计图样，则需要现场绘制草图，草图应包括机房尺寸、已有设备尺寸、摆放的相对位置等要素。

（3）GPS / 北斗天线安装条件的勘察

在常见的移动通信网络制式中，TD-LTE 和 5G NR 系统都必须使用精确授时系统进行同步，它们的基站设备都需要安装 GPS / 北斗天线，安装时应注意以下几个方面。

① GPS / 北斗天线安装的位置要求正上方和南方无遮挡，以保证卫星信号的正常接收。

② 为防止雷击影响，GPS / 北斗天线必须安装在避雷针斜下方 45°保护范围内，且不应安装在楼顶的角上。GPS / 北斗天线安装示意如图 8-26 所示。

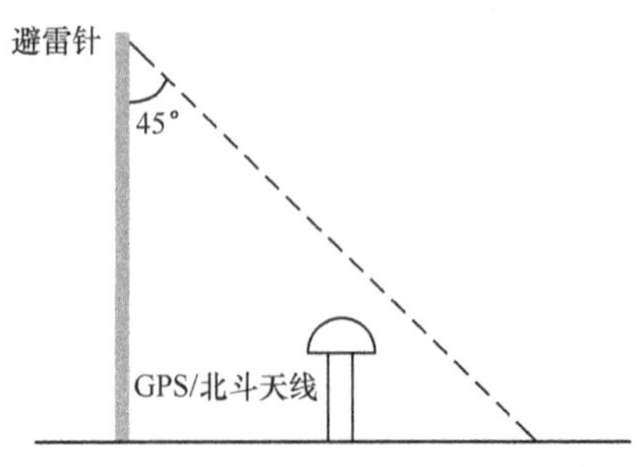

图8-26 GPS/北斗天线安装示意

③ 为避免干扰，GPS / 北斗天线安装位置还应远离直径大于 20cm 的金属物至少 2m，金属物包括宏基站天线等，同时绝不能放在宏基站天线正前方主瓣近距离辐射范围内。

④ GPS / 北斗天线通过馈线与 BBU 连接，因此，

还要对馈线路由进行勘察。GPS / 北斗天线现场勘察主要采用拍照和画草图的方式记录。拍照包括 GPS / 北斗天线安装位置拍照、避雷针位置拍照、馈线路由拍照等。

8.9　信源设计

8.9.1　信源选择

5G 信源选择目前主要有分布式皮基站 pRRU 和传统室内分布系统 RRU 两种。

1. 分布式皮基站 pRRU

分布式皮基站 BBU 和 RRU 分离，其中，远端 RRU 集成 RRU 部分及天线功能，体积较小，功率较小，被称为 pRRU。分布式皮基站主要用于人流量多、容量需求大、内部空间较为开阔的场景，结合场景类型合理布放 pRRU 点位。pRRU 部署建议见表 8-31。

表8-31　pRRU部署建议

场景	单 pRRU 覆盖面积	场景说明
开放型	大于 700 m^2	楼宇内部较为空旷的场景，例如，卖场、体育馆、展览馆、图书馆、车站、机场等
半开放型	大于 500 m^2	楼宇内部墙体穿透性较好（材质例如板材、玻璃等，场景例如商场、写字楼、餐饮场所等）
密集型	不建议建设分布式皮基站	楼宇隔间多，墙体穿透性差的场景，例如，酒店、KTV、宿舍、居民小区等

2. 传统室内分布系统 RRU

RRU 根据物业点规模、结构、业务需求进行配置，并结合输出功率、分布系统线路损耗及天线间距进行配置，根据前期的工程设计建设经验，对于居民小区场景，每个 RRU 可覆盖 4 栋楼高在 20 层以下的住宅楼，或每个 RRU 可覆盖 2 栋楼高在 20 层及以上的住宅楼。对于其他场景，建议按建筑面积进行配置，对于楼层可按每个 RRU 覆盖 10000m^2 来配置，对于地下停车场可按每个 RRU 覆盖 20000m^2 来配置。

分布系统建设需提前考虑业务发展及网络演进，为小区分裂、载波扩容等预留可扩展空间。在建设过程中，结合物业点覆盖或容量的实际需求，应合理配置 RRU 输出功率，对于居民小区、酒店、政府机构等覆盖场景原则上至少按单通道 40W 进行配置。

3.BBU 配置原则

BBU 配置主要受限于光口速率、基带板处理能力、主控板处理能力、支持板卡数量。BBU 原则上应结合楼宇规模、楼宇结构、业务需求等因素，充分发挥设备处理能力按需配置，原则上应根据设备能力标称值进行配置。考虑设备能力、现网传输及机房资源情况，BBU 原则上需要集中放置。

8.9.2 载波及频率规划原则

载波及频率规划需要结合运营商频率资源，因此，各运营商之间有所差异。

以中国移动为例，5G 网络室内外同频组网，室内覆盖以 2.6GHz 作为主力频段进行承载，优先使用低频 100MHz。扩容时，优先采用小区分裂方式，然后才采用扩展 2.6GHz 60MHz 第二频点的方式。

8.9.3 信源设备配套工程

室内信号分布系统有源设备（RRU 等设备）应采用有保证的 –48V 直流供电或 220V 交流供电，尽量不采用无保证的市电直接供电。根据各室内分布系统现场实际情况及 RRU 设备供电要求，建议采用以下供电方式。

1. 对于 RRU 直流设备供电方式及要求

RRU 直流设备应尽量从 BBU 处取电，或在 BBU 设备所在的机房内新建一套 –48V 电源为 RRU 集中供电，其具体要求如下。

① 当 RRU 与 BBU 安装在一起时，用 RRU 厂家标配的供电电缆从 BBU 处的 –48V 直流电源为其供电。

② 当 RRU 与 BBU 安装在不同位置时，安装 AC/DC 模块，就近取交流电。

2. 对于 RRU 交流设备供电方式及要求

RRU 交流设备应尽量从 BBU 处取电，或在 BBU 设备所在的机房内新建一套不间断电源（Uninterrupted Power Supply，UPS）系统为 RRU 设备供电。如果无法从 BBU 处取电，应在 RRU 设备集中的地方就地配置一套小型 UPS 为 RRU 设备供电。

整体供电系统容量应按远期负荷配置，配电应根据实际情况，配置总交（直）流配电箱、分交（直）流配电箱。总交（直）流电源配电箱安装于 BBU 所在的机房内，分交（直）流配电箱安装于 RRU 设备楼层的墙壁或相应楼层的弱电井内，其配电箱内开关数量、容量应根据实际需求确定，为每个有源设备提供独立的空气开关保护。

8.10 天馈设计

8.10.1 天线应用原则

根据建设需求，不同场景适用不同类型的天线。各类型天线及适用场景见表 8-32。

表8-32　各类型天线及适用场景

天线	适用场景
常规室内全向吸顶天线（宽频）	楼层、地下室等空旷场景
常规室内定向壁挂天线（宽频）	长形走廊或电梯等场景
室外对数周期天线（宽频）	室外及楼层对打覆盖性的场景
室外定向板状天线	
室外定向射灯天线	
室外全向鞭状天线	城中村、别墅等场景

8.10.2　馈线选型原则

各类馈线适用场景见表 8-33。

表8-33　各类馈线适用场景

馈线类型	适用场景
1/2" 馈线	距离较短的场景
7/8" 跳线	距离较长的场景
泄漏电缆	隧道、楼层相互覆盖的场景
光纤	皮基站布线
超五类双绞线	
光电混合缆	

8.10.3　无源器件选型原则

各类型无源器件及适用场景见表 8-34。

表8-34　各类型无源器件及适用场景

无源器件类型	适用场景
同频带合路器	多种输入信号合成一路信号输出的场景
双频带合路器	
功分器	等功率分配的场景
耦合器	非等功率分配的场景
电桥	将两个无线载频合路后馈入天线或分布系统
负载	堵住空闲的设备功率输出端口
固定衰减器	用在设备前端，主要是衰减设备发射大功率，调整所需要的功率值

8.11 室内覆盖设计工具的应用

室内覆盖方案的设计包含覆盖、容量、电源配套等，同时涉及室内传播模型及链路预算、天馈功率设计、信源容量计算、电源功耗计算、干扰隔离度测算等。因此，通常需要采用专业的方案设计工具和仿真模拟预测工具进行室内网络的设计工作。本节将重点介绍业界常用的室分设计工具及室分仿真预测工具。

8.11.1 室分设计软件

当前室内分布系统方案设计主要采用两种工具，分别是 Microsoft Visio 和 AutoCAD。目前，国内的铁塔公司、各大电信运营商对室内方案设计的要求也主要使用这两种工具。然而，随着 AutoCAD 软件在通信设计领域的逐渐普及，基于 AutoCAD 开发的室内分布系统设计软件及工具已逐渐占据市场主流。

目前，除了业内使用较多的天越室内设计软件，许多设计单位根据自身的特点研发出基于 AutoCAD 的室内分布系统设计工具或者软件。这类设计工具通常适用于各种室内场景的无线覆盖设计，主要用于解决移动通信等无线系统（2G、3G、4G、5G、WLAN、集群通信等）在室内覆盖系统上的设计问题，可广泛用于方案设计人员对楼宇、场馆及隧道等建筑物内的天馈分布系统的设计。该类工具软件为适应国内的设计文件要求，通常对 AutoCAD 和 Microsoft Visio 提供了较好的兼容，例如，支持 AutoCAD 设计方案的导入、方案修改、再设计及自定义块等，可以把 AutoCAD 的图纸转换并导出为 Visio 格式，或者直接导入 Visio 格式的设计方案。另外，不同单位研发的工具软件虽然各具特色，但是其支持的主要功能涵盖了常见室分方案设计的各个方面。

① 天线布置：按照现场勘察的情况，根据移动通信的原理和设计人员的经验进行天线布置，设置墙体衰减等。

② 设计初步场强预测：根据已布放好位置的天线和预计所需的电平，进行场强预测；根据预测效果调整天线电平，以达到合理的覆盖效果。

③ 配置平面图路由：根据布置好的天线、天线要求电平及现场情况，配置实际路由，并可调整器件位置和路由布局。

④ 根据平面图生成楼层所需电平表：根据楼层路由和天线电平要求，可得到楼层需要的电平；各个楼层所需电平及各个楼层天线布局可输出至统计表格。

⑤ 运行主干优化功能生成主干系统图：根据平面图输出表格，通过优化功能得到主干组合；人为加入配置条件，包括有源器件的使用数量、位置等，并可得到各个楼层天线的电平结果，供设计人员参考；设计人员根据不同的配置，选择最佳组合，最后输出系统图，并完成排版。

⑥ 添加合路器等器件形成完整系统图：根据组合图，在必要时添加器件（例如，合路器）；根据最后调整结果重新计算电平，形成完整的系统图。

⑦ 把系统图的天线电平编号导入平面图：根据设计出来的系统图，把相关的结果输出到平面图（包括编号、多种网络的天线电平）。

⑧ 设计后电平预测：根据最终的电平进行系统的电平预测。

⑨ 根据总的系统图生成多张小的系统图：总系统图较大，需要多页显示，为方便打印，可以通过软件将其分割为多张小的系统图，同时可根据图纸生成图纸目录等。

⑩ 完成材料单的统计：根据系统图产生报表，包括材料、电平、价格等。

⑪ DWG图转VSD图：可以把AutoCAD方案图纸.dwg格式转换为Visio的.vsd格式。

⑫ 图框管理：根据客户需求自由选择图纸的图框，在设计前通过图框管理保证图纸比例一致；设计完成有图框的图纸后，可以将其统一打印成纸板。

⑬ 智能打印：设计后的图纸可以批量打印，也可以转换成PDF格式文档。

通过应用该类软件工具，可大幅提高室分方案设计人员的设计质量和效率，节省分布系统集成商的人力成本，方便建设单位规范、高效地审核方案，便于各相关单位保存工程资料，为项目后期的改造和升级提供便利。

下面介绍一下天越室内覆盖智能设计软件（TYCAD）。

1. 用TYCAD软件进行室分设计的流程

设计人员在得到建筑平面图后，根据建筑物的结构及现场勘察的情况布放天线，布放天线完成后，设置天线的预测电平值和天线的增益，先使用设计前的预测场强来模拟场强的分布情况，场强计算如式（8-4）所示。

$$P_r = P_t + G_a - L_j - [32.45 + 20\lg(F) + 20\lg(D)] - L_d \qquad 式（8-4）$$

其中，P_r表示该点的场强，单位为dBm；P_t表示天线输出口电平，单位为dBm；G_a表示天线增益，单位为dBi；L_j表示介质衰减，单位为dB；$32.45+20\lg(F)+20\lg(D)$是自由空间损耗，F表示频率，单位为MHz，D表示距离，单位为km；L_d表示自由因子衰减，单位为dB。设计前场强预测天线输出口电平取设计人员设置的预设电平值，设计后场强预测天线输出口电平取设计完成后的实际电平，模拟完毕后根据仿真结果重新设置天线的位置或调整预设电平值。

天线布置完成后，TYCAD提供了两种方法来设置天线的路由：一是由设计人员画好主干馈线，画好主干馈线后天线会自动连到主干中，至此平面图绘制完成，选择平面图的主连接点后，自动生成系统图天线，此时再选择这些天线，系统会提供多种器件的连接组合，选好以后自动生成完整的系统图；二是设计人员在画平面图的时候把完整的系统路由画出来，最后通过选择主连接点，直接生成按平面图转化的系统图。得到系统图后，可以对天线、器件及馈线的电平进行计算，TYCAD 提供了两种电平计算的方法，分别是正推法和反推法。

其中正推法是根据信号源或主连接点电平正向计算，而反推法是根据设计人员设置的天线期望电平进行反推计算，自动调整耦合器的型号，使计算结果接近用户的期望，最后反推出信源和主连接点的输入值，以及确定耦合器的型号和天线的最终电平值。电平计算同时支持 6 个网段，当更换器件或者修改某个器件的参数时，计算的电平也会跟着改变。计算电平完成后，对器件进行自动编号并将编号和电平值自动对应到平面图中，此时再用设计后场强预测功能做场强仿真，根据仿真的参数再微调天线的位置。设计好一个标准楼层后，可以对其他楼层进行批量复制，复制时系统会自动处理器件编号。生成所有楼层系统图后，使用主干优化功能对其进行设计，自动合理布放不同馈线和相关器件，优化功能考虑了楼层高度，只要输入每层的层高，得到的主干组合就会自动判断每层高度并对其累加，使楼层馈线长度根据层高做相应调整。

设计完成后，需要对图纸进行排版及对材料进行统计，使用图纸切割功能把大张的设计图切割为几张小的设计图，将切割的图用副连接点联系起来。当切割出来的图比图框略大的时候使用图纸压缩功能，系统通过采用修改器件间的距离的方法来压缩图纸，从而保证器件的比例不变。放置完图框后，再使用智能打印功能，对图纸进行批量打印。TYCAD 在对材料统计方面提供了两种模式：一是材料和对应的电平清单；二是材料和对应的价格，可以根据实际需要进行不同方式的材料统计。最后，通过标签系统，把所有的器件和天线标签生成并打印，提供给施工人员。

2. 平面图设计功能

① 布置天线：按照现场勘察的情况，根据移动通信的原理和设计人员的经验布置好天线；设置好墙体的衰减等参数。

② 配置平面图路由：根据布置好的天线、天线要求的电平和现场情况，配置实际路由，并且实时调整器件位置和路由，得到保证天线电平的组合。

③ 放置馈线和插入器件：画好馈线后，可以自动打断线并标注好线的线长；自动插入相关器件（例如，耦合器、功分器等）。

④ 优化平面图线：通过变非直角线为直角线、延伸多段线、合并多段线等，使平面图美观明了。

TYCAD 室分设计软件平面图设计界面如图 8-27 所示。

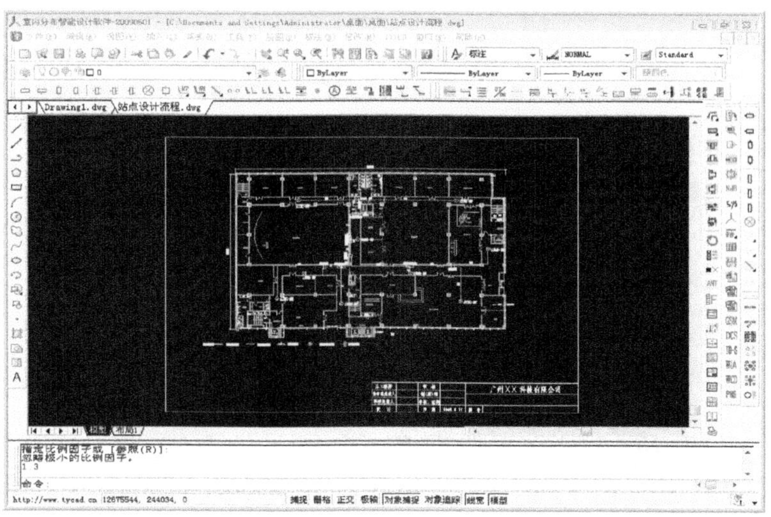

图8-27　TYCAD室分设计软件平面图设计界面

3. 系统图设计功能

① 画好平面图后，可以把平面图转换为系统图。

② 对系统图的器件序列和楼层编号通过优化处理自动计算功率，修改某个器件可以即时计算等。

③ 同绘制平面图一样，TYCAD 也可以绘制系统图，不同的是，绘制平面图使用平面图器件，绘制系统图使用系统图器件，并且平面图馈线是比例线，而系统图的馈线是非比例线。

④ 优化计算：软件中对系统图的优化计算处理，采用逆向反推法，即根据天线的目标电平值，自动分配耦合器的耦合量及信号源的输出值，达到系统图天线功率均衡。

⑤ 自动计算：选择需要计算的网段，设置为即时计算，即可自动计算出各个网段的功率。

⑥ 多网设计：软件提供多个不同网络的计算功能，包括 GSM、DCS、TD-SCDMA、4G LTE、5G NR、WLAN 等，同时，如果对系统图的某个耦合器的耦合量或信号源进行修改，则系统图会自动进行即时计算处理。

⑦ 把系统图的编号和天线电平导到平面图：根据设计出来的系统图，把相关的最后结果输出到平面图（包括编号、多种网络的天线电平）。

⑧ 楼层拷贝：如果多个楼层的结构与标准层设计结构一致，那么可以由批量复制标准层生成多个与标准层中各器件相对应的系统图。

TYCAD 室分设计软件系统图设计界面如图 8-28 所示。

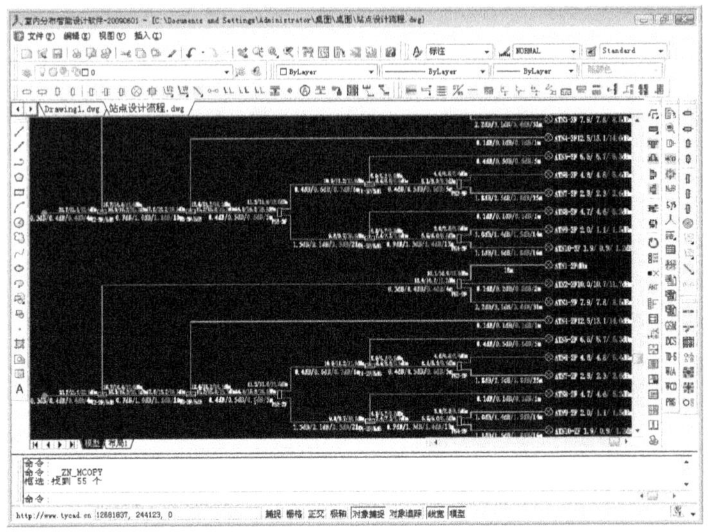

图8-28 TYCAD室分设计软件系统图设计界面

4. 场强预测功能

① 面场强预测：根据布置好的天线和电平，无线信号自动生成场强覆盖预测图；根据反射原理计算经过反射后信号的衰减电平；智能识别建筑物边界，使覆盖信息统计得更精确。TYCAD 室分设计软件面场强预测界面如图 8-29 所示。

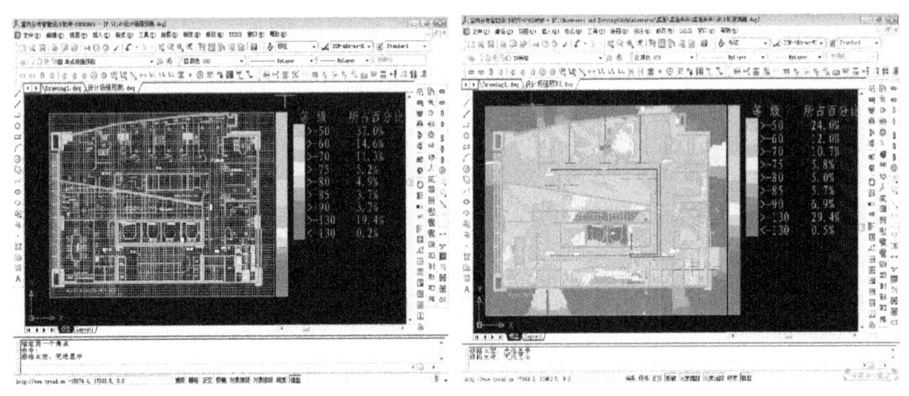

图8-29 TYCAD室分设计软件面场强预测界面

② 单点场强预测（包括轨迹预测和点测）：提供单点场强预测功能，并支持用户自定义预测点样式；单点场强预测提供联动功能，及时更新预测点信息。TYCAD 室分设计软件单点场强预测界面如图 8-30 所示。

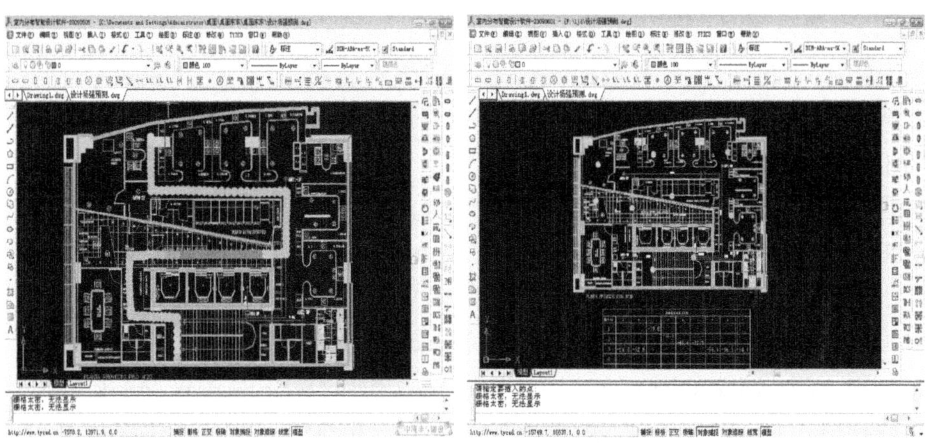

图8-30　TYCAD室分设计软件单点场强预测界面

5. 材料统计功能

① 在“天线明细”中自动统计每个天线对应的功率值。

② 在“汇总”中统计整个方案中用到的全部材料。

③ 在“按楼层汇总”中统计每个楼层的器件数量。

TYCAD 室分设计软件材料统计功能如图 8-31 所示。

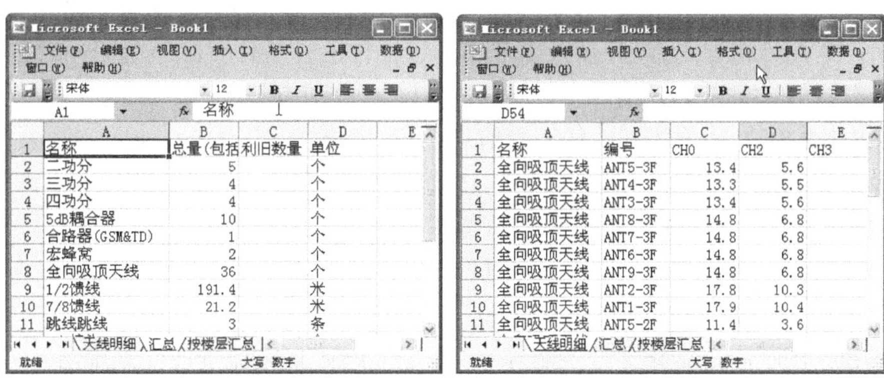

名称	总量(包括利旧数量	单位
二功分	5	个
三功分	4	个
四功分	4	个
5dB耦合器	10	个
合路器(GSM&TD)	1	个
宏蜂窝	2	个
全向吸顶天线	36	个
1/2馈线	191.4	米
7/8馈线	21.2	米
跳线跳线	3	条

名称	编号	CH0	CH2	CH3
全向吸顶天线	ANT5-3F	13.4	5.6	
全向吸顶天线	ANT4-3F	13.3	5.5	
全向吸顶天线	ANT3-3F	13.4	5.6	
全向吸顶天线	ANT8-3F	14.8	6.8	
全向吸顶天线	ANT7-3F	14.8	6.8	
全向吸顶天线	ANT6-3F	14.8	6.8	
全向吸顶天线	ANT9-3F	14.8	6.8	
全向吸顶天线	ANT2-3F	17.8	10.3	
全向吸顶天线	ANT1-3F	17.9	10.4	
全向吸顶天线	ANT5-2F	11.4	3.6	

图8-31　TYCAD室分设计软件材料统计功能

8.11.2　室分仿真软件

针对室内环境的复杂特性，为了有效指导实际工程施工及预先对目标覆盖场景进行准确的效果模拟测试，业内通常会使用相关的室内分布系统仿真软件进行前期效果模拟测试。例如，室内环境场强分布、信号强度统计数据、干扰分析统计、室内外协同仿真

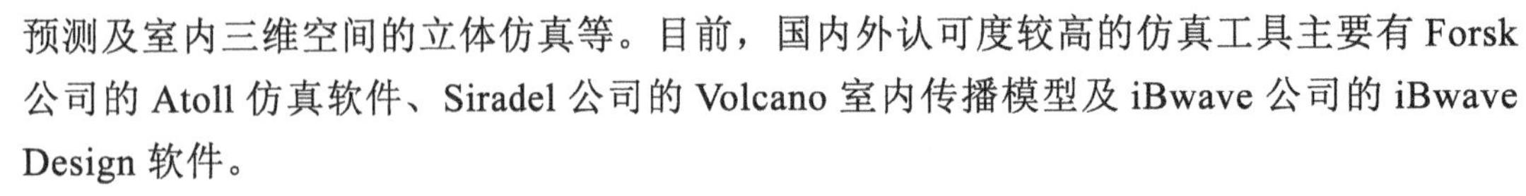

预测及室内三维空间的立体仿真等。目前，国内外认可度较高的仿真工具主要有Forsk公司的Atoll仿真软件、Siradel公司的Volcano室内传播模型及iBwave公司的iBwave Design软件。

1. Atoll仿真软件

Atoll是法国Forsk公司开发的无线网络仿真集成软件，在使用不同传播模型的基础上可以分别对室内环境、室外环境及室内外综合环境进行仿真预测和结果的对比验证。

Atoll经过长期的版本更新，目前已经可以支持现有大部分网络制式，分别有GSM/GPRS/EDGE、CDMA 2000/EV-DO、TD-SCDMA、UMTS/HSPA、WiMAX、Microwave Links、LTE/LTE-A、5G NR及Wi-Fi。作为一个仿真与优化的一体化集成平台，强大的功能模块使Atoll能够支持网络规划建设的整个生命周期，从最初的仿真设计到进一步的精细化仿真建模，最终到网络建成后的优化维护。当前最新版本的Atoll具有以下特点。

① Atoll的开发组件和功能模块都支持计算机64位系统，使其在计算精度上更加准确，并且能够很好地支持计算量大的复杂仿真（例如，Monte Carlo仿真），同时在进行高密集度网络仿真及异构网仿真的过程中具有良好的数据处理优势。

② Atoll在仿真预测及优化调整的各个阶段都支持实际测试数据与理论计算数据的对比分析。实测数据导入Atoll后可以被用来进行传播模型的校正、流程评估建模分析、热点定位分析等。

③ Atoll内构建64位的高性能地理信息系统（Geographic Information System，GIS）地图引擎，为精细化的网络预测模拟和优化仿真提供保障。高性能的GIS引擎使Atoll在仿真过程中能够对高精度和大范围的地图数据进行快速处理和数据呈现。Atoll除了支持常规标准的地图格式（例如，BIL、TIF、BMP等），还支持网络地图服务商的地图（例如，Google、Bing），同时Atoll还设计了与Mapinfo、ArcView等常用地图软件的接口。

④ Atoll内自建的智能化数据处理机制能够自行对网络参数进行迭代计算和处理，可自动完成最优网络参数的搜索和匹配。同时，Atoll还提供基于C++的软件开发套件接口以方便一些自定义功能模块的集成开发，这使Atoll在使用上更具灵活性。

⑤ Atoll内嵌有专门用于室内环境仿真的传播模型，可对室内复杂环境中的各种材质衰耗值模型计算参数进行设置，可以大幅提高室内传播环境中的仿真计算精度和可信度。

Forsk Atoll室内覆盖设计仿真效果如图8-32所示。

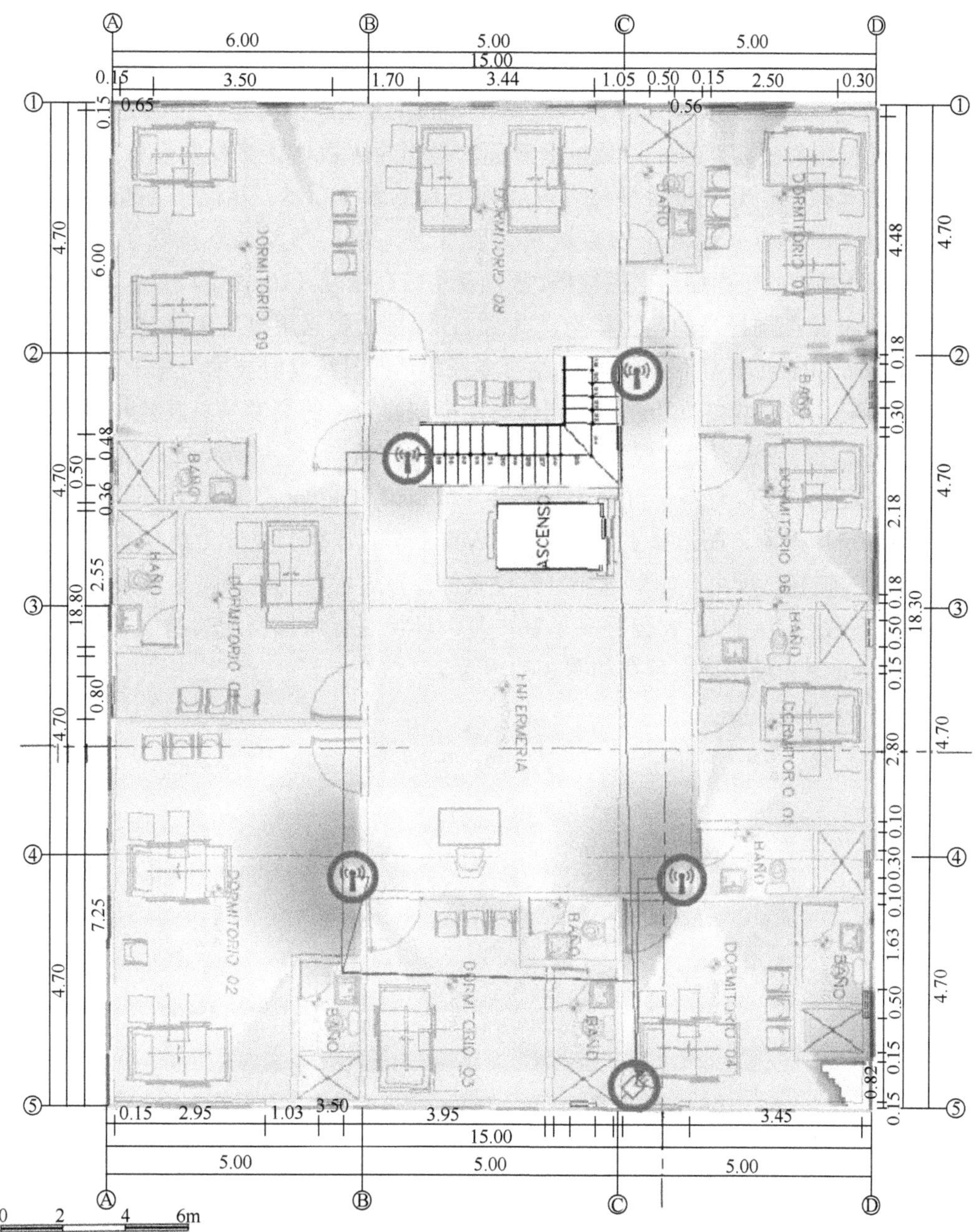

图8-32 Forsk Atoll室内覆盖设计仿真效果

2. Volcano 室内传播模型

Volcano 系列无线传播模型是由法国 Siradel 公司开发的一套适用于室内外不同场景的无线传播计算模型。该系列模型由 Volcano Rural 模型、Volcano Urban 模型及

Volcano Indoor 模型 3 个部分组成，模型可以安装嵌入在 Atoll 集成环境中并直接调用。

Volcano Rural 模型适用于城区室外或郊区室外环境的模拟预测，使用地图数据主要是一般精度（20m 及以上）的栅格地图。Volcano Rural 模型是一种确定性模型，模型的原理是使用射线跟踪技术，通过垂直面的地形轮廓数据计算收发设备间的损耗值，并进一步测算接收信号强度，模型可以通用于 LOS 和 NLOS。相比于 Volcano Rural 模型，Volcano Urban 模型侧重于密集城区或者郊区环境的预测仿真，除了可以采用与 Volcano Rural 相同的平面栅格地图数据，还能使用较高精度（10m）的 3D 矢量地图数据。Volcano Urban 模型同样是确定性模型，其对 2D 地图数据采用射线跟踪技术进行预测仿真（与 Volcano Rural 模型不同），同时结合多径传播的射线发射技术，对 3D 矢量地图进行相应的处理，该模型在仿真过程中能够自动提取建筑物的高度信息及建筑物外墙的轮廓材质损耗信息，并通过数学模型进行综合计算。另外，在使用 Volcano Urban 模型进行仿真时，其发射机的位置不仅可以选择室外（Actually Outdoor）模式，还可以选择室内（Really Indoor）模型。在选择室内模型后，Volcano 的计算会充分考虑从室内到室外这个过程产生的损耗。反之，如果选择室外模式，计算过程将直接忽略这种损耗。Volcano Urban 的这种使用灵活性，大幅提高了室内复杂环境进行模拟预测的精度和效率。仿真 Volcano Indoor 室内场景模型示意如图 8-33 所示。

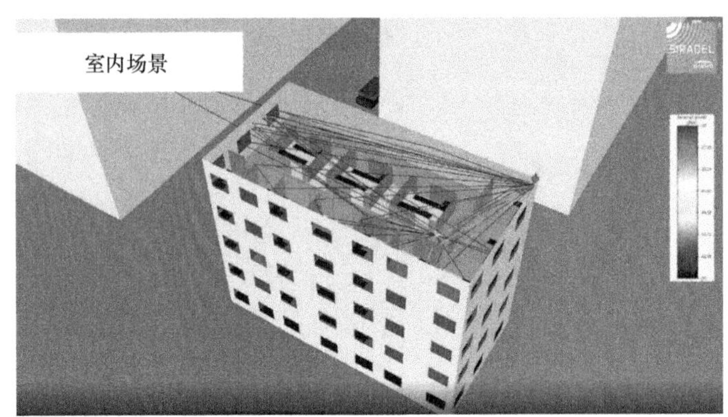

图8–33　仿真Volcano Indoor室内场景模型示意

Volcano Indoor 模型专门适用于室内传播环境，该模型是基于 COST-231 多墙模型进行研发的。

$$ReceivedPower = EIRP - \left(A + B\lg(d) + L_{\text{trans}} + L_{\text{F}} \cdot n_{\text{F}} \cdot e^{\left(\frac{n_{\text{F}}+2}{n_{\text{F}}+1} - c\right)} + L_{\text{ANT}} + L_{\text{FS}} \right) \qquad \text{式（8-5）}$$

$EIRP$：有效全向辐射功率（考虑发射天线增益），单位为 dBm。

d：发射端与接收端的距离，单位为 m。

L_{trans}：直射路径的建筑物穿透损耗，单位为 dB。

n_F：直射路径穿越的楼层数。

L_{ANT}：直射路径方向的天线损耗，单位为 dB。

L_{FS}：在自由空间中，距离为 1m 处的传播损耗，单位为 dB。

A：附加损耗，单位为 dB。

B：距离每增加十倍时的附加损耗，单位为 dB/dec。

L_{FS}：穿透一层楼板时的传输损耗。

c：穿透多层楼板、多层墙壁时的校正参数。

在使用 Volcano Indoor 模型时，模型会自动综合计算室内环境的结构布局、材质损耗、楼层数量等信息，并且还可以通过手动修改、校正相关的参数。Volcano Indoor 模型在进行室内环境的仿真建模时，其特点是根据室内环境的 3D 平面结构计算路径损耗。Siradel 公司专门提供了独立安装的数字建模（Digital Building Model，DBM）编辑工具软件，对室内环境进行精细化建模，DBM 编辑工具软件通过导入 CAD 的 DXF 工程平面图，再设置结构材质选择、结构材质损耗、楼层高度等信息后，即可输出适合 Atoll 工程的 XML 文件，并最终导入相应的 Atoll 工程完成仿真计算。

3. iBwave Design 软件

iBwave Design 是由加拿大 iBwave 公司专门为室内无线环境仿真研发的一款集成开发工具软件。iBwave Design 目前已在全球 80 多个国家和 700 多个主流电信企业广泛使用。iBwave 集工程项目资料管理、室内网络规划布局、网络仿真计算及后期优化调整于一身，从而极大地提升了整体网络的设计效率，并且“一站式”的使用管理模式还可以有效降低人工及工具使用的成本。iBwave Design 室内模型示意如图 8-34 所示。

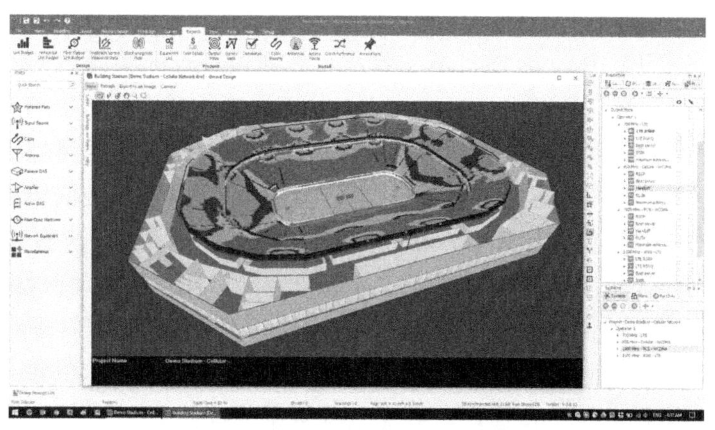

图8–34　iBwave Design室内模型示意

iBwave Design 的具体使用特点如下。

① 工程数据自动更新：工程中的文件数据同步更新，当改变网络中的一个组件信息或者增减组件时，整个平面图布局、设备组件数据库、仿真计算过程中涉及的有变更的组件信息都会随之进行同步更新，以提高使用者的工作效率，避免手动设置时忘记同步进行数据更新而导致计算结果偏差的情况。

② 多格式平面图导入：iBwave 支持图片格式平面图的导入，例如，GIF、JPEG、PDF 等格式，同时也支持 AutoCAD 格式的平面图导入。平面图导入后，iBwave Design 可根据需求对平面图进行相应的缩放，并可按缩放后的尺寸比例对平面图中的走线长度进行自动测量。

③ 错误检测：iBwave Design 提供具体的错误信息以提高纠错效率，例如，两个输出口相互连接、连接器选择错误（公头、母头）、放大器过载等，软件都会自动检测并输出详细的错误提示信息。

④ 组件数据库：iBwave Design 提供了强大的组件设备数据库，数据库自动与各大厂商的产品数据库通过网络实施对接来保障数据资料的同步更新。使用者可根据具体需求直接从 iBwave Design 的云端数据库拖动相应的最新设备器件进行设计和仿真模拟，如果云端数据库缺少需要的设备器件，用户可自行添加或者对现有器件设备进行改造。

⑤ 材料价格清单：iBwave Design 可对所选择的器件设备等材料进行单价设置，并最终统计工程中各项材料的使用数量和总价，以方便设计人员对工程成本进行分析和把控。

⑥ 统计报告：基于数据统计的仿真模拟报告可以帮助设计人员快速分析和优化工程的建设效果。同时，iBwave Design 还能提供包含详细数据的链路预算及走线路由等报告，从而提高设计效率和准确指导施工建设。

⑦ 实测数据校正：iBwave Design 支持导入在室内进行的实测数据，实测数据导入后可以直接与预测的计算数据进行对比分析，从而快速找到问题产生的原因。

⑧ 现场文件保存：工程项目文件中有专门区域用来保存现在的环境照片、预计安装的布线图照片等文档资料，方便施工人员参考，以减少安装过程中的错误和遗漏。

⑨ 模型选择：进行仿真计算时，根据不同的室内覆盖环境提供有针对性的传播模型，同时可手动调整现有模型的相关参数，或者自定义传播模型以适应特殊场景的应用。

⑩ 统一的数据存储：iBwave Design 平台以“一站式”的数据管理和数据存储为特点，对同一工程的所有数据文件（例如，现场影像资料、仿真预测报告、材料清单、平面图设计等）进行分类存储和管理，避免工程数据的碎片化，从而可以有效地提升各阶段对工程版本的控制力。

5G 室内覆盖建设管理

9.1 室内覆盖建设项目全过程管理

9.1.1 流程概述

1. 项目全过程管理周期

项目全过程管理周期是指项目从建设需求提出到完成关闭全过程管理所经历的时间，主要分为6个阶段：项目立项阶段、勘察设计阶段、物资采购阶段、工程实施阶段、工程验收阶段、审计归档阶段。

2. 项目前期

项目前期是指项目从建设需求提出到完成立项所经历的时间，特指项目立项阶段。

3. 项目全生命周期

项目全生命周期是指项目从立项到完成所经历的时间，包括勘察设计阶段、物资采购阶段、工程实施阶段、工程验收阶段、审计归档阶段。

4. 项目建设期

项目建设期是指项目从立项到完成割接上线所经历的时间，包括勘察设计阶段、物资采购阶段、工程实施阶段。

5. 项目施工期

项目施工期是指项目从工程开工到完成割接上线所经历的时间，特指工程实施阶段。

6. 项目后期

项目后期是指项目从割接上线到完成关闭所经历的时间，包括工程验收阶段、审计归档阶段。

室内覆盖建设项目全过程管理阶段划分如图9-1所示。

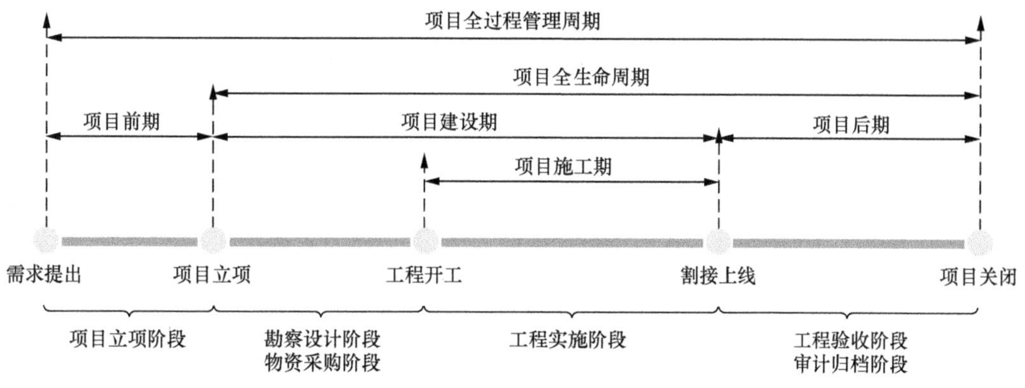

图9-1　室内覆盖建设项目全过程管理阶段划分

9.1.2　主要阶段

项目全过程管理各阶段主要工作内容、起止标志及责任部门见表 9-1。

表9-1　项目全过程管理各阶段主要工作内容、起止标志及责任部门

阶段	起始标志	完成标志	工作内容
项目立项阶段	需求提出	立项批复	完成需求评审、方案编制、方案评审、立项决策、可研编制、可研会审、立项批复
勘察设计阶段	立项批复	完成设计交底	完成设计批复、质监申报、召开设计交底会、具备开工条件
物资采购阶段	物资申请	物资到货	提交物资申请、完成ERP采购订单录入、物资到货，并完成现场验收
工程实施阶段	开工启动	割接上线并签署交维报告	完成软硬件安装调测、验收测试、割接上线、签署交维报告
工程验收阶段	进入试运行	完成竣工验收批复并备案	工程转资、结算审计、试运行通过后完成工程验收批复并备案
审计归档阶段	竣工决算审计申请	项目关闭	竣工决算审计、项目归档、财务调账、项目关闭

9.1.3　关键环节

项目全过程管理周期各阶段关键环节、工作内容及责任部门见表 9-2。

表9-2 项目全过程管理周期各阶段关键环节、工作内容及责任部门

阶段	序号	关键环节	工作内容
项目立项阶段	1	需求提出	需求部门根据实际业务发展需要提出建设需求
	2	需求评审	计划主管部门审核建设需求并组织需求评审
	3	方案编制	组织编制建设方案
	4	方案评审	组织专家评审组评审，并形成正式的评审意见
	5	立项决策	根据各层级决策权限选择相应决策方式完成立项决策流程并通过
	6	可研编制	决策通过后，组织编制可行性研究报告
	7	可研评审	组织专家评审组评审，并形成正式的评审意见
	8	立项批复	履行立项批复手续，完成立项批复
勘察设计阶段	9	项目交接	计划主管部门、采购部门分别召开交底会，向工程实施部门进行项目、合同交底（已集采完）
	10	设计勘察	第一阶段设计：工程实施部门组织编制第一阶段设计，工程管理部门组织设计会审并发布评审纪要，根据设计评审意见完成设计批复。 第二阶段设计：计划主管部门组织编制初步设计、评审及批复；工程实施部门组织编制施工图设计，工程管理部门组织评审及批复
	11	设计编制	
	12	设计会审	
	13	设计批复	
	14	质监申报	工程实施部门在开工5个工作日前按照行政主管部门要求，完成通信工程质量监督申报手续
	15	设计交底	工程实施部门在项目开工前组织勘察设计、施工、监理等单位，以及使用、维护等相关部门和设备提供商、系统集成商就批复的设计文件进行设计交底，下发设计交底会议纪要
物资采购阶段	16	主设备物资申请	立项决策通过后提交主设备物资申请
	17	配套物资申请	依据设计批复提交配套物资申请
	18	主设备物资到货	物资到货（主设备）并完成施工现场到货验收
	19	配套物资到货	物资到货（配套物资）并完成施工现场到货验收
工程实施阶段	20	开工启动	具备开工条件后，工程实施部门组织各参建方召开项目启动会，明确各方职责和实施计划、质量标准和跟踪报告机制，下发启动会会议纪要，签发开工报告
	21	施工安装	开工启动后，工程实施部门组织设备安装调测，维护部门负责现网局数据制作、传输资源调度
	22	系统调测	工程实施部门组织联调测试，完成设计及合同要求的内容，具备验收测试条件
	23	验收测试	工程实施部门根据验收规范组织系统测试，测试通过后，提交维护部门复核，复核通过后形成测试报告。按规定将工程实施阶段资源数据录入资源管理系统

（续表）

阶段	序号	关键环节	工作内容
工程实施阶段	24	割接上线	验收测试、资产核查完成，实施部门组织设计单位编制系统割接方案，并组织割接方案会审，会审通过后交维护部门审核批准后，实施部门组织割接上线
工程验收阶段	25	试运行	割接上线完成后进入试运行阶段，对工程质量进行稳定性观察，结束后维护部门编制试运行报告
	26	工程转资	工程实施部门在资产达到既定可使用状态时，向财务部门提交资产暂估通知书及经维护部门确认的资产暂估明细表，作为资产暂估转资的依据，并与财务部门共同完成暂估转资工作
	27	结算审计申请	工程实施部门向审计单位提出施工结算审计申请
	28	结算审计	审计部门进行结算审计，形成结算审计报告，并向工程实施部门及财务部门反馈审计报告
	29	竣工验收批复	试运行通过后，工程实施部门、维护部门、财务部门等根据职责分工，共同完成竣工决算编制工作，工程实施部门编制竣工验收报告，并组织竣工验收评审，评审通过后工程管理部门完成竣工验收批复
	30	竣工验收备案	工程实施部门在竣工验收完成后按要求向国家通信主管部门进行竣工验收备案
审计归档阶段	31	竣工决算审计申请	项目竣工验收批复后，提交工程决算审计申请
	32	竣工决算审计	审计部门进行决算审计，形成决算审计报告，并向工程实施部门及财务部门反馈审计报告
	33	项目归档	项目竣工验收批复完成后，工程实施部门配合档案管理部门按档案管理要求完成归档
	34	项目关闭	收到决算审计报告后，工程实施、采购物流、财务等相关部门根据工程项目决算审计结论完成竣工决算调整及 ERP 项目关闭

9.2 室内覆盖建设实施与验收

9.2.1 室内覆盖建设实施关注要点

按建设实施具体方式，5G 室内覆盖建设可分为改造和新建两大类别。现网存在大量的传统 DAS，如果在此基础上改造实现 5G 室内覆盖，则可大大加快部署进度，同时保护既有投资。对于中国移动来说，由于其 4G 网络室内分布系统的频率 2.3GHz 与 5G 网络的 2.6GHz 较为接近，所以与其他运营商相比，中国移动在改造实现 5G 室内覆盖方面，具备较为明显的频段优势。但与此同时，改造室内分布系统受到已有室内分布系统现状条件等方面的限制，需要关注以下要点。

1. 改造室内站实施要点

进行传统室内分布系统改造升级 5G 时，需要先对原室内分布系统从器件支持度、覆盖效能、室内分布系统主干完整度等维度进行质量评估及测试，评估测试后根据实际情况安排设计及施工。

（1）器件支持度评估

原室内分布系统无源器件若满足以下任何一项指标，则需要先进行整改。

① 2.6GHz 频段与 E 频段的末端损耗差值大于 3dB。

② 2.6GHz 频段与 E 频段的空口信号差值大于 5dB。

③ 已有 WLAN 合路的场景。

如果 2.6GHz 频段与 E 频段的末端损耗差值在 3dB 以内，或空口信号差异小于 5dB，则可直接进行升级测试。

（2）覆盖效能评估

满足以下要求的单路或双路传统室内分布系统，可直接升级。

① E 频段 MR 覆盖率要求：满足 $RSRP \geqslant -105$dBm 的比例高于 90%。

② 如果为双路室内分布系统，那么 Rank2 的占比应高于 60%。

若不满足，则需要先进行整改或补充覆盖后再进行升级测试。

（3）室内分布系统主干完整度评估

室内分布系统升级前需进行天馈系统完整性检查，确保实际施工符合设计要求，若传统室内分布系统的主干及分支被破坏、天线口无功率输出，则需要先进行整改及补充覆盖。天馈系统完整的室内分布系统可直接升级。

对于室内分布系统破坏较为严重的站点，需要综合考虑投入产出比例，选择新建室内分布系统或新建分布式皮基站系统等建设方案。

2. 5G 改造室分需关注的问题

对 5G 改造站点评估测试后，可根据实际设计开展建设。在某地运营商的实施过程中，遇到的典型问题如下。

（1）室内分布系统无源器件不匹配

此类问题占问题总数的 20% 左右。

解决方案：根据测试效果，逐一进行片区排查，更换不符合要求的无源器件。

主要困难：原室内分布系统无源器件分布在系统的各个角落，单优测试仅可测试出成片弱覆盖位置，具体的器件位置需要施工单位逐一摸查。大多室内分布系统安装于楼层天花板之内，协调物业及摸查工作难度较大。

问题实例：某室内分布系统已建设验收十余年，大部分器件不支持现有的 5G 设备，合路后导致 4G 信号正常，5G 信号弱覆盖，4G/5G 信号强度相差过大，更换部分器件后得以解决，全部更换器件后测试通过，其中，协调物业及摸查工作持续时间约一个月。

（2）原室分覆盖效能弱

原室分覆盖效能弱的主要原因是原天线覆盖率不足、天馈系统被破坏、外部干扰等。

① 原天线覆盖率不足

与原天线覆盖率不足类似的问题占问题总数的40%左右。

主要原因：前期室内分布系统根据当时人流需求设计，对于一些地下车库等人流较少的地方天线覆盖不足，随着人流量增多、业主变更及物业用途变化，前期覆盖已不满足当前新的网络通信技术的需求。

解决方案：根据测试报告并结合业主提供的需求进行天线补点。

主要困难：补点方案需要经过业主审核，业主对重复进场施工较为反感，同时，有的弱覆盖部分经过办公区、会议室、设备区等重要区域，业主不一定同意施工，协调难度较大，需要联合网络优化部门及业主现场进行测试校对；对于业主拒绝施工意愿较为强烈的区域，需要业主出具“不覆盖证明”，并存档。

问题实例：某室内分布系统前期在地下室布置天线较少，覆盖不足，无法满足需求，根据测试报告结果，建设部门开展协调，该站点协调时间约为15日，新增20～30副天线，进行补点后问题得以解决。

② 天馈系统被破坏

与天馈系统被破坏类似的问题占问题总数的40%左右。

主要原因：前期室内分布系统因业主变更、装修翻新，以及业主关系维系问题，遭到破坏，部分室内分布系统或天线被拆除。

解决方案：根据测试报告并征求业主同意进行补点。

主要问题：对于装修翻新破坏的室内分布系统，补点方案需经业主审核，与“前期天线覆盖率不足”问题一样，敏感区域的协调难度较大；对于因业主关系维系问题遭到破坏的站点，通常较难协调，须逐一核实解决。

问题实例：某服装城室内分布系统前期已全覆盖，后续商户进驻，重新装修破坏分布系统，导致部分区域弱覆盖，服装城涉及的小业主比较多，且需经物业流程审核，获得物业同意授权后，再前去协调每个商户，协调时间约为两周，补充覆盖新增30多副天线，补点后恢复正常的信号感知，效果显著提升。

③ 外部干扰

与外部干扰类似的问题占问题总数的10%左右。

主要原因：出现外部干扰情况，例如，监控干扰、室外宏站干扰等，现场测试因为干扰无法通过。

解决方案：由网优部门负责扫频，确定外部干扰来源，协调后改频。

问题实例：某宾馆电梯在测试时出现干扰，经扫频后确定干扰为监控所致，后续协调物业对监控进行改频后问题得以解决。

9.2.2 室内覆盖工程施工工艺

室内分布系统安装调试完备，集成商在提请工程验收前检查时，需要同时提交自检报告，验收方对自检报告进行检查。

自检报告中应包括对本节要求的各项工艺指标的测试自检结果，并附有监理公司负责人的签字。

1. 环境检查

与室外宏基站机房相比，室内分布系统信号源的基站设备（主要为基带单元 BBU）工作环境及设备安装机房环境要求与其基本相同，具体要求如下。

① 机房建筑应符合工程设计要求，并已完工且验收合格；机房墙壁及地面已充分干燥，门窗闭锁应安全可靠。

② 机房预留孔洞位置、尺寸，预埋件的规格、数量、位置、尺寸等应符合工程设计要求。

③ 馈线窗（或孔洞）安装应符合工程设计要求。

④ 当机房有地槽时，地槽的走向路由、规格应符合工程设计要求，地槽盖板坚固严密，地槽内不得渗水。要求机房内所有的门、窗和馈线进出口能防止雨水渗入，机房的墙壁、天花板和地板不能有渗水、浸水现象，机房内不能有水管穿过，不能用洒水式消防器材。

⑤ 机房空调已安装完毕，并可随时正常使用，并满足以下要求。

- 机房内空调配置应符合工程设计要求。
- 机房安装的空调应具有自启动功能。
- 机房空调应安装牢固，在底座固定的同时，如果条件具备，应与墙体固定。
- 空调安装穿墙孔洞须密封处理。
- 农村及偏远基站机房的空调室外机组必须进行防盗处理。
- 壁挂式空调下不得安放其他设备。

⑥ 室内工作温度和湿度应符合以下要求。

- 机房室内温度原则上不超过 28℃，机房应配有温度计和温度告警设备。
- 机房保持干燥，机房湿度在 15% ～ 80%，必要时，应配有湿度计和湿度调节设备。

⑦ 机房的各种监控系统应正常工作。

⑧ 市电已引入，照明、工程用电系统应能正常使用。机房内应安装带有接地保护的电源插座，其电源不应与照明电源使用同一交流输出端子。

⑨ 机房照明应满足以下要求。

• 机房的主要光源应采用荧光灯或节能灯，距离地面 0.8m 的平面上要求照度≥ 50lx。

• 照明电应与工作电（设备用电及空调用电）分开布放。

• 机房内应配置应急灯，当正常照明系统发生故障时，应急灯能提供应急照明（可选）。安装位置在离地 1.4m ～ 1.8m 的墙上，应急灯前方尽量不能有设备、走线架等遮挡光源的物体存在，应急灯应有手动开关和测试按钮。

• 不允许太阳光直射进机房，如果机房有窗户，则必须用遮光纸（或具备防火性能的不透明建材）进行避光处理或用水泥、砖等将窗户封闭。

⑩ 机房内配置绝缘梯，以方便基站维护（可选）。

⑪ 机房的环境需保持整洁干净，没有灰尘及杂物。

⑫ 无线网室内分布系统使用的器件及材料严禁在高温、易燃、易爆、易受电磁干扰（大型雷达站、发射电台、变电站）的环境工作。

⑬ 无线网室内分布系统使用的器件及材料的安装环境应保持干燥、少尘、通风，严禁出现渗水、滴漏、结露现象。

⑭ 建筑物楼内电源系统和防雷接地设施应满足室内分布系统工程要求，不满足要求的应按相关规范要求进行改造建设。

⑮ 无线网室内分布系统的工程防火要求应符合 GB 50016—2014《建筑设计防火规范（2018 年版）》和 YD/T 2199—2010《通信机房防火封堵安全技术要求》要求。

2. 设备器材检验

开工前，建设和施工单位的代表应对已到达施工现场的设备和主要材料的规格型号及数量进行清点和外观检查，并应符合以下要求。

① 主要设备必须到齐，规格型号应符合工程设计要求，无受潮和破损现象。

② 主要材料的规格型号应符合工程设计要求，其数量应能满足连续施工的需求。

③ 所有设备和器件必须具有批次检测合格报告，工程建设中不得使用不合格的设备和器材。当器材型号不符合工程设计要求而需要做出较大改变时，必须得到设计单位和建设单位的同意并办理设计变更手续。

④ 当发现有受潮、受损或变形的设备和器材时，应由建设单位和施工单位的代表共同鉴定，并做好记录，如果不符合相关标准要求，则应通知供货单位及时解决。

⑤ 根据设计规模清点本期系统工程的器件数量，并填写设备器件清单。准备相关的设计图纸并核实工程内容，填写工程说明表。

3. 信号源设备安装

① 设备安装位置必须符合工程设计要求。如果设备的安装位置需要变更，则必须得到设计单位和建设单位的同意，并办理设计变更手续。

② 壁挂式设备的安装必须垂直、牢固，不能悬空放置。

③ 安装自立式设备时，机架应垂直固定，允许垂直偏差≤ 1‰。

④ 同一列机架的设备面板应呈直线，相邻机架的缝隙≤ 3mm。

⑤ 自立式设备机架的防震加固必须符合 GB/T 51369—2019《通信设备安装工程抗震设计标准》和工程设计要求。

⑥ 设备上的各种零件、部件应齐全，有关标志应正确、清晰。

⑦ 当有两个以上主机设备需要安装时，设备的间距应大于 0.5m，并且整齐安装在同一水平线（或垂直线）上。

⑧ 主机为壁挂式安装时，主机底部需距地面 1.5m。

4. 有源室分扩展单元安装

① 有源器件的安装位置应符合工程设计要求。

② 有源设备安装必须满足投产运行后的可管、可控、可维，不建议安装在天花板内、电梯井内。

③ 不允许有源设备空载加电。

④ 严格按照说明书的介绍进行操作，使用合理的工具进行安装，安装要牢固平整，有源器件上应有清晰明确的标识。安装时使用相应的安装件进行固定。要求主机内所有的设备单元安装正确、牢固，无损伤、掉漆的现象。

⑤ 有源设备需要设置独立的开关和接电位置，并在设计方案中明确标注。

⑥ 有源器件的电源插板至少有两芯及三芯插座各一个，有源器件处于工作状态时，须被放置在不易触摸到的安全位置。

⑦ 有源器件应有良好接地，并应用截面积为 $16mm^2$ 的接地线与建筑物的主地线连接。

⑧ 有源设备新安装的电表须采用供电局检测认证合格的电表。

⑨ 有源设备的安装位置应确保无强电、强磁和强腐蚀性设备的干扰，并预留一定的操作维护空间以便后期维护人员排除障碍等。

⑩ 施工完成后，所有的设备和器件要做好清洁，保持干净。

5. 有源室分远端单元安装

① 安装位置、型号必须符合工程设计要求。

② 设备安装必须满足投产运行后的可管、可控、可维，不得安装在难以进入的天花板内。

③ 挂墙式天线单元安装必须牢固、可靠，并保证天线垂直美观，不得破坏室内原有布局。

④ 吸顶式天线单元的安装必须牢固、可靠，并保证与天线单元保持水平。安装在天花板下时，应不破坏室内整体环境；安装在天花板吊顶内时，应预留维护口。

⑤ 天线单元不允许与金属天花板吊顶直接接触，需要与金属天花板吊顶接触安装时，接触面间必须加绝缘垫片。

⑥ 如果遇到排风、消防管道等设施，天线单元应安装在排风、消防管道等设施稍微靠下的位置，防止天线单元被阻挡。

⑦ 设备应避开房间上面有漏水或者滴水的地方（例如空调室外机、水管、管道、房顶等）。

⑧ 禁止例如空调排热箱或其他散热电器设备排风口正对设备。

6. GPS 天线的安装布放

① GPS 天线、天线共用器、馈线的安装及加固应符合工程设计要求，安装应稳定、牢固、可靠。

② 采用稳固的馈线走线架，走线架应采用热镀锌材料或定期刷防锈漆。所有走线架应连接在一起且有效接地；室外走线架的始末两端均应接地，在机房馈线口处的接地应单独引接地线至地网，不能与馈线接地排相连，不能与馈线接地排合用接地线。

③ 馈线的规格、型号、路由走向、接地方式等应符合工程设计要求，馈线进入机房前应有防水弯，防止雨水进入机房，馈线拐弯应圆滑均匀，弯曲半径大于或等于馈线外径的 20 倍（软馈线的弯曲半径大于或等于馈线外径的 10 倍），防水弯最低处要低于馈线窗下沿 150mm ～ 200mm。

④ GPS 天线的防雷保护接地系统应良好，接地电阻的阻值应符合工程设计要求。

⑤ GPS 天线应在避雷针保护的区域内，避雷针保护区域为避雷针顶点下倾 ±45° 夹角范围内。

⑥ 馈线卡子安装间距应均匀，馈线夹用于固定馈线于走线梯上，使馈线走线整齐美观。不同线径的馈线夹固定间距见表 9-3。

表9-3 不同线径的馈线夹固定间距

	1/2" 馈线 /m	5/4" 馈线 /m
馈线水平走线时	1.0	1.5
馈线垂直走线时	0.8	1.0

注：表中列出了在 5G 系统中可能用到的主要馈线型号，其他型号馈线夹的固定间距要求请参考其他规范。

⑦ 天线共用器与收发信机和馈线的匹配应良好。

⑧ 机房各进线洞应在安装完成后用防火材料封堵。

⑨ 馈线长度裁剪合适，不允许出现大段盘绕现象。

⑩ GPS 天线系统检查应符合以下要求。

• GPS 天线的安装角度应符合工程设计要求，且误差不超过 ±2°。

• GPS 天线在水平 45° 以上空间无遮挡。

• GPS 天线与其他移动通信系统发射天线在水平及垂直方向上的距离应符合工程设计要求。天线的安装位置应高于其附近金属物，与附近金属物水平距离≥ 1.5m，两个或多个天线安装时要保持 2m 以上的间距。

• GPS 天线安装在楼顶时，应在避雷针的有效保护区域内，抱杆与接地线焊接使整个抱杆处于接地状态。

• GPS 天线不得处于区域内最高点，在保证能稳定接收卫星信号的情况下，尽可能降低安装高度。

• 全球导航卫星系统（Global Navigation Satellite System，GNSS）能稳定接收至少 4 颗卫星的定位信号。

• 利旧已有 GNSS 或使用 GNSS 放大器进行同步时，要充分考虑分路器带来的插损，确保 GNSS 信号强度能够满足各使用系统的接收灵敏度要求。

⑪ 馈线接地应符合以下要求。

• 室外馈线接地应先去除接地点氧化层，每根接地端子单独压接牢固，并使用防锈漆或黄油对焊接点做防腐防锈处理；馈线接地线不够长时，严禁续接，接地端子应做好防腐处理。

• 馈线防雷接地应用专用的馈线接地卡。

• 当 GPS 天线固定在天面支撑杆时，从馈线下支撑杆 1m 处、馈线离开天面前 1m 处、馈线进入机房前 1m 处 3 点接地。

• 如果馈线离开铁塔（或天面支撑杆），经过楼顶或走线架布放后再进入机房，当离开铁塔（或天面支撑杆）处与机房距离超过 20m 时，应每隔 20m 再增加 1 处接地。

• 当馈线较短时，可采用 1 点或 2 点接地，原则是馈线长度小于 5m 时采用 1 点接地；馈线长度在 5 ～ 20m 时，可采用 2 点接地；其他情况下要求不少于 3 点接地。

• 馈线的接地线要求顺着馈线下行的方向，不允许向上走线，不允许出现“回流”现象；与馈线的夹角以不大于 15° 为宜。

• 为了减少馈线接地线的电感，要求接地线的弯曲角度大于 90°，曲率半径 >130mm。

• 如果 GPS 天线安装在钢架上，钢架的接地应使用焊接方式，塔体、走线架、防雷用的钢材建议采用热镀锌材料，不要使用电镀或油漆之类的材料。

• 在 GPS 天线不上塔的场景中，GPS 馈线的室外走线可全程绝缘不接地。

7. 线缆的布放

（1）一般要求

① 安装位置、型号必须符合工程设计要求。

② 所布放线缆应顺直、整齐，线缆拐弯处应均匀、圆滑，下线按顺序布放。

③ 线缆两端应有明确的标志。

（2）射频同轴电缆的布放和电缆头的安装

① 射频同轴电缆的布放应牢固、美观，不得有交叉、扭曲、裂损等情况。

② 当需要弯曲布放时，弯曲角应保持圆滑、均匀，其弯曲曲率半径在常温（–20℃～ 60℃）下应满足相关要求。

③ 射频同轴电缆所经过的走线井应为电气管井，不得使用风管或水管管井。

④ 射频同轴电缆应避免与强电高压管道和消防管道一起布放走线，确保无强电、强磁的干扰。

⑤ 射频同轴电缆应尽量在线井和天花板吊顶内布放，并用扎带进行固定，严禁馈线沿建筑物避雷线捆扎。

⑥ 与设备相连的射频同轴电缆应用线码或馈线夹进行固定。

⑦ 射频同轴电缆布放时不能强行拉直，以免扭曲内部导体。

⑧ 射频同轴电缆的连接头必须牢固安装，接触良好，并做防水密封处理。

⑨ 射频同轴电缆在通过天花板吊顶或井道时，如果已经做好接头，则需要把接头密封好，以免有污物进入接头。

射频同轴电缆绑扎固定的间隔要求见表 9-4。

表9-4 射频同轴电缆绑扎固定的间隔要求

	≤ 1/2" 线径 /m	>1/2" 线径 /m
水平布放时	≤ 1.0	≤ 1.5
垂直布放时	≤ 0.8	≤ 1.0

⑩ 电缆头的规格型号必须与射频同轴电缆相吻合。

⑪ 电缆的冗余长度应适度，各层的开剥尺寸应与电缆头相匹配。

⑫ 电缆头的组装必须保证电缆头口面平整，无损伤、变形，各配件完整无损。电缆头与电缆的组合良好，内导体的焊接或插接应牢固可靠，电气性能良好。

⑬ 芯线为焊接式电缆头，焊接质量应牢固端正，焊点光滑，无虚焊、无气泡，不损伤电缆绝缘层。焊剂宜用松香酒精溶液，严禁使用焊油。

⑭ 芯线为插接式电缆头，组装前应将电缆芯线（或铜管）和电缆头芯子的接触面清洁干净，并涂防氧化剂后再进行组装。

⑮ 电缆施工时应注意保护端头，端头不能进水、受潮；暴露在室外的端头必须做防水密封处理；已受潮、进水的端头应锯掉。

⑯ 连接头在使用之前严禁拆封，安装后必须做好绝缘防水密封。

⑰ 现场制作电缆接头或其他与电缆相接的器件时，应有完工后的驻波比测试记录，组装好的电缆头的电缆反射衰减（在工作频段内）应满足设备和工程设计要求。

⑱ 射频同轴电缆接头与主机 / 分机、天线、耦合器、功分器连接时，必须保持至少 50mm 长的射频同轴电缆为直出，距离接头大于 50mm 后方可允许同轴电缆转弯。

⑲ 避免电缆因为太长而盘踞在器件周围，必须做到在确定好射频同轴电缆长度后再锯掉，做到一次成功，较短的连线要先量好再做，不要因为不易连接而打急弯。

（3）走线管的布放

① 对于不在机房、线井和天花板吊顶中布放的射频同轴电缆，应套用聚氯乙烯（Polyvinyl Chloride，PVC）走线管。要求所有走线管布放整齐、美观，其转弯处要使用转弯接头连接。

② 走线管应尽量靠墙布放，并用线码或馈线夹进行固定，其固定间距应能保证走线不出现交叉和空中飞线的现象。

③ 如果走线管无法靠墙布放（例如，地下停车场），则馈线走线管可与其他线管一起走线，并用扎带与其他线管一起固定。

④ 走线管进出口的墙孔应用防水、阻燃的材料进行密封。

（4）电源线的布放

① 电源线的敷设路由及截面应符合工程设计要求。直流电源线和交流电源线宜分开敷设，避免绑在同一线槽内。

② 敷设电源线应平直、整齐，不得有急剧弯曲和凹凸不平的现象；电源线转弯时，弯曲半径应符合相应技术标准。

③ 电源线布放在同一平面上时可采用并联复接的方式走线。

④ 芯线间、芯线与地间的绝缘电阻应不小于 1MΩ。

⑤ 电源线必须根据设计要求穿铁管或 PVC 管后布放，铁管和 PVC 管的质量和规格应符合设计要求，管口应光滑，管内整洁、干燥，接头紧密，不得使用螺丝接头，穿入管内的电源线不得有接头。

⑥ 电源线与设备连接应可靠牢固，电气性能良好。

⑦ 电源插座的两芯和三芯插孔内部必须事先连接完成后才可实际安装。

⑧ 电源插座必须固定，如果使用电源插板，则电源插板须放置于人们不易触摸到的安全位置。

电源线与同轴电缆平行敷设隔离要求见表 9-5。

 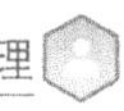

表9-5 电源线与同轴电缆平行敷设隔离要求

条件	最小净距离/mm
电源线与同轴电缆平行敷设	130
有一方在接地的金属槽道或钢管中	70
双方都在接地的金属槽道或钢管中	见注

注：双方都在接地的金属槽道或钢管中，且平行长度小于10m时，最小净距离可为10mm。表中同轴电缆采用屏蔽电缆时，最小净距离可以适当减小，并应符合工程设计要求。

（5）接地线的布放

① 机房接地母线的布放应符合工程设计要求。

② 机房接地母线宜采用紫铜带或铜编织带，每隔1m左右和电缆走道固定于一处。

③ 接地母线和设备机壳之间的保护地线宜采用截面积为16mm^{2}的多股铜芯线（或紫铜带）连接，并要求接地线的弯曲角度>90°，曲率半径>130mm。

④ 当接线端子与线料为不同材料时，其接触面应涂防氧化剂。

⑤ 电源地线和保护地线与交流中线应分开敷设，不能相碰，更不能合用。交流中性线应在电力室单独接地。

（6）光纤（含光电复合缆）的布放

① 光纤的布放、光纤连接线的路由走向必须符合施工图设计文件（方案）的规定，且应整齐、美观，不得有交叉、扭曲、空中飞线等情况。

② 光纤连接线两端的余留长度应统一并符合工艺要求。

③ 尾纤的布放必须采用阻燃塑料软管、PVC管或尾纤槽加以保护，并用扎带固定。无套管保护部分宜采用活扣扎带绑扎，扎带不宜扎得过紧。

④ 当光纤需要弯曲布放时，要求弯曲角保持圆滑，其曲率半径≥40mm。

⑤ 编扎后的光纤连接线在槽道内应顺直，无明显扭绞。

⑥ 爬梯及走线架上的光纤应绑扎牢固，光纤在垂直上升段的绑扎点间隔应不大于1m；室内光纤在每楼层间、光纤拐点及直线段每隔5m处均应挂置标志牌。

⑦ 室内光纤敷设完成后，对于光纤进线穿过的楼板洞、墙洞，需要用防火材料进行封堵。

⑧ 室内光纤敷设必须防雷、防强电、防机械损伤、防鼠、防潮、防火。

⑨ 光纤必须保证无老化现象、阻燃，并符合环保要求。

（7）防雷接地线的布放

① 机房接地母线的布放应符合工程设计要求。

② 机房接地母线宜采用紫铜带或铜编织带，每隔1m左右和电缆走道固定在一处。

③ 接地母线和设备机壳之间的保护地线宜采用截面积为16mm^{2}左右的多股铜芯线

（或紫铜带）连接。

④ 主机保护地、室外馈线、天线支撑件的接地点应分开。每个接地点要求接触良好，不得有松动现象，并做防氧化处理（加涂防锈漆、银粉、黄油等）。

⑤ 电源地线和保护地线与交流中性线应分开敷设，不能相碰，更不能合用。交流中性线应在电力室单独接地。

⑥ 接地线应连接至大楼综合接地排，走线槽已经与综合接地排相连，可连接至走线槽。

（8）网线的布放

① 要求使用符合运营商主设备集采技术规范的网线或者使用与运营商集采主设备共同采购的配套网线。

② 限制网线长度。远端有源天线单元与扩展单元的网线实际长度尽量控制在 100m 以内，如果远端有源天线单元与扩展单元的网线实际长度大于 100m，则需要改用光电复合缆。

③ 网线布放时应考虑供电安全，尽量避开锋利物体或墙壁毛刺，网线布放可采取衬套防护线缆，采用阻燃塑料软管、PVC 管或电缆槽加以保护并用扎带固定。采用 PVC 管时应尽可能靠墙布放并固定，走线横平竖直。

④ 布放时应尽量远离热源，或与热源间增加隔热材料。

⑤ 网线的布放、路由走向必须符合施工图设计文件（方案）的规定，且应整齐、美观，不得有交叉、扭曲、空中飞线等情况。

⑥ 网线两端的余留长度应统一并符合工艺要求。

⑦ RJ45 接头压制做工需要满足设计、施工要求。

⑧ 当网线需要弯曲布放时，要求弯曲角保持圆滑，其曲率半径≥ 25mm，在转弯处或附近保留适当余量（建议余量设为 0.1m 左右）。

⑨ 爬梯及走线架上的网线应绑扎牢固，网线在垂直上升段的绑扎点间隔应不大于 1m。

⑩ 室内网线敷设完成后，对于网线进线穿过的楼板洞、墙洞，需要用防火材料进行封堵。

⑪ 室内网线敷设必须防雷、防强电、防机械损伤、防鼠、防潮、防火。

⑫ 在管道内和天花板吊顶内隐蔽走线位置绑扎的间距≤ 40cm，在管道开放处和明线布放时，绑扎的间距≤ 30cm。

⑬ 网线 / 光电混合缆应避免与强电、高压管道、消防管道等一起布放，确保其不受强电、强磁等源体的干扰。如果采用光电混合缆（内置光缆及电缆）进行连接，应注意内部光纤与电源线分离点的处理，应确保满足各自最小弯曲半径的要求。

⑭ 网线设备端应留有一定空余长度，在设备附近保留适当余量（建议余量设为 0.1m 左右），并绑扎整齐牢固，便于后期检修、维护线缆及设备。

⑮ 尽量避免网线与电源线平行铺设，如果需要平行铺设，则应满足隔离要求。

⑯ 网线布放必须符合设计文件的要求，网线两端至少 1m 范围内应整齐、美观，中途杜绝空中飞线等情况。

⑰ 线缆应布放整齐并用线扣绑扎牢固，但不得勒伤线缆，线扣间距均匀、朝向一致，多余线扣应剪除，所有线扣必须齐根剪平。

⑱ 线缆安装完成后，必须在线缆两端、中间接续处或者转弯处粘贴标签或绑扎标牌。

8. 电缆走道（或槽道）安装

① 电缆走道（或槽道）的位置、高度应符合工程设计要求。

② 电缆走道（或槽道）的安装应根据建筑物的实际情况和业主的要求，原则上按照布放、安装规范进行，利用建筑物内的装修夹板和装修天花板做隐蔽，尽量不外露布放。

③ 电缆走道的组装应平直，无明显扭曲和重斜，横竖安装位置应满足电缆下线和转弯要求，横竖排列均匀。

④ 整条电缆走道的安装应平直，无明显起伏和歪斜现象。

⑤ 电缆走道与墙壁或机列应保持平行。

⑥ 安装电缆走道的吊挂或立柱应符合工程设计要求，安装应垂直、整齐、牢固。

⑦ 电缆走道的侧旁支撑、终端加固角钢的安装应牢固、端正、平直。

⑧ 沿墙水平电缆走道应与地面平行，沿墙垂直电缆走道应与地面垂直。

⑨ 所有支撑加固用的膨胀螺栓的余留长度应一致（螺帽紧固后余留 5mm 左右）。

⑩ 所有油漆铁件的漆色应一致，刷漆均匀，不留痕，不起泡。

9. 标签

① 每个设备和每根电缆的两端都要贴上标签，根据设计文件的标识，注明设备的名称、编号和电缆的走向。

② 使用统一打印的标签。内容包括每个器件的名称、线的方向（两端均有），标签要用透明胶带加固或尼龙扎带捆扎加固。

③ 设备的标签应贴在设备正面容易看见的地方，标签的贴放应保持美观，且不会影响设备的安装效果。

④ 馈线的标签尽量用扎带固定在馈线上，不宜直接贴在馈线上。

⑤ 按照设计文件的要求注明与其他信源合路时合路器的安放位置。

⑥ 有源分布系统相关的远端单元、网线、尾纤的标签必须和设计文件、资源系统一致。

9.2.3 室内覆盖工程验收指标

针对已经完工的室内覆盖建设的分布系统，需要进行无线网络覆盖性能和网络性能测试，根据测试数据对系统进行优化，确保分布系统在预定的状态下运作，提供完善的移动业务，以及为日后的网络维护、系统调整和分裂扩容提供数据参考和数据支持。

对于 5G 室内分布系统、5G NR 带宽 100MHz，建议参考以下指标进行验收。

1. 覆盖要求

室内分布系统覆盖指标见表 9-6。

表9-6 室内分布系统覆盖指标

覆盖区域	覆盖指标（覆盖概率 95%）	
	SSB-RSRP/dBm	SSB-SINR/dB
营业厅（旗舰店）、会议室、重要办公区等业务需求高的区域	≥ -95	≥ 3
一般区域要求	≥ -105	≥ 0

2. 单用户平均速率

单用户平均速率指标见表 9-7。

表9-7 单用户平均速率指标

项目	指标要求
单用户性能	业务上下行 BLER[1] ≤ 10%
	应用层下行平均速率。 对于 100M 带宽，资源配置与宏站一致的情况下，终端的平均速率要求如下。 四通道：下行 600Mbit/s，上行 70Mbit/s。 双通道：下行 300Mbit/s，上行 30Mbit/s。 单通道：下行 150Mbit/s，上行 20Mbit/s

注：1. BLER（Block Error Rate，误块率）。

3. 边缘速率

边缘速率指标见表 9-8。

表9-8 边缘速率指标

项目	指标要求
单用户性能	业务上下行 BLER ≤ 10%
	应用层下行边缘速率。 对于 100M 带宽，资源配置与宏站一致的情况下，终端的边缘速率要求如下。 四通道：下行 200Mbit/s，上行 20Mbit/s。 双通道：下行 120Mbit/s，上行 12Mbit/s。 单通道：下行 60Mbit/s，上行 5Mbit/s

对于室内定点 CQT，可根据测试点的信号情况分为好点、中点和差点，可参考如下分类标准。

① 好点定义为 SS-RSRP ≥ –80dBm 或 SS-SINR ≥ 15dB。

② 中点定义为 SS-RSRP 在 –90 ～ –80dBm 内且 SS-SINR 为 5 ～ 10dB。

③ 差点定义为 SS-RSRP ＜ –90dBm 或 SS-SINR ＜ 0dB。

9.3 室内覆盖运行与维护

9.3.1 工作内容及要求

运行维护的工作内容和要求如下。

① KPI 的日常监控。根据相关考核指标要求，完成日常 KPI 监控及优化。

② 客户投诉监控。对日常发生在室分站点内的投诉进行分析处理，及时解决用户反映的网络问题。

③ 现场测试评估。定期开展室分站点的现场测试及巡查工作，主要包括 CQT、信源主设备巡查及有源设备调试等。

④ 运维评估报告审核。对运维工作中存在的 KPI 不达标、投诉不达标或现场测试不达标站点的评估报告进行审核，完成对日常运维工作量及工作质量的掌控。

9.3.2 运行维护工作细则

1. 巡检

运维工作应该严格落实巡检制度，主动排查网络隐患，先于客户发现网络故障。

① 定期巡检。对在网运行站点的重要程度进行级别划分，贵宾（Very Important Person，VIP）站点每周巡检一次，重要站点每月巡检两次，一般站点每月巡检一次。

② 巡检范围。根据站点级别不同，制定不同的巡检范围。例如，VIP 站点巡检范围不低于覆盖范围的 60%，重要站点的巡检范围不低于覆盖范围的 50%，一般站点的巡检范围不低于覆盖范围的 40%。

③ 覆盖区测试。根据站点级别制定相应覆盖区测试原则。例如，VIP 站点每月进行两次语音及数据业务 CQT，测试范围不低于覆盖范围的 60%；重要站点每月进行一次语音及数据业务 CQT，测试范围不低于覆盖范围的 50%；一般站点每月进行一次语音及数据业务 CQT，测试范围不低于覆盖范围的 40%。

④ 有源设备检测。根据有源设备应用场景不同，制定检测周期。对 VIP 站点的有源设备每月进行一次检测，对重点站点的有源设备每两个月进行一次检测，对一般站点的有源设备每季度进行一次检测。

2. 故障排查

代维工作应强化故障排查，确保网络问题及时得到解决。

① 明确故障解决时间。针对故障严重程度，限制故障处理时间。重大故障要求 4h 内解决，严重故障要求 24h 内解决，一般故障要求 48h 内解决，疑难问题要求在 12h 内拿出解决方案和暂时缓解方案。

② 故障检测调测设备充足。日常故障检测及日常设备调测软件、仪器仪表等设备要储备充足，并确保设备完好可用。

③ 建立备品备件机制。对于室内分布系统使用的各类器件形成备品备件储备机制，建立备用设备库，确保故障设备能够第一时间得到替换。

3. 监控和调试

加强分布式皮飞站等有源设备的定期监控和调试，确保在网运行设备持续健康地运行。

9.4 室内覆盖优化与调整

9.4.1 室内覆盖优化流程

室内分布系统优化流程基于 KPI 分析方法，通过统计 KPI 相关数据，发现异常指标，然后进行排序，筛选出 Top*N* 小区，判断是个别特殊问题还是全局性问题。然后，提取小区站点级或者网元级告警并进行后续分析和处理。

对于处理告警后所检测到的干扰问题，常用的方案有以下几种。

① 频率、PCI 优化问题：进行同频同 PCI 排查。

② 载波隐性故障问题：可以通过互换载波或者关闭疑似有问题载波进行定位，或者通过 MR 测量干扰带分析载波质量。

③ 元器件互调干扰问题：可以通过仪器仪表检查元器件互调指标。

④ 天馈系统干扰问题：可以更换天馈线。

⑤ 系统间干扰问题：可以使用其他系统验证干扰对 5G 网络的影响有多大，再进行优化。

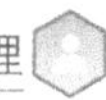

⑥ 网外干扰问题：通过扫频进行网外干扰排查，一般网外干扰具有频域比较宽、时域比较长、幅度比较高等特性。

室内分布系统内部优化中的网络容量分析主要从吞吐量、下载速率、网络利用率、时延等方面进行综合分析。首先判断是公共资源受限还是业务资源受限，然后通过载波、公共信道、码道、RE 资源调整来缓解话务负荷。如果还是无法解决，则增加站点或者小区分裂来吸收业务量。对于数据话务来说，传输容量对速率影响较大，必须保证有足够容量支持数据流量，如果有需要，可以进行及时扩容。对于接入容量，主要通过调整公共资源进行扩充。同时，参数也会影响小区容量。天馈系统调整也会对容量产生较大影响，例如变换方位角、下倾角等。

对于优化流程中的参数核查，由于无线参数比较多，所以建议重点关注接入类、功率类、信道类、切换类、定时器等参数。

完善邻区关系的流程是日常优化工作重点，邻区关系的合理性会影响很多指标。例如接通率、掉话率、切换成功率等。

覆盖问题的流程环节同样是室内分布系统优化工作的重点，常见的问题有低层小区室分信号泄漏、高层小区信号干扰、室内分布系统内部弱覆盖等。

输出评估报告及整改建议的流程环节用于指导网络调整和室内分布系统整改，通过 KPI 和现场复测验证效果，如果站点恢复正常，则输出室内分布系统优化报告。否则，再次统计 KPI 继续进行分析，直到问题解决。

9.4.2　室内覆盖系统典型问题优化整改

1. 室内覆盖问题优化调整

室内覆盖系统覆盖问题处理流程示意如图 9-2 所示。室内覆盖问题主要包含无覆盖、弱覆盖、室分信号泄漏、上下行不平衡等，分析该类问题需要综合考虑接收电平、参数设置等指标。对于室内的弱覆盖，则需要根据测试结果和施工来补充、调整天线发射点或者整改器件。对于无覆盖情况，则需要根据实际情况新增规划室内覆盖系统或者新建调整宏基站来增加覆盖；对于覆盖中的干扰，则需要根据实际情况调整输出功率及相关参数，或者对器件进行整改来优化。

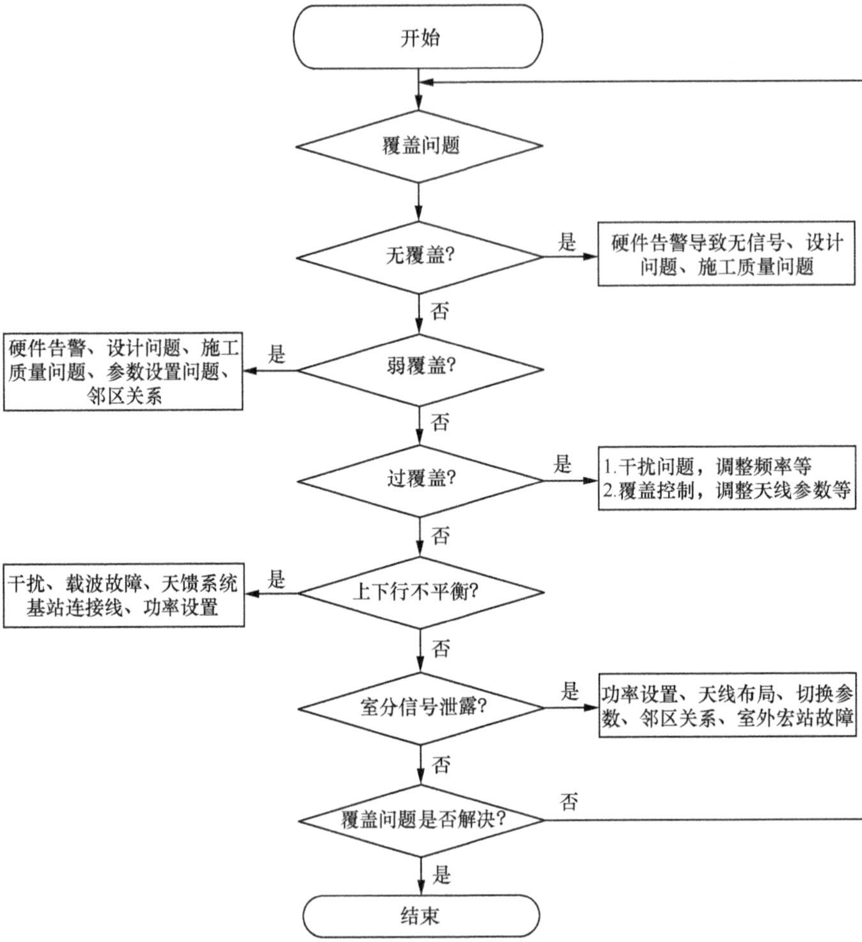

图9-2　室内覆盖系统覆盖问题处理流程示意

（1）无覆盖

无覆盖是指手机接收电平低于手机接收灵敏度。室内分布系统在设计时存在缺陷，或者施工方没有严格按照设计图纸施工会导致一些区域无信号覆盖。同时，设备故障导致射频单元无功率输出也会产生无覆盖问题。通常的解决方法主要有以下几种。

① 重新进行室内分布系统设计，增加该区域天馈系统。

② 严格按照设计方案图纸进行施工。

③ 排查硬件告警。

④ 采用 RRU（含 pRRU）拉远方式进行覆盖。

（2）弱覆盖

弱覆盖是指手机接收信号强度比较低。弱覆盖现象产生的原因主要有设计方案缺

陷、施工质量不达标、天线分布不合理、设备硬件故障或者老化、无线参数设置不合理等。解决方法主要有以下几种。

① 重新进行室内分布系统设计，增加该区域天馈系统。

② 严格按照设计图纸进行施工。

③ 排查硬件告警。

④ 对天馈系统的天线分布进行整改。

⑤ 小区功率参数和最低接收电平参数设置不合理。

⑥ 对室分器件电气特性进行检查，例如插损、驻波比。

⑦ 完善邻区关系，例如对于一栋大楼内的室内分布系统小区，考虑相互增加邻区关系。

（3）信号外泄

信号外泄是指信号的覆盖超过规划覆盖区城，影响切换指标，导致小区间干扰。

对于室内分布系统来说，如果覆盖控制不好，则有可能产生过覆盖。室分信号外泄一般要求在室外 10m 处满足接收信号强度小于或等于绝对门限，或者室内分布系统外泄的接收信号强度比室外宏基站最强的接收信号强度低 10dB，抑制信号外泄的解决方法主要有以下几种。

① 排查干扰，现场测试信号质量，分析周边基站站点参数，原则是使复用距离保持在合理范围内。如果发现异常现象，则及时进行参数修改，然后通过复测验证参数调整后的效果。

② 控制覆盖，调整天线参数（例如下倾角、方位角、挂高），或者调整发射功率，但调整功率会对整个小区覆盖产生影响。因此，一般建议以调整天线参数为宜。

③ 调整不合理的切换参数，例如，迟滞、时间设置过大或者过小。

④ 完善邻区关系，避免漏加室外宏基站邻区关系。

⑤ 及时发现并处理室外宏基站故障，避免室外区城只有室分信号而导致室分信号泄漏。

（4）上下行不平衡

上下行不平衡一般是指在目标覆盖区域内，业务出现上行覆盖受限（表现为手机的发射功率达到最大仍不能满足上行 BLER 要求）或下行覆盖受限（表现为下行发射功率达到最大仍不能满足下行 BLER 要求）的情况。其解决方法主要有以下几种。

① 排查干扰，通过后台查看上行干扰或者现场测试观察下行干扰，主要检查频点、扰码、PCI、网外干扰等。

② 检测天馈系统是否老化或者出现故障，例如，驻波比过大。

③ 调整天线参数。

④ 检查基站连接线接错问题，例如，接收和发射连接线部分相互错接。

⑤ 检查信源 RRU（或 pRRU）、合路器等设备故障问题。

⑥ 避免施工质量问题，例如，天线连接处连接线松动。

⑦ 避免小区功率设置不合理问题，功率设置过大或者过小都会导致公共信道功率与业务信道功率的差距。

2. 高质差问题分析及优化整改

高质差是影响无线网络掉话率、接通率等系统指标的重要因素之一，高质差不仅影响了网络的正常运行，而且直接影响了用户的通话质量，是用户投诉的主要原因之一。在操作维护中心（Operation and Maintenance Center，OMC）上进行查询，如果出现告警，则应及时通知相关人员处理，一般驻波比、硬件故障、传输误码率等告警会影响高质差。提取上行干扰数据，分析是否存在上行干扰，同时，有必要对功率控制参数设置进行分析，对设置异常和不合理的参数进行调整。

3. 高干扰分析及优化整改

室内分布系统干扰分为上行干扰和下行干扰，一般情况下，上行干扰可在 OMC 上统计或观察，下行干扰在现场测试中通过相关质量参数分析得出，例如 SINR 值。系统外干扰主要通过扫频仪测试排查。如果发现强干扰源，则根据其频段和系统，汇报给相应电信运营企业进行协调处理。系统内干扰则主要分析频率、PCI、时隙设置等，同时还要关注无源器件的互调干扰指标。

4. 低接通率问题分析及优化整改

如果室分站点接通率较低，且站点无任何告警和干扰，则需进行拥塞分析，体现在业务容量是否超过了硬件本身支持能力。该分析手段是日常网络优化的重要工作之一。拥塞解决方法主要有以下几种。

① 载波资源不够，需要及时扩容。对于数据业务，要考虑的方面比较多，例如，用户感受，其可用信道支持能力和用户数来衡量，信道支持能力是实际支持的业务量，用户数是使用业务的人数，通常情况下，人数越多，用户下载速率越低，根据用户数量来评估是否扩容相对比较准确和有效。

② 传输资源扩容，当发现一片区域内基站业务拥塞时，就要考虑传输资源扩容。

③ 合理采用参数优化和系统间业务分流。

④ 使用相应的负荷控制算法。

5. 室分信号外泄问题分析及优化整改

室内信号外泄会对网络性能带来负面影响，当造成网络性能严重恶化时，需要对外泄原因进行分析。常用的解决手段是针对部分天线整改，从功率、切换速率、小区重选参数调控等方面进行改善。

首先，对于室分信号外泄而言，常见的分析诊断方法如下。

① 结合 KPI 指标统计和 CQT/DT 确定外泄室分小区，如果确定此外泄不是由参数设置、业务拥塞等引起的，则该小区极有可能存在室分信源泄漏问题。

② 对信源基站参数进行核查，主要核查射频参数、接入参数和切换参数。这些参数对控制 UE 的接入和切入 / 切出密切相关，通过调整这些参数可以很好地控制室分小区的外泄。

③ 检查信源设备输出功率是否合理。如果信源设备输出功率较高，整体室内信号较强，则很可能会引起外泄问题。

④ 检查靠近室外的天线选型、安装和输入功率是否合理，尽量避免外泄的可能。

为保障优质的网络性能，尽量抑制室分信号外泄导致的不良影响，基于室分信号外泄的原因，相应的参考优化整改方案如下。

① 室分信源基站参数排查整治。基站接入参数和切换参数对室分小区外泄有较大影响。其中，接入参数通过功率参数可控制终端发射功率，同时，接入参数自身还可控制基站信源静态接入信号电平。

② 有源设备排查整治。通过 CQT/DT，如果发现建筑物整体信号偏强，且无整改条件，则可适当降低设备整体输出功率，从而降低外泄可能。

③ 天线排查整治。检查窗边区域天线选型、安装及功率等是否合理，如果更换窗边的全向天线为定向天线，并以朝内覆盖的方式进行整改，还可通过 CQT/DT 结合频谱仪检查靠近室外的天线注入功率是否过大造成外泄，如果功率过大，则在保证出入口正常切换的情况下，在有外泄的窗边天线分布系统支路上增加衰减器降低信号外泄。

6. 切换问题分析及整改

切换问题在室内分布系统优化中涉及较多，在实际的分析处理中通常要求重点关注和把握以下内容。

① 考虑高层和低层不同小区之间的切换、高层室内外切换。

② 考虑低层室内外信号（门口）的切换。

③ 电梯或者地下车库的切换。

④ 室内同一平面同频小区之间的切换。

切换问题产生的原因主要有告警、干扰、覆盖问题、切换参数设置、邻区关系等。常用的解决办法主要有基站故障处理、检查服务小区和邻区同频同扰码等参数检查、调整切换参数、完善邻区关系参数。

7. 速率问题分析及整改

速率问题直接关系到用户在使用数据业务时的体验感知，因此，速率被称为室分网络优化的重要指标，下面对速率相关问题的处理分析进行分类探讨。

（1）告警故障

后台网管查询问题站点的速率，确认是否出现影响业务类告警以致室分上传速率/下载速率无法达标的情况。重点检查的告警有：N2 接口告警、BBU 与 RRU（或 pRRU）直接传输类告警、功率类告警、GPS 失锁类告警（包括问题小区、附近小区基站 GPS 类告警都要核查）。

（2）干扰问题

首先，排查时钟同步导致的干扰。其次，排查上行干扰。具体方法有在网管侧使用实时数据统计中的频谱分析；根据接收机底噪计算公式判断是否存在干扰；干扰源定位，可以选取闲时进行闭站操作，再采用频谱分析工具进行清频测试。最后，排查下行干扰。通常下行干扰比较容易判断，在使用路测工具（或拨打测试）进行测试时，如果发现 SINR 与主服务小区及邻区测量结果相差较大，则可初步判定，如果需要确认并定位，则需要闭站和清频。另外，系统内的下行干扰还可能是由基站小区间干扰和附近其他终端下行业务带来的干扰，小区间干扰可通过合理的覆盖优化手段进行优化，终端下行业务干扰可通过合理的参数配置进行优化。

（3）分布系统问题

通过现场测试调查室内覆盖情况，判断是否存在室分信号太弱或无信号导致用户无法正常占用的问题，重点关注信源 RRU 出口处的干路无源器件。

（4）参数设置核查

后台网管对基本参数及优化类参数配置进行核查，例如，小区参考信号功率、上下行子帧配比、特殊子帧配比、小区系统带宽、上下行调制与编码策略（Modulation and Coding Scheme，MCS）、小区 UE 上下行最大可分配 RB 个数、小区 PCI、小区 MIMO 切换模式属性等参数，调整不合理的参数设置，避免室分小区上下行速率受到影响。

（5）测试环境核查

核查 FTP 服务器配置、峰值速率测试 PC 配置、核心网配置、传输带宽配置，确保测试环境不会影响到上下行速率。

5G 室内覆盖技术发展趋势及展望

10.1 5G移动网络架构演进趋势

5G新型网络架构需要满足大带宽、低时延、海量连接等需求，支持网络管理的自动化、网络资源的虚拟化和网络控制的集中化。5G C-RAN是基于CU/DU的两级协议架构、下一代前传网络接口（Next Generation Fronthaul Interface，NGFI）的传输架构及NFV的实现架构，形成面向业务应用灵活部署的两级网络云架构，在提升资源利用率、降低能耗的同时，通过对协作化技术的有效支持提升网络性能，将成为5G未来网络架构演进的重要方向。

10.1.1 无线可编排技术

借助NFV技术，无线网络节点上一部分无线协议栈处理功能（例如，协议栈高层的管理与控制模块）将通过灵活动态的软件实例以无线接入网虚拟功能（Radio Access Network-Virtualized Function，RAN-VNF）方式体现，这使无线网络组网方式及实现形式变得更加灵活，但也增加了管理维护的复杂性。为了具备灵活部署和无线网制式按需配置的能力，需要增强实体编排组合功能，同时辅以RAN-VNF网元管理系统（EMS）和无线接入网络服务（Radio Access Network Service，RANS）的生命周期管理能力。基于NFV框架，创建网络服务操作需要跨越多个层次，首先在服务层配置网络业务，其次为网络业务配置所属的功能实例，最后为各功能实例分配对应的承载资源。无线网络服务场景为NFV框架带来的影响主要体现在以下几个方面。

首先，管理和编排（MANO）框架中需要引入SDN控制器（SDN Controller，SDNC）。由于无线网络功能实例（例如，CU、DU功能实例）在空间上分散部署，而传统MANO框架中各功能实例之间的通信链路配置一般以虚拟链路的方式实现，并未实现物理硬件的连接、路由和分配，并且也缺乏到物理链路的映射关系配置，并不适用于跨区域的网络连接配置。这就需要增强MANO功能以具备更广范围的连接配置管理能力，而引入SDNC可以使MANO具备该能力。

其次，MANO框架中需要引入专有物理硬件的配置管理方法。传统MANO管理框

架不对专有硬件进行识别，仅包括了通用物理节点和虚拟机的管理能力，这并不适用于无线网络场景，短期内无线网络还存在大量专用硬件形态的设备。如果不将此专用形态设备纳入 MANO 的统一管理框架之下，则无法实现虚拟网络功能与物理网络功能之间的灵活搭配和统筹管理。而专用硬件的管理更多地依赖于传统 EMS，因此，传统的 EMS（OMC）与 MANO 中的编排器、VNF 管理器之间的交互流程将成为无线可编排技术的研究重点之一。

最后，我们需要针对无线业务特性，进行业务模型抽象的研究。对于无线业务层的编排，要使业务部署和配置实现自动化，以满足灵活组网的需求，就必须有面向客户的业务需求和业务规则的策略抽象，并在 NFVO 中定义 RAN 侧 VNF 模板及部分模板的扩展定义（扩展定义只针对来自 RAN 侧的需求），模板的定义可以在业务层面和资源层面之间提供一种翻译及转换的能力，从而将业务层的流程映射到服务层和资源层。例如，关于无线业务的设计，我们聚焦在采用 RAN 的原子功能，支持用户重用和聚合出满足需求的业务功能，最终发布对应的业务模板（例如，URLLC、mMTC 等业务）。该业务模板可被垂直行业用户理解和订购，能满足用户特定的 SLA 需求，可支持具体业务。

10.1.2 无线协议栈功能

C-RAN 两级架构主要由 CU 和 DU 两类设备形态构成。二者的功能定义以 3GPP 切分方案为基础，可适应 5G 网络多样化的部署需求，保证业务性能、数据传输和运维的均衡。

CU/DU 部署方式的选择需要同时综合考虑多种因素，具体包括业务的传输需求（例如，带宽、时延等因素）、接入网设备的实现要求（例如，设备的复杂度、池化增益等），以及协作能力和运维难度等。如果当前传输网络处于理想传输状态，即当前传输网络具有足够大的带宽和极低时延时（例如，光纤直连），可以将协议栈高实时性的功能进行集中，CU 与 DU 可以部署在同一个集中点，以获得最大的协作化增益。如果当前传输网络为非理想传输（即传输网络带宽和时延有限），则 CU 可以集中协议栈低实时性的功能，并采用集中部署的方式，DU 可以集中协议栈高实时性的功能，并采用分布式部署的方式。另外，CU 作为集中节点，部署位置可以根据不同业务的需求灵活调整。在 5G 网络中引入切片技术，端到端网络切片基于统一的物理网络设施提供多个逻辑网络服务，以实现业务快速上线与灵活扩容，助力新业务拓展。网络切片既能提供传统的移动宽带基础通信服务，也能满足垂直行业差异化的数据传输需求，同时也可以支撑差异化的网络应用相关服务。

10.1.3 虚拟层能力提升

无线业务有大带宽、低延时的性能需求，尤其对实时性、时钟精度要求极高，虚拟层位于通用硬件与上层应用之间，需要为系统提供高实时的系统调度与低时延大带宽的性能保证，因此，虚拟化层需要对自身性能进行优化。例如，虚拟化层需要提高网络转发性能，包括提高网络转发速度，增加带宽，提高时钟校准能力，降低时延抖动，降低大带宽条件下的丢包率。另外，虚拟化层也要不断降低自身带来的能力损耗，提高自身运算能力及内存与存储访问能力。经过长期的研究与推动演进，虚拟化层已经能够支持特定场景下的无线通信，并逐渐向能够支持更多场景演进。

面对5G需求，无线协议栈拆分后，一部分功能以VNF的形式运行在虚拟化层之上，对虚拟化层提出更高的要求。除了网络转发高实时性，虚拟化层需要支持多个VNF之间的紧密相关性，提供多个VNF之间的顺序衔接和高速转发通信。另外，为满足无线通信的灵活调度，虚拟化层需要为无线协议栈的VNF提供高速的在线迁移能力，为此虚拟化层需要降低在线迁移的时间。同时，为了更好地支持无线通信功能，虚拟化层需要设计一套测试体系来测试RAN-VNF的运行功能，RAN-VNF运行功能测试主要包括时延、时延抖动、丢包率等一系列性能指标，另外，针对不同的应用场景及多个VNF间特定的数据传输路径，RAN-VNF运行功能测试还要能够提出差异化的性能指标要求。

由于无线通信中有部分计算密集的功能需求，所以需要新的硬件资源（加速资源）的配合。虚拟化层需要拓展识别加速资源与专有硬件。为了实现上层业务对底层硬件资源访问的透明化，需要虚拟化层建立统一的接口，向下调度管理加速资源，向上提供服务，实现上层业务与加速资源之间的高速双向通信与工作配合。

虚拟化层作为承上启下的中间层，为上层应用提供统一的应用接口，使电信业务能够更灵活方便地部署在平台中，为下层硬件设备提供统一的识别调用接口，兼容不同类型与不同厂商的底层硬件资源。另外，虚拟化层还需要配合通用的管理模块，兼容不同的虚拟架构管理器（VIM）层的管理接口。同时，虚拟化层需要不断研究新技术，定义规范化的虚拟化层功能需求来适应不同的应用场景，进一步促进开源社区中C-RAN相关项目的发展演进，加速C-RAN产业的成熟。

10.2 5G室内超大带宽技术

随着5G业务场景多元化，AR/VR、直播等业务未来会迎来爆发式增长，这给5G室内的上下行带宽带来的压力依然非常巨大，毫米波频段高频频谱资源丰富，相比于

低频，可用频段宽可以提供上百 MHz 甚至数 GHz 带宽，因此系统和终端的每载波带宽也就更大，从而可以大幅提升用户吞吐量和系统容量。

由于毫米波具有传播距离短、穿透性差等缺点，所以一直被视为移动通信的“荒芜之地”，但随着技术进步、产业链发展及 5G 在国内的加速（试）商用部署，毫米波频谱宽、稳定性高、方向性好等优势需要被移动行业发现与利用。

10.2.1 5G 毫米波频谱规划情况

1. ITU 规划方面

2019 年 11 月，国际电联世界无线电通信会议（WRC-19）为 5G 确定标注了更多的频段，包括 24.25GHz ～ 27.5GHz、37GHz ～ 43.5GHz、45.5GHz ～ 47GHz、47.2GHz ～ 48.2GHz 和 66GHz ～ 71GHz，ITU 5G 毫米波频段规划情况如图 10-1 所示，为各国规划毫米波频段提供了参考依据。

IMT累计标识毫米波频谱总带宽：17.25GHz

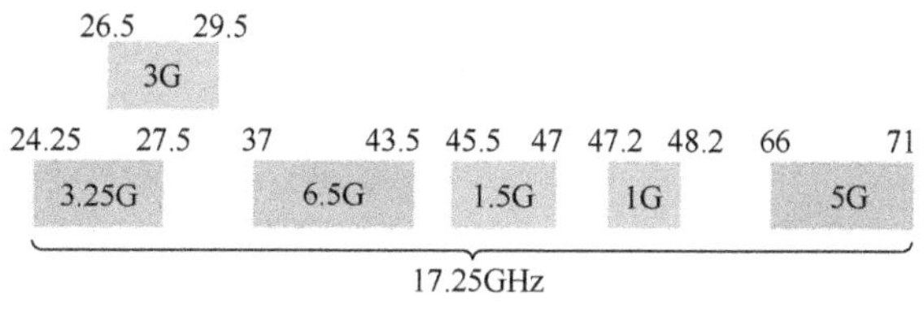

□ 26G频段：带宽3.25GHz（24.25GHz～27.5GHz）
□ 28G频段：带宽3GHz（26.5GHz～29.5GHz）
□ 39G频段：带宽6.5GHz（37GHz～43.5GHz）
□ 45G频段：带宽1.5GHz（45.5GHz～47GHz）
□ 47G频段：带宽1GHz（47.2GHz～48.2GHz）
□ 68G频段：带宽5GHz（66GHz～71GHz）

图10-1 ITU 5G毫米波频段规划情况

2. 3GPP 标准方面

3GPP 定义的 5G 毫米波频段见表 10-1。

表10-1 3GPP定义的5G毫米波频段

频段号	上行	下行	双工模式
n257	26.5GHz ～ 29.5GHz	26.5GHz ～ 29.5GHz	TDD
n258	24.25GHz ～ 27.5GHz	24.25GHz ～ 27.5GHz	TDD
n259	39.5GHz ～ 43.5GHz	39.5GHz ～ 43.5GHz	TDD
n260	37GHz ～ 40GHz	37GHz ～ 40GHz	TDD
n261	27.5GHz ～ 28.35GHz	27.5GHz ～ 28.35GHz	TDD

① 第一阶段（R15），划分两个 5G 网络使用频段：FR1 频段和 FR2 频段。其中，FR2 频段是毫米波频段。

② 第二阶段（R16），R16 在 R15 的基础上重点关注毫米波系统的工作效率。例如，引入一些默认配置，快速获得像 AP-SRS 空间的相关性等，能够让毫米波在工作的时候更快速地完成相关配置，取得更好的性能。

③ 第三阶段（R17），已提出初步规划，对于毫米波，工作频率将拓展到 52.6GHz ～ 71GHz，同时引入更多支持毫米波的 5G NR 增强特性，丰富毫米波的应用场景。

3. 各国频谱规划情况

各国 5G 毫米波频谱规划见表 10-2。

表10-2　各国5G毫米波频谱规划

地区	毫米波频谱规划
中国	24.75GHz ～ 27.5GHz、37GHz ～ 42.5GHz（倾向支持 40.5GHz ～ 43.5GHz）
美国	24.25GHz ～ 24.45GHz/24.75GHz ～ 25.25GHz、27.5GHz ～ 28.35GHz、37GHz ～ 38.6GHz、38.6GHz ～ 40GHz、47.2GHz ～ 48.2GHz、64GHz ～ 71GHz
欧盟	24.25GHz ～ 27.5GHz、40.5GHz ～ 43.5GHz
韩国	26.5GHz ～ 29.5GHz
日本	27.5GHz ～ 29.5GHz
加拿大	27.5GHz ～ 28.35GHz、37GHz ～ 40GHz

工业和信息化部于 2017 年 7 月批复 24.75GHz ～ 27.5GHz 和 37GHz ～ 42.5GHz 频段用于我国 5G 技术研发毫米波实验频段。

4. 国内外场测试及试商用验证情况

2017 年工业和信息化部批复了毫米波频段资源的申请，将 4.8GHz ～ 5.0GHz（200MHz）、24.75GHz ～ 27.5GHz（2.75GHz）和 37GHz ～ 42.5GHz（5.5GHz）频段用于我国 5G 技术研发试验，试验地点为中国信息通信研究院 MTNet 试验室及北京怀柔、顺义的 5G 技术试验外场。中国联通作为 2022 年北京冬奥会合作伙伴，针对北京冬奥会提出三大智慧场景、服务六类人群的智慧冬奥应用方案。上海电信前期也在地铁城轨场景 5G 有源室分设备上车方面与华为合作进行验证，将 26GHz 毫米波作为 IAB 方案。

10.2.2　5G 毫米波产业链及发展预期

5G 毫米波全球产业链初步具备商用能力。5G 毫米波产业链发展情况如图 10-2 所示。

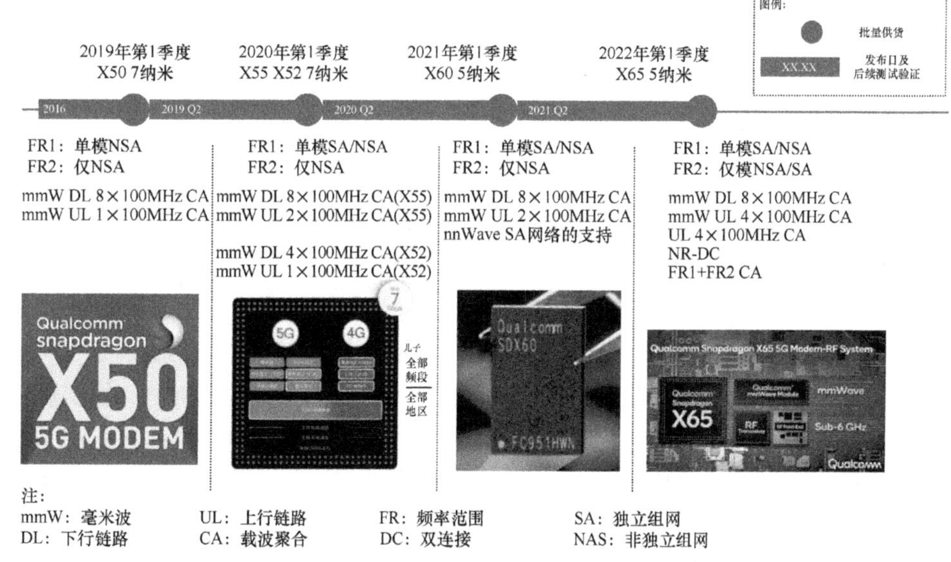

图10-2　5G毫米波产业链发展情况

1. 终端方面

以固定无线接入（Fixed Wireless Access，FWA）的客户前置设备为例，26/28/39GHz 频段均有产品支持；手机发展比较受限，美国、日本、韩国均有定制的 28/39GHz 频段机型，26GHz 频段的机型不成熟，此外，工业模组基本由高通公司垄断。

2. 网络设备方面

华为、中兴目前均已迭代至第二代毫米波产品，主要采用较高的有效全向辐射功率（EIRP）。总体而言，毫米波设备比中频段设备体积小（约 20%）、重量轻（30%），采用混合波束赋形技术（384 振子）。毫米波的主设备主要是以下 3 种。

① 高 EIRP 室外宏站（Metro）站型，用于 FWA 和宏覆盖，一般是 4T4R。

② 低 EIRP 室外灯杆站（Micro），用于 EMBB 热点覆盖；一般是 2T2R。

③ 室内皮基站（Pico），用于室内覆盖，一般是 2T2R。

此外，在产业链阵营方面，5G 毫米波 26GHz（中国、欧洲）和 28GHz（美国、日本、韩国）长期存在竞争关系。

10.2.3　5G 毫米波关键技术及演进

1. 大带宽、低时延

高频频谱资源丰富，相比于低频，可用的频段宽，可提供上百 MHz 甚至数 GHz 带宽，系统和终端的每载波带宽也就更大，从而可以大幅度提升用户吞吐量和系统容量。目前，商用终端下行可支持800MHz带宽（100MHz×8）、上行只支持单载波100MHz带宽，峰值在4.3GHz/110MHz（NSA模式X55），采用DDSUU（D表示下行时隙，S表示特殊时隙，U表示上行时隙）的帧结构，并采用SA模式，可将单用户速率提升至3.2GHz（下行）/225MHz（上行），满足支持8K VR 60fps 125Mbit/s的要求，并预留足够的余量。

2. 覆盖能力

与低频谱相比，高频谱具有较差的衍射能力和较小的覆盖范围。自由空间传播损耗随频率的增加而对数增加，易受降雨衰减和大气影响。5G和4G链路预算在基本概念上无差别，但5G引入了人体遮挡损耗、树木损耗、雨雪衰耗（尤其是对毫米波）的影响。

① 自由空间：毫米波频段带来18dB以上的传播损耗。

② 穿透损耗：在3GPP O2I high loss[1]场景中，与3.5GHz相比，28/39GHz的穿透损耗多10～18dB；在3GPP O2I low loss场景中，与3.5GHz相比，28/39GHz的穿透损耗多5～10dB。

综上所述，基于毫米波传播特征，LOS直射与富反射为最理想场景，eMBB短期内无法实现连续覆盖，仍定位为按需定点扩容，并适时采用高低频协同。

3. 数模混合的波束赋形

模数混合的波束赋形方案是在模拟端通过调幅和调相进行的波束赋形，是可以结合基带的数字波束赋形。其系统性能接近于全数字赋形，但复杂度大幅下降，可节约成本和降低基带处理复杂度，因此非常适合高频系统。由于毫米波覆盖受限，所以需要增大EIRP来解决。基于每一路数字链路（流），添加模拟器件与天线振子数，对射频模拟器件与振子进行打包来加大每一路的发射功率。5G毫米波波束赋形如图10-3所示。

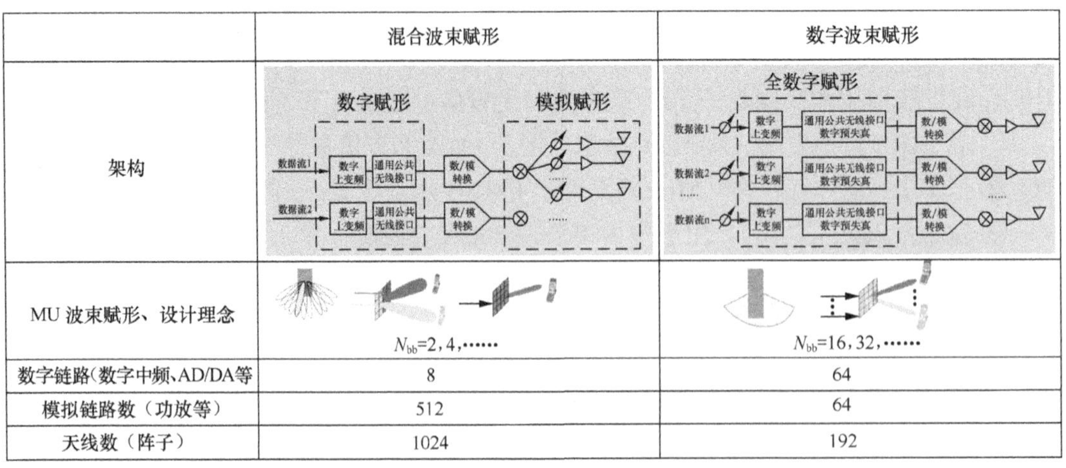

	混合波束赋形	数字波束赋形
架构	数字赋形 / 模拟赋形：数据流1、数据流2 → 数字上变频 → 通用公共无线接口 → 数/模转换	全数字赋形：数据流1、数据流2……数据流n → 数字上变频 → 通用公共无线接口 数字预失真 → 数/模转换
MU波束赋形、设计理念	N_{bb}=2, 4, ……	N_{bb}=16, 32, ……
数字链路(数字中频、AD/DA等	8	64
模拟链路数（功放等）	512	64
天线数（阵子）	1024	192

图10-3　5G毫米波波束赋形

1. O2I high loss: Outdoor to Indoor high loss，室外到室内高损耗。

4. 高低频协同组网

高频组网有 NSA、毫米波 SA、锚在 sub6G 的 NR-DC/NR-CA3 种架构。其中，锚在 sub6G 的 NR-DC/NR-CA 架构情况见表 10-3。FR1-FR2 DC 是毫米波独立组网演进的初步方向。

表10-3 锚在sub6G的NR-DC/NR-CA架构

	FR1-FR2 DC	FR1-FR2 CA
实现难度	容易	复杂
应用场景	FR1 FR2 可以不共站	仅应用于共站场景
下行速率	相当	相当
上行速率	可以充分利用 FR1、FR2 频谱	无法充分利用毫米波频谱
站间同步要求	低	高
覆盖能力	—	优于 DC
产业链成熟度	已成熟	无计划

当前，B5G 和 6G 很多的核心技术还在研究中，但太赫兹通信已经成为 6G 的候选技术之一，现在各国的研究机构在加大太赫兹通信的研究。毫米波频段介于 Sub6G 和太赫兹之间，是 5G 向 6G 演进的必由之路。从现在来看，太赫兹面临很多技术上的难题，毫米波有可能成为 B5G 和 6G 的核心频段。

10.3 5G 室内高可靠关键技术

5G 网络需要支持多种业务和应用场景，其中，工业物联网等垂直行业的超高可靠低时延通信是 5G 的重要应用场景之一。在室内业务场景中，远程医疗、智能制造及应急救援等对于时延、可靠性有着极高的要求。

10.3.1 灵活可配的 CQI 与 MCS 映射

5G 协议支持以两种不同 BLER 为目标的 CQI 与编码调制方案映射表格，分别对应 90% 的可靠性要求与 99.999%（低码率）的可靠性要求。不同可靠性时，CQI 与 MCS 的对应关系如图 10-4 所示。

90% 可靠性

MCS Index I_{MCS}	调制阶数 Q_m	目标码率 R_x (1024)	频谱效率
0	2	120	0.2344
1	2	157	0.3066
2	2	193	0.3770
3	2	251	0.4902
4	2	308	0.6016
5	2	379	0.7402
6	2	449	0.8770
7	2	526	1.0273
8	2	602	1.1758
9	2	679	1.3262
10	4	340	1.3281
11	4	378	1.4766
12	4	434	1.6953
13	4	490	1.9141
14	4	553	2.1602
15	4	616	2.4063
16	4	658	2.5703
17	6	438	2.5664
18	6	466	2.7305
19	6	517	3.0293
20	6	567	3.3223
21	6	616	3.6094
22	6	666	3.9023
23	6	719	4.2129
24	6	772	4.5234
25	6	822	4.8164
26	6	873	5.1152
27	6	910	5.3320
28	6	948	5.5547

90.999% 可靠性

MCS Index I_{MCS}	调制阶数 Q_m	目标码率 R_x (1024)	频谱效率
0	2	30	0.0586
1	2	40	0.0781
2	2	50	0.0977
3	2	64	0.1250
4	2	78	0.1523
5	2	99	0.1934
6	2	120	0.2344
7	2	157	0.3066
8	2	193	0.3770
9	2	251	0.4902
10	2	308	0.6016
11	2	379	0.7402
12	2	449	0.8770
13	2	526	1.0273
14	2	602	1.1758
15	4	340	1.3281
16	4	378	1.4766
17	3	434	1.6953
18	3	490	1.9141
19	3	553	2.1602
20	3	616	2.4063
21	6	438	2.5664
22	6	466	2.7305
23	6	517	3.0293
24	6	567	3.3223
25	6	616	3.6094
26	6	666	3.9023
27	6	719	4.2129
28	6	772	4.5234

图10-4 不同可靠性时，CQI与MCS的对应关系

针对 eMBB 业务，我们可选择 90% 可靠性要求的 CQI 与 MCS 映射表格，针对 URLLC 业务，我们可选择 99.999% 可靠性要求的 CQI 与 MCS 映射表格。

10.3.2 基于上行免授权下的重复发送

通过 RRC 配置重复的次数（1，2，4，8）与随机变量序列，在一个上行免授权周期内完成 PUCCH[1]、PUSCH[2] 的重复发送，提高传输的可靠性。

10.3.3 分级传输机制

分级可靠性传输机制如图 10-5 所示。

1. PUCCH（Physical Uplink Control Channel，物理上行链路控制信道）。
2. PUSCH（Physical Uplink Shared Channel，物理上行共享信道）。

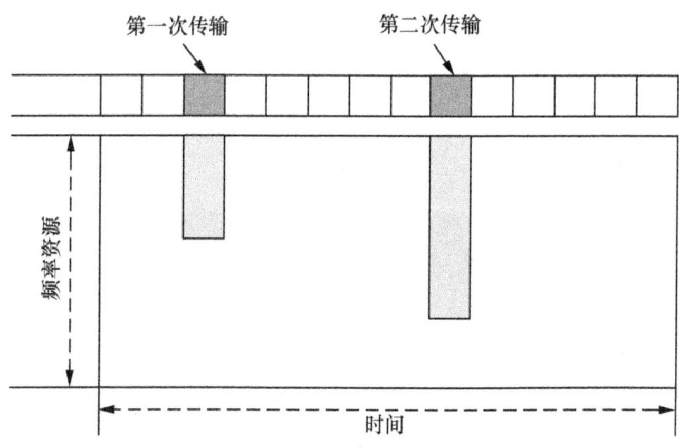

图10–5 分级可靠性传输机制

One-Shot 传输：保证 1 次传送即达到 99.999% 的高可靠性要求（直接配置 99.999% 可靠性要求的 CQI 与 MCS 映射表格），牺牲频谱效率与空口资源，以保证可靠性与时延。

Two-Shot 传输：保证 2 次传输中有 1 次或 2 次的可靠性达到 99.999% 的要求，第 1 次传输以 90% 可靠性为目标，如果存在误块需要进行第 2 次传输，则以 99.999% 可靠性为目标。

10.4 智能超表面技术

5G 网络正在世界范围内大规模建设，由于其使用的频段较高，所以 5G 室内深度覆盖具有严重的路径损耗和穿透损耗，导致覆盖效果较差。一方面基站部署大规模 MIMO 的阵列增益可弥补高频下的路径损耗，但却无法有效解决人体、墙体阻挡问题；另一方面部署更多的基站尽管可以帮助缓解覆盖困境，但无论是从其基础设施（包括回传管道）还是从能耗来看，这显然是一个难以持续的解决方案。因此，业界亟须一种新的可大幅降低成本的技术来解决 5G 室内深度覆盖问题。

智能超表面（RIS）技术被认为是一种有吸引力的关键技术，可有效解决上述问题。通过在大型的建筑物平面（例如，室内墙壁或天花板、建筑物或室外标牌）上安装 RIS，在障碍物的周围反射射频能量，重新配置无线信道，建立一条从毫米波源到接收端之间的视距传播路径。

10.4.1 智能超表面的特性

智能超表面（RIS）是指一个平面表面，由一组无源反射元件组成，每个元件都可以独立地将所需的相位叠加到入射信号上。通过有目的地调整相关反射元件的相位等参数，重新配置无线信道，使反射信号向其期望的方向传播。由于超表面材料的快速发展，现在已经可以通过实时重新配置每个器件的反射系数来适应动态变化的无线传播环境。典型的RIS结构示意如图10-6所示。

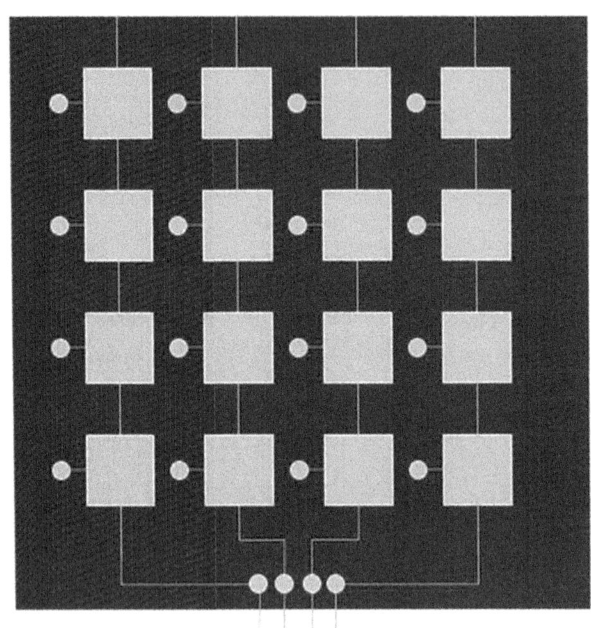

注：1. FPGA（Field Programmable Gate Array，现场可编程逻辑门阵列）。

图10-6　典型的RIS结构示意

由图10-6可知，RIS主要由平面表面和控制器组成。平面表面可由单个或多层组成，外层有大量的反射元件印在介质衬底上，直接作用于入射信号，中间层是铜面板，可避免信号或能量泄漏，最后一层是用于调整RIS元件反射系数的电路板，该电路板由智能控制器（例如FPGA）操作。在RIS应用场景中，我们首先在基站处计算RIS的最佳反射系数，然后将其通过一条专用的反馈链路下发到RIS的控制器中以便进行参数调整。而反射系数的设计取决于信道状态信息（CSI），该信息只有在CSI变化时才需要更新，其时长相比数据符号持续时间可能要长得多。因此，低速率的反馈对于专用控制链路是足够的，例如，可以使用Cat.0[1]等低速物联网来实现。RIS反射元件的结构示意如图10-7所示。

1. Cat.0是UE Category（终端类型）中的一种，支持更低速率、更低功耗的终端。

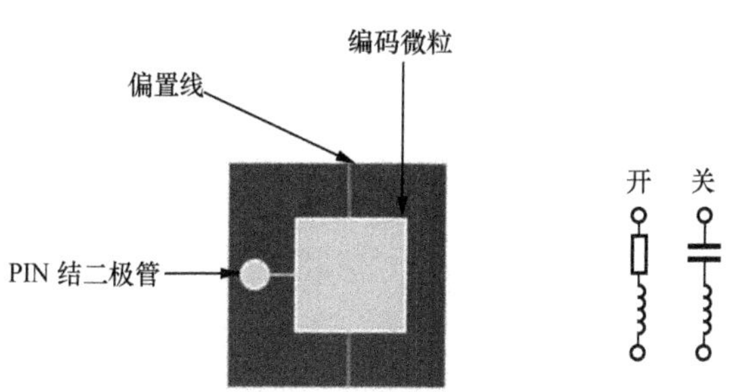

图10-7　RIS反射元件的结构示意

图 10-7 显示了每个反射元件的结构，其嵌入了一个 PIN 结二极管，通过偏置线控制电压，PIN 结可以在“ON”和“OFF”模式之间切换。它可以实现 π 相位差的调整，当然为了增加相移水平的阶数，可以在每个元素中集成更多的 PIN 组合。

RIS 在低成本实现上有重要的优势。例如，RIS 反射元件只被动地反射传入信号，而不需要任何复杂的信号处理操作。由于不需要射频收发器件，所以与传统的有源发射机相比，RIS 可以实现低成本和低功耗。另外，由于反射元件的无源被动性质，RIS 可以使用轻质和有限的厚层制作，使它们可以很容易地被安装在诸如墙壁、天花板、标牌、路灯等建筑物表面。此时，RIS 自然在全双工模式下工作，无自干扰或引入热噪声。RIS 与协作（中继）方案对比见表 10-4。

表10-4　RIS与协作（中继）方案对比

	RIS	幅度前传中继（AF）	译码前传中继（DF）	全双工中继（FD）
RF 射频链路	无	有	有	有
容量增益	无	无	有	有
噪声水平	低	高	高	高
双工	全双工	半双工	半双工	全双工
硬件成本	低	一般	较高	极高
功耗	低	一般	较高	较高

10.4.2　智能超表面的应用场景

除了应用在高频通信场景，RIS 其实是可以在传统的 6GHz 以下频段通信中发挥作用的。具体来说，通过有效地调整反射元件的相移，反射信号与来自直传路径的信号叠加便可以提高所需的信号功率。反过来说，它们也可以抵消多用户干扰或窃听侧的信息泄露带来的有害影响。因此，可以说 RIS 提供了额外的空间自由度，通过重新配置无线传播环境来进一步提高系统性能。

RIS 系统模型如图 10-8 所示。该模型可以阐明 RIS 的优点。模型由单天线源发射节点（标记为 S）和单天线目的接收节点（标记为 D）组成，同时在 S 和 D 之间部署一个具有单个反射元件的 RIS，其反射系数为 γ。由于 RIS 是被动反射的，所以 γ 应该满足 $|\gamma|<1$。h^{SR}、h^{RD} 和 h^{SD} 分别表示由 S 到 RIS、RIS 到 D 及 S 到 D 的标量信道增益。变量 α、β 和 ρ 是相应的正信道增益，θ、φ 和 μ 是信道相位。通过灵活设置反射系数 γ 的值，RIS 可实现信号增强和信号抵消的作用。

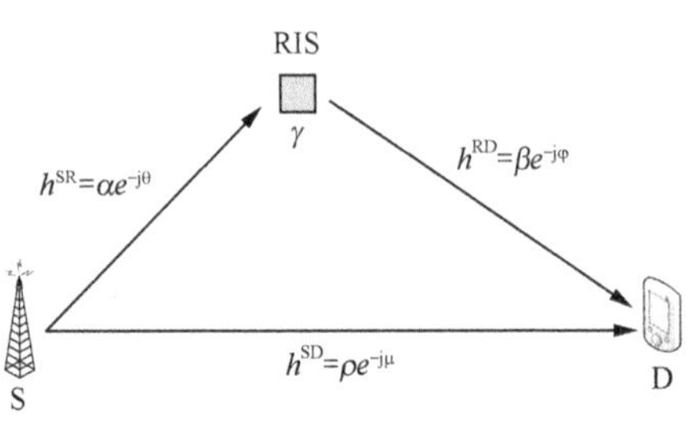

图10-8　RIS系统模型

实际场景中基站可能配置多天线，而 RIS 由大量的反射元素组成，每个元素都可以配置适当和独立的相移。一般而言，基站侧的数字波束赋形和 RIS 的模拟波束赋形均可同时发挥作用，但由于基站和 RIS 波束之间存在相关性，信道紧密耦合，要获得全局最优解复杂度较高。为了解决上述最优化问题，可以简化利用单变量迭代算法，具体求解一组波束赋形向量，同时固定另一组波束赋形向量，反复求解这个过程，直到结果收敛为止。

下面我们将给出一些典型的甚至可在各种 Sub 6G 系统中应用的 RIS，例如，多小区组网、无线携能通信（Simultaneous Wireless Information and Power Transfer，SWIPT）、移动边缘计算、多播网络、保密通信系统和认知无线电等。

1. RIS 辅助多小区组网

为了最大限度地提高频谱效率，不同小区的多个基站复用相同的频率资源，但这会导致小区之间产生干扰，特别是对于小区边缘用户。具体来看，小区边缘用户从其服务基站接收到的所需信号功率与从其相邻小区接收到的干扰相当，此时，小区边缘用户的信噪比很低。为了解决这个问题，可在小区边缘部署 RIS。RIS 多小区组网如图 10-9 所示。在此场景下，RIS 能够增强从服务基站接收的信号，同时抵消来自另一个基站的干扰。相关文献的仿真结果表明，具有 80 个反射器件的 RIS 系统，其吞吐率是没有 RIS 时的 2 倍。

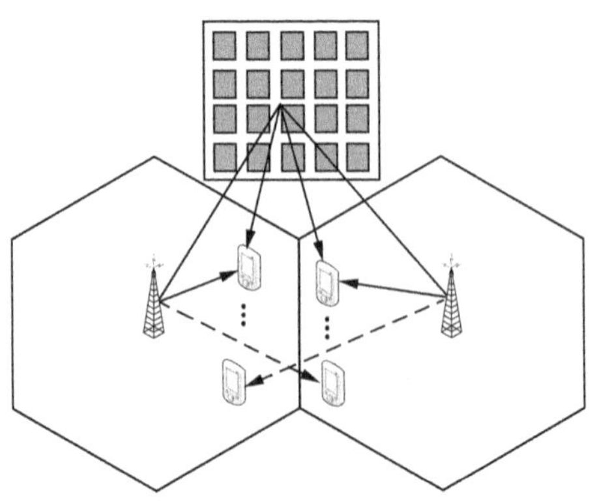

图10-9　RIS多小区组网

2. RIS 辅助 SWIPT 网络

SWIPT 是一种很有吸引力的技术，是“无线充电 + 无线通信”的组合技术。在 SWIPT 系统中，具有恒定电源的基站向两组接收机广播无线信号。一组被称为信息接收器（IRs），需要解码接收到的信号，而另一个组被称为能量接收器（ERs），从信号中获取能量。SWIPT 关键的挑战是 ERs 和 IRs 要在不同的功率等级下工作。显然，IRs 要求接收功率为 –60dBm ～ –100dBm，而 ERs 只能在最小功率大于 –10dBm 时工作。考虑到由于信号衰减限制了 ERs 的实际使用范围，因此应将 ERs 部署在比 IRs 更接近基站的位置，以获得足够的功率。RIS 辅助 SWIPT 系统如图 10-10 所示。相关文献仿真结果表明，为了确保最小收获功率为 0.2mW（–7dBm），当 RIS 配备 40 个反射元件时，ERs 的工作范围可以从 5.5m 扩展到 9m。通过在 RIS 中配置更多的反射单元，可进一步扩展工作范围。

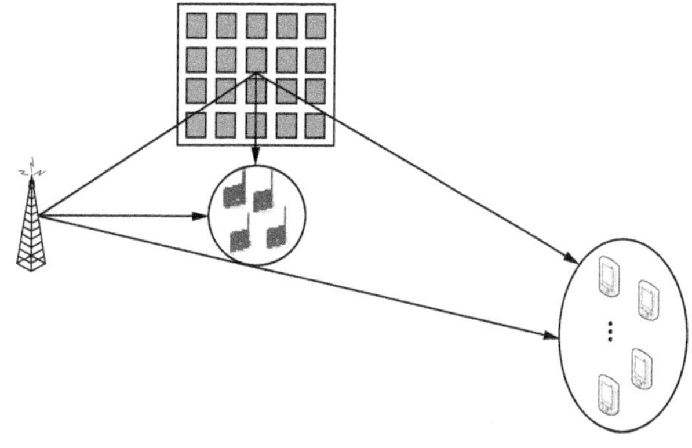
图10–10　RIS 辅助 SWIPT 系统

3. RIS 辅助 MEC 网络

在未来扩展虚拟现实等新的应用中，要实时执行大计算量的图像和视频处理任务。然而，由于终端的电源和硬件能力受限，这些任务无法在本地完成。为了解决这个问题，相关的计算密集型任务可以转移至部署在网络边缘的强大计算节点。当设备移动至远离 MEC 节点的位置时，由于信号衰落，网络将无法满足业务所需的速率和时延要求。RIS 辅助 MEC 网络如图 10-11 所示。相关文献仿真结果表明，如果在极端情况下采用具有 100 个反射元件的 RIS，则端到端时延可从 100ms 降低到 50ms。

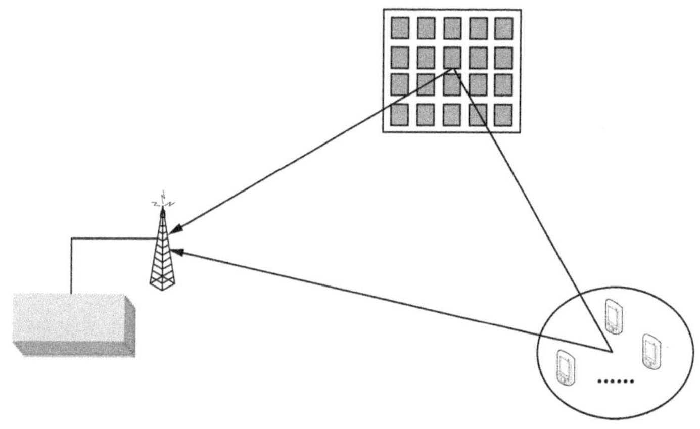
图10–11　RIS辅助MEC网络

4. RIS 辅助多播组播网络

一些使用组播或者多播传输的典型例子包括视频会议、视频游戏和电视广播等，在多播组播通信中，每个组共享相同的内容，而每个组的数据速率则受到信道增益最弱用户的限制。RIS 辅助多播组播网络如图 10-12 所示。技术人员通过调整 RIS 相移，可以增强信号较弱用户的信道状况。

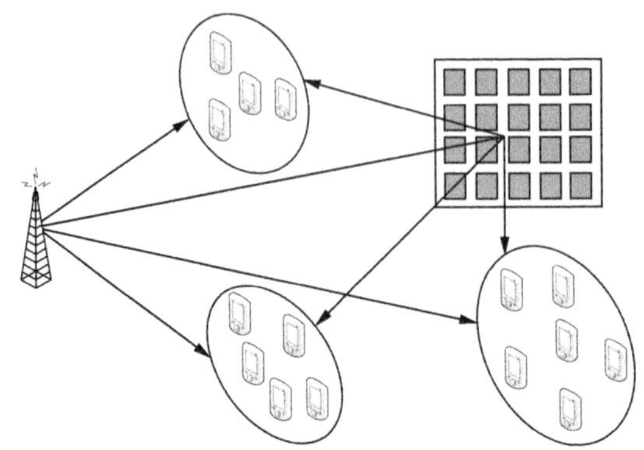

图10-12　RIS辅助多播组播网络

5. RIS 辅助保密通信网络

由于无线网络的广播性质，无线链路容易受到干扰攻击或安全信息泄露等安全威胁。传统的安全通信技术依赖于协议栈上层的加密，带来了复杂的安全密钥交换和管理，增加了通信时延和系统复杂性。近年来，物理层保密通信技术受到广泛的关注，解决如何避免复杂的密钥交换协议问题，适合于对时延敏感的应用。为了最大限度地提高安全通信链路的速率，业内专家们提出了人工噪声和多天线技术。然而，当合法用户和窃听者都有相关渠道或窃听者比合法用户更接近基站时，可实现的安全速率仍比较有限。为了解决这个问题，RIS 可被部署在安全敏感区域的网络中，以减少对窃听者的信息泄露，同时增加合法用户的接收信号功率，RIS 辅助保密通信网络如图 10-13 所示。

6. RIS 辅助认知无线电网络

认知无线电允许以“机会方式”接入频谱的次级用户通过对频谱的感知和分析，智能地使用空闲频谱并避免对拥有授权频段的主用户形成干扰，而主用户以最高的优先级使用被授权的频段。当主用户要使用授权频段时，次级用户需要及时停止使用频谱，将信道让给主用户，那么当前频谱效率低下的现状将得以改善。一个普遍的方法是使用波束赋形最大限度地提高次级用户的吞吐率，同时确保主用户的接收干扰功率保持在一定门限以下。然而，当次级用户发射端（Secondary User Transmitter，SU-TX）到次级用户接收端（Secondary User Receiver，SU-RX）链路较弱时，波束赋形增益有限，而 SU-TX 和主用户接收端（Primary User Receiver，PU-RX）之间的信道增益要高得多。RIS 辅助认知无线电网络如图 10-14 所示，在 PU-RX 附近部署一个 RIS，通过 RIS 的信号消除对 PU-RXs 的干扰，而其信号增强提高了 SU-RXs 的信号功率。相关文献仿真结果表明，通过部署具有 100 个反射元件的 RIS 系统实现的数据速率是没有 RIS 的系

统的两倍。

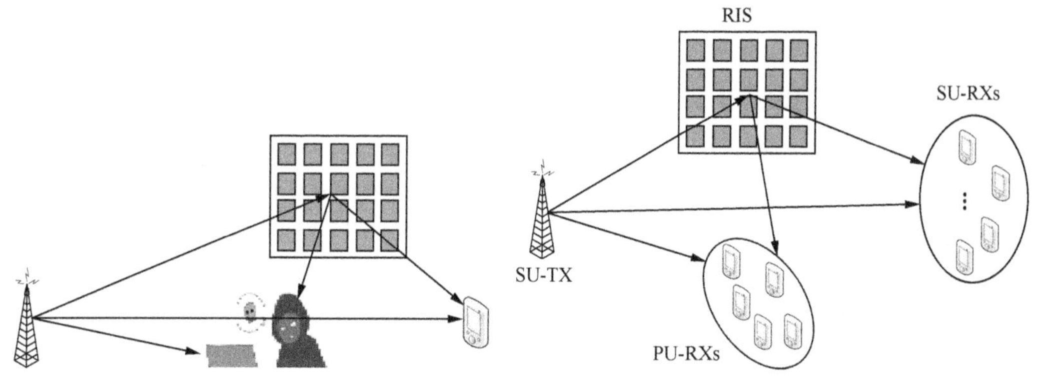

图10-13 RIS辅助保密通信网络　　图10-14 RIS辅助认知无线电网络

10.5 5G 室内覆盖与室内定位技术的融合发展

10.5.1 5G 室内覆盖与室内定位技术融合发展需求

5G 网络的大带宽、低时延、高可靠的特性，为业务提供必要的网络基础，推动业务的不断丰富。业务应用场所有 80% 以上发生在室内，而室内定位 GPS 信号弱，无法满足室内业务位置服务的需求，随着 5G 网络不断促进业务丰富发展，室内定位的需求越来越强。

位置信息是未来建设智慧城市的重要组成部分，丰富多样化的“5G+ 垂直行业应用”将会广泛地用到室内精确定位技术。不同的场景对定位的要求不同，需要根据业务场景的实际需求、应用范围、定位精度、成本要求、终端功耗等具体实际分析，使用适合的定位技术。5G 室内覆盖的完善为室内定位技术的发展提供了基础条件，同时，5G 室内覆盖方案的制定也需要统筹考虑室内业务的定位需求，满足业务发展需要。对于室内场景定位，目前有 5G NR 室内定位、5G+UWB/ 蓝牙 AOA[1] 高精度定位、5G+ 传统蓝牙室内定位、5G+Wi-Fi 室内定位等方式。

10.5.2 5G NR 室内定位

5G NR 室内定位基于 5G 蜂窝网络的定位技术，为终端提供无线通信功能和定位服务，满足不同应用场景下的通信和定位需求，满足企业、个人用户应用的需求，网络运营商提供网络服务的同时提供位置服务的增值服务。5G NR 基站结合 5G 网络大带宽和多波

1. AOA（Angle Of Arrival，到达角）。

束的特性，可以支持多轮往返时间（multi-Round Trip Time，multi-RTT）、AOA 测量和到达时间差定位法（Observed Time Difference Of Arrival，OTDOA）等多种定位技术，不同的算法实现的定位精度各不相同，本节主要介绍从 4G 室分网络开始已有的场强指纹定位及 R16 中提出的定位技术之 multi-RTT 定位两种定位方式。

基于蜂窝信号的场强定位从 4G 室分网络开始已有研究，5G 网络室分场强定位基于上行信道探测参考信号（Sounding Reference Signal，SRS）场强测量的指纹库匹配定位算法，完成终端定位。5G NR 基于场强的室内定位组网架构如图 10-15 所示。基于 MEC 边缘云部署定位算法引擎，对应用服务层提供统一的对外定位查询接口，提供网络定位服务的能力。业务应用获取到定位信息后，结合地图、大数据分析实现人流统计、轨迹追踪等应用。

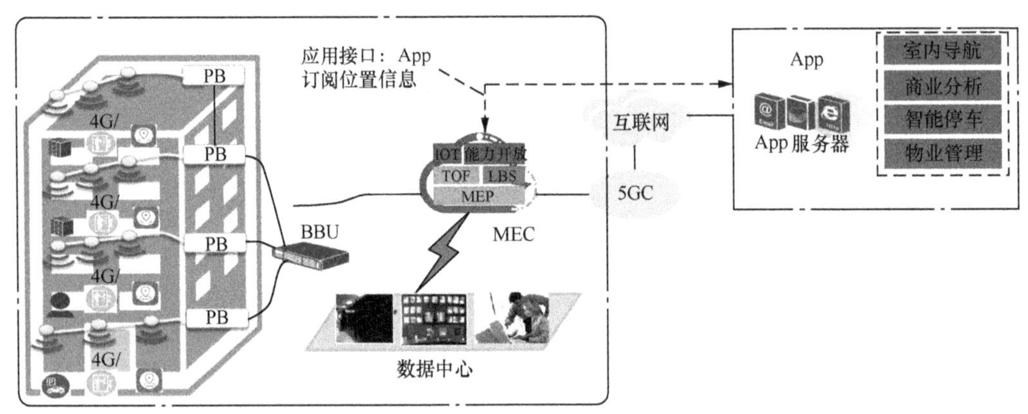

图10-15　5G NR基于场强的室内定位组网架构

基于信号场强测量定位，定位精度在 1/4 ～ 1/3 站间距，可以用于商场的人流统计、个人商场导航等场景，对于消费者，可以满足个人定位导航需求。

multi-RTT 定位基于多个基站单独轮流发送不同的定位参考信号（Positioning Reference Signal，PRS），引入邻区测量 SRS 技术完成定位算法，其算法的主要步骤是测量终端用户到至少 3 个基站的往返时间（Round Trip Time，RTT），并根据到达时间（Time of Arrival，TOA）=1/2× 往返时间（RTT）及定位解算公式计算用户的位置。RTT 算法通过将测量基站到 UE 的传输时间分解成两个步骤，满足基站之间、基站和终端之间的时钟同步的要求，测量过程主要是通过基站传输接收时间差异（gNB Rx-Tx time difference）和 UE 传输接收时间差异（UE Rx-Tx time difference）两个变量得到 RTT。

定位测量参数值传输到定位解算平台，最终解算得到 5G 终端位置信息，定位解算平台开放位置服务接口供应用服务调用。5G NR RTT 定位精度理论能够达到米级定位，对于定位精度要求不是特别高，特别适用于要求室内外定位具有连续性的场景。R16 重点提出对垂直行业应用的支持，基于 5G NR 基站的定位是关键技术点之一，5G 精准定

位对于推动诸多垂直应用发展至关重要，例如公共安全和室内导航。基于蜂窝技术的定位可与现有的 GNSS 互补，5G 通信和定位基站合一，大大节约了成本，通信和定位终端合一，满足定位的要求。

10.5.3 5G+UWB/ 蓝牙 AOA 高精度室内定位

5G 技术大大提升了移动网络性能，提供大带宽、低时延、广连接的网联能力，为垂直行业的数字化提供必要的技术保障，蓝牙、UWB 高精度定位可以达到厘米级别定位精度，结合通信和定位精度的需求，5G 融合高精度室内 UWB、蓝牙 AOA 等室内定位解决方案应运而生。本方案主要利用定位基站与 5G 分布式皮基站结合共同部署，定位基站复用 5G 皮基站的站址资源、供电资源和传输资源，同时结合边缘计算、大数据等领先技术，提供亚米级定位精度，满足智慧园区、交通枢纽、工业智能制造、大型展馆等室内场景下的各种定位业务需求。

5G 融合 UWB/ 蓝牙 AOA 组网架构如图 10-16 所示。5G 融合 UWB/ 蓝牙 AOA 定位方案定位基站连接 5G 智能室分的级联口，为定位基站设备供电，同时 UWB/ 蓝牙 AOA 基站的数据经过 5G 数字化室内分布系统（BBU、RAU 和 pRRU），最终传输到部署在 MEC 上的定位解算服务。

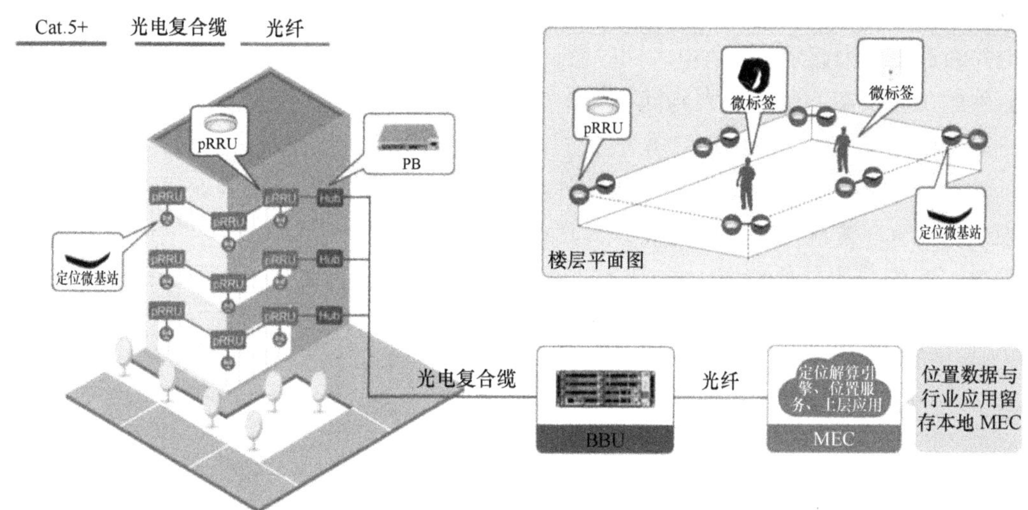

图10-16 5G融合UWB/蓝牙AOA组网架构

该系统融合由硬件层、网络连接层、数据解算层和应用层 4 个部分组成。

硬件层是融合定位系统实现通信、定位功能的主体部分，包括定位微基站、定位微标签、5G 数字化室内分布系统（BBU、RAU 和 pRRU）。其中，定位微基站和定位微标签为定位功能硬件单元，5G 数字化室内分布系统（BBU、RAU 和 pRRU）为 5G 通信功能硬件单元。

网络连接层主要功能是将定位微基站采集的数据回传至 MEC 提供网络链路。

数据解算层是实现标签位置计算的关键，位置解算引擎对定位微基站回传的数据进行数据清洗，依据不同的定位算法（TOF/TDOA/AOA/AOD 等），解算出标签位置坐标。解算引擎部署在 MEC，可以充分利用 MEC 平台提供的计算资源、存储容量、处理能力，发挥 5G 网络高速率、低时延、大链接的优势，进而提升网络利用效率和增值价值。

应用层针对行业客户的需求，利用 5G 融合室内定位技术，完成业务层面的呈现，实现海量位置数据赋能千行百业。在个人服务方面，定位技术提供个人室内导航、车库导航、电子导诊等位置服务；在企业服务方面，定位技术通过提供人与物的定位，助力企业安全管控和生产效率提升；在公众服务方面，定位技术能够提供基于精确位置信息的人流量统计、紧急救助、紧急搜救，助力公共安全与应急救援。

10.5.4 5G+ 传统蓝牙室内定位

传统的蓝牙信标在安装时自带电池信标，施工中不涉及弱电拉线等工作，施工难度大大降低，但无法实时监控信标设备的运行状态，后期需要定期更换电池等，给维护带来极大不便。运营商部署 5G 室内分布系统时，外置的天线内置了蓝牙功能，蓝牙网关支持授电并通过馈线为蓝牙信标供电，同时蓝牙网关通过监控馈线中蓝牙信号的变化，判断无源器件的工作状态，通过以太网回传集中管控，蓝牙网关配置蓝牙信标定位参数，实现 iBeacon ID 随机变化，防止定位信号被盗用。5G+ 传统蓝牙室内定位组网架构如图 10-17 所示。这种融合方案既能满足蓝牙定位的部署需求，也能进行蓝牙信标状态监控，无须考虑供电。5G+传统蓝牙室内定位方案具有共部署、共维护、通信 + 定位结合使用、维护简单、运维成本低等特点，已经成为智能手机标配的硬件设备，蓝牙 iBeacon 定位被广泛应用于室内定位的场景中。

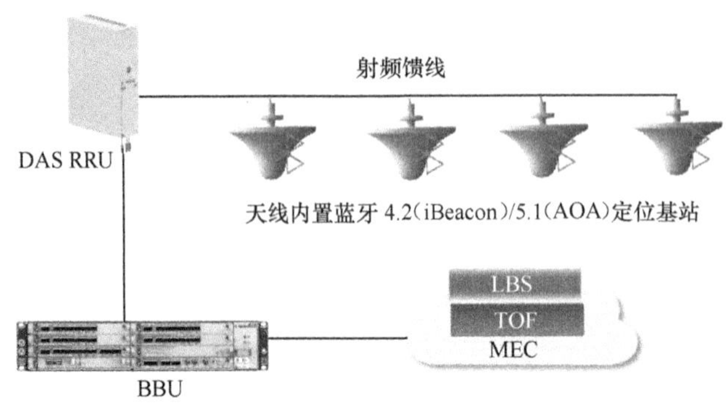

图10-17　5G+传统蓝牙室内定位组网架构

10.5.5　5G+Wi-Fi 室内定位

随着 5G 网络的发展，Wi-Fi 基站可以作为 5G 网络系统的扩展层，将 Wi-Fi 基站和 5G 家庭基站结合部署。5G+Wi-Fi 组网架构如图 10-18 所示。5G 和 Wi-Fi 基站采用紧耦合的方式，利用 5G 皮基站的供电和数据接口，既可提供无线接入服务，也可提供亚米级定位服务，但是需要注意以下问题。

① 管理框架：Wi-Fi 有多种组网架构，无线 AC[1] + 瘦 AP[2] 框架更适合 5G 场景。定位服务可作为无线控制器的扩展服务，与无线 AC 一起安装在后台 MEC 上。

② 数据回传：通过 5G 室分基站预留通道优先传输管理数据、定位数据。

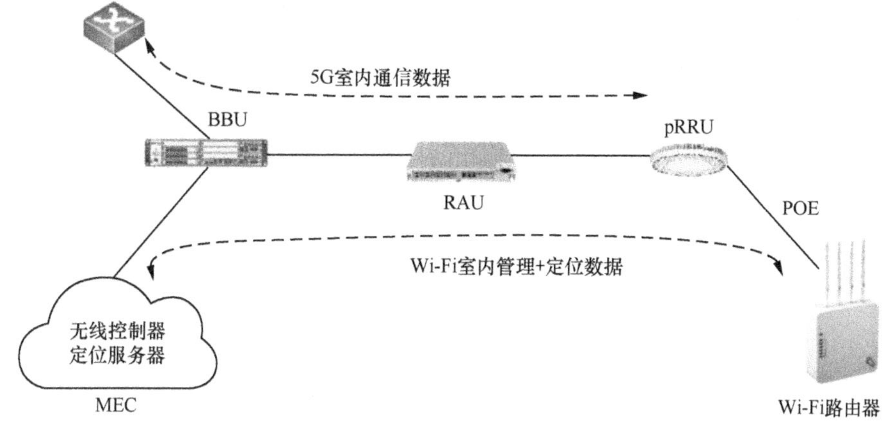

图10-18　5G+Wi-Fi组网架构

5G 和 Wi-Fi 融合部署网络共同部署，可以大大节约部署维护成本，同时 MEC 可提供统一的定位融合平台和管理平台，更加灵活地满足各种业务场景的需求。

10.5.6　5G+SLAM 融合定位

同步定位与建图（Simultaneous Localization And Mapping，SLAM）是一种高精度的制图和定位融合的方案，是智能机器人设备常用的定位手段，单纯基于 SLAM 定位算法容易出现一些问题：一是位置丢失，地图未能及时更新或者未能提取位置特征，会导致位置丢失，需要重新定位，因此，SLAM 往往配套一些全局定位方法，例如，SLAM+ 北斗 /GPS；二是 SLAM 的算法复杂度高，应用的终端除了对终端传感器有很高的要求，对终端算法和终端计算资源也有较高的要求。

SLAM 云化计算处理是目前的发展趋势，SLAM 算法的执行被放在云端，大大降低

1. AC（Access Controller，接入控制器）。
2. AP（Access Point，接入点）。

了对本地算力的要求，根据传感器的图像和位置构建地图，实时创建、更新动态地图，实现制图和定位融合。SLAM 云化处理需要实时传输传感器采集到的传感数据，并根据提取到的数据融合特征来统一设置计算服务器，传感器终端和计算服务器之间需要有支持移动性的大带宽、低时延、高可靠无线网络支撑。

5G+SLAM 融合定位方案如图 10-19 所示。5G 网络提供大带宽、低时延、高可靠的无线网络，可以满足 SLAM 云化数据传输的网络诉求，该方案具有以下特征和优势。

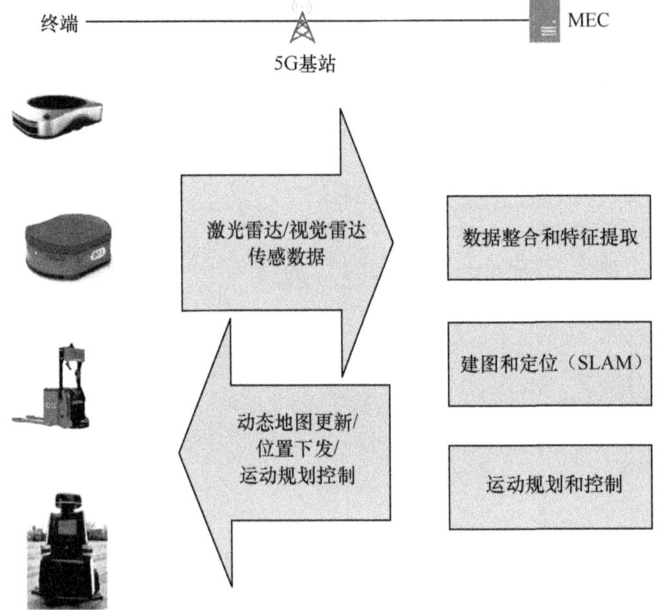

图10-19　5G+SLAM融合定位方案

① 云上计算的终端设备成本更低。激光雷达 / 视觉雷达和各类传感器数据经由 5G 网络大带宽、低时延由本地传到 MEC 边缘云平台，由边缘云平台对多设备的传感器数据进行融合、特征提取，以及地图构建和定位。云上的协同建图和可能的云上定位能够减少终端侧的算力需求。同时，设备协同的信息感知有助于降低单体设备的感知设备要求。整体上可以降低智能机器人设备的成本，同时，云端边缘云平台可对多个设备进行处理，满足复杂的多终端协同，能够实时更新，对定位判断更加准确。

② 5G 辅助定位，减少位置丢失。5G 不仅是一种通信手段，也是一种定位手段。5G 定位能够作为一种全局及较为稳定的定位，与 SLAM 高精度定位配合，形成稳定的高精度定位方案。首先使用 5G 定位确定大范围，其次圈定一个小范围，SLAM 在地图上根据圈定范围进行视觉定位，完成精细化高精度定位，最后解决 SLAM 位置丢失问题。

③ 5G+SLAM 融合定位可利用各自优势促进智能机器人设备在室内环境更稳定地

运行，更容易适应环境的变化，智能机器人设备的应用场景更加丰富。同时，未来可以考虑将 SLAM 高精度定位的位置数据作为定位原子能力开放，服务于上层应用业务，满足各种业务场景下高精度的定位需求。

10.6 室内覆盖建设投资模式展望

10.6.1 室分覆盖建设投资现状

目前，室内覆盖建设的主导方是基础电信运营商。在建设过程中，为了减少重复建设，避免浪费，提高资源利用效率，大型室内覆盖系统由中国铁塔公司进行统筹建设，再由基础电信运营商租赁使用。因此，建设成本由中国移动、中国电信、中国联通、中国广电等基础电信运营商承担。

5G 室内覆盖投资主体过于单一，不利于室内分布系统建设的良性发展。首先，运营商根据投资规划，优先选择重要程度高、业务市场前景好的部分场景进行建设。其次，由于投资主体过于单一，运营商出于投资、业务收入等方面的考虑，在技术发展路线选择方面相对受限，不利于网络演进。最后，在网络室内覆盖建设实施过程中，入场难、施工难、租金高也一直是建设面临的难点和痛点，天价入场费的案例经常出现，阻碍了室内覆盖建设工作的顺利推进。

10.6.2 室分覆盖建设投资模式展望

1. 用户侧对室内分布系统建设的深度参与

移动网络室内覆盖建设投资主体多元化发展，用户侧深度参与移动网络室内覆盖建设。例如，推广社会化的家庭基站，这样可使室分覆盖建设更为精准，与用户侧的使用需求完美契合；更为分散化的投资建设也能缓解基础电信运营商的资金压力。用户应转变思想观念，室内覆盖建设不仅是运营商的事，也是用户自己的事，与用户工作和生活息息相关，是通信业务的发起者和业务需求的根源。因此，作为普通用户，要多方面支持移动网络建设，例如，在室内覆盖系统的建设施工准入、配套资源的预留等方面要有一定的责任感，积极配合。

2. 室内覆盖网络与业务深度融合，打造“网业融合”“网络即服务”室内覆盖建设新模式

“网业融合”是指运营商工程建设部门与业务部门紧密合作，将网络覆盖建设与信息化业务进行融合，向大型客户提供综合信息化需求。此模式尤其适用于具有一定实力的垂直行业客户和房地产开发商。客户通过购买信息化服务分摊室内分布系统建设成本，运营商承担主设备投入成本，通过项目合作完成室内覆盖和提供信息化服务，将网络建设与业务发展协同推进，实现运营商与客户共赢、模式创新的目标。

“网络即服务”是指将室内分布系统建设打造成通信服务产品，向潜在业主出售。“网络即服务”既是建设模式的创新，也是观念的更新。运营商主导室外网络基础覆盖的建设，而室内覆盖是一种按需定制的服务，先由业主或开发商提出业务需求，再由运营商建设室内覆盖以满足其需求。运营商是网络服务提供者，大楼物业和用户是网络最终使用者，“谁使用、谁主导、谁支付费用”是普遍被人们接受的通用原则。目前室内覆盖建设需求的提出通常由运营商来主导，如果由最终的网络使用者来提出室内覆盖建设需求，并将部分服务费用的支付提前到建设阶段，那么室内覆盖建设将更加具有针对性并有利于室内覆盖建设的持续发展。在政府“免租金、免电费”等政策背景下，应进一步推动开发商、物业等出资建设室内分布系统，形成网络需求侧的推动力，需求方的深度参与更有利于整个行业持续健康发展。

3. 新建建筑物预留室内分布系统配套资源，已有公共建筑免费开放室内分布系统建设

部分省市已发布相关政策文件，推动新建建筑物预留室内分布系统配套设施。例如，广东省工业和信息化厅、广东省通信管理局发布了《关于加快推动5G网络建设的若干政策措施》的通知文件，推动新建建筑物与基站同步设计、同步建设、同步验收。其中，文件中涉及的内容包括室内分布系统机房、管道、线缆、杆路等通信设施建设。“对于新建的地铁、高铁、城际铁路、高速公路、机场、港口及大型车站等交通干线与枢纽场站，由各基础电信企业及铁塔公司向相关行业主管部门和基础设施项目业主提出接口和空间预留标准及要求，交通设施与基站等通信设施同步设计与建设”。

免费开放公共资源支持基站、室内分布系统建设。在不影响业务正常运行和安全的前提下，公共场所和公共设施的空地、楼面、外墙、杆体、管道、槽道、共用机房、楼层天花、强弱电井、电梯竖井、楼梯过道、地下停车场等免费开放支持基站、室内分布系统建设，并为入场施工、电力引入等提供便利条件。除了配合建设的必要成本等费用，不得对基站、室内分布系统收取进场费、接入费、协调费、分摊费、占用费及所有租金性质的费用。

附录　缩略语

英文缩写	英文全称	中文全称
3GPP	3rd Generation Partnership Project	第三代合作伙伴计划
4G	4th Generation Mobile Communication Technology	第四代移动通信技术
5G	5th Generation Mobile Communication Technology	第五代移动通信技术
5GC	5G Core	5G 核心网
6G	6th Generation Mobile Communication Technology	第六代移动通信技术
AAU	Active Antenna Unit	有源天线单元
AC	Access Controller	接入控制器
ADSL	Asymmetric Digital Subscriber Line	非对称数字用户线路
AF	Application Function	应用功能
AGV	Automated Guided Vehicle	自动导向车
AI	Artificial Intelligence	人工智能
AKA	Authentication and Key Agreement	认证和密钥协商
AMF	Access and Mobility Management Function	接入与移动管理功能
AN	Access Network	接入网络
AOA	Angle of Arrival	到达角
AP	Access Point	接入点
API	Application Programming Interface	应用程序接口
App	Application	应用软件
AR	Augmented Reality	增强现实
ARIB	Association of Radio Industries and Businesses	日本无线工业及商贸联合会
ATIS	Alliance for Telecommunications Industry Solutions	北美电信产业解决方案联盟
AUSF	Authentication Server Function	认证服务器功能
BBU	Base Band processing Unit	基带处理单元
BLE	Bluetooh Low Energy	蓝牙低能耗
CATV	Cable Television	有线电视
CCSA	China Communications Standards Association	中国通信标准化协会
CN	Core Network	核心网
CPE	Customer Premise Equipment	客户前置设备
CPRI	Common Public Radio Interface	通用公共无线电接口
CQI	Channel Quality Indication	信道质量指示
CQT	Call Quality Test	呼叫质量拨打测试
C-RAN	Cloud-Radio Access Network	基于云计算的无线接入网架构

（续表）

英文缩写	英文全称	中文全称
CSMF	Communication Service Management Function	通信服务管理功能
CU	Centralized Unit	集中单元
D2D	Device-to-Device	终端直连
DAS	Distributed Antenna System	分布式天线系统
DC	Data Center	数据中心
DCS	Digital Cellular System	数字蜂窝系统
DN	Data Network	数据网络
DPI	Deep Packet Inspection	深度数据包检测
DT	Drive Test	路测
DTN	Digital Twin Network	数字孪生网络
DU	Distribute Unit	分布单元
eCPRI	enhanced Common Public Radio Interface	增强型通用公共无线电接口
EIRP	Equivalent Isotropically Radiated Power	等效全向辐射功率
eMBB	enhanced Mobile Broadband	增强移动宽带
EMS	Element Management System	网元管理系统
EPON	Ethernet Passive Optical Network	以太网无源光网络
EPS	Evolved Packet System	演进的分组系统
ETSI	European Telecommunications Standards Institute	欧洲电信标准化协会
FDD	Frequency Division Duplexing	频分双工
FlexE	Flexible-Ethernet	灵活以太网
FPGA	Field Programmable Gate Array	现场可编程逻辑门阵列
FQDN	Fully Qualified Domain Name	全限定域名
FTN	Faster Than Nyquist	超奈奎斯特采样
FTP	File Transfer Protocol	文件传输协议
GIS	Geographic Information System	地理信息系统
GPON	Gigabit-Capable Passive Optical Network	具有千兆位功能的无源光网络
GPS	Global Positioning System	全球定位系统
HR	Home Routed	归属地路由
ICT	Information and Communications Technology	信息与通信技术
ID	Identification	标识
IHR	Intelligence Holographic Radio	智能全息无线电
IIoT	Industrial Internet of Things	工业物联网
IM	Individual Members	独立会员
IP	Internet Protocol	互联网协议

（续表）

英文缩写	英文全称	中文全称
ITU	International Telecommunication Union	国际电信联盟
JPG	Joint Group Processing	联合小组处理
JSDM	Joint Spatial Division and Multiplexing	联合空分复用
KPI	Key Performance Indicator	关键性能指标
LAA	Licence Assisted Access	许可频谱辅助接入
LADN	Local Area Data Network	本地数据网络
LBO	Local Break Out	本地路由
LDPC	Low Density Parity Check Code	低密度奇偶校验码
LED	Light Emitting Diode	发光二极管
LMF	Location Management Function	位置管理功能
LOS	Line Of Sight	视距
LTE	Long Term Evolution	长期演进计划
MANO	Management And Orchestration	管理和编排
Massive MIMO	Massive Multiple Input Multiple Output	大规模多输入多输出
MB-SDMA	Massive Beam-Spatial Division Multiple Access	大规模多波束空分多址
MCL	Minimum Coupling Loss	最小耦合损耗
MCS	Modulation and Coding Scheme	调制与编码策略
MEC	Multi-access Edge Computing	多接入边缘计算
MIMO	Multiple Input Multiple Output	多输入多输出
mMTC	massive Machine Type Communicatione	大规模机器类通信
MN	Master Node	主站
MR	Measurement Report	测量报告
MRP	Market Representation Partners	市场代表伙伴
MSM-CDN	Mobile Streaming Media Content Delivery Network	移动流媒体内容分发网络
multi-RTT	multi-Round Trip Time	多轮往返时间
MU-MIMO	Multi-User MIMO	多用户多输入多输出
N3IWF	Non-3GPP Inter Working Function	非 3GPP 互通功能
NAS	Non-Access Stratum	非接入层
NB-IoT	Narrow Band Internet of Things	窄带物联网
NEF	Network Exposure Function	网络开放功能
NF	Network Function	网络功能
NFV	Network Function Virtualization	网络功能虚拟化
NFVI	NFV Infrastructure	网络功能虚拟化基础设施
NFVO	Network Function Virtualization Orchestrator	网络功能虚拟化编排器

（续表）

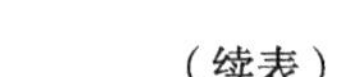

英文缩写	英文全称	中文全称
NGFI	Next Generation Fronthaul Interface	下一代前传网络接口
NGN	Next Generation Network	下一代网络
NR	New Radio	新空口
NRF	Network Repository Function	网络存储功能
NSA	Non-Standalone	非独立组网
NSaaS	Network Slice as a Service	网络切片即服务
NSI ID	Network Slice Instance Identification	网络切片实例标识
NSMF	Network Slice Management Function	网络切片管理功能
NSSF	Network Slice Selection Function	网络切片选择功能
NSSMF	Network Slice Subnet Management Function	网络切片子网管理功能
OAM	Orbital Angular Momentum	轨道角动量
OP	Organizational Partners	组织伙伴
OTDOA	Observed Time Difference Of Arrival	到达时间差定位法
OVXDM	Overlapped X Domain Multiplexing	重叠 X 域复用
PA	Power Amplifier	功率放大器
PCF	Policy Control Function	策略控制功能
PDU	Protocol Data Unit	协议数据单元
PGP	Per-Group Processing	独立分组处理
PLMN ID	Public Land Mobile Network Identification	公共陆地移动网络标识
POE	Power Over Ethernet	有源以太网
POI	Point Of Interface	多系统合路平台
PON	Passive Optical Network	无源光纤网络
PRB	Physical Resource Block	物理资源块
pRRU	pico Radio Remote Unit	皮远端单元
PTN	Packet Transport Network	分组传送网
QoE	Quality of Experience	体验质量
QoS	Quality of Service	服务质量
RAN	Radio Access Network	无线接入网
RANS	Radio Access Network Service	无线接入网络服务
RAN-VNF	Radio Access Network-Virtualized Function	无线接入网虚拟功能
RAT	Radio Access Technology	无线电接入技术
RAU	Remote Aggregation Unit	远端汇聚单元
RB	Resource Block	资源块
RF	Radio Frequency	无线射频
RIS	Reconfigurable Intelligent Surfaces	智能超表面

（续表）

英文缩写	英文全称	中文全称
RRU	Radio Remote Unit	射频远端单元
RSRP	Reference Signal Receiving Power	参考信号接收功率
SA	Standalone	独立组网
SBA	Service Based Architecture	服务化架构
SDF	Service Data Flow	业务数据流
SDL	Supplementary Downlink	下行补充频段
SDN	Software Defined Network	软件定义网络
SDNC	SDN Controller	SDN 控制器
SDO	Standards Development Organization	标准开发组织
SEAF	Security Anchor Function	安全锚定功能
SEFDM	Spectrally Efficient Frequency Division Multiplexing	高频谱效率频分复用
SG	Study Group	研究组
SI	Study Item	研究项目
SINR	Signal to Interference plus Noise Ratio	信号与干扰加噪声比
SLA	Service Level Agreement	服务等级协议
SLAM	Simultaneous Localization And Mapping	同步定位与建图
SM	Session Management	会话管理
SMF	Session Management Function	会话管理功能
SMS	Short Message Service	短消息业务
SMSF	Short Message Service Function	短消息业务功能
SN	Slave Node	从站
S-NSSAI	Single Network Slice Selection Assistance Information	单一网络切片选择辅助信息
SOA	Service Oriented Architecture	面向服务的架构
SoC	System on Chip	系统级芯片
SPN	Slicing Packet Network	切片分组网
SR	Scheduling Request	调度请求
SRS	Sounding Reference Signal	信道探测参考信号
SSB	Synchronization Signal and PBCH Block	同步信号和 PBCH 块
SSC	Session and Service Continuity	会话和服务连续性
SS-RSRP	Synchronization Signal-RSRP	同步信号参考信号接收强度
SUCI	Subscription Concealed Identifier	加密的签约标识符
SUL	Supplementary Uplink	上行补充频段
SUPI	Subscription Permanent Identifier	签约永久标识符
SWIPT	Simultaneous Wireless Information and Power Transfer	无线携能通信

（续表）

英文缩写	英文全称	中文全称
TDD	Time Division Duplexing	时分双工
TR	Technical Reports	技术报告
TS	Technical Specifications	技术规范
TSDSI	Telecommunications Standards Development Society of India	印度电信标准化发展协会
TSG CT	TSG Core network and Terminals	核心网与终端技术标准组
TSG RAN	TSG Radio Access Network	无线接入网技术标准组
TSG SA	TSG Service and System Aspects	业务与系统技术标准组
TSG	Technology Standards Group	技术标准组
TTA	Telecommunications Technology Association	韩国电信技术协会
TTC	Telecommunication Technology Committee	日本电信技术委员会
UDM	Unified Data Management	统一数据管理
UDN	Ultra Dense Network	超密集网络
UDR	Unified Data Repository	统一数据存储
UE	User Equipment	用户设备
UMa	Urban Macrocell	城市宏小区
UMi	Urban Microcell	城市微小区
UPF	User Plane Function	用户面功能
URLLC	Ultra Reliable and Low Latency Communication	超高可靠与低时延通信
UWB	Ultra Wideband	超宽带技术
V2X	Vehicle to Everything	车用无线通信技术
VIM	Virtualised Infrastructure Manager	虚拟架构管理器
VoLTE	Voice over Long Term Evolution	长期演进语音承载
VR	Virtual Reality	虚拟现实
WDM	Wavelength Division Multiplexing	波分复用
WG	Work Group	工作组
WI	Work Item	工作项目
WLAN	Wireless Local Access Network	无线局域网

参考文献

[1] 中国移动通信集团广东有限公司．5G 低成本室内覆盖创新成果材料 [Z]．2020（5）．

[2] 蔡伟文，赵侠，陈其铭，等．高低层混合场景的 5G 广播权值应用研究 [J]．广东通信技术，2019，39（8）：8-11．

[3] 潘毅，李晖晖，曾磊，等．5G 室内场景多通道联合收发技术性能与关键问题 [J]．电信科学，2020，36（7）：168-174．

[4] 陆南昌，韩喆，黄海晖，等．基于 4G 数据识别 5G 室内外同频干扰的方案研究 [J]．电信工程技术与标准化，2020，33（9）：57-62．

[5] 蓝俊锋，殷涛，杨燕玲，等．TD-LTE 与 LTE FDD 融合组网规划与设计 [M]．北京：人民邮电出版社，2014．

[6] 肖子玉，韩研，马洪源，等．5G 网络面向垂直行业业务模型 [J]．电信科学，2019，35（6）：132-140．

[7] IMT-2030（6G）推进组．6G 总体愿景与潜在关键技术白皮书 [Z]．2021（6）．

[8] 徐法禄．5G 室内分布：数字化转型之道 [J]．中兴通讯技术，2020，26（6）：43-49．

[9] 中国移动通信集团广东有限公司．5G 无线工程验收规范 [Z]．2020（8）．

[10] 中国移动通信集团．中国移动 2021 年 5G 室内覆盖建设指导意见 [Z]．2020（12）．

[11] 中国移动通信集团广东有限公司．广东移动室内覆盖建设指导原则 [Z]．2020（2）．

[12] 中兴通讯股份有限公司，中国移动通信有限公司研究院，清研讯科（北京）科技有限公司，等．5G 室内融合定位白皮书 [Z]．2020（10）．

[13] 陈宝霞，王明敏．5G 家庭媒体网关的设计构想 [J]．广播电视网络，2020，27（7）：71-73．

[14] 白鹏，马平原．室分站点光伏发电系统应用 [J]．通信电源技术，2019，36（S1）：264-266．

[15] 中国移动研究院．中国移动 5G 基站节能技术白皮书 [Z]．2020（7）．

[16] 法国 Forsk 公司．Atoll In-Building 模块介绍 [Z]．2020（6）．

[17] 中国铁塔股份有限公司．5G 无源室分技术指导意见 [Z]．2020（3）．

[18] 广州天越电子科技有限公司．天越室内分布智能设计软件用户手册 [Z]．2018（6）．

[19] IMT-2020（5G）推进组．5G 网络架构设计白皮书 [Z]．2016（6）．

[20] IMT-2020（5G）推进组．5G 核心网云化部署需求与关键技术 [Z]．2018（6）．

[21] 史凡，赵慧玲．中国电信网络重构及关键技术分析 [J]．中兴通讯技术，2017，23（2）：2-5．

[22] 张建敏，谢伟良，杨峰义，等．5GMEC 融合架构及部署策略 [J]．电信科学，2018，38（4）：109-117．
[23] 刘晓峰，孙韶辉，杜忠达，等．5G 无线系统设计与国际标准 [M]．北京：人民邮电出版社，2019．
[24] 朱晨鸣，王强，李新，等．5G：2020 后的移动通信 [M]．北京：人民邮电出版社，2019．
[25] 黄劲安，曾哲君，蔡子华，等．迈向 5G 从关键技术到网络部署 [M]．北京：人民邮电出版社，2018．
[26] 徐俊，袁弋非．5G-NR 信道编码 [M]．北京：人民邮电出版社，2019．
[27] 杨峰义，谢伟良，张建敏．5G 无线接入网架构及关键技术 [M]．北京：人民邮电出版社，2018．
[28] 杨立，黄河，袁弋非，等．5G UDN（超密集网络）技术详解 [M]．北京：人民邮电出版社，2018．
[29] 张建敏，杨峰义，武洲云，等．多接入边缘计算（MEC）及关键技术 [M]．北京：人民邮电出版社，2018．
[30] 李慧．5G 网络演进及关键技术概述 [J]．数字通信世界，2019（6）：48．
[31] 陈华东．5G 无线网络规划以及链路预算 [J]．信息通信，2019（8）：159-160．
[32] 杨中豪，王琼，乔宽．面向 5G 通信的 Massive MIMO 技术研究 [J]．中国新通信，2015，17（14）：101-103．
[33] 汪丁鼎，许光斌，丁巍，等．5G 无线网络技术与规划设计 [M]．北京：人民邮电出版社，2019．
[34] 李江，罗宏，冯炜，等．5G 网络建设实践与模式创新 [M]．北京：人民邮电出版社，2021．
[35] 黄云飞，闵锐，佘莎，等．5G 无线网大规模规划部署实践 [M]．北京：人民邮电出版社，2021．
[36] 亚历杭德罗 • 阿拉贡 - 萨瓦拉．室内无线通信：从原理到实现 [M]．张傲，陈栋，王太磊，等，译．北京：清华大学出版社，2019．
[37] 郭渝，张林生．室内分布系统设计与实践 [M]．北京：电子工业出版社，2021．
[38] 高泽华，高峰，林海涛，等．室内分布系统规划与设计——GSM/TD-SCDMA/TD-LTE/WLAN[M]．北京：人民邮电出版社，2013．
[39] 王振世．大话无线室内分布系统 [M]．北京：机械工业出版社，2018
[40] 李军．移动通信室内分布系统规划、优化与实践 [M]．北京：机械工业出版社，2014．

[41] 广州杰赛通信规划设计院．室内分布系统规划设计手册 [M]．北京：人民邮电出版社，2016．

[42] 佘莎，黄嘉铭．5G NSA 网络部署及优化方法研究 [C]．5G 网络创新研讨会（2019）论文集，2019：18-20．

[43] 李睿，佘莎，麦磊鑫．3D 室内高精度仿真方法研究 [J]．移动通信，2017，41（15）：69-74．

[44] 曾云光，黄陈横．基于 Uma-NLOS 传播模型的 5G NR 链路预算及覆盖组网方案 [J]．邮电设计技术，2019，（3）：27-31．

[45] 黄陈横．5G 大规模 MIMO 高低频信道模型对比探讨 [J]．移动通信，2017，41（14）：64-69．

[46] 吴为．无线室内分布系统实战必读 [M]．北京：机械工业出版社，2012．

[47] 徐慧俊，方绍湖，康冬，等．5G 小基站发展规划研究 [J]．通信技术，2020，53（12）：2954-2960．

[48] 陈宜漂，安刚．5G 室分特定场景共建共享解决方案探讨 [J]．江苏通信，2020，36（3）：14-18．

[49] 中国联通云网运营中心，中国联通研究院，中讯邮电咨询设计院．中国联通 5G 室内外协同优化指导书 [Z]．2021（7）．

[50] 冯宇，陈嘉仕，何锋锋．基于多模 RRU 建设环保高效室分站点的探索与实践 [J]．移动通信，2012，36（24）：25-29．

[51] 李威，黄强强，徐振戈．5G 时代室内分布系统发展趋势研究 [J]．中国新通信，2019，21（19）：1-2．

[52] 广东省电信规划设计院有限公司．5G 工程网络建设技术白皮书 [Z]．2019（6）．

[53] 陈慧敏，刘磊．室内分布系统面向 5G 演进方案探讨 [J]．广东通信技术，2019，39（3）：40-44．

[54] 中兴通讯股份有限公司．中兴通讯 5G 室内覆盖白皮书 [Z]．2020（7）．

[55] 中国移动通信有限公司研究院．室内定位生态发展白皮书（2020 年）[Z]．2020（3）．

[56] 张振，张英孔，王二军．5G 移动通信室内覆盖解决方案研究 [J]．电信工程技术与标准化，2019，32（10）：5-9．

[57] 陈达．5G 室内覆盖系统演进的挑战及部署方案 [J]．电信快报，2020，（3）：12-14．

[58] 曾云光，黄陈横．5G 室内覆盖分析及链路预算 [C]．2019 广东通信青年论坛优秀论文专刊，2019：175-179．

[59] 朱佳，孙宜军，山笑磊．地铁民用通信中 5G NR 与异系统间的干扰隔离度研究 [J]．移动通信，2019，43（8）：56-61．

[60] 熊尚坤，张光辉，吴锦莲，等．5G 室内覆盖的挑战和探索 [J]．通信世界，2020，（8）：32-33．

[61] 崔明，宋刚．5G 与其他系统共址时的干扰隔离分析 [J]．中国新通信，2019，21（16）：8-9．

[62] 蓝俊锋，涂进，牛冲丽，等．5G 网络技术与规划设计基础 [M]．北京：人民邮电出版社，2021．

[63] 3GPP TS 23.501 V16.4.0 System architecture for the 5G System（5GS）[S].

[64] 3GPP TS 23.502 V16.4.0 Procedures for the 5G System（5GS）[S].

[65] ETSI White Paper No.28 MEC in 5G networks[S].

[66] Gesbert David，Shafi M，Dashan Shiu，et al．From theory to practice: an overview of MIMO space-time coded wireless systems[J]．IEEE Journal on Selected Areas in Communications,（2003），21（3）：281-302．

[67] Huebner A，Schuehlein F，Bossert M，et al．A simple space-frequency coding scheme with cyclic delay diversity for OFDM[C]．5th European Personal Mobile Communications Conference 2003，2003.

[68] Marzetta，Thomas L．Noncooperative cellular wireless with unlimited numbers of base station antennas[J]．IEEE Transactions on Wireless Communications，(2010)，9(11)：3590-3600.

[69] Boon Loong Ng，Younsun Kim，Juho Lee，et al．Fullfiling the promise of massive MIMO with 2D active antenna array [C]. 2012 IEEE Globecom Workshops，2012.

[70] Erik G. Larsson，Ove Edfors，Fredrik Tufvesson，et al．Massive MIMO for next generation wireless systems[J]. IEEE Commumications Magazine，2014，52（2）：186-195.